高等院校公共基础课系列教材

U0290820

# 低起点 晋级式
# 数理统计与概率论

解顺强 著

电子工业出版社

**Publishing House of Electronics Industry**

北京·BEIJING

## 内 容 简 介

本书不同于国内其他作者编写的概率统计教材，是作者几十年从事一线数学本专科教学经验的总结和升华，是对目前概率统计教学中的难点问题展开有针对性地深入研究后的创新性成果. 本书具有低起点晋级式的鲜明特色，同时有多处较大的创新，概括如下：

1. 起点低. 中学数学没有学好的学生，都可以通过阅读本书顺利地向前推进.

2. 循序渐进，层层递进. 本书分为基础篇、中级篇、高级篇和 Excel 应用篇，供不同层次和不同要求的学生选用，学完本书可以掌握本科院校工科类、经管类各个专业所必需的概率统计教学内容.

3. 本书以数理统计为编写主线. 以最小的概率论篇幅过渡到数理统计的内容，讲完数理统计后，再对概率论要求高的知识进行补充.

4. 为了使学生容易理解，对定义、性质和定理给出了直观解释，避免生硬地给出这些难懂的内容. ① 在国内首次给出了多个概念的描述性定义；② 从实际问题或相互联系中引入概念和结论，在国内首次给出了多个定义产生必要性和性质合理性的解释；③ 通过挖掘教材中的内在逻辑关系，找到了知识之间的新的联系；④ 对于抽象、复杂的内容，采用由具体到抽象，由简单到复杂的编写方式；⑤ 对于理论性强的内容，从常识和学生熟悉的知识入手，深入浅出地进行讲解.

5. 将难点问题进行分解，使得每一步学生都能够跳一跳够得着，最终将难点解决.

6. 给出了利用 Excel 软件进行统计分析的内容.

各章均配有一定数量的例题和习题，书后附有习题参考答案. 值得一提的是，本书的绝大多数习题都与学生的学号相联系，这样可以有效地防止学生在完成作业和考试过程中不愿独立思考的现象发生.

本书广泛适用于大学本、专科各类学校各个专业的学生，也适用于想学习概率统计而苦于数学基础差的广大社会读者. 同时本书可以作为高中学生学习概率统计相关内容时的参考读物，对讲授概率统计的教师来讲也具有一定的参考价值.

**图书在版编目（CIP）数据**

低起点晋级式数理统计与概率论 / 解顺强著.

北京：电子工业出版社，2024. 12. -- ISBN 978-7-121-49363-8

Ⅰ. O21

中国国家版本馆 CIP 数据核字第 2024FM8489 号

责任编辑：王英欣

印　　刷：三河市兴达印务有限公司

装　　订：三河市兴达印务有限公司

出版发行：电子工业出版社

　　　　　北京市海淀区万寿路 173 信箱　邮编　100036

开　　本：787×1092　1/16　印张：21.25　字数：544 千字

版　　次：2024 年 12 月第 1 版

印　　次：2024 年 12 月第 1 次印刷

定　　价：66.00 元

凡所购买电子工业出版社图书有缺损问题，请向购买书店调换. 若书店售缺，请与本社发行部联系，联系及邮购电话：（010）88254888，88258888.

质量投诉请发邮件至 zlts@phei.com.cn，盗版侵权举报请发邮件至 dbqq@phei.com.cn.

本书咨询联系方式：（010）88254609，hzh@phei.com.cn.

# 前　言

概率论与数理统计也被称为概率统计，自其诞生以来的近四百年里，世界范围内的诸多大学一直开设这门课程，在发达国家，概率统计是一门几乎所有的大学生都必须学习的基础课. 在我国大学中也有近百年的开设历史. 随着科学技术水平的提高和计算机的日益普及，该学科的重要性也已被愈来愈多的人们所认识. 概率统计已被高等院校的许多专业列为一门必修的基础课. 它不仅为学生学习后续课程和进一步深造提供必不可少的数学基础知识，而且能培养学生的数学素养和科学的世界观，因此该课程教学质量的高低直接影响着培养学生的质量，进而影响国家的长远发展.

当大学教育还是精英教育的时代，即使初等教学基础都很好的学生，学起概率统计来也感觉非常吃力. 这是因为概率统计课程有其独有的特点：第一，研究的对象是随机问题，与学生进入大学后所学习的高等数学、线性代数等课程的研究对象和思维方式有着巨大的差别，学生难以适应这种随机数学思维，普遍反映较难，不易入门. 第二，这门课程概念非常抽象难懂，很多概念难以找到直观的解释. 第三，这门课分为概率论和数理统计两大部分，研究的问题虽有联系，但差别又非常大. 此外各章内容之间逻辑联系相对不紧密. 第四，枯燥且技巧性比较强，用函数的观点来表示随机现象，与高等数学中的难点问题，例如，排列组合、分段函数、无穷积分、分段积分、积分上限函数、绝对收敛、伽马函数等内容联系密切. 第五，学生在中小学已经学过一些相对简单的知识，与这些内容有直接的联系.

随着我国大学扩招和高等教育的普及，越来越多的人可以升入高等院校，面临着学习概率统计的任务，而部分学生初等数学还没有学好，要学习概率统计则更加困难. 因为目前高等院校开设的概率统计课程一般为一个学期，要在如此短的时间内让学生完成从中学数学到大学数学的过渡，要学习众多顶尖数学家经过几百年研究的成果，对于中学数学基础薄弱的学生来讲，无疑会是困难重重. 同时，我国的高等院校多数专业是按总分录取的，同一课堂上学生数学基础差异会很大，这种现象在高等专科学校和高等职业院校更为突出.

遗憾的是，国内众多概率统计教材基本上是将数学类专业和统计类专业的概率统计教材稍加压缩修改而成，重视严谨的逻辑体系，对每一环节的学习倾向于一次达到相当深入的程度，而且多是名校的老师编写的，这些名校的学生数学基础和抽象能力都好于其他院校，这种教材对于他们的学生尚难理解，而对于其他院校的学生就更难理解和掌握了，因此缺少普适性. 此外众多概率统计教材没有考虑学生在中学学过这门课程相关的内容，缺少知识之间的衔接.

国内概率统计教材除了上述问题之外，还存在着以下几个方面的问题.

1. 概率论部分占比太大，没有将具有更多实际应用价值的数理统计作为重点和编写主线.

2. 概率论部分理论性过强，理论推导过多，而且往往是直接给出定义、定理，学生不能很好地认识或理解定义、定理产生的必要性，缺少直观解释，使得抽象认识没有达到应有水平的学生对这门课程产生畏惧心理，从而影响具有实际意义的数理统计内容的学习.

3. 对于教学难点问题，缺少针对基础薄弱学生的考虑.

为此，作者在长期的教学中不断摸索高等院校本、专科概率统计的教学规律，用科学研究的精神和方法，以问题为导向，通过深入研究形成了低起点晋级式模块化的编写模式，为中学数学没有学好而又需要学习概率统计的学生铺设了一条简单易学的通道.

具体对策是：

1. 针对相当人数的学生数学基础薄弱的实际情况，并照顾到所有学生在数学学习上的差异，从"零点"起步，中学数学没有学好的学生都能通过本书的学习找到学习概率统计的起点，并循序渐进地掌握概率统计的基本内容. 具体做法是：① 将与本门课有关的中小学所学的统计与概率内容按照统计学的思想进行归纳和总结，并作为预备知识安排在第 1 章讲解；② 对于概率统计所需的微积分内容通过附录加以呈现，有针对性地补习所需的微积分知识；③ 各章节都是以深入浅出的方式编写的，采用通俗的讲法娓娓道来，让学生尽快理解其含义，使得学生不论具有什么样的基础都能够理解和有兴趣地学习；④ 例题的讲解过程比众多概率统计教材详细，不省略步骤，学生能够一目了然.

2. 针对学生之间差异大、同一个教学班级学生个性差异大的实际情况，因材施教，将难点分散，先易后难，对不同数学基础的学生提出不同的目标要求. 教材分为基础篇、中级篇、高级篇3个层次，对每个层次确定一个相对完整的模块来进行实施. 基础篇是对全体学生提出的最基本要求，分别设置了预备知识、随机变量及其数字特征、正态分布、假设检验、参数估计、线性回归分析等6章内容. 中级篇是对中等程度的学生提出的要求，使这部分学生能够将线性代数的主要思想和方法融会贯通，分别设置了基于 $\chi^2$ 分布的假设检验与区间估计、基于 $t$ 分布的假设检验与区间估计、基于 $F$ 分布的假设检验与区间估计、数理统计基本内容的归纳总结等4章内容. 高级篇主要为数学学习兴趣高和想继续提高的学生设置，使他们在数学方面有更大的提升，包括随机事件与概率、几种常见的分布及其数字特征、随机变量的分布函数与随机变量函数的分布、二维随机变量的分布与数字特征、中心极限定理与大数定律、对总体估计的理论拓展. 本书虽然起点低但是全书最后要达到的目标是本、专科院校工科类、经管类各个专业所必需的概率统计教学内容，因此本书广泛适用于各个层次（包括专科、高职院校和文科类）的学生学习，可以满足不同个性化的需求，对这门课教学要求低的只需从前面依此选取. 同时这种编写方法可以激发教学要求低的学生的求知欲，吸引学生不由自主地把后面的内容看完，达到向高要求看齐的目的.

3. 针对国内没有以数理统计为编写主线教材的问题，作者首次以数理统计为编写主线，并给出了以最少的概率论篇幅自然过渡到数理统计讲解的途径，弥补了国内很多学校因所给教学时数少、想讲数理统计而没有合适教材、不得不只能讲授概率论内容的缺憾.

4. 针对国内概率统计教材直接给出定义、定理,学生不能很好地认识或理解定义、定理产生的必要性,缺少直观解释,以及抽象难理解等问题,作者采取了如下措施:① 在国内首次从随机事件的简洁表示这个角度给出了随机变量的描述性定义;给出了二维随机变量联合概率密度曲面和联合概率密度的描述性定义;利用画频率分布折线图分别给出了卡方分布,$t$分布,$F$分布的概率密度函数的定义. ② 从实际问题或相互联系中引入概念和结论,例如在国内首次利用中小学已经学过的平均数和方差的概念给出了离散型随机变量数学期望和方差的定义的合理性的解释;利用微元法来阐述连续型随机变量的数学期望与方差定义的由来;利用概率密度函数的直观定义和定积分的几何意义给出了概率密度函数的性质的直观解释. ③ 通过挖掘教材中的内在逻辑关系,找到了知识之间的新的联系,利用这种联系可以使学生较快地理解知识,掌握知识. 例如,将假设检验安排在参数估计之前讲授,区间估计作为假设检验中确定小概率事件的对立事件来处理;对于大数定律与中心极限定理,先讲中心极限定理,后讲大数定律,大数定律可以利用中心极限定理来证明;通过定义二维联合概率密度曲面进而得到二维联合概率密度函数,再给出二维联合分布函数的定义. ④ 对于抽象、复杂的内容,采用由具体到抽象,由简单到复杂的编写方式,例如随机变量的分布函数是一个非常难理解的概念,本书通过具体的例子来说明随机变量小于等于某一个数的概率的求解方法,学生自然而然地就可以理解这个定义. 随机变量函数的分布的求法,也是一个比较难理解的,一般的书都是直接给方法,但是这种方法的依据一般教材都没有说明. 本书构造几个简单的实际例子,通过这些例子的求解来引出一般方法,学生不会觉得这种方法来得突然,从而也说明了这种方法的合理性. ⑤ 对于理论性强的内容,从常识和学生熟悉的知识入手,深入浅出地进行讲解,例如对于假设检验这一章,先讲一个"路边苦李"的故事,并引申出其中包含的假设检验的基本思想,然后用一个常识性的例子来说明小概率事件原理,并通过简单的例子来说明假设检验的基本步骤,接下来用连续型随机变量的例子来说明对这种类型的随机变量进行假设检验的方法步骤,并先从总体是标准正态分布且样本容量为1的简单情况开始再逐步过渡到复杂的一般情况. 抓住构造小概率事件以及利用小概率事件原理判断这一主线来编写,避免将简单问题复杂化. 通过用频率估算概率这个浅显的常识,逐步剖析里面隐含的矩估计法的思想,用学生熟悉的事实来阐述其中隐含的大道理.

5. 针对很多教材缺少针对基础薄弱学生的考虑的问题,将难点问题进行分解,使得每一步学生都能够跳一跳够得着,最终将难点解决.

例如,抽样分布的几个定理是学生最难理解的,因此本书将这些内容分解,并结合数理统计中的重点和难点的假设检验和区间估计思想进行讲解,分别设立了基于$\chi^2$分布的假设检验与区间估计、基于$t$分布的假设检验与区间估计、基于$F$分布的假设检验与区间估计3章内容. 对于难理解的经验分布函数的构造,从具体的例子出发,利用样本值先估计它的分布列,然后从分布列引出分布函数的估计,再从中逐步揭示构造规律. 对于极大似然估计，学生们很想知道为什么要构造一个这样的函数，为什么它可以表示由参数产生样本的可能性大小，众多的教材都没有给出理由．本书通过构造多个生活中的通俗易懂的引例，并先从简单的情况开始，层层递进，由简单到复杂，逐渐揭示极大似然函数的实际意义．

本书区别于传统教材的另一特点，就是引入了Excel软件进行统计分析，并安排在高级篇之后．此外，针对目前部分学生不能独立完成作业的现象，将大多数的习题与学生的学号相联系，以此来激发学生独立完成作业的兴趣，此种做法作者已在教学中实施7年多，效果明显．

由于本书的编写追求新的编写思路，加上作者水平所限和时间仓促，实际编写中会有很多不当和疏漏之处，恳请广大读者批评指正．也希望低起点晋级式系列教材能在国内高等院校数学教学方面起到抛砖引玉的作用．

在本书的完成过程中，北京劳动保障职业学院相关的各级领导对本书的出版发行给予了大力支持，本校的数学教师施丽娟、向雅捷、黄桂花、高志等老师，外聘教师高淑娥等老师，对本书的初稿进行了认真细致的审阅并提出了很多宝贵的修改意见，作者在此一并致谢！

本书还得到了北京劳动保障职业学院校级课题"贯培项目线性代数'课程思政'的教学探索与实践（202127）"和"扬长教育理念下的北京高职院校公共基础课教材编写思想和模式研究（202205）"的资助，作者在此表示衷心的感谢！

作　者

# 目　　录

## 中级篇

## 高级篇

# Excel应用篇

# 基础篇

　　基础篇为数理统计的基础理论和方法篇，主要是通过常见的简单问题讲解学生在今后经常用到的数理统计的主要思想和方法，包括预备知识、随机变量及其数字特征、正态分布、假设检验、参数估计、线性回归分析等6章内容.

如果你能顺利完成下面的测试题，你可以跳过第 1 章而直接进入第 2 章的学习. 否则，请你将这部分内容再重新复习一下.

# 测试题

每个同学在班里都有一个学号. 将自己的学号除以 5 的余数作为 $a$，这样每个同学都有自己的 $a$ 值. 将下列各题中有 $a$ 的地方都换成自己的 $a$ 值，再求解.

## 一、统计

1. 为了更好地开展体育运动，增强学生体质，学校准备在运动会前购买一批运动鞋，供学生借用，七年级（2）班为配合学校工作，从全校各个年级共随机抽查了 38 名同学的鞋号，具体数据如表 0-1 所示.

表 0-1

| | | | | | | | | | |
|---|---|---|---|---|---|---|---|---|---|
| 35 | 37 | 36 | 35 | 37 | 36 | 37 | 38 | 36 | 37 |
| 37 | 35 | 35 | 34 | 34+a | 35 | 35 | 36 | 37 | 36 |
| 38 | 39 | 37 | 35 | 36 | 35 | 36 | 37 | 36 | 34 |
| 40 | 36 | 35 | 34 | 35 | 36 | 37 | 36 | | |

（1）统计穿不同鞋号的同学数量并填写表 0-2；

表 0-2

| 鞋号 | 34 | 35 | 36 | 37 | 38 | 39 | 40 |
|---|---|---|---|---|---|---|---|
| 数量 | | | | | | | |

（2）计算各个鞋号所占的百分数（精确到 0.01%）并用竖向条形统计图表示；

（3）请对学校购鞋提出建议.

2. 某校学生一周收集生活塑料袋情况如表 0-3 所示.

表 0-3

| 时间 | 周一 | 周二 | 周三 | 周四 | 周五 | 周六 | 周日 |
|---|---|---|---|---|---|---|---|
| 数量（个） | 130 | 100（a+1） | 200 | 250 | 210 | 300 | 350 |

根据上表中的数据，绘制折线统计图.

3. 某市 2010 年 4 月 1 日—4 月 30 日对空气污染指数的监测数据如表 0-4 所示（主要污染物为可吸入颗粒物）.

表 0-4

| 61 | 76 | 70 | 56 | 81 | 91 | 92 | 91 | 75 | 81 | 88 | 67 | 101 | 103 | 95 |
|----|----|----|----|----|----|----|----|----|----|----|----|-----|-----|----|
| 91 | 77 | 86 | 81 | 83 | 82 | 82 | 64 | 79 | 86 | 85 | 75 | 71 | 49 | 45+a |

（1）完成频率分布表；

（2）做出频率分布直方图；

（3）绘制频率分布折线图.

4．初三某班对最近一次数学测验成绩（得分取整数）进行统计分析，将所有成绩由低到高分成五组，并绘制成如图 0-1 所示的频数分布直方图，请结合直方图提供的信息，回答下列问题：

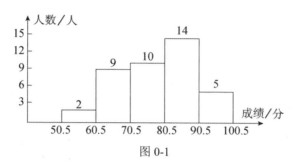

图 0-1

（1）该班共有_____名同学参加这次测验；

（2）在该频数分布直方图中画出频数折线图；

（3）这次测验成绩的中位数落在_____分数段内；

（4）若这次测验中，成绩 90 分以上（不含 90 分）为优秀，那么该班这次数学测验的优秀率是多少？

5．物理兴趣小组 20+a 位同学在实验操作中的得分情况如表 0-5 所示.

表 0-5

| 得分/分 | 10 | 9 | 8 | 7 |
|--------|----|----|-----|---|
| 人数/人 | 5 | 8 | 4+a | 3 |

（1）求这 20+a 位同学实验操作得分的众数和中位数；

（2）这 20+a 位同学实验操作得分的平均分是多少？

6．假设要从高一年级全体同学（450+a 人）中随机抽出 50 人参加一项活动．请分别用抽签法、随机数表法和系统抽样法抽出人选，写出抽取过程.

7．一支田径队有男运动员 56 人，女运动员 42 人，用分层抽样方法从全体运动员中抽取一个容量为 28+a 的样本.

8．甲乙两台机床同时生产一种零件，在 10 天中，两台机床每天出的次品数分别如表 0-6 所示.

表 0-6

| 甲 | 0+a | 1 | 0 | 2 | 2 | 0 | 3 | 1 | 2 | 4 |
| 乙 | 2 | 3 | 1 | 1 | 0 | 2 | 1 | 1 | 0 | 1 |

（1）分别计算两组数据的平均数和方差；

（2）说明哪台机床在 10 天生产中出现次品的波动较大.

## 二、概率

1．假设骰子是均匀的，计算掷出奇数点的概率.

2．表 0-7 记录了一名球员之前在罚球线上投篮的结果. 试问这名球员再投篮一次，投中的概率约为多少？（精确到 0.01）

表 0-7

| 投篮次数 n | 50 | 100 | 150 | 200 | 250 | 300 | 500 |
| 投中次数 m | 28 | 60 | 78 | 104 | 123 | 152 | 251 |
| 投中频率 m/n | 0.56 | 0.60 | 0.52 | 0.52 | 0.49 | 0.51 | 0.50 |

3．掷两枚均匀的硬币，求下列事件的概率：

（1）两枚硬币全部正面朝上；

（2）两枚硬币全部反面朝上；

（3）一枚硬币正面朝上，一枚硬币反面朝上.

4．某人午觉醒来，发现表停了，他打开收音机，想听电台报时，假设电台是整点报时的，并称从打开收音机到收音机整点报时之间的时间为等待时间，求他等待的时间不多于 $10+a$ 分钟的概率.

5．某家庭订了一份报纸，送报人可能在早晨 6：30—7：30 之间把报纸送到该家庭，男主人离开家去工作的时间在早晨 7：00—8：00 之间，假设送报人和男主人在各自时间段内的各时刻送报或离家是等可能的，问男主人在离开家前能得到报纸（称为事件 A）的概率是多少？

# 第 1 章　预备知识

统计学是研究有关收集、整理和分析数据的方法和理论. 统计学来源于统计工作, 原始的统计工作(即人们收集数据的原始形态), 已经有几千年的历史. 而统计作为一门科学, 还是从 17 世纪开始的. 17 世纪中叶至 18 世纪中叶是统计学的创立时期, 主要有国势学派和政治算术学派. 18 世纪末至 19 世纪末是统计学的发展时期, 主要有数理统计学派和社会统计学派. 数理统计以概率论为研究工具, 研究怎样有效地收集、整理和分析带有随机性的数据, 以便对所考察的问题做出推断或预测. 概率论主要研究随机现象统计规律的一般原理, 因此这些内容又可称为概率统计或概率论与数理统计. 这些内容在中学数学课本中都或多或少有所涉及. 本章将这些内容进行整理和归纳, 便于同学们进行复习和巩固, 主要包括统计初步和概率初步两部分内容.

## 1.1　统计初步

统计学是研究有关收集、整理和分析数据的方法和理论. 统计过程包括统计设计、统计调查、统计整理、统计分析、统计预测五个阶段. 其核心阶段为统计调查、统计整理和统计分析这三个阶段.

统计调查是收集统计数据的过程, 它是进行统计分析的基础.

统计整理是对统计数据的加工处理过程, 目的是使统计数据系统化、条理化, 符合统计分析的需要. 统计整理是介于统计调查与统计分析之间的一个必要环节.

统计分析主要分为统计描述和统计推断. 统计描述研究如何取得反映客观现象的数据, 并通过图表形式对所收集的数据进行加工处理和显示, 得出反映客观现象规律性的数量特征. 统计描述分为指标描述和图形描述.

统计推断是研究如何根据样本数据去推断总体数量特征的方法, 它是在对样本数据进行描述的基础上, 对统计总体的未知数量特征做出以概率形式表述的推断. 统计推断包括参数估计、假设检验和回归分析等.

我们在中小学都学习了一些相关的内容, 下面将其总结和归纳.

## 一、数据的收集与整理

### 1. 数据的收集

在日常生活、生产和科学研究中, 人们经常通过对各种数据的收集和整理, 来掌握一些相关的信息, 以便更好地做出决策和判断. 在收集数据时, 首先要明确收集数据的目的,由此决定收集什么数据是适当的. 而收集数据的方法多种多样, 直接途径有: 观察、测量、调查、实验; 间接途径有: 查阅文献资料、使用因特网查询等.

调查有两种方法, 一种是普查, 一种是抽样调查. 普查是全面调查, 如人口普查等. 抽样调查是部分调查, 人们在研究某个自然现象或社会现象时, 往往会遇到不方便、不可能或不必要对所有的对象做调查的情况, 于是从中抽取一部分对象做调查, 这就是抽样调查.

在抽样调查中, 我们把所要考察对象的全体称为总体, 把组成总体的每一个考察对象称为个体, 从总体中取出的一部分个体所组成的集合称为这个总体的一个样本, 样本中的个体的数目称为样本容量.

请通过下面两个实际问题, 来说明总体、个体、样本、样本容量的概念.

（1）调查某县农民的家庭情况时, 从中取出 1000 户进行分析.

（2）为检测一批日光灯的寿命, 从中取出 50 只进行分析.

抽样方法主要有简单随机抽样、系统抽样和分层抽样.

### 1）简单随机抽样

如果通过逐个抽取的方法从中抽取一个样本, 且每次抽取时各个个体被抽到的概率相等, 就称这样的抽样为简单随机抽样. 实现简单随机抽样, 常用抽签法和随机数表法.

**例 1**　现有 100 件某种轴, 为了了解这种轴的直径, 要从中抽取 10 件这种轴在同一条件下测量, 分别用抽签法和随机数表法抽取样本.

**解:**（1）抽签法

将 100 件这种轴编号为 1, 2, …, 100, 并做好大小一致、形状相同的号签, 分别写上这 100 个数, 将这些号签放在一起, 进行均匀搅拌, 接着连续抽取 10 个号签, 然后测量这个 10 个号签对应的轴的直径.

（2）随机数表法

随机数表是由数字 0, 1, 2, …, 9 组成的, 并且每个数字在表中各个位置出现的机会都是一样的（见附表 1）.

将 100 件这种轴编号为 00, 01, …, 99, 然后从随机数表中任意选定一个起始位置, 例如从随机数表的第 21 行的第 1 个数开始, 依次选取 10 个数, 当遇到与前面的数相同时剔除, 于是所选的数分别为 68, 34, 30, 13, 70, 55, 74, 77, 40, 44, 这 10 件即为所要抽取的样本.

**注:** 简单随机抽样也可以通过 Excel 软件完成, 如 RANDBETWEEN 函数等, 有兴趣的同学可以查阅相关的资料.

### 2）系统抽样（等距抽样或机械抽样）

当总体中的个体数量较多时, 可将总体平均分成几个部分, 然后按照预先制定的规则, 从每一部分中抽取 1 个个体, 得到所需要的样本, 这种抽样称为系统抽样.

**例 2** 某制罐厂每小时生产易拉罐 1000 个，每天的生产时间为 12 小时，为了保证产品的合格率，每隔一段时间就要抽取一个易拉罐送检，工厂规定每天要抽取 120 个进行检测，请设计一个合理的抽样方案. 若工厂规定每天要抽取 98 个进行检测，此时又该如何设计抽样方案呢？

**解：** 每天共生产易拉罐 12000 个，共抽取 120 个，所以分成 120 组，每组 100 个，然后采用简单随机抽样法从 001~100 中随机选出 1 个编号，假如选出的是 13 号，则从第 13 个易拉罐开始，每隔 100 个拿出一个送检.

若总共抽取 98 个进行检测，则需要分成 98 组，由于 $12000 \div 98 = 122 \cdots\cdots 44$，所以应先随机地剔除 $12000 - 98 \times 122 = 44$（个），再将剩下的 11956 个平均分成 98 组，每组 122 个，然后采用简单随机抽样法从 001~122 中随机选出 1 个编号，假如选出的编号是 108 号，则从第 108 个易拉罐开始，每隔 122 个，拿出一个送检.

### 3）分层抽样

当已知总体由差异明显的几部分组成时，常将总体分成相应的几部分，然后按照各部分所占的比例进行抽样，这种抽样称为分层抽样，其中所分成的各部分称为层.

**例 3** 设有 120 件产品，其中一级品有 24 件，二级品有 36 件，三级品有 60 件，用分层抽样法从中抽取一个容量为 20 的样本. 试说明这种抽样方法是公平的.

**解：** 由于一级、二级、三级产品的数量之比为 $24:36:60 = 2:3:5$，所以应分别从一级、二级、三级产品中抽取：$20 \times \dfrac{2}{10} = 4$（件），$20 \times \dfrac{3}{10} = 6$（件），$20 \times \dfrac{5}{10} = 10$（件）. 于是每个个体被抽到的可能性分别为 $\dfrac{4}{24} = \dfrac{1}{6}$，$\dfrac{6}{36} = \dfrac{1}{6}$，$\dfrac{10}{60} = \dfrac{1}{6}$，因此这种抽样方法是公平的.

按照例 3 的方法所计算的各层的抽取数往往不是整数，这时又该怎么抽取呢？通常的做法是"四舍五入"法，但这种做法有时会出现各层抽取的样本数之和与抽数总数不符的情况，此时需要具体分析，下面通过一个例子加以说明.

**例 4** 某大学图书馆为了了解新生利用图书馆学习的情况，以分层抽样的方式从 1500 名新生中抽取 200 名进行调查，新生中的南方学生有 500 名，北方学生有 800 名，西部地区的学生有 200 名，问应如何抽取？

**解：** 由于南方、北方、西部地区的学生的数量之比为 $500:800:200 = 5:8:2$，所以应分别从南方、北方、西部地区的学生中抽取：$200 \times \dfrac{5}{15} = 66.7$（人），$200 \times \dfrac{8}{15} = 106.7$（人），$200 \times \dfrac{2}{15} = 26.7$（人）. 三者的小数部分完全一样，整数部分为 $66+106+26=198$ 人，还剩余 2 个名额. 如果采用四舍五入的方式则抽样的总数为 201 人，就超出 1 人，那么应对哪个地区不采用四舍五入呢？

由于 1 个名额在南方、北方、西部地区学生群体中的重要性分别为 $\dfrac{1}{500}, \dfrac{1}{800}, \dfrac{1}{200}$，如

果抽取 1 个的话，重要性最差的是北方地区，所以对于北方地区不采用四舍五入，即从北方地区抽取 106 人，在南方地区和西部地区分别抽取 67 人和 27 人.

## 2. 数据的整理

在收集数据后，需要对数据进行整理，这样有助于我们掌握更多的信息，做出更明智的决策和判断. 整理数据的方法有分类、排序、分组、编码等. 下面举例说明.

**例 5** 测得某校七年级某班 20 名同学的身高数据如下（单位：cm）

| 154.0 | 157.5（女） | 149.0（女） | 171.2 | 165.2 | 151.0（女） | 168.5 |
| 152.5（女） | 155.3（女） | 154.0（女） | 162.0 | 166.4 | 158.6（女） | 164.0 |
| 156.5 | 155.5 | 160.6（女） | 162.3（女） | 150.2 | 163.5（女） | |

为了更直接地比较男、女生的身高，需对数据做怎样的处理呢？

**分析**：如果把上面的数据按男、女生分类，并分别按从小到大的次序排列，那么就能容易地比较出男、女生的身高.

**解**：如下所示：

| 男生身高/cm | 150.2 | 154.0 | 155.5 | 156.5 | 162.0 | 164.0 | 165.2 | 166.4 | 168.5 | 171.2 |
| 女生身高/cm | 149.0 | 151.0 | 152.5 | 154.0 | 155.3 | 157.5 | 158.6 | 160.6 | 162.3 | 163.5 |

将数据"分类、排序"是整理数据最常用的方法之一. 将数据分组、编码也是整理数据的一种重要方法，在工商业、科研等活动中有广泛的应用. 下面通过一个例子加以说明.

**例 6** 到商场买鞋，只要把脚的长度告诉售货员，售货员就能找出一双基本适合你穿的鞋让你试一试，你知道这是为什么吗？

这是因为鞋厂对各种尺寸的鞋进行了编码，一个鞋码代表了一定尺寸范围内的鞋.

现行国家标准鞋号根据脚的长度，以 10mm 为一个号、5mm 为半个号确定，如下所示：

| 脚长 $L$（cm） | ⋯ | $21.8 \leq L < 22.8$ | $22.8 \leq L < 23.8$ | $23.8 \leq L < 24.8$ | $24.8 \leq L < 25.8$ | ⋯ |
| 鞋号 | ⋯ | 22 | 23 | 24 | 25 | ⋯ |

如果你的脚长在 24.8～25.8 之间，则可以选择 25 号的鞋；

如果你的脚长在 22.8～23.8 之间，则可以选择 23 号鞋.

依次类推，售货员根据你的脚长就知道你所需要的鞋的大小.

# 二、图形描述

在统计工作中，除了对数据进行分类整理、用统计表来表示以外，有时还可以用统计图来表示. 用统计图表示有关数量之间的关系比用统计表更加形象、具体，可以使人一目了然，印象深刻. 下面主要介绍条形统计图、折线统计图、频数分布直方图和频率分布直方图.

## 1．条形统计图和折线统计图

### 1）条形统计图

条形统计图可分为单式条形统计图和复式条形统计图两种，单式条形统计图又可分为竖向条形统计图和横向条形统计图两种．下面只讨论与本课程紧密相关的竖向条形统计图（以下简称条形统计图）．

条形统计图是指用条形表示数量多少的图形．它是由两条互相垂直的数轴和若干长方形组成的，两条数轴分别表示两个不同的标目，长方形的高表示其中一个标目的数据．

图 1-1 就是一张典型的条形统计图．

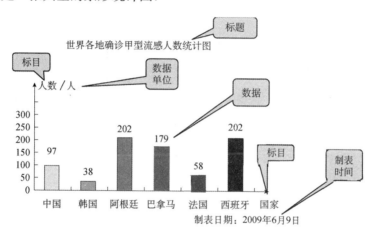

图 1-1

绘制条形统计图的一般步骤介绍如下．

（1）画出纵轴和横轴：画纵轴时，先确定一个单位长度表示的数量，再根据最大数量来确定纵轴高度；画横轴时，要根据纸的大小、字数的多少来确定横轴的长度．

（2）画直条：条形的宽度要一致，条形之间的间隔要相等．

（3）写上标题、制图时间及数据单位．

**例 7**　第五次全国人口普查中四个直辖市的人口统计表如下：（制表日期：2003 年 5 月 20 日）

| 直辖市 | 北京 | 上海 | 天津 | 重庆 |
| --- | --- | --- | --- | --- |
| 人口数/万人 | 1382 | 1674 | 1001 | 3090 |

根据表中的数据，绘制第五次全国人口普查中我国四个直辖市（北京、上海、天津、重庆）人口的条形统计图．

**解：**图 1-2 就是人口的条形统计图．

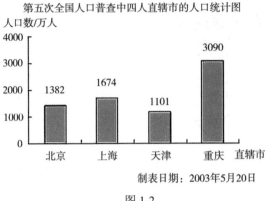

第五次全国人口普查中四人直辖市的人口统计图

制表日期：2003年5月20日

图 1-2

### 2）折线统计图

条形统计图可以通过直条的长短清楚地看出数量的多少，但不利于几种量的比较. 而折线统计图不但可以看出数量的多少，而且可以看出数量的增减变化.

画折线统计图的步骤介绍如下.

（1）写出统计图名称.

（2）画出横、纵两条互相垂直的数轴（有时不画箭头），分别表示两个标目的数据.

（3）根据横、纵方向上的各对标目数据画点.

（4）用线段把每相邻两点连接起来.

**例 8**　某地 5 月 21 日白天室外气温情况统计表如下所示，试根据该统计表画出折线统计图.

| 时　间 | 7：00 | 9：00 | 11：00 | 13：00 | 15：00 | 17：00 | 19：00 |
|---|---|---|---|---|---|---|---|
| 温度/℃ | 12 | 16 | 21 | 24 | 20 | 15 | 9 |

**解**：折线统计图如图 1-3 所示.

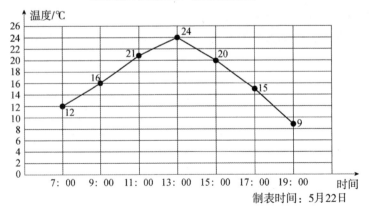

某地5月21日白天室外气温情况统计图

制表时间：5月22日

图 1-3

从折线统计图（见图 1-3）中，我们很容易看出：13 时气温最高，是 24℃；19 时气温最低，只有 9℃；气温升得最快的是 9 时至 11 时，气温升高了 5℃；降得最快的是 17 时至 19 时，气温下降了 6℃.

## 2．频数分布直方图

要了解数据的分布情况，我们可以用频数分布直方图来描述．在平面直角坐标系中，用横轴表示数据值，用纵轴表示频数，在横轴上标出每个数据分组的两个端点，并以每个数据分组的两个端点连接的线段为长方形的底边，以落在该区间的频数为高做长方形，这样的图称为频数分布直方图．做频数分布直方图，首先需要做频数分布表，然后在此基础上可以做频数分布直方图．下面分别来介绍．

### 1）频数分布表

将一批数据分组后，计算各组的频数（即数据落在各个组内的个数），将其频数分布用表格的形式表示出来就构成了频数分布表．

编制频数分布表，具体步骤如下：

第 1 步，找出数据的最大值与最小值并计算极差．

在给出的一组数据中，找出最大值和最小值，并计算最大值与最小值的差（也称为极差），以此获知数据的变化范围．

第 2 步，确定组数与组距．

组距是每个数据分组的两个端点的距离．在频数分布直方图中，所分组的组距是相等的．组数是指把数据分组的个数．组距和组数的选择没有固定的标准，要凭借经验和研究的具体问题来决定，往往要有个尝试的过程．数据越多，分的组数也就越多．一般遵循下面的原则来分组：当数据的个数不超过 50 个时，一般分 5～7 组；当数据在 50～100 时，一般分 8～12 组．

根据上面的原则，在极差除以组距得出组数的结果不破坏的原则前提下先确定组距，再利用极差除以组距的结果确定组数，选取比极差除以组距的商大的数中最小的正整数作为组数．也可以先确定组数再利用极差除以组数的结果确定组距，选取比极差除以组数的商略大的数作为组距．但不管采用哪种方式，均应使得所分的组数与组距的乘积略大于极差，这样可以保证分组所使用的区间具有相同的形状且使得所有数据都在这些区间中．

第 3 步，确定分点并将数据分组．

数据分组所使用的区间，既可以是左闭右开区间，也可以是左开右闭区间．为了将数据分组，需要确定分点．由于选取的组数与组距的乘积略大于极差，一般把组数与组距的乘积与极差相减的得数分摊到最小值和最大值两端，使得第一个分点比最小值小，最后的分点比最大值大．当两端平均分摊时，如果与具体问题不太符合，则此时可以一端少分摊点另一端多分摊一点．当组数与组距的乘积与极差相减的结果比较小，且根据具体问题不适合两端分摊时，此时可以根据所选择区间的类型来决定分到哪一端．如果选择的区间是左闭右开区间，则分到最大值的一端；如果选择的区间是左开右闭区间，则分到最小值的一端．

当分点确定后，数据就可以很容易地按照这些分点分成若干组了．

第 4 步，列频数分布表．

频数分布表一般由三部分组成，一是数据分组，二是划记，三是频数．

下面结合一个实例来说明频数分布表的编制过程．

**例 9**　某中学为了了解本校学生的身体发育情况，对同年龄的 40 名女生的身高进行了测量，结果如下（数据均为整数，单位：cm）：

| 168 | 160 | 157 | 161 | 158 | 153 | 158 | 164 | 158 | 163 |
| 158 | 157 | 167 | 154 | 159 | 166 | 159 | 156 | 162 | 158 |
| 159 | 160 | 164 | 164 | 170 | 163 | 162 | 154 | 151 | 146 |
| 151 | 160 | 165 | 158 | 149 | 157 | 162 | 159 | 165 | 157 |

请将上述的数据整理后，列出频数分布表．

**解**：第 1 步，找出数据的最大值与最小值并计算极差．

从表中可以看出，这组数据的最大值为 170cm，最小值为 146cm，故极差为 24cm．

第 2 步，确定组距与组数．

采用先确定组数再确定组距的方法．因为数据有 40 个，所以可将组数设为 5 组．由于 $24 \div 5 = 4.8$，于是组距可选为 5cm．

第 3 步，确定分点并将数据分组．

由于组数与组距的乘积为 $5 \times 5 = 25$，此结果减去极差得 $25 - 24 = 1$．选择左闭右开区间作为分组的类型，则第一个分点可取 146，最后一个分点取 171．

第 4 步，列频数分布表如下：

| 身高 x/cm | 划记 | 频数/人 |
| --- | --- | --- |
| $146 \leq x < 151$ | 丁 | 2 |
| $151 \leq x < 156$ | 正 | 5 |
| $156 \leq x < 161$ | 正正正下 | 18 |
| $161 \leq x < 166$ | 正正一 | 11 |
| $166 \leq x < 171$ | 正 | 4 |

**2）频数分布直方图**

频数分布直方图的横轴由数据组成，纵轴由频数组成，各个条形之间是连续的，而不应该有间隔，当各组的组距相等时，所画的各个条形的宽度也应该是相同的．

对于上面的例题，频数分布直方图如图 1-4 所示．

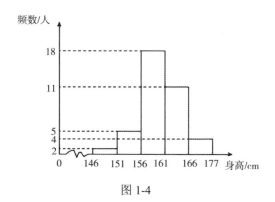

图 1-4

## 3. 频率分布直方图

绘制频率直方图的方法与频数分布直方图类似，只是矩形的高为频率/组距.

下面通过一个例子来说明.

**例 10**　为了了解一大片经济林的生长情况，随机测量其中的 100 株树的底部周长，得到如下数据表（长度单位：cm）.

| 135 | 98 | 102 | 110 | 99 | 121 | 110 | 96 | 100 | 103 |
| --- | --- | --- | --- | --- | --- | --- | --- | --- | --- |
| 125 | 97 | 117 | 113 | 110 | 92 | 102 | 109 | 104 | 112 |
| 109 | 124 | 87 | 131 | 97 | 102 | 123 | 104 | 104 | 128 |
| 105 | 123 | 111 | 103 | 105 | 92 | 114 | 108 | 104 | 102 |
| 129 | 126 | 97 | 100 | 115 | 111 | 106 | 117 | 104 | 109 |
| 111 | 89 | 110 | 121 | 80 | 120 | 121 | 104 | 108 | 118 |
| 129 | 99 | 90 | 99 | 121 | 123 | 107 | 111 | 91 | 100 |
| 99 | 101 | 116 | 97 | 102 | 108 | 101 | 95 | 107 | 101 |
| 102 | 108 | 117 | 99 | 118 | 106 | 119 | 97 | 126 | 108 |
| 123 | 119 | 98 | 121 | 101 | 113 | 102 | 103 | 104 | 108 |

（1）编制频率分布表；

（2）绘制频率分布直方图.

**解：**（1）编制频率分布表的具体步骤如下：

第 1 步，找出数据的最大值与最小值并计算极差.

从表中可以看出，这组数据的最大值为 135cm，最小值为 80cm，故极差为 55cm.

第 2 步，确定组距与组数.

采用先确定组数再确定组距的方法. 因为数据有 100 个，所以组数可选 10 组. 由于 55÷10=5.5，于是组距可选为 6cm.

第 3 步，确定分点并将数据分组.

由于组数与组距的乘积为 6×10=60，此结果减去极差得 60−55=5. 选择左闭右开区间作为分组的类型，则第一个分点可取 78，最后一个分点取 138.

第 4 步，列频率分布表如下.

| 分　组 | 频　数 | 频　率 | 频率/组距 |
|---|---|---|---|
| ［78，84） | 1 | 0.01 | 0.001667 |
| ［84，90） | 2 | 0.02 | 0.003333 |
| ［90，96） | 5 | 0.05 | 0.008333 |
| ［96，102） | 20 | 0.2 | 0.033333 |
| ［102，108） | 23 | 0.23 | 0.038333 |
| ［108，114） | 20 | 0.2 | 0.033333 |
| ［114，120） | 10 | 0.1 | 0.016667 |
| ［120，126） | 12 | 0.12 | 0.02 |
| ［126，132） | 6 | 0.06 | 0.01 |
| ［132，138） | 1 | 0.01 | 0.001667 |
| 合计 | 100 | 1 | 0.16667 |

（2）绘制频率分布直方图.

根据频率分布表的数据，可以绘制频率分布直方图如图 1-5 所示.

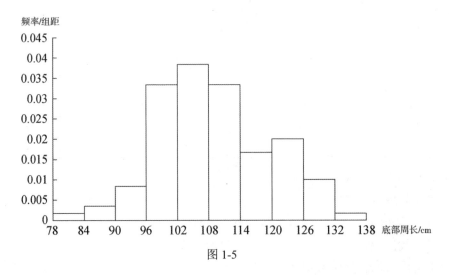

图 1-5

# 三、指标描述

数据的分布特征主要可以从两个方面进行描述：一是数据分布的集中趋势，二是数据分布的离散程度.

## 1. 数据分布集中趋势的描述

集中趋势是指一组数据向某中心值靠拢的倾向，一般用平均指标作为集中趋势的描述，主要包括平均数、中位数和众数．

### 1）平均数

平均数是表示一组数据的"平均水平"，是描述一组数据集中趋势特征的最重要的指标，也是衡量一组数据的波动大小的基准．其计算方法有如下两个：

（1）对于 $n$ 个数 $x_1, x_2, \cdots, x_n$，把 $\frac{1}{n}(x_1 + x_2 + \cdots + x_n)$ 叫作这 $n$ 个数的算术平均数，简称为平均数，记为 $\bar{x}$．

（2）如果在 $n$ 个数中，$x_1$ 出现 $f_1$ 次，$x_2$ 出现 $f_2$ 次，$\cdots$，$x_n$ 出现 $f_n$ 次，则称

$$\bar{x} = \frac{x_1 f_1 + x_2 f_2 + \cdots + x_n f_n}{f_1 + f_2 + \cdots + f_n}$$

为加权平均数，这里的 $f_1, f_2, \cdots, f_n$ 称为"权"．

**例 11** 在一次射击训练中，某小组 12 人的成绩如下所示：

| 环数/环 | 6 | 7 | 8 | 9 |
|---|---|---|---|---|
| 人数/人 | 1 | 5 | 4 | 2 |

求该小组的平均成绩．

**解：** 该小组的平均成绩为 $\frac{6 \times 1 + 7 \times 5 + 8 \times 4 + 9 \times 2}{1 + 5 + 4 + 2} = 7.58$．

平均数能够充分利用数据提供的信息，但受极端值的影响．

### 2）中位数

将一组数据按由小到大（或由大到小）的顺序排列，如果数据的个数为奇数，则处于中间位置的数据就是这组数据的中位数；如果数据的个数为偶数，则中间两个数的平均数就是这组数据的中位数．

**例 12** 对于例 11 的数据，求这组数据的中位数．

**解：** 将这些数据进行排序，可得

$$6, 7, 7, 7, 7, 7, 8, 8, 8, 8, 9, 9$$

所以这组数据的中位数为 $\frac{7+8}{2} = 7.5$．

**注意：** 中位数不一定在数据内部，当数据的个数是奇数时，中位数一定在数据内部，即处在中间位置的那个数；当数据个数是偶数时，则中位数是处在最中间位置的两个数据的平均数，此时中位数就有可能不在这组数据之中了．

中位数描述的是数据的中心位置，不受极端值的影响.

### 3）众数

一组数据中出现次数最多的数据就是这组数据的众数. 注意一组数据的众数可能不止一个，但众数一定是这组数据中的数.

**例 13** 对于例 11 的数据，求这组数据的众数.

**解**：容易看出众数为 7.

当一组数据中某些数据多次重复出现时，众数往往是人们关心的一个指标. 众数不受极端值的影响.

## 2. 数据分布离散程度的描述

描述数据离散程度的指标主要有极差、方差、标准差等.

### 1）极差

极差也叫全距，是指一组数据的最大数据与最小数据之差.

极差可以反映数据的波动范围，但受极端值的影响较大.

### 2）方差 $s^2$

设有 $n$ 个数据 $x_1, x_2, \cdots, x_n$，则称

$$\frac{1}{n}\sum_{i=1}^{n}(x_i - \overline{x})^2$$

为这组数据的方差，记作 $s^2$. 方差是反映数据波动情况的最重要的指标.

### 3）标准差 $s$

方差的开方称为标准差，记作 $s$，即

$$s = \sqrt{s^2}$$

**例 14** 某班的 10 名同学，他们在一次数学考试中的成绩如下：

| 78 | 90 | 85 | 88 | 95 | 98 | 80 | 95 | 90 | 94 |
|----|----|----|----|----|----|----|----|----|----|

试求这组数据的平均数、方差和标准差.

**解**：

这组数据的平均数为

$$\overline{x} = \frac{1}{10}(78 + 90 + 85 + 88 + 95 + 98 + 80 + 95 + 90 + 94) = 89.3\ ;$$

方差为

$$s^2 = \frac{1}{10}[(78-89.3)^2 + (90-89.3)^2 + \cdots + (94-89.3)^2] = 39.81;$$

标准差为

$$s = \sqrt{39.81} = 6.310.$$

## 1.2　概率初步

# 一、随机事件的概率

## 1. 确定性事件与随机事件

生活中，有些事情我们事先能肯定它一定会发生，这些事情称为必然事件. 有些事情我们事先能肯定它一定不会发生，这些事情称为不可能事件. 必然事件与不可能事件统称为确定性事件.

生活中还有许多事情我们事先无法肯定它会不会发生，这些事情称为不确定性事件，也称为随机事件. 例如，在掷骰子的试验过程中观察出现的点数为 1 的事件. 再如，从一个装有黑白两种颜色球的袋子中随机地摸一个球，观察摸到白球的情况. 这些都是随机事件. 随机事件可以用大写的字母表示，如 $A$，$B$，$C$ 等.

## 2. 随机事件的概率

随机事件发生的可能性是会不一样的. 例如，一个袋子中有 9 个黑球和 1 个白球，这些球除了颜色之外其他完全相同. 现从中随机摸一个，问摸到黑球的可能性与摸到白球的可能性是否一样? 很显然，摸到黑球的可能性要比摸到白球的可能性大.

获得随机事件发生的可能性大小非常重要，它能为我们的决策提供帮助. 要了解随机事件发生可能性的大小，最直接的方法就是试验和观察.

例如，对于抛掷一枚硬币的试验，要了解正面朝上可能性的大小，为此，我们可以进行多次的抛掷试验，记录正面朝上的次数，进而得到正面朝上出现的频率. 不难发现，当试验的次数很大时，正面朝上出现的频率会稳定在一个数附近，我们把这个数称为正面朝上的概率.

一般地，在大量重复进行同一种试验时，事件 $A$ 发生的频率总在某个常数 $p$ 附近摆动，这时把 $P$ 称为事件 $A$ 的概率，记作 $P(A) = p$.

对于上述事件 $A$ 的概率定义，有下面的性质:

（1）因为频率的值介于 0 与 1 之间，所以 $0 \leqslant P(A) \leqslant 1$.

（2）在每次试验中，必然事件必会发生，因此它的频率为 1，从而必然事件的概率为 1.

（3）在每次试验中，不可能事件一定不会出现，因此它的频率为 0，从而不可能事件的概率为 0.

需要注意的是，通过试验和观察的方法，必须做大量的重复试验，才可以得到事件概率的估计值. 但这种方法耗时多，得到的仅仅是事件概率的近似值. 在一些特殊情况下，我们可以构造出计算事件概率的一般方法.

## 二、古典概型

如果试验有以下特点：

① 一次试验中，可能出现的结果只有有限个.

② 一次试验中，各种结果发生的可能性大小相等.

则称此类试验为古典概型.

例如，抛硬币试验，如果硬币是均匀的，则出现正面朝上和出现反面朝上的可能性相等. 又因为可能的结果只有两个，所以抛均匀的硬币试验是古典概型.

对于古典概型，要获得事件的概率，也可以通过试验和观察的方法. 历史上，一些著名的科学家做了抛硬币试验，其试验结果如表 1-1 所示.

表 1-1

| 试验者 | 试验次数 | 正面朝上的次数 | 正面朝上的频率 |
| --- | --- | --- | --- |
| 德摩根 | 4092 | 2048 | 50.05% |
| 蒲丰 | 4040 | 2048 | 50.69% |
| 费勒 | 10000 | 4979 | 49.79% |
| 皮尔逊 | 24000 | 12012 | 50.05% |
| 罗曼洛夫斯基 | 80640 | 39699 | 49.23% |

从上面的这些数据可以看到，虽然这些试验在不同时间、不同地点由不同的人完成，但是似乎有一股力量将正面朝上的频率固定在 50% 附近. 所以可以认为抛硬币试验中正面朝上的概率为 0.5. 这个结果与我们前面的分析结果相同，因为试验只有两个结果，且正面朝上与反面朝上的可能性相同，所以正面朝上的概率为 0.5.

一般地，如果一次试验中共有 $n$ 种等可能出现的结果，事件 $A$ 包括其中的 $k$ 种结果，则事件 $A$ 发生的概率为

$$P(A) = \frac{k}{n}.$$

**例 1** 袋中有 3 个球，其中 2 个红球、1 个白球，这些球除颜色外其余完全相同，现随意从中抽出一个球，问抽到红球的概率是多少？

**解：** 将 2 个红球分别标上 1 和 2，袋中的 3 个球，被选中的可能性相等，抽出的球共有 3 种可能的结果：红 1、红 2、白，这三个结果是等可能的，三个结果中有两个结果使事件 $A$ "抽到红球" 发生，故抽到红球的概率为

$$P(A) = \frac{2}{3}.$$

**例 2**　先后抛掷两枚均匀的硬币，计算：

（1）两枚都出现正面的概率.

（2）一枚一面出现正面、一面出现反面的概率.

**解：**先后抛掷两枚硬币可能出现的结果共有 2×2=4（种），且这 4 种结果出现可能性的大小都相等，这 4 种结果如下：

$$（正，正），（正，反），（反，正），（反，反）$$

（1）设事件 $A$ 表示"抛掷两枚硬币，都出现正面"，那么在上面 4 种结果中，事件 $A$ 包含其中 1 种结果，因此 $P(A)=\dfrac{1}{4}$.

（2）设事件 $B$ 表示"抛掷两枚硬币，一枚出现正面、一枚出现反面"，那么在上面 4 种结果中，事件 $B$ 包含其中的 2 种结果，因此 $P(B)=\dfrac{2}{4}=\dfrac{1}{2}$.

**例 3**　王强与李刚两位同学在学习概率时，做掷骰子试验，假设骰子是均匀的，他们共掷了 54 次，出现向上点数的次数如下所示：

| 向上点数 | 1 | 2 | 3 | 4 | 5 | 6 |
|---|---|---|---|---|---|---|
| 出现次数 | 6 | 9 | 5 | 8 | 16 | 10 |

（1）请计算出现向上点数为 3 的频率及其向上点数为 5 的频率.

（2）王强说："根据试验，一次试验中出现向上点数为 5 的概率最大."李刚说："如果抛 540 次，那么向上点数为 6 的次数正好是 100 次"请判断他们的说法是否正确.

（3）假设王强和李刚二人各掷一枚骰子，求出现向上点数之和为 3 的倍数的概率.

**解：**（1）由表中所给数据可以得到，出现向上点数为 3 的频率为 $\dfrac{5}{54}$，出现向上点数为 5 的频率为 $\dfrac{16}{54}=\dfrac{8}{27}$.

（2）每个点数出现的机会是相等的，因而一次试验中出现向上点数为 5 的概率为 $\dfrac{1}{6}$，故王强的说法是错误的；在 540 次试验中，向上点数为 6 出现的频数大约为 90 次，因而李刚的说法也是错误的.

（3）如果王强和李刚各抛一枚骰子，则向上点数共有 36 种情况，且这 36 种情况出现的可能性大小相等，向上点数之和为 3 包含其中的 2 种情况，向上点数之和为 6 包含其中的 5 种情况，向上点数之和为 9 包含其中的 4 种情况，向上点数之和为 12 包含其中的 1 种情况，所以出现向上点数之和为 3 的倍数的概率为 $\dfrac{12}{36}=\dfrac{1}{3}$.

# 三、几何概型

在现实生活中，常常会遇到试验的所有可能的结果是无限的情况，这时就不能用古典

概型来计算事件的概率了. 在所有可能的结果是无限的试验中, 有一种特殊的情况, 它具有下面两个特点:

（1）试验中所有可能出现的结果有无限不可列个.

（2）每个事件发生的概率只与构成该事件区域的长度（面积或体积）成比例.

例如, 在线段 $[0,3]$ 上任意取一点, 求坐标小于 1 的概率. 对于此问题, 可以采用大量重复试验的方法, 记录下坐标小于 1 的频率. 我们发现, 随着试验次数的增多, 该频率稳定在 $\frac{1}{3}$ 附近, 也就是坐标小于 1 的概率为 $\frac{1}{3}$. 这个结果也可以从直观分析得到, 因为试验的全部结果所构成的长度为 3, 构成坐标小于 1 这个事件的长度为 1, 所以坐标小于 1 的概率等于 $\frac{1}{3}$.

一般地, 如果每个事件发生的概率只与构成该事件区域的长度（面积或体积）成比例, 则称这样的概率模型为几何概率模型, 简称为几何概型.

在几何概型中, 事件 $A$ 概率的计算公式为:

$$P(A) = \frac{构成事件A的区域长度（面积或体积）}{试验的全部结果所构成的区域长度（面积或体积）}.$$

**例 4** 取一个边长为 $2a$ 的正方形及其内切圆, 如图 1-6 所示, 现随机向正方形内丢一粒芝麻, 求芝麻落入圆内的概率（忽略芝麻自身的体积）.

**分析**: 由于是随机地丢芝麻, 故可认为芝麻落入正方形内任一点的机会都是均等的, 于是芝麻落入圆中的概率应等于圆面积与正方形面积的比.

**解**: 设事件 $A$ 表示"芝麻落入圆内", 则

$$P(A) = \frac{圆面积}{正方形面积} = \frac{\pi a^2}{4a^2} = \frac{\pi}{4}.$$

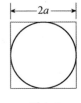

图 1-6

## 四、随机事件概率的基本性质

### 1. 事件之间关系和运算

在可能结果不止一个的试验中, 可以从不同角度来定义事件. 以掷骰子试验为例, 可以定义如下事件:

$A_1$ = "出现的点数为 1", $A_2$ = "出现的点数为 2", $A_3$ = "出现的点数为 3",

$A_4$ = "出现的点数为 4", $A_5$ = "出现的点数为 5", $A_6$ = "出现的点数为 6".

$D_1$ = "出现的点数不大于 1", $D_2$ = "出现的点数大于 3", $D_3$ = "出现的点数小于 5", $E$ = "出现的点数小于 7", $F$ = "出现的点数大于 6", $G$ = "出现的点数为偶数", $H$ = "出现的点数为奇数".

很明显, 事件 $E$ 在每次试验中一定发生, 所以事件 $E$ 为必然事件. 从集合的角度来说, 事件 $E$ 包含试验的所有可能的结果, 也就是说事件 $E$ 是由所有可能的结果组成的集合.

事件 $F$ 在每次试验中一定不会发生，所以事件 $F$ 为不可能事件．从集合的角度来说，事件 $F$ 不包含试验的任何可能的结果，所以是空集，一般记作 $\varnothing$．

从上面掷骰子试验中列出的随机事件，可以看出，事件是由试验的一些可能的结果组成的集合．例如，$D_2 =$ "出现的点数大于 3" 就是集合 {出现的点数为 4，5，6}．

事件之间是有联系的，为了描述事件之间的关系，我们可以用试验中事件的发生与否来测试．所谓事件 $A$ 发生是指在一次试验中出现的结果在事件 $A$ 的集合中．

事件之间关系和运算大体可以归纳如下：

**（1）事件的包含关系**

很显然，如果事件 $A_1$ 发生，则事件 $H$ 一定发生，这时称 $H$ 包含 $A_1$，记作 $H \supseteq A_1$．

一般地，如果事件 $A$ 发生必有事件 $B$ 发生，则称事件 $B$ 包含事件 $A$（或事件 $A$ 包含于事件 $B$），记为 $B \supseteq A$（或 $A \subseteq B$）．

从集合角度来说，事件 $B$ 包含事件 $A$ 可以用图形表示，如图 1-7 所示．

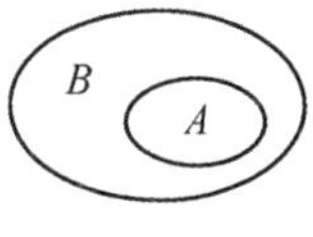

图 1-7

**（2）事件的相等关系**

如果事件 $A_1$ 发生必有事件 $D_1$ 发生，反过来，如果事件 $D_1$ 发生必有事件 $A_1$ 发生，则称 $A_1$ 与 $D_1$ 相等，记作 $A_1 = D_1$．

一般地，如果事件 $A$ 发生必有事件 $B$ 发生，反之也成立，则称事件 $A$ 与 $B$ 相等，记作 $A = B$．

**（3）事件的并（和）运算**

如果事件 $C$ 发生当且仅当事件 $A$ 发生或事件 $B$ 发生，则称事件 $C$ 为事件 $A$ 与 $B$ 的并事件（或和事件）．

上述定义可以理解为：一方面，事件 $A$ 发生或事件 $B$ 发生，则事件 $C$ 一定发生，从集合的角度，意味着在事件 $A$ 或事件 $B$ 中的可能结果一定在事件 $C$ 中．另一方面，事件 $C$ 发生，则事件 $A$ 或事件 $B$ 一定发生，从集合的角度，意味着在事件 $C$ 中的可能结果一定在事件 $A$ 或事件 $B$ 中．于是，用上述语言描述的事件 $C$，可以用集合的运算表示为 $A \cup B$（或 $A + B$）．

事件 $A$ 与 $B$ 的并事件（或和事件）可以用图形表示，如图 1-8 所示．

例如，在掷骰子试验中，事件 $D_1 \cup A_2$ 表示 "出现的点数为 1，2" 这个事件，即 $D_1 \cup A_2$ ＝{出现的点数为 1，2}．

**（4）事件的交（积）运算**

如果事件 $C$ 发生当且仅当事件 $A$ 发生且事件 $B$ 发生，则称事件 $C$ 为事件 $A$ 与 $B$ 的交事件（或积事件）．

上述定义可以理解为：一方面，事件 $A$ 发生且事件 $B$ 发生，则事件 $C$ 一定发生，从集合的角度意味着，在事件 $A$ 且在事件 $B$ 中的可能结果一定在事件 $C$ 中．另一方面，事件 $C$ 发生，则事件 $A$ 一定发生且事件 $B$ 一定发生，从集合的角度意味着，在事件 $C$ 中的可能结果一定在事件 $A$ 中且一定在事件 $B$ 中．于是，用上述语言描述的事件 $C$，可以用集合的运算

表示为 $A \bigcap B$（或 $AB$）.

事件 $A$ 与 $B$ 的交事件（或积事件）可以用图形表示，如图 1-9 所示.

图 1-8                                  图 1-9

例如，在掷骰子试验中，$D_2 \bigcap D_3 = A_4$.

**（5）事件的互斥关系**

如果 $A \bigcap B$ 为不可能事件（$A \bigcap B = \varnothing$），那么称事件 $A$ 与事件 $B$ 互斥，即事件 $A$ 与事件 $B$ 在任何一次试验中不会同时发生.

例如，在掷骰子试验中，因为 $D_1 \bigcap D_2 = \varnothing$，$G \bigcap H = \varnothing$，所以事件 $D_1$ 与事件 $D_2$ 互斥，事件 $G$ 与事件 $H$ 互斥.

**（6）事件的对立关系**

如果 $A \bigcap B$ 为不可能事件，且 $A \bigcup B$ 为必然事件，那么称事件 $A$ 与事件 $B$ 互为对立事件，即事件 $A$ 与事件 $B$ 在一次试验中有且仅有一个发生.

例如，在掷骰子试验中，事件 $G$ 与事件 $H$ 互为对立事件.

## 2. 互斥事件概率的加法公式

如果事件 $A$ 与事件 $B$ 互斥，则

$$P(A \bigcup B) = P(A) + P(B)$$

这就是互斥事件概率的加法公式.

**证明：**当事件 $A$ 与事件 $B$ 互斥时，事件 $A \bigcup B$ 发生的频数等于事件 $A$ 发生的频数加上事件 $B$ 发生的频数，从而事件 $A \bigcup B$ 发生的频率等于事件 $A$ 发生的频率加上事件 $B$ 发生的频率，再根据概率与频率的关系，即可得到概率的加法公式.

下面通过一个具体例子来说明.

例如，在掷骰子试验中，事件 $A_1$ 与事件 $A_2$ 互斥，$A_1 \bigcup A_2 = \{$出现的点数为 1，2$\}$，由古典概型计算概率的方法可知，$P(A_1 \bigcup A_2) = \dfrac{2}{6} = \dfrac{1}{3}$，$P(A_1) = \dfrac{1}{6}$，$P(A_2) = \dfrac{1}{6}$，于是

$$P(A_1 \bigcup A_2) = \frac{1}{3} = \frac{1}{6} + \frac{1}{6} = P(A_1) + P(A_2).$$

通过上面的具体例子也可以看出，互斥事件概率的加法公式是成立的.

特别地，如果事件 $A$ 与事件 $B$ 互为对立事件，即 $A \bigcap B = \varnothing$，$A \bigcup B = \Omega$，则有

$$P(A) + P(B) = P(A \bigcup B) = P(\Omega) = 1,$$

于是

$$P(A) = 1 - P(B).$$

# 习题 1

每个同学在班里都有一个学号. 将自己的学号除以 6 的余数作为 $a$, 这样每个同学都有自己的 $a$ 值. 将下列各题中有 $a$ 的地方都换成自己的 $a$ 值, 再求解（这里对每个同学提供的数据稍有不同, 目的是让学生独立分析, 掌握方法. 在后面的各章遇到类似问题时也做这种处理, 不再说明）.

1. 图 1-10 表示某校一名九年级学生平时一天的作息时间安排, 临近中考他又调整了自己的作息时间, 准备再放弃 1 小时的睡觉时间用于在家学习, 原运动时间的 $\frac{1}{2}$ 和其他活动时间的 $\frac{1}{2}$ 全部用于在家学习, 那么现在他用于在家学习的时间是多少？

2. 小林家今年 1-5 月份的用电量情况如图 1-11 所示. 由图可知, 相邻两个月中, 用电量变化最大的是哪两个月？

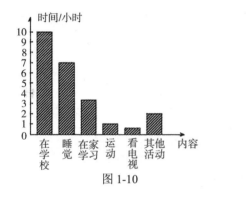

图 1-10

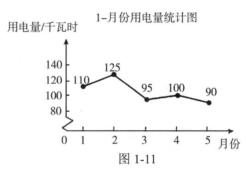

图 1-11

3. 2012 年某市体卫站对某校九年级学生体育测试情况进行调研, 从该校 100 名九年级学生中抽取了部分学生的成绩进行分析, 成绩分为 A（80～100 分）、B（60～80 分）、C（40～60 分）三类, 绘制了频数分布表与频数分布直方图（如图 1-12 所示）, 请根据图表信息, 补全频数分布表与频数分布直方图.

| 成绩 | C | B | A | 合计 |
|---|---|---|---|---|
| 频数/人 | 10 | | 40 | |
| 所占百分比 | 10% | 50% | | 100% |

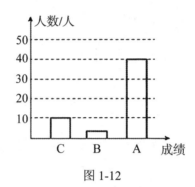

图 1-12

4. 为了了解初三学生女生身高情况，某中学对初三女生身高进行了一次测量，所得数据整理后列出了频率分布表如下所示：

| 组 别 | 频数 | 频率 |
|---|---|---|
| 145.5～149.5 | 1 | 0.02 |
| 149.5～153.5 | 4 | 0.08 |
| 153.5～157.5 | 20 | 0.40 |
| 157.5～161.5 | 15 | 0.30 |
| 161.5～165.5 | 8 | 0.16 |
| 165.5～169.5 | $m+a$ | $n$ |
| 合 计 | $M$ | $N$ |

（1）求出表中 $m,n,M,N$ 所表示的数分别是多少？

（2）画出频率分布直方图.

（3）全体女生中身高在哪组范围内的人数最多？

5. 在某次舞蹈比赛中，8 位评委给丽丽评分如下所示：

| 评委 | 1 | 2 | 3 | 4 | 5 | 6 | 7 | 8 |
|---|---|---|---|---|---|---|---|---|
| 评分/分 | 9.3 | 9.4 | 9.45 | 9.6 | 9.55 | 9.65 | 9.5 | $(95+a)/10$ |

（1）8 位评委评分的平均数是多少？（答案精确到百分位）

（2）8 位评委评分的中位数是多少？

（3）根据比赛规定，去掉一个最高分和一个最低分，再取剩下 6 位评委的平均数. 丽丽选手的最后得分是多少？（答案保留两位小数）

6. 百货公司 6 月份各天的销售额数据（单位：万元）如下所示：

| 257 | 276 | 297 | 252 | 238 | 310 | 240 | 236+$a$ | 265 | 278 |
|---|---|---|---|---|---|---|---|---|---|
| 271 | 292 | 261 | 281 | 301 | 274 | 267 | 280 | 291 | 258 |
| 272 | 284 | 268 | 303 | 273 | 263 | 322 | 249 | 269 | 295 |

（1）计算该百货公司日销售额的平均数、众数、中位数.

（2）计算该百货公司日销售额的极差、标准差.

7．有 4 张扑克牌，分别是红桃 Q、K 和黑桃 2、3，背面朝上，从中任意取 2 张．问：（1）都取到红桃的概率是多少？（2）取到一张红桃和一张黑桃的概率是多少？

8．班里要举办联欢会，通过转盘决定每个人表演节目的类型．按下列要求设计一个转盘.

（1）设有唱歌、舞蹈和朗诵 3 种表演节目.

（2）指针停在舞蹈区域的可能性是 3/（16+$a$）.

（3）表演朗诵的可能性是表演舞蹈的 3 倍.

9．两人一组，一人从分别标有 4、3、7+$a$、8+$a$ 的四张卡片中任意抽取两张．如果它们的积是 2 的整数倍，本人获胜；如果它们的积是 3 的整数倍，则对方获胜．如果积既是 2 的整数倍又是 3 的整数倍，就重来．请问这个玩法公平吗？你能换掉一张卡片使游戏公平吗？

10．一个口袋中有 10（1+$a$）个红球和若干个白球，请通过以下试验估计口袋中白球的个数：从口袋中随机摸出一球，记下其颜色，再把它放回口袋中，不断重复上述过程．试验中总共摸了 200 次，其中有 50 次摸到红球.

11．在一边长为 2+$a$ 的正方形的纸片上，有一个半径为 $R$ 的半圆孔，随机向该纸片投掷一粒芝麻，若芝麻恰好从半圆孔穿过的概率为 $\dfrac{\sqrt{3}}{6}\pi$，则 $R$ 等于多少？

12．甲、乙两人约定在 6：00－7：00 时之间在某处会面，并约定先到者应等候另一人 15+$a$ 分钟，过时才可离去，假设二人在这段时间内的各个时刻到达是等可能的，计算两人能会面的概率.

13．种植某种树苗的成活率为 50%，若种植这种树苗 2+$a$ 棵，求恰好成活 1 棵的概率.

# 第2章 随机变量及其数字特征

随机变量是概率统计中具有里程碑意义的概念，正是因为有了它，才使得微积分这个强有力的数学工具得以在研究随机现象中有用武之地．本章介绍随机变量、离散型随机变量的概率分布与事件的概率、离散型随机变量的数字特征、总体与样本的表示、连续型随机变量的概率密度函数与事件的概率，以及连续型随机变量的数字特征共 6 节内容．

## 2.1 随机变量

我们知道，在自然现象和社会现象中，有许多事情我们事先无法肯定它会不会发生，这些事情被称为随机事件．随机事件的表示开始是用文字叙述的，后来为了表示简洁，利用大写字母表示．

以掷骰子为例，可以表示事件如下：

$A$＝"出现的点数为 1"，$B$＝"出现的点数为 2"，$C$＝"出现的点数为 3"，

$D$＝"出现的点数为 4"，$E$＝"出现的点数为 5"，$F$＝"出现的点数为 6".

像"出现的点数"这几个字重复出现，引入一个字母 $X$ 表示之，则上述随机事件可以用该字母等于某个数值来表示，例如，

$$A=\{X=1\}，B=\{X=2\}，C=\{X=3\}，D=\{X=4\}，E=\{X=5\}，F=\{X=6\}.$$

称 $X$ 为随机变量，因为它的取值多于一个，且取哪个值在投掷之前不能准确预测．

再如，观察某射手射击一次击中的环数，可以表示事件如下：

$A$＝"击中的环数为 0"，$B$＝"击中的环数为 1"，$C$＝"击中的环数为 2"，

$D$＝"击中的环数为 3"，$E$＝"击中的环数为 4"，$F$＝"击中的环数为 5"，

$G$＝"击中的环数为 6"，$H$＝"击中的环数为 7"，$I$＝"击中的环数为 8"，

$J$＝"击中的环数为 9"，$K$＝"击中的环数为 10"，

如果用字母 $Y$ 表示"击中的环数"这几个字，则上面的事件可以表示为：

$A=\{Y=0\}$，$B=\{Y=1\}$，$C=\{Y=2\}$，$D=\{Y=3\}$，$E=\{Y=4\}$，$F=\{Y=5\}$，

$G=\{Y=6\}$，$H=\{Y=7\}$，$I=\{Y=8\}$，$J=\{Y=9\}$，$K=\{Y=10\}$，

也可以更简单地表示为

$$A_i=\{Y=i\}，\quad i=0,1,2,\cdots,10$$

其中 $Y$ 就是一个随机变量，它的取值为 $0,1,2,\cdots,10$．

又如，投硬币观察正面朝上还是反面朝上，可以表示事件如下：

$A$="正面朝上"，$B$="反面朝上"，虽然上述两个事件的描述中没有数量，但我们可以定义一个字母 $Z$ 为"出现正面的次数"，则 $A=\{Z=1\}$，$B=\{Z=0\}$．其中 $Z$ 就是一个随机变量，它的取值为 0，1．

再举一例，假设甲运动员投篮的命中率为 $\dfrac{1}{3}$，从开始直到投中为止，观察投篮的次数．如果令 $X$ 表示"从开始直到投中为止，投篮的次数"，则 $X$ 就是一个随机变量，它的所有可能取值为 1，2，3，$\cdots$．

像上面四个例子中的随机变量，其所有可能的取值为有限个或无穷可列个，这样的随机变量称为离散型随机变量．

还有一类连续取值的随机变量，下面通过一个例子说明：

设通过某公交车站的某路汽车每 10 分钟一辆，某乘客随机地到达该公交站，考察该乘客乘该路汽车的候车时间，如果用 $X$ 表示"该乘客乘该路汽车的候车时间"这段文字，则 $X$ 的取值范围为区间 $[0,10]$，像这种可以取某一区间内的任一点的随机变量，通常称为连续型随机变量．

## 2.2 离散型随机变量的概率分布与事件的概率

对于离散型随机变量，我们不仅需要知道它取哪些值，而且需要知道它取这些值的概率．以掷骰子为例，用 $X$ 表示掷出来的点数，则 $X$ 的所有可能取值为 1,2,3,4,5,6，如果骰子是均匀的，则取这些值的概率都是 $\dfrac{1}{6}$．我们可以用下面的表格表示：

| $X$ | 1 | 2 | 3 | 4 | 5 | 6 |
|---|---|---|---|---|---|---|
| $P$ | $\dfrac{1}{6}$ | $\dfrac{1}{6}$ | $\dfrac{1}{6}$ | $\dfrac{1}{6}$ | $\dfrac{1}{6}$ | $\dfrac{1}{6}$ |

也可以用数学式子表示如下：

$$P\{X=i\}=\frac{1}{6}, \qquad i=1,2,\cdots,6 .$$

像上述这种表示离散型随机变量取各个值概率的表格和数学式子统称为离散型随机变量的概率分布或分布列．

**例 1** 抛掷一枚均匀的硬币一次，设 $Z$ 为"出现正面的次数"，求随机变量 $Z$ 的概率分布．

**解**：随机变量 $Z$ 的概率分布为

| $Z$ | 0 | 1 |
|---|---|---|
| $P$ | $\dfrac{1}{2}$ | $\dfrac{1}{2}$ |

**练习 1**　100 件产品中有 5 件次品和 95 件正品，从中任取一件，求取到的正品的件数 $X$ 的分布列.

**练习 2**　一袋中装有 7 个白球 3 个黑球，现从中随机摸一个，用 $X$ 表示"摸到白球个数"，求 $X$ 的概率分布.

**练习 3**　现有红桃 2、黑桃 3、方片 5 和梅花 6 共四张扑克牌，从中随机摸一张，用 $Y$ 表示"摸到的扑克牌上的数字"，求 $Y$ 的概率分布.

**练习 4**　现有红桃 2、黑桃 2、黑桃 3、方片 3、梅花 3、方片 5 和梅花 6 共七张扑克牌，从中随机摸两张，用 $Z$ 表示"摸到的两张扑克牌上的数字之和"，求 $Z$ 的概率分布.

从上面的例子不难发现，离散型随机变量的概率分布（分布列）具有下列性质：

设离散型随机变量 $X$ 的所有可能取值为 $x_1, x_2, \cdots, x_i, \cdots$ 且 $X$ 取这些值的概率依次为 $p_1, p_2, \cdots, p_i, \cdots$，即

$$P\{X = x_i\} = p_i, \quad i = 1, 2, \cdots$$

则

（1）$0 \leqslant p_i \leqslant 1$.

（2）$p_1 + p_2 + \cdots + p_i + \cdots = 1$.

利用离散型随机变量分布列的性质，我们可以求分布列中未知的常数.

**例 2**　设离散型随机变量 $X$ 的概率分布为

| $X$ | $-1$ | $0$ | $1$ | $2$ |
|---|---|---|---|---|
| $P$ | $\dfrac{2}{3}c$ | $0.25$ | $\dfrac{1}{2}c$ | $0.15$ |

求常数 $c$ 的值.

**解**：根据离散型随机变量分布列的性质，可得

$$\frac{2}{3}c + 0.25 + \frac{1}{2}c + 0.15 = 1,$$

解得 $c = \dfrac{18}{35}$.

我们可以利用离散型随机变量的分布列，求离散型随机变量落入某个区间的概率.

**例 3**　某一射手射击所得的环数 $X$ 的分布列如下：

| $X$ | 4 | 5 | 6 | 7 | 8 | 9 | 10 |
|---|---|---|---|---|---|---|---|
| $P$ | 0.02 | 0.04 | 0.06 | 0.09 | 0.28 | 0.29 | 0.22 |

求此射手"射击一次命中环数 $\geqslant 7$"的概率.

**解**：所求的概率为 $P\{X \geqslant 7\} = P\{X = 7\} + P\{X = 8\} + P\{X = 9\} + P\{X = 10\} = 0.09 + 0.28 + 0.29 + 0.22 = 0.88$.

**练习 4**　设离散型随机变量 $X$ 的分布列为

| $X$ | −1 | 0 | 1 | 2 | 3 | 4 |
|---|---|---|---|---|---|---|
| $P$ | 0.16 | 0.17 | 0.12 | 0.35 | 0.11 | 0.09 |

求（1）$P\{0 \leqslant X < 2\}$；（2）$P\{X > 2\}$.

# 2.3　离散型随机变量的数字特征

## 一、数学期望

第 1 章 1.1 节曾介绍了有重复的一组数据求平均值的方法，即加权平均. 假设这组数据为 2，3，3，4，4，4 共 6 个数，则其平均值为

$$\bar{x} = \frac{1}{6}(2+3+3+4+4+4) = \frac{1}{6} \times 2 + \frac{2}{6} \times 3 + \frac{3}{6} \times 4$$

如果把这组数据写成下列形式

| 数据 | 2 | 3 | 4 |
|---|---|---|---|
| $f$ | $\dfrac{1}{6}$ | $\dfrac{2}{6}$ | $\dfrac{3}{6}$ |

其中 $f$ 表示出现的频率. 我们可以看出平均值恰好等于每个取值与对应频率乘积的总和. 下面把这个概念推广到随机变量中.

假设随机变量 $X$ 的分布列为

| $X$ | 2 | 3 | 4 |
|---|---|---|---|
| $P$ | $\dfrac{1}{6}$ | $\dfrac{2}{6}$ | $\dfrac{3}{6}$ |

求随机变量的均值可以理解为对这个随机变量做很多次试验，从而得到很多试验结果数据，对这些试验结果数据求平均值.

假设做了 $n$ 次试验，这些数据的分布情况大致为：

有 $\dfrac{1}{6}n$ 次出现 2，有 $\dfrac{2}{6}n$ 次出现 3，有 $\dfrac{3}{6}n$ 次出现 4.

所以这组数据的分布具有下列形式

| 数据 | 2 | 3 | 4 |
|---|---|---|---|
| $f$ | $\dfrac{1}{6}$ | $\dfrac{2}{6}$ | $\dfrac{3}{6}$ |

其中 $f$ 表示出现的频率. 于是，平均值为

$$\bar{x} = \frac{1}{6} \times 2 + \frac{2}{6} \times 3 + \frac{3}{6} \times 4.$$

可以看出，对随机变量求平均值就是将取值与对应概率乘积后的求和. 平均值有什么

用途呢？先来看一个例子.

**引例 1** 根据以往的资料，设某射手所得环数 $X$ 的概率分布如下：

| $X$ | 4 | 5 | 6 | 7 | 8 | 9 | 10 |
|---|---|---|---|---|---|---|---|
| $P$ | 0.02 | 0.04 | 0.06 | 0.09 | 0.28 | 0.29 | 0.22 |

为了选拔队员参加即将举行的比赛，需要在比赛之前，估计未来 $n$ 次射击的平均环数.

**分析**：在 $n$ 次射击中，预计

0.02$n$ 次得 4 环，0.04$n$ 次得 5 环，0.06$n$ 次得 6 环，0.09$n$ 次得 7 环

0.28$n$ 次得 8 环，0.29$n$ 次得 9 环，0.22$n$ 次得 10 环.

$n$ 次射击的总环数大约为

$$4\times0.02n+5\times0.04n+6\times0.06n+7\times0.09n+8\times0.28n+9\times0.29n+10\times0.22n$$

因此，$n$ 次射击的平均环数大约为

$$4\times0.02+5\times0.04+6\times0.06+7\times0.09+8\times0.28+9\times0.29+10\times0.22=8.32$$

这个值是前面的分布列中随机变量的取值与对应概率的乘积之和，我们把它称为随机变量的数学期望，记作 $E(X)$. 我们可以用这个值来评价该射手的射击水平.

类似地，任意一个射手所得环数 $X$ 可以假设有如下的概率分布：

| $X$ | 0 | 1 | 2 | 3 | 4 | 5 | 6 | 7 | 8 | 9 | 10 |
|---|---|---|---|---|---|---|---|---|---|---|---|
| $P$ | $p_1$ | $p_2$ | $p_3$ | $p_4$ | $p_5$ | $p_6$ | $p_7$ | $p_8$ | $p_9$ | $p_{10}$ | $p_{11}$ |

在比赛之前，则可估计该射手未来 $n$ 次射击的平均环数为

$$0\times p_1+1\times p_2+\cdots+10\times p_{11}=E(X)，$$

称 $E(X)$ 为该射手射击所得环数 $X$ 的数学期望.

一般地，有下面的定义.

**定义 1** 如果离散型随机变量 $X$ 的可能取值为 $n$ 个（$n$ 为正整数），其概率分布为

| $X$ | $x_1$ | $x_2$ | $\cdots$ | $x_n$ |
|---|---|---|---|---|
| $P$ | $p_1$ | $p_2$ | $\cdots$ | $p_n$ |

那么称 $x_1p_1+x_2p_2+\cdots+x_np_n$ 为 $X$ 的数学期望，简称期望或均值，记为 $E(X)$，即

$$E(X)=\sum_{i=1}^{n}x_ip_i=x_1p_1+x_2p_2+\cdots+x_np_n$$

上式中的 $\sum_{i=1}^{n}x_ip_i$ 是 $x_1p_1+x_2p_2+\cdots+x_np_n$ 的一种简洁表示. 因同学们在中学没有学过这种表示方法，所以下面做些简单说明，先从简单的情况说起.

对于求和的式子 $2^1+2^2+\cdots+2^{100}$，因为第 1 项为 $2^1$，第 2 项为 $2^2$，$\cdots$，第 $i$ 项为 $2^i$，$\cdots$，第 100 项为 $2^{100}$，所以可以用和号表示为 $\sum_{i=1}^{100}2^i$，其中符号 $\sum$ 的下方写求和的起始项的项数，上方写求和的最终项的项数，右侧写一般项的表示，并且在写下方的表示时要写上表

示一般项的项数符号等于起始项的项数即 $i=1$. 特别注意的是，这种求和的表示，项数从起始项每次递增 1，直到最终项.

当给出一个这种形式的表示时，要很熟练地把它拆成多项的和. 例如，$\sum\limits_{i=1}^{100}(2i-1)$ 的第 1 项为 $2\times1-1=1$，第 2 项为 $2\times2-1=3$，第 3 项为 $2\times3-1=5$，$\cdots$，最后一项为 $2\times100-1=199$，于是有

$$\sum_{i=1}^{100}(2i-1)=1+3+5+\cdots+199.$$

回到定义中的表示，由于第 1 项为 $x_1p_1$，第 2 项为 $x_2p_2$，第 $i$ 项为 $x_ip_i$，最终项的项数为 $n$，所以 $x_1p_1+x_2p_2+\cdots+x_np_n$ 可以写成 $\sum\limits_{i=1}^{n}x_ip_i$.

**定义 2**　设离散型随机变量 $X$ 的可能取值有无穷可列个，其概率分布为

| $X$ | $x_1$ | $x_2$ | $\cdots$ | $x_i$ | $\cdots$ |
|---|---|---|---|---|---|
| $P$ | $p_1$ | $p_2$ | $\cdots$ | $p_i$ | $\cdots$ |

如果 $x_1p_1+x_2p_2+\cdots+x_ip_i+\cdots$ 无论怎样改变顺序相加所得的结果均为同一个常数，则称该常数为 $X$ 的数学期望，简称期望或均值. 记为 $E(X)$，即

$$E(X)=\sum_{i=1}^{+\infty}x_ip_i=x_1p_1+x_2p_2+\cdots+x_ip_i+\cdots$$

**注**：$X$ 的数学期望可以统一表示为

$$E(X)=\sum_i x_ip_i.$$

**例 1**　设离散型随机变量 $X$ 的概率分布为

| $X$ | $-3$ | $0$ | $2$ |
|---|---|---|---|
| $P$ | $\dfrac{1}{3}$ | $\dfrac{1}{2}$ | $\dfrac{1}{6}$ |

求数学期望 $E(X)$.

**解**：$E(X)=-3\times\dfrac{1}{3}+0\times\dfrac{1}{2}+2\times\dfrac{1}{6}=-\dfrac{2}{3}$.

**练习 1**　设离散型随机变量 $X$ 的概率分布为

| $X$ | $0$ | $2$ |
|---|---|---|
| $P$ | $\dfrac{3}{4}$ | $\dfrac{1}{4}$ |

求数学期望 $E(X)$.

## 二、方差

第 1 章 1.1 节曾介绍了，$n$ 个数据 $x_1, x_2, \cdots, x_n$ 的方差计算公式，即 $s^2 = \dfrac{1}{n} \sum\limits_{i=1}^{n} (x_i - \bar{x})^2$．下面对有重复的数据求其方差．仍以 2，3，3，4，4，4 这 6 个数为例说明．

假设这 6 个数的平均为 $\bar{x}$，则其方差为

$$\frac{1}{6}\Big[(2-\bar{x})^2 + (3-\bar{x})^2 + (3-\bar{x})^2 + (4-\bar{x})^2 + (4-\bar{x})^2 + (4-\bar{x})^2\Big]$$

$$= \frac{1}{6} \times (2-\bar{x})^2 + \frac{2}{6} \times (3-\bar{x})^2 + \frac{3}{6} \times (4-\bar{x})^2.$$

如果把这组数据写成下列形式

| 数据 | 2 | 3 | 4 |
|---|---|---|---|
| $f$ | $\dfrac{1}{6}$ | $\dfrac{2}{6}$ | $\dfrac{3}{6}$ |

其中 $f$ 表示出现的频率．可以看出方差恰好等于每个取值与平均之差的平方再与对应频率相乘后再求和．这个概念可以推广到随机变量中．

假设随机变量 $X$ 的概率分布为

| $X$ | 2 | 3 | 4 |
|---|---|---|---|
| $P$ | $\dfrac{1}{6}$ | $\dfrac{2}{6}$ | $\dfrac{3}{6}$ |

求随机变量的方差可以理解为对这个随机变量做很多次试验，从而得到很多试验结果数据，求这些值的方差．

假设做了 $n$ 次试验，这些数据的分布情况大致为：

有 $\dfrac{1}{6}n$ 次出现 2，有 $\dfrac{2}{6}n$ 次出现 3，有 $\dfrac{3}{6}n$ 次出现 4．

所以这组数据的分布具有下列形式

| 数据 | 2 | 3 | 4 |
|---|---|---|---|
| $f$ | $\dfrac{1}{6}$ | $\dfrac{2}{6}$ | $\dfrac{3}{6}$ |

其中 $f$ 表示出现的频率．于是这组数据的方差为

$$\frac{1}{6} \times (2-\bar{x})^2 + \frac{2}{6} \times (3-\bar{x})^2 + \frac{3}{6} \times (4-\bar{x})^2.$$

可以看出，对随机变量求方差就是将随机变量每个取值与均值差的平方，并将该平方与对应概率相乘将这些乘积再求和．方差有什么用途呢？先来看一个例子．

**引例 2**　有甲、乙两个射手，他们射击所得环数的概率分布如下：

甲

| $X$ | 0 | 5 | 10 |
|---|---|---|---|
| $P$ | 0.3 | 0.4 | 0.3 |

乙

| $Y$ | 4 | 5 | 6 |
|---|---|---|---|
| $P$ | 0.3 | 0.4 | 0.3 |

其中 $X$，$Y$ 分别表示甲、乙两个射手所得环数，试比较甲、乙二人的射击水平.

**分析**：先计算甲、乙两个射手所得环数的数学期望，甲的数学期望为

$$E(X)=0\times0.3+5\times0.4+10\times0.3=5，$$

乙的数学期望为

$$E(Y)=4\times0.3+5\times0.4+6\times0.3=5.$$

如果从数学期望的角度来比较，则甲、乙二人的数学期望是相同的. 但从二人射击的概率分布来看，射击水平的稳定程度是不一样的. 用一个指标衡量就是方差，是随机变量的取值与其均值的离散程度. 可以对甲、乙二人的方差计算如下：

$$D(X)=(0-5)^2\times0.3+(5-5)^2\times0.4+(10-5)^2\times0.3=13，$$
$$D(Y)=(4-5)^2\times0.3+(5-5)^2\times0.4+(6-5)^2\times0.3=0.6.$$

从上面的计算结果可以看出，甲的方差比乙的方差大很多，说明甲的射击水平的稳定性很差. 由于甲、乙二人射击的数学期望相同，所以乙的射击水平比较高.

一般地，对离散型随机变量有下面的方差定义.

**定义 3** 设 $X$ 为离散型随机变量且其数学期望 $E(X)$ 存在. 若

$$\sum_i [x_i - E(X)]^2 p_i$$

存在，则称 $\sum_i [x_i - E(X)]^2 p_i$ 为 $X$ 的方差，记为 $D(X)$，即

$$D(X) = \sum_i [x_i - E(X)]^2 p_i$$

有了方差的定义，还可以定义标准差，称 $\sqrt{D(X)}$ 为离散型随机变量 $X$ 的标准差或均方差，常记为 $\sigma(X)$.

方差 $D(X) = \sum_i [x_i - E(X)]^2 p_i$ 也可以写成 $E\{[X - E(X)]^2\}$，下面给出说明.

为了帮助理解，先从一个简单情况说起. 假设离散型随机变量 $X$ 的概率分布为

| $X$ | 1 | 2 |
|---|---|---|
| $P$ | 0.3 | 0.7 |

则 $E(X)=1\times0.3+2\times0.7=1.7$.

由于离散型随机变量 $X$ 的取值不止一个，且取哪个值不能准确预测，所以 $[X-E(X)]^2$ 取值也不止一个，且取哪个值不能准确预测. 根据随机变量的定义可知，$[X-E(X)]^2$ 也是一个随机变量，不妨设 $Y=[X-E(X)]^2$，则 $Y$ 的取值由 $X$ 的取值所确定. 当 $X=1$ 时，$Y=(1-1.7)^2=0.49$；当 $X=2$ 时，$Y=(2-1.7)^2=0.09$. 由于随机变量 $X$ 取 1 时必有随机变量 $Y$ 取 0.49，所以随机变量 $Y$ 取 0.49 的概率就是随机变量 $X$ 取 1 的概率. 同样，随机变量 $Y$ 取 0.09 的概率就是随机变量 $X$ 取 2 的概率. 于是，随机变量 $Y$ 的概率分布为

| $X$ | 0.49 | 0.09 |
|---|---|---|
| $P$ | 0.3 | 0.7 |

于是 $E(Y)=0.49\times0.3+0.09\times0.7=0.21$. 因为 $D(X)=\sum_i[x_i-E(X)]^2 p_i=0.21$，所以有 $E\left\{[X-E(X)]^2\right\}=D(X)$.

对于更一般的随机变量 $X$，此结论也是成立的，有下面的定理.

**定理 1** 对于离散型随机变量 $X$，如果 $\sum_i[x_i-E(X)]^2 p_i$ 存在，且无论怎样改变顺序相加所得的结果均为同一个常数，则有

$$E\left\{[X-E(X)]^2\right\}=\sum_i[x_i-E(X)]^2 p_i.$$

证明从略.

定理 1 可以继续推广，有下面的定理.

**定理 2** 对于离散型随机变量 $X$，如果 $\sum_i g(x_i)p_i$ 存在，且无论怎样改变顺序，相加所得的结果均为同一个常数，则有 $E[g(X)]=\sum_i g(x_i)p_i$.

证明从略.

由定理 1 可知，$E\left\{[X-E(X)]^2\right\}=D(X)$.

在利用定义求方差时，有时会很烦琐. 一般采用下面的公式计算：

$$D(X)=E(X^2)-\left[E(X)\right]^2.$$

其中，$E(X^2)=\sum_i x_i^2 p_i$.

此公式可以由方差的定义和数学期望的定义推得，下面给出证明.

**证明**

$$D(X)=\sum_i[x_i-E(X)]^2 p_i=\sum_i\{x_i^2-2E(X)x_i+[E(X)]^2\}p_i$$

$$=\sum_i x_i^2 p_i-2E(X)\sum_i x_i p_i+[E(X)]^2\sum_i p_i=\sum_i x_i^2 p_i-[E(X)]^2.$$

利用定理 2，不难看出 $E(X^2) = \sum_i x_i^2 p_i$，于是 $D(X) = E(X^2) - [E(X)]^2$.

证毕.

**例 2**　抛掷一枚质地均匀的骰子，设随机变量 $X$ 表示出现的点数，求随机变量 $X$ 方差 $D(X)$ 和标准差 $\sigma(X)$.

**解**：随机变量 $X$ 的分布列为

| $X$ | 1 | 2 | 3 | 4 | 5 | 6 |
|---|---|---|---|---|---|---|
| $P$ | $\dfrac{1}{6}$ | $\dfrac{1}{6}$ | $\dfrac{1}{6}$ | $\dfrac{1}{6}$ | $\dfrac{1}{6}$ | $\dfrac{1}{6}$ |

于是

$$E(X) = 1 \times \frac{1}{6} + 2 \times \frac{1}{6} + 3 \times \frac{1}{6} + 4 \times \frac{1}{6} + 5 \times \frac{1}{6} + 6 \times \frac{1}{6}$$

$$= \frac{1}{6}(1 + 2 + 3 + 4 + 5 + 6) = \frac{21}{6} = \frac{7}{2},$$

$$E(X^2) = 1^2 \times \frac{1}{6} + 2^2 \times \frac{1}{6} + 3^2 \times \frac{1}{6} + 4^2 \times \frac{1}{6} + 5^2 \times \frac{1}{6} + 6^2 \times \frac{1}{6}$$

$$= \frac{1}{6}(1^2 + 2^2 + 3^2 + 4^2 + 5^2 + 6^2) = \frac{91}{6},$$

则方差为

$$D(X) = E(X^2) - [E(X)]^2 = \frac{91}{6} - (\frac{7}{2})^2 = \frac{35}{12},$$

标准差为

$$\sigma(X) = \sqrt{D(X)} = \sqrt{\frac{35}{12}}.$$

**练习 2**　一袋子中装有 6 个球，依次标有数字 1，2，2，2，3，3. 从袋中一次任取两个球，用 $Y$ 表示"取得的两个球上的数字之和"，求（1）$Y$ 的分布列；（2）$E(Y)$；（3）$D(Y)$.

## 三、$k$ 阶矩和 $k$ 阶中心矩

将离散型随机变量 $X$ 的均值 $E(X)$ 和 $E(X^2)$ 的定义进行推广，就可以得到 $k$ 阶矩 $E(X^k)$ 的定义. 将离散型随机变量 $X$ 的 $\{[X - E(X)]^2\}$ 的定义推广，就可以得到 $k$ 阶中心矩 $E\{[X - E(X)]^k\}$ 的定义.

**定义 4**　设离散型随机变量 $X$ 的概率分布为

| $X$ | $x_1$ | $x_2$ | $\cdots$ | $x_i$ | $\cdots$ |
|---|---|---|---|---|---|
| $P$ | $p_1$ | $p_2$ | $\cdots$ | $p_i$ | $\cdots$ |

若 $\sum_i x_i^k p_i$，$k=1,2,\cdots$ 存在且无论怎样改变顺序相加所得的结果均为同一个常数，则称其为离散型随机变量 $X$ 的 $k$ 阶原点矩，简称 $k$ 阶矩，记作 $E(X^k)$，即

$$E(X^k)=\sum_i x_i^k p_i .$$

设离散型随机变量 $X$ 的数学期望 $E(X)$ 存在，若 $\sum_i [x_i - E(X)]^k p_i$，$k=1,2,\cdots$ 存在且无论怎样改变顺序相加所得的结果均为同一个常数，则称其为离散型随机变量 $X$ 的 $k$ 阶中心矩，记作 $E\left\{[X-E(X)]^3\right\}$，即

$$E\left\{[X-E(X)]^k\right\}=\sum_i [x_i - E(X)]^k p_i .$$

**例 3**　设离散型随机变量 $X$ 的概率分布为

| $X$ | 0 | 2 |
|---|---|---|
| $P$ | $\dfrac{3}{4}$ | $\dfrac{1}{4}$ |

求 $E(X^3)$ 和 $E\left\{[X-E(X)]^3\right\}$.

**解：**
$$E(X^3)=0^3\times\frac{3}{4}+2^3\times\frac{1}{4}=2 ,$$

$$E(X)=0\times\frac{3}{4}+2\times\frac{1}{4}=\frac{1}{2} ,$$

$$E\left\{[X-E(X)]^3\right\}=(0-\frac{1}{2})^3\times\frac{3}{4}+(2-\frac{1}{2})^3\times\frac{1}{4}=-\frac{3}{32}+\frac{27}{32}=\frac{24}{32}=\frac{3}{4} .$$

**练习 3**　设离散型随机变量 $X$ 的概率分布为

| $X$ | −1 | 1 |
|---|---|---|
| $P$ | $\dfrac{2}{5}$ | $\dfrac{3}{5}$ |

求 $E(X^3)$ 和 $E\left\{[X-E(X)]^3\right\}$.

## 2.4　总体与样本的表示

### 一、总体与随机变量

我们已经知道，总体是所要考察对象的全体，其中的每一个对象称为个体. 从总体中所抽取的一部分个体称为总体的一个样本，样本中个体的数目称为样本容量.

例如，某灯泡厂生产的一批灯泡可以看作总体，一个装有黑白球的袋子可以看作总体，甚至一个骰子也可以看作总体（当不清楚各个点数朝上的概率，要对其进行研究时）.

总体可以用随机变量表示. 例如, 袋子中有 100 个球, 其中 81 个白球, 19 个黑球, 则总体的分布情况为: 黑球占 $\frac{19}{100}$, 白球占 $\frac{81}{100}$. 现引入一个随机变量 $X$, $X$ 表示在一次摸球中出现白球的数量, 则 $X$ 的概率分布为

| $X$ | 0 | 1 |
|---|---|---|
| $P$ | $\frac{19}{100}$ | $\frac{81}{100}$ |

与总体的分布情况完全一致, 所以今后为了方便, 总体也用随机变量表示.

## 二、简单随机抽样

从总体中抽取一部分个体的过程称为抽样. 抽样时应满足以下两个要求.

（1）代表性：抽取的每个个体应与总体有相同的分布.

（2）独立性：抽样必须是独立的, 即每次抽样的结果既不影响其他各次的抽样的结果, 也不受其他各次抽样结果的影响.

这种抽样方法称为简单随机抽样, 由此得到的样本称为简单随机样本.

值得一提的是, 我们这里的简单随机抽样与高中数学课本里的简单随机抽样概念不同, 高中所学的简单随机抽样是不放回的, 而我们这里的简单随机抽样是放回的.

如何得到简单随机样本? 下面以某灯泡厂生产的 1000 只灯泡中抽取 10 只为例, 说明简单随机抽样的方法.

把这 1000 只灯泡进行标号, 从 1 标到 1000, 将每一个号码做成一个阄, 放在一个箱子中进行摇匀, 从中任取一个, 记下号码, 然后放回, 再摇匀, 从中再任取一个, 记下号码, …, 依此类推, 直到记下 10 个号码为止.

我们还可以利用计算机中的 Excel 软件进行随机抽样, 方法如下：在 A1 单元格上输入 "=RANDBETWEEN（1,1000）", 按回车键, 则可以得到 1 到 1000 的一个随机整数. 再选定 A1 单元格右下方的填充柄, 拖动至 A10, 则在 A1～A10 单元格产生了容量为 10 的一个样本.

**练习 1** 要想了解北京在校大学生的身高情况, 从中抽取 100 个学生的一个样本, 如何抽取?

在实际工作中, 对于有限总体常采用有放回抽样. 而当总体是无限的或虽是有限总体, 但样本容量与总体内个体数相比很小时, 常采用无放回抽样.

## 三、样本的表示

如果总体是随机变量 $X$, 则一个容量为 $n$ 的样本可以记作 $X_1, X_2, \cdots, X_n$, 其中 $X_i(i=1,2\cdots,n)$ 表示第 $i$ 次从总体中随机抽取所得到的个体. $X_1, X_2, \cdots, X_n$ 一般与总体具有相同的分布, 且每次抽取互相没有影响, 也就是相互独立的.

样本值：当抽样完成后，每个 $X_i(i=1,2\cdots,n)$ 的值就确定了，假设为 $x_i(i=1,2\cdots,n)$，这时 $x_1,x_2,\cdots,x_n$ 称为 $X_1,X_2,\cdots,X_n$ 的样本值.

# 2.5　连续型随机变量的概率密度函数与事件的概率

## 一、频率分布直方图与频率分布折线图

由上节可知总体可以用随机变量表示，反过来随机变量也可以当作某个总体对待. 对于连续型随机变量，为了了解它的分布情况，需要从中抽取大量的数据. 这些数据虽然可以落在一个大的区间上的每一个点上，但在不同的区间段取值的概率是不同的. 为了区分这种差别，我们用频率分布直方图来描述. 画频率分布直方图的步骤，在第 1 章已经介绍，这里再简要地回顾一下.

画频率分布直方图可以按以下步骤进行：

（1）找出数据的最大值与最小值并计算极差.

（2）确定组距与组数.

（3）确定分点并将数据分组.

（4）列频率分布表.

（5）画频率分布直方图.

手工画频率分布直方图比较麻烦，我们可以用 Excel 软件来画，详见第 17 章 17.2 节. 利用第 17 章 17.2 节的方法，可以得到下面例子的频率分布直方图，这里省略过程只给出最后的结果.

**例 1**　某加工厂在同一生产线上生产一批内径为 25.40mm 的钢管，为了了解这批钢管的质量状况，从中随机抽取了 100 件钢管进行检测，它们的内径尺寸（单位：mm）如下所示.

| | | | | | | | | | |
|---|---|---|---|---|---|---|---|---|---|
| 25.47 | 25.32 | 25.34 | 25.38 | 25.30 | 25.39 | 25.42 | 25.36 | 25.40 | 25.33 |
| 25.46 | 25.33 | 25.37 | 25.41 | 25.49 | 25.29 | 25.41 | 25.40 | 25.37 | 25.37 |
| 25.35 | 25.40 | 25.47 | 25.38 | 25.42 | 25.47 | 25.35 | 25.39 | 25.39 | 25.41 |
| 25.36 | 25.42 | 25.39 | 25.46 | 25.38 | 25.35 | 25.31 | 25.34 | 25.40 | 25.36 |
| 25.40 | 25.43 | 25.44 | 25.41 | 25.53 | 25.37 | 25.38 | 25.24 | 25.44 | 25.40 |
| 25.35 | 25.45 | 25.40 | 25.43 | 25.39 | 25.54 | 25.45 | 25.43 | 25.27 | 25.32 |
| 25.37 | 25.44 | 25.46 | 25.33 | 25.49 | 25.34 | 25.42 | 25.37 | 25.50 | 25.40 |
| 25.40 | 25.39 | 25.41 | 25.36 | 25.38 | 25.31 | 25.56 | 25.43 | 25.40 | 25.38 |
| 25.41 | 25.43 | 25.44 | 25.48 | 25.45 | 25.43 | 25.46 | 25.40 | 25.51 | 25.45 |
| 25.39 | 25.36 | 25.34 | 25.42 | 25.45 | 25.38 | 25.39 | 25.42 | 25.47 | 25.35 |

做出这个样本数据的频率分布直方图.

**解：**频率分布直方图如图 2-1 所示.

如果将频率分布直方图中相邻的矩形的上底边的中点顺次连结起来，就得到一条折线，这条折线称为该组数据的频率分布折线图.

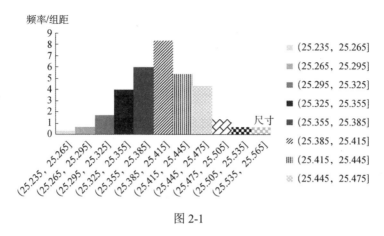

图 2-1

利用第 7 章 17.2 节的方法，可以做出例 1 的频率分布折线图，如图 2-2 所示.

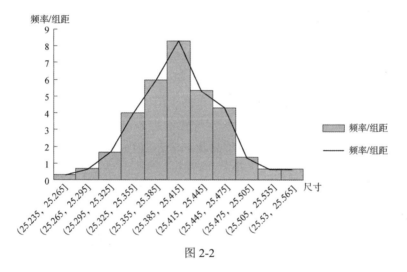

图 2-2

## 二、总体概率密度曲线

对于例 1,为了对这批钢管总体的质量状况有更准确的了解,需要抽取容量更多的样本,这时分组的组数增多，组距减少，所画出的频率分布折线图就会越来越光滑. 可以想象，当收集的数据无限增多，组距无限减少时，所画的频率分布折线图会越来越接近于一条光滑的曲线，在统计学中称这条光滑曲线为总体概率密度曲线，如图 2-3 所示.

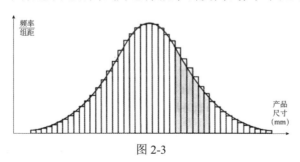

图 2-3

一般地，对于总体 $X$，为了了解其分布情况，需要从总体中抽取样本，利用这些样本数据可以画出频率分布折线图．随着样本容量的增加，所分组数也增加，组距也就可以减小，相应的频率分布折线图越来越趋于一条光滑曲线．这一光滑曲线称为总体概率密度曲线，对应的函数称为总体概率密度函数．

为什么这样称呼呢？我们学过密度的概念，它是单位体积内的质量，即 $\rho = \dfrac{M}{V}$（单位：$g/cm^3$ 或 $kg/m^3$）．比如水的密度为 $1g/cm^3$，铁的密度为 $7.8g/cm^3$．两种单位的换算关系为：
$$1（g/cm^3）=10^3（kg/m^3）.$$
有时也会遇到面密度，面密度是指定厚度的物质单位面积的质量，有时也会用到线密度，线密度是指单位长度的质量．

当分布不均匀时，需要研究在某一点的线密度．类似于瞬时速度的定义，在某一点的线密度就是在包含此点的线段上的质量除以对应的线段的长度，当这一包含的该点的线段长度趋于零时的极限．

考虑频率的分布情况，就是频率密度，频率分布折线图就是频率密度的曲线．当试验的次数非常大时，频率就非常接近概率，此时的频率密度的曲线就接近概率密度函数．

总体概率密度曲线能够精确地反映总体在各个范围内取值的百分比，它能给我们提供更加精细的信息．实际上，尽管有些总体概率密度曲线是客观存在的，但一般很难像函数图像那样准确地画出来，我们只能用样本的频率分布对它进行估计．一般来说，样本容量越大，这种估计就越精确．

## 三、连续型随机变量及其概率密度函数

由前面的分析可以看出，连续型的随机变量必存在概率密度曲线．如果该曲线可以用函数 $p(x)$ 表示，则 $p(x)$ 具有下列性质：

**性质 1**　　$p(x) \geqslant 0, -\infty < x < +\infty$．

**性质 2**　　$\displaystyle\int_{-\infty}^{+\infty} p(x)\mathrm{d}x = 1$．

**解释：**$\displaystyle\int_{-\infty}^{+\infty} p(x)\mathrm{d}x$ 表示概率密度函数 $p(x)$ 的曲线与 $x$ 轴所围图形的面积．由前面叙述可知，概率密度曲线是通过频率分布折线图逐渐逼近而成的，而频率分布折线图是由频率分布直方图中相邻两个矩形上边的中点相连得到的，于是 $\displaystyle\int_{-\infty}^{+\infty} p(x)\mathrm{d}x$ 所表示的面积可以用各个频率直方图中小矩形的面积之和来近似．由于这些小矩形的面积之和就是频率之和，永远等于 1，所以取极限还是 1，因此 $\displaystyle\int_{-\infty}^{+\infty} p(x)\mathrm{d}x = 1$．

**注：**对定积分的概念不熟悉的同学，建议先阅读附录 A．

**例 2**　设随机变量 x 的概率密度为 $p(x) = \begin{cases} kx^2, & 0 \leqslant x \leqslant 1 \\ 0, & \text{其他} \end{cases}$，求常数 $k$ 的值．

**解：**因为　　$\displaystyle\int_{-\infty}^{+\infty} p(x)\mathrm{d}x = \int_{-\infty}^{0} p(x)\mathrm{d}x + \int_{0}^{1} p(x)\mathrm{d}x + \int_{1}^{+\infty} p(x)\mathrm{d}x$

$$= \int_{-\infty}^{0} 0\mathrm{d}x + \int_{0}^{1} kx^2 \mathrm{d}x + \int_{1}^{+\infty} 0\mathrm{d}x$$

$$= \left[ C \right]_{-\infty}^{0} + k\int_{0}^{1} x^2 \mathrm{d}x + \left[ C \right]_{1}^{+\infty}$$

$$= C - \lim_{x \to -\infty} C + k\left[ \frac{x^3}{3} \right]_{0}^{1} + \lim_{x \to +\infty} C - C$$

$$= C - C + \frac{k}{3}\left[ x^3 \right]_{0}^{1} + C - C$$

$$= \frac{k}{3}\left( 1^3 - 0^3 \right) = \frac{k}{3}.$$

（**注**：上式用到了分段函数积分的计算，详见附录 A）.

又因为 $\int_{-\infty}^{+\infty} p(x)\mathrm{d}x = 1$，所以 $\dfrac{k}{3} = 1$，即 $k = 3$.

概率密度还有另一个性质，即

**性质 3**　$P\{a < X \leqslant b\} = \int_{a}^{b} p(x)\mathrm{d}x$.

**解释**：概率 $P\{a < X \leqslant b\}$ 可以用落入 $[a,b]$ 上的频率来近似，而频率恰好是频率直方图中 $[a,b]$ 内的小矩形的面积之和. 由定积分的定义，当区间 $[a,b]$ 分得很细时，这个面积之和可以用 $\int_{a}^{b} p(x)\mathrm{d}x$ 表示，所以有 $P\{a < X \leqslant b\} = \int_{a}^{b} p(x)\mathrm{d}x$.

**例 3**　设随机变量 $x$ 的概率密度为 $p(x) = \begin{cases} kx, & 2 \leqslant x \leqslant 3 \\ 0, & \text{其他} \end{cases}$，求（1）常数 $k$ 的值；（2）$P\left\{ -1 < X \leqslant \dfrac{5}{2} \right\}$.

**解**：（1）因为

$$\int_{-\infty}^{+\infty} p(x)\mathrm{d}x = \int_{-\infty}^{2} p(x)\mathrm{d}x + \int_{2}^{3} p(x)\mathrm{d}x + \int_{3}^{+\infty} p(x)\mathrm{d}x = \int_{2}^{3} kx\mathrm{d}x$$

$$= k\int_{2}^{3} x\mathrm{d}x = k\left[ \frac{x^2}{2} \right]_{2}^{3} = \frac{k}{2}\left[ x^2 \right]_{2}^{3} = \frac{k}{2}\left( 3^2 - 2^2 \right) = \frac{5k}{2},$$

又因为 $\int_{-\infty}^{+\infty} p(x)\mathrm{d}x = 1$，所以 $\dfrac{5k}{2} = 1$，即 $k = \dfrac{2}{5}$.

（2）$P\left\{ -1 < X \leqslant \dfrac{5}{2} \right\} = \int_{-1}^{\frac{5}{2}} p(x)\mathrm{d}x = \int_{-1}^{2} 0\mathrm{d}x + \int_{2}^{\frac{5}{2}} \dfrac{2}{5} x\mathrm{d}x = \dfrac{2}{5}\left[ \dfrac{x^2}{2} \right]_{2}^{\frac{5}{2}}$

$$= \frac{1}{5}\left[ x^2 \right]_{2}^{\frac{5}{2}} = \frac{1}{5}\left[ \left( \frac{5}{2} \right)^2 - 2^2 \right] = \frac{9}{20}.$$

**练习 1**　设随机变量 $X$ 的概率密度函数为 $p(x) = \begin{cases} kx^2, & 0 \leqslant x \leqslant 1, \\ 0, & \text{其他,} \end{cases}$ 求（1）常数 $k$ 的值；

（2）$P\left\{-1<X\leqslant\dfrac{1}{2}\right\}$.

概率密度函数还有一个性质，即

**性质 4**　$P\{X=b\}=0$.

**解释**：$P\{X=b\}=\lim\limits_{h\to 0}P\{b-h<X\leqslant b\}=\lim\limits_{h\to 0}\displaystyle\int_{b-h}^{b}p(x)\mathrm{d}x=0$.

有了性质 4，于是有下面的结果：

$$P\{a<X<b\}=P\{a<X\leqslant b\}=P\{a\leqslant X<b\}=P\{a\leqslant X\leqslant b\}=\int_{a}^{b}p(x)\mathrm{d}x.$$

概率密度函数的性质归纳如下：

**性质 1**　$p(x)\geqslant 0,-\infty<x<+\infty$.

**性质 2**　$\displaystyle\int_{-\infty}^{+\infty}p(x)\mathrm{d}x=1$.

**性质 3**　$P\{a<X\leqslant b\}=\displaystyle\int_{a}^{b}p(x)\mathrm{d}x$.

**性质 4**　$P\{X=b\}=0$.

## 2.6　连续型随机变量的数字特征

在实际问题中，往往需要计算连续型随机变量的数字特征，下面对其进行介绍.

# 一、数学期望

由 2.3 节可知，对于离散型随机变量，其数学期望等于每个取值与对应概率乘积的总和. 对于连续型的随机变量的数学期望，可以利用微元法（详见附录 B）得到其表达式，过程如下：

在 $(-\infty,+\infty)$ 内选取一个具有代表的区间 $[x,x+\mathrm{d}x]$，因为区间很小，在其上面的取值可以用 $x$ 代替，出现的概率为 $p(x)\mathrm{d}x$，则在这个小区间的部分量为 $x\cdot p(x)\mathrm{d}x$，于是连续型的随机变量 $x$ 的数学期望为 $\displaystyle\int_{-\infty}^{+\infty}x\cdot p(x)\mathrm{d}x$.

正因为如此，下面给出连续型随机变量数学期望定义如下：

**定义 5**　设 $X$ 为连续型随机变量且 $p(x)$ 为其概率密度函数. 若积分 $\displaystyle\int_{-\infty}^{+\infty}xp(x)\mathrm{d}x$ 存在，则称 $\displaystyle\int_{-\infty}^{+\infty}xp(x)\mathrm{d}x$ 为 $X$ 的数学期望，记为 $E(X)=\displaystyle\int_{-\infty}^{+\infty}xp(x)\mathrm{d}x$.

**例 1**　设 $X$ 为连续型随机变量且其概率密度函数为

$$p(x)=\begin{cases}0,&x<0\\1,&0\leqslant x\leqslant 1\\0,&x>1\end{cases},$$

求 $X$ 的数学期望.

**解：** 由定义，可得

$$E(X) = \int_{-\infty}^{+\infty} x p(x) \mathrm{d}x = \int_{-\infty}^{0} x \cdot 0 \mathrm{d}x + \int_{0}^{1} x \cdot 1 \mathrm{d}x + \int_{1}^{+\infty} x \cdot 0 \mathrm{d}x = \int_{0}^{1} x \mathrm{d}x = \left[\frac{x^2}{2}\right]_0^1 = \frac{1}{2}\left[x^2\right]_0^1 = \frac{1}{2}.$$

**练习 1** 设 $X$ 为连续型随机变量且其概率密度函数为

$$p(x) = \begin{cases} 0, & x < 0 \\ 2x, & 0 \leq x \leq 1 \\ 0, & x > 1 \end{cases},$$

求 $X$ 的数学期望.

## 二、方差

由 2.3 节可知，对于离散型随机变量，其方差等于将取值与随机变量均值之差的平方，并将此平方与对应概率相乘，再将这些乘积求和. 对于连续型的随机变量的方差，可以利用微元法（详见附录 B）得到其表达式，过程如下：

在 $(-\infty, +\infty)$ 内选取一个具有代表的区间 $[x, x+\mathrm{d}x]$，因为区间很小在其上面的取值可以用 $x$ 代替，出现的概率为 $p(x)\mathrm{d}x$，则在这个小区间的部分量为 $[x - E(x)]^2 p(x)\mathrm{d}x$，于是连续型的随机变量 $x$ 的方差为 $\int_{-\infty}^{+\infty} [x - E(x)]^2 p(x)\mathrm{d}x$.

正因为如此，下面给出连续型随机变量方差的定义如下：

**定义 6** 设 $X$ 为连续型随机变量且 $p(x)$ 为其概率密度函数. 若数学期望 $E(X)$ 存在且

$$\int_{-\infty}^{+\infty} [x - E(X)]^2 p(x) \mathrm{d}x$$

存在，则称 $\int_{-\infty}^{+\infty} [x - E(X)]^2 p(x) \mathrm{d}x$ 为 $X$ 的方差，记为 $D(X)$，即

$$D(X) = \int_{-\infty}^{+\infty} [x - E(X)]^2 p(x) \mathrm{d}x.$$

称 $\sqrt{D(X)}$ 为随机变量 $X$ 的标准差或均方差，记作 $\sigma(X)$.

方差 $D(X) = \int_{-\infty}^{+\infty} [x - E(X)]^2 p(x) \mathrm{d}x$ 也可以写成 $E\{[X - E(X)]^2\}$，这是因为有下面的定理.

**定理 3** 设连续型随机变量 $X$ 的概率密度函数为 $p(x)$，$Y = g(X)$（$g(x)$ 为连续函数），如果广义积分 $\int_{-\infty}^{+\infty} g(x)p(x)\mathrm{d}x$ 具有可加性，则

$$E(Y) = E[g(X)] = \int_{-\infty}^{+\infty} g(x)p(x)\mathrm{d}x.$$

证明从略.

利用定理 3，不难看出 $E\{[X - E(X)]^2\} = \int_{-\infty}^{+\infty} [x - E(X)]^2 p(x)\mathrm{d}x$，于是有 $E\{[X - E(X)]^2\} = D(X)$.

在利用定义求方差时，有时会很烦琐. 一般采用下面的计算公式：

$$D(X) = E(X^2) - \left[ E(X) \right]^2 .$$

其中，$E(X^2) = \int_{-\infty}^{+\infty} x^2 p(x) \mathrm{d}x$. 此公式可以利用连续型随机变量方差和数学期望的定义推得，下面给出证明.

**证明：**

$$D(X) = E\left\{ \left[ X - E(X) \right]^2 \right\} = \int_{-\infty}^{+\infty} \left[ x - \mathrm{E}(X) \right]^2 p(x) \mathrm{d}x$$

$$= \int_{-\infty}^{+\infty} \left\{ x^2 - 2E(X)x + [E(X)]^2 \right\} p(x) \mathrm{d}x$$

$$= \int_{-\infty}^{+\infty} x^2 p(x) \mathrm{d}x - 2E(X) \int_{-\infty}^{+\infty} x p(x) \mathrm{d}x + [E(X)]^2 \int_{-\infty}^{+\infty} p(x) \mathrm{d}x$$

$$= \int_{-\infty}^{+\infty} x^2 p(x) \mathrm{d}x - [E(X)]^2 ,$$

利用定理 3，不难看出 $E(X^2) = \int_{-\infty}^{+\infty} x^2 p(x) \mathrm{d}x$，于是

$$D(X) = E(X^2) - \left[ E(X) \right]^2 .$$

**例 2** 设连续型随机变量 $X$ 的概率密度函数为

$$p(x) = \begin{cases} \dfrac{1}{3}, & 0 \leqslant x \leqslant 3, \\ 0, & \text{其他}, \end{cases}$$

求 $X$ 的数学期望 $E(X)$ 和方差 $D(X)$.

**解：**由定义可得

$$E(X) = \int_{-\infty}^{+\infty} x p(x) \mathrm{d}x = \int_{-\infty}^{0} x \cdot 0 \mathrm{d}x + \int_{0}^{3} x \cdot \frac{1}{3} \mathrm{d}x + \int_{3}^{+\infty} x \cdot 0 \mathrm{d}x$$

$$= \frac{1}{3} \int_{0}^{3} x \mathrm{d}x = \frac{1}{3} \left[ \frac{x^2}{2} \right]_{0}^{3} = \frac{1}{3} \cdot \frac{1}{2} \left[ x^2 \right]_{0}^{3} = \frac{3}{2} ,$$

$$E(X^2) = \int_{-\infty}^{+\infty} x^2 p(x) \mathrm{d}x = \int_{-\infty}^{0} x^2 \cdot 0 \mathrm{d}x + \int_{0}^{3} x^2 \cdot \frac{1}{3} \mathrm{d}x + \int_{3}^{+\infty} x^2 \cdot 0 \mathrm{d}x$$

$$= \frac{1}{3} \left[ \frac{x^3}{3} \right]_{0}^{3} = \frac{1}{3} \cdot \frac{1}{3} \left[ x^3 \right]_{0}^{3} = 3 ,$$

$$D(X) = E(X^2) - \left[ E(X) \right]^2 = 3 - (\frac{3}{2})^2 = \frac{3}{4} .$$

对于此题中的随机变量 $X$，我们也称其服从 $[0,3]$ 上的均匀分布. 一般地，有下面的定义.

**定义 7** 若随机变量 $X$ 的概率密度函数为

$$p(x) = \begin{cases} \dfrac{1}{b-a}, a \leqslant x \leqslant b \\ 0, 其他 \end{cases}$$

则称 $X$ 服从 $[a,b]$ 上的**均匀分布**，记为 $X \sim U[a,b]$.

**例 3**　如果 $X \sim U[a,b]$，证明：$E(X) = \dfrac{a+b}{2}$，$D(X) = \dfrac{(b-a)^2}{12}$.

**证明：** 由期望的定义，可知

$$E(X) = \int_{-\infty}^{+\infty} xp(x)\mathrm{d}x = \int_a^b x \cdot \frac{1}{b-a}\mathrm{d}x = \frac{1}{b-a}\int_a^b x\mathrm{d}x$$

$$= \frac{1}{b-a}\left[\frac{x^2}{2}\right]_a^b = \frac{1}{2(b-a)}\left[x^2\right]_a^b = \frac{b^2-a^2}{2(b-a)} = \frac{a+b}{2}.$$

又因为

$$E(X^2) = \int_{-\infty}^{+\infty} x^2 p(x)\mathrm{d}x = \int_a^b x^2 \cdot \frac{1}{b-a}\mathrm{d}x = \frac{1}{b-a}\int_a^b x^2\mathrm{d}x = \frac{1}{b-a}\left[\frac{x^3}{3}\right]_a^b$$

$$= \frac{1}{3(b-a)}\left[x^3\right]_a^b = \frac{b^3-a^3}{3(b-a)} = \frac{a^2+ab+b^2}{3},$$

于是

$$D(X) = E(X^2) - \left[E(X)\right]^2 = \frac{a^2+ab+b^2}{3} - (\frac{a+b}{2})^2 = \frac{(b-a)^2}{12}.$$

**练习 2**　设 $X$ 为连续型随机变量且其概率密度函数为

$$p(x) = \begin{cases} 0, & x < 0 \\ x, & 0 \leqslant x < 1 \\ 2-x, & 1 \leqslant x < 2 \\ 0, & x \geqslant 2 \end{cases}$$

求方差和均方差.

**练习 3**　设随机变量 $X$ 的概率密度为 $p(x) = \begin{cases} kx^2, & 1 \leqslant x \leqslant 2 \\ 0, & 其他, \end{cases}$ 求（1）常数 $k$ 的值；（2）$E(X)$；（3）$D(X)$.

**例 4**　$X$ 的密度函数为

$$f(x) = \frac{1}{\sqrt{2\pi}\sigma}\mathrm{e}^{-\frac{(x-\mu)^2}{2\sigma^2}}, \quad -\infty < x < +\infty, \quad \sigma > 0，证明 E(X) = \mu，D(X) = \sigma^2.$$

**证明：** 由期望的定义，可知

$$E(X) = \frac{1}{\sqrt{2\pi}\sigma}\int_{-\infty}^{+\infty} x\mathrm{e}^{-\frac{(x-\mu)^2}{2\sigma^2}}\mathrm{d}x \xrightarrow{u=\frac{x-\mu}{\sigma}} \frac{1}{\sqrt{2\pi}}\int_{-\infty}^{+\infty}(\mu + u\sigma)\mathrm{e}^{-\frac{u^2}{2}}\mathrm{d}u$$

$$= \mu \cdot \frac{1}{\sqrt{2\pi}} \int_{-\infty}^{+\infty} e^{-\frac{u^2}{2}} du + \frac{\sigma}{\sqrt{2\pi}} \int_{-\infty}^{+\infty} u e^{-\frac{u^2}{2}} du$$

$$= \mu \cdot 1 - \frac{\sigma}{\sqrt{2\pi}} \int_{-\infty}^{+\infty} e^{-\frac{u^2}{2}} d\left(-\frac{u^2}{2}\right)$$

$$= \mu - \frac{\sigma}{\sqrt{2\pi}} \left[ e^{-\frac{u^2}{2}} \right]_{-\infty}^{+\infty} = \mu - \frac{\sigma}{\sqrt{2\pi}} \left( \lim_{u \to +\infty} e^{-\frac{u^2}{2}} - \lim_{u \to -\infty} e^{-\frac{u^2}{2}} \right) = \mu .$$

由方差的定义，可知

$$D(X) = E[X - E(X)]^2 = E(X - \mu)^2$$

$$= \int_{-\infty}^{+\infty} (x-\mu)^2 \frac{1}{\sqrt{2\pi}\sigma} e^{-\frac{(x-\mu)^2}{2\sigma^2}} dx \xrightarrow{u=\frac{x-\mu}{\sigma}} \frac{\sigma^2}{\sqrt{2\pi}} \int_{-\infty}^{+\infty} u^2 e^{-\frac{u^2}{2}} du = \frac{\sigma^2}{\sqrt{2\pi}} \int_{-\infty}^{+\infty} (-u) de^{-\frac{u^2}{2}}$$

$$= \frac{\sigma^2}{\sqrt{2\pi}} \left( \left[ (-u) e^{-\frac{u^2}{2}} \right]_{-\infty}^{+\infty} + \int_{-\infty}^{+\infty} e^{-\frac{u^2}{2}} du \right)$$

$$= \frac{\sigma^2}{\sqrt{2\pi}} \left( \lim_{u \to +\infty} (-u) e^{-\frac{u^2}{2}} - \lim_{u \to +\infty} (-u) e^{-\frac{u^2}{2}} \right) + \frac{\sigma^2}{\sqrt{2\pi}} \int_{-\infty}^{+\infty} e^{-\frac{u^2}{2}} du$$

$$= \frac{\sigma^2}{\sqrt{2\pi}} \left( -\lim_{u \to +\infty} \frac{u}{e^{\frac{u^2}{2}}} + \lim_{u \to -\infty} \frac{u}{e^{\frac{u^2}{2}}} \right) + \sigma^2 = \frac{\sigma^2}{\sqrt{2\pi}} \left( -\lim_{u \to +\infty} \frac{(u)'}{\left( e^{\frac{u^2}{2}} \right)'} + \lim_{u \to -\infty} \frac{(u)'}{\left( e^{\frac{u^2}{2}} \right)'} \right) + \sigma^2$$

$$= \frac{\sigma^2}{\sqrt{2\pi}} \left( -\lim_{u \to +\infty} \frac{1}{u e^{\frac{u^2}{2}}} + \lim_{u \to -\infty} \frac{1}{u e^{\frac{u^2}{2}}} \right) + \sigma^2 = \sigma^2 .$$

注：当随机变量 $X$ 的概率密度函数为题中的情形时，称随机变量 $X$ 服从参数为 $\mu$，$\sigma$ 的正态分布，记作 $X \sim N(\mu, \sigma^2)$．

## 三、$k$ 阶矩和 $k$ 阶中心矩

将连续型随机变量 $X$ 的 $E(X)$ 和 $E(X^2)$ 定义推广，就可以得到连续型随机变量 $X$ 的 $k$ 阶矩 $E(X^k)$ 的概念．将连续型随机变量 $X$ 的 $E\{[X - E(X)]^k\}$ 定义推广，就可以得到连续型随机变量 $X$ 的 $k$ 阶中心矩的概念．

**定义 8** 设 $X$ 为连续型随机变量且 $p(x)$ 为其概率密度函数．若积分 $\int_{-\infty}^{+\infty} x^k p(x) dx$，$k = 1, 2, \cdots$ 存在，则称 $\int_{-\infty}^{+\infty} x^k p(x) dx$ 为 $X$ 的 $k$ **阶原点矩**（简称 $k$ **阶矩**），记作 $E(X^k)$，即

$$E(X^k) = \int_{-\infty}^{+\infty} x^k p(x) dx .$$

若积分 $\int_{-\infty}^{+\infty}[x-E(X)]^k p(x)\mathrm{d}x$，$k=1,2,\cdots$ 存在，则称 $\int_{-\infty}^{+\infty}[x-E(X)]^k p(x)\mathrm{d}x$ 为 $X$ 的 $k$ 阶中心矩，记作 $E\left\{[X-E(X)]^k\right\}$，即

$$E\left\{[X-E(X)]^k\right\}=\int_{-\infty}^{+\infty}[x-E(X)]^k p(x)\mathrm{d}x.$$

**例 5**　设 $X$ 为连续型随机变量且其概率密度函数为

$$p(x)=\begin{cases}0, & x\leqslant 0\\ 1, & 0<x<1\\ 0, & x\geqslant 1\end{cases},$$

求 $E(X^3)$.

**解**：$E(X^3)=\int_{-\infty}^{+\infty}x^3 p(x)\mathrm{d}x=\int_0^1 x^3\mathrm{d}x=\left[\dfrac{x^4}{4}\right]_0^1=\dfrac{1}{4}\left[x^4\right]_0^1=\dfrac{1}{4}$.

**例 6**　对上面的例 5，计算 $E\left\{[X-E(X)]^3\right\}$.

**解**：因为 $E(X)=\dfrac{1}{2}$，所以

$$\begin{aligned}
E\left\{[X-E(X)]^3\right\}&=\int_{-\infty}^{+\infty}\left(x-\dfrac{1}{2}\right)^3 p(x)\mathrm{d}x=\int_0^1\left(x-\dfrac{1}{2}\right)^3\mathrm{d}x=\int_0^1\left(x-\dfrac{1}{2}\right)^3\mathrm{d}\left(x-\dfrac{1}{2}\right)\\
&=\left[\dfrac{1}{4}\left(x-\dfrac{1}{2}\right)^4\right]_0^1=\dfrac{1}{4}\left[\left(x-\dfrac{1}{2}\right)^4\right]_0^1=0.
\end{aligned}$$

# 习题 2

（每个同学在班里都有一个学号. 将自己的学号除以 3 的余数作为 $a$，这样每个同学都有自己的 $a$ 值. 将下列各题中有 $a$ 的地方都换成自己的 $a$ 值，再求解.）

1. 一盒中放有大小相同的红色、绿色、黄色三种小球，已知红球个数是绿球个数的 $2+a$ 倍，黄球个数是绿球个数的一半. 现从该盒中随机取出一个球，若取出红球得 1 分，取出黄球得 0 分，取出绿球得 $-1$ 分，试写出从该盒中取出一球所得分数 $x$ 的分布列.

2. 设随机变量 $x$ 的概率分布如下所示：

| $X$ | 0 | 1 | 2 | 3 |
|---|---|---|---|---|
| $P$ | $(1+a)/10$ | $0.2c$ | 0.3 | 0.1 |

求常数 $c$ 的值.

3. 设离散型随机变量 $X$ 的分布列为

| $X$ | $-1$ | 0 | 1 | 2 | 3 | 4 |
|---|---|---|---|---|---|---|
| $P$ | 0.18 | 0.15 | 0.12 | 0.35 | 0.11 | 0.09 |

求（1）$P\{0 \leqslant X < 2+a\}$；（2）$P\{X > 2+a\}$.

4. 设离散型随机变量 $X$ 的概率分布为

| $X$ | $-2$ | $0$ | $2+a$ |
|---|---|---|---|
| $P$ | $\dfrac{1}{2}$ | $\dfrac{1}{3}$ | $\dfrac{1}{6}$ |

求数学期望 $E(X)$，方差 $D(X)$，$E(X^3)$，$E\left\{\left[X-E(X)\right]^3\right\}$.

5. 设离散型随机变量 $X$ 的概率分布为

| $X$ | $0$ | $1+a$ |
|---|---|---|
| $P$ | $\dfrac{3}{4}$ | $\dfrac{1}{4}$ |

求数学期望 $E(X)$，方差 $D(X)$，$E(X^3)$，$E\left\{\left[X-E(X)\right]^3\right\}$.

6. 设随机变量 $X$ 的概率密度为 $p(x)=\begin{cases} kx, & 2+a \leqslant x \leqslant 3+a, \\ 0, & \text{其他,} \end{cases}$ 求常数 $k$ 的值.

7. 已知连续型随机变量 $X$ 的概率密度函数为

$$p(x)=\begin{cases} 0, & x < 0, \\ \dfrac{x}{2}, & 0 \leqslant x < 2, \\ 0, & x \geqslant 2, \end{cases}$$

求（1）$P\{0.5 \leqslant X \leqslant 1+a\}$；（2）$P\{0.5 \leqslant X \leqslant (15+a)/10\}$.

8. 设连续型随机变量 $X$ 的概率密度函数为

$$p(x)=\begin{cases} 0, & x < 0, \\ kx, & 0 \leqslant x < 1+a, \\ 0, & x \geqslant 1+a, \end{cases}$$

求（1）$k$ 值；（2）数学期望 $E(X)$，方差 $D(X)$ 和 $E(X^3)$.

9. 设连续型随机变量 $X$ 的概率密度函数为

$$p(x)=\begin{cases} 0, & x \leqslant 0, \\ kx^2, & 0 < x \leqslant 3+a, \\ 0, & x > 3+a, \end{cases}$$

求（1）$k$ 值；（2）数学期望 $E(X)$，方差 $D(X)$ 和 $E(X^3)$.

# 第3章 正态分布

正态分布又被称为高斯分布，它在数学、物理及工程等领域具有非常重要的作用，其中在概率统计的许多方面影响深远. 本章介绍正态分布的概率密度函数及其性质，标准正态分布的概率密度函数及其概率，服从标准正态分布随机变量的小概率事件，正态分布概率的计算及其应用，以及正态总体下的样本均值的分布共 5 节内容.

## 3.1 正态分布的概率密度函数及其性质

为了了解某个国家居民成年人的身高情况，随机抽取了 200 个成年人，测得的身高（单位：cm）如下所示：

| | | | | | |
|---|---|---|---|---|---|
| 169 | 168 | 170 | 165 | 177 | 181 |
| 173 | 185 | 174 | 166 | 165 | 184 |
| 166 | 175 | 171 | 163 | 177 | 168 |
| 177 | 171 | 172 | 178 | 170 | 174 |
| 170 | 168 | 163 | 180 | 163 | 177 |
| 173 | 168 | 174 | 173 | 170 | 167 |
| 181 | 169 | 169 | 173 | 180 | 166 |
| 173 | 182 | 168 | 174 | 179 | 182 |
| 173 | 169 | 172 | 172 | 183 | 180 |
| 171 | 164 | 160 | 170 | 175 | 175 |
| 174 | 178 | 171 | 177 | 169 | 169 |
| 168 | 172 | 173 | 174 | 164 | 168 |
| 178 | 170 | 169 | 180 | 169 | 163 |
| 170 | 163 | 166 | 168 | 172 | 165 |
| 166 | 190 | 161 | 172 | 171 | 181 |
| 171 | 163 | 172 | 164 | 171 | 165 |
| 171 | 172 | 158 | 171 | 169 | 161 |
| 166 | 160 | 167 | 175 | 169 | 164 |
| 165 | 171 | 182 | 169 | 158 | 160 |
| 157 | 184 | 181 | 176 | 165 | 167 |
| 174 | 163 | 172 | 177 | 170 | 168 |
| 168 | 167 | 162 | 161 | 156 | 176 |
| 169 | 174 | 179 | 178 | 172 | 177 |
| 160 | 173 | 181 | 171 | 169 | 173 |
| 180 | 156 | 163 | 181 | 167 | 170 |

利用 Excel 软件，画出这组数据的频率分布折线图，如图 3-1 所示.

图 3-1

如果从该国家成年人中抽取越来越多的人测量身高，那么采集的数据就会增多，画频率分布折线图时的组距可以越取越小，这样所画的频率分布折线图就会越来越接近于图 3-2 中所示的一条光滑曲线.

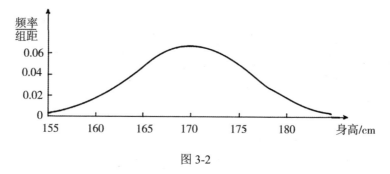

图 3-2

这条两头低，中间高，左右对称的图形，也被称为钟形图形，用函数可表示为

$$p(x) = \frac{1}{\sqrt{2\pi}\sigma} e^{-\frac{(x-\mu)^2}{2\sigma^2}} , \tag{3-1}$$

此时称该国家的成年人身高服从正态分布，记作 $N(\mu, \sigma^2)$，其中 $\mu$ 是正态分布的位置参数，为最高峰对应的自变量的值，$\sigma$ 描述正态分布资料数据分布的离散程度，$\sigma$ 越大，曲线越扁平，反之，$\sigma$ 越小，曲线越瘦高.

$\mu, \sigma$ 不同，对应不同的密度曲线，下面给出正态分布的多种情况的概率密度函数图形，如图 3-3 所示.

正态分布的概率密度函数的性质总结如下：

（1）曲线在 $x$ 轴的上方，与 $x$ 轴不相交.

（2）曲线关于直线 $x = \mu$ 对称.

（3）曲线在 $x=\mu$ 时位于最高点，最大值 $p(\mu)=\dfrac{1}{\sqrt{2\pi}\sigma}$.

（4）曲线从高峰处分别向左右两侧逐渐均匀下降，以 $x$ 轴为渐近线，向它无限靠近.

（5）当 $\mu$ 一定时，曲线的形状由 $\sigma$ 确定. $\sigma$ 越大，曲线越 "矮胖"，表示总体的分布越分散；$\sigma$ 越小，曲线越 "瘦高"，表示总体的分布越集中.

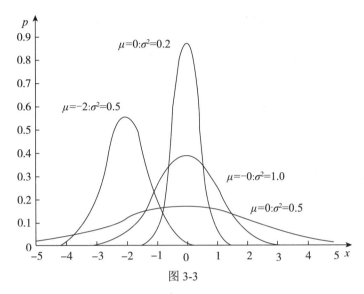

图 3-3

## 3.2　标准正态分布的概率密度函数及其概率

### 一、标准正态分布的概率密度函数

在上面的正态分布的概率密度曲线中，有一种很特殊的情况，其图形如图 3-4 所示.

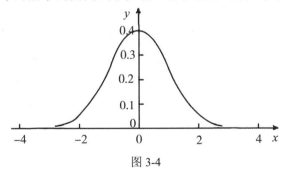

图 3-4

其特点是：图形的最大值在 $x=0$ 处取得，并且图形既不是很陡也不是很平坦. 此时的概率密度曲线对应的函数为

$$p(x)=\frac{1}{\sqrt{2\pi}}\mathrm{e}^{-\frac{x^2}{2}},$$

则称总体 $X$ 服从标准正态分布，记作 $X \sim N(0,1)$.

**注**：标准正态分布的概率密度函数一般用 $\varphi(x)$ 表示，即 $\varphi(x) = \dfrac{1}{\sqrt{2\pi}} \mathrm{e}^{-\frac{x^2}{2}}$.

## 二、标准正态分布及其概率

对于服从标准正态分布的随机变量，求其落在某一个区间的概率，可以通过查表和利用 Excel 软件得到，这里只介绍查表法，利用 Excel 软件将在第 17 章 17.3 节介绍.

在标准正态分布表（附表 2）中，对应于 $z$ 的值 $\Phi(z)$ 表示位于标准正态分布概率密度曲线下方和 $x$ 轴上方且在垂线 $x = z$ 左侧的图形面积，也就是随机变量落在 $(-\infty, z)$ 内的概率.

**例 1**　当 $X \sim N(0,1)$ 时，通过查表求 $P\{X \leqslant 1.23\}$.

**解**：先从表的最左侧一列找到 1.2 对应的行，再在表的最上面一行找到 3 所在的列，则行和列相交位置的数 0.8907 就是所求的概率，即 $P\{X \leqslant 1.23\} = 0.8907$.

**例 2**　当 $X \sim N(0,1)$ 时，通过查表求 $P\{X \leqslant 2.3\}$.

**解**：先从表的最左侧一列找到 2.3 对应的行，再在表的最上面一行找到 0 所在的列，则行和列相交位置的数 0.9893 就是所求的概率，即 $P\{X \leqslant 2.3\} = 0.9893$.

在标准正态分布表中没有给出 $z$ 为负值时的 $\Phi(z)$ 值，但可以利用标准正态分布的对称性来求. 例如计算 $P\{X \leqslant -2.3\}$，可以转化为下式来计算：

$$P\{X \leqslant -2.3\} = 1 - P\{X \leqslant 2.3\}.$$

至于计算随机变量落入某个区间的概率，可以转化为上面的情况，如计算 $P\{a < X \leqslant b\}$，可利用 $P\{a < X \leqslant b\} = P\{X \leqslant b\} - P\{X \leqslant a\}$ 来计算.

我们知道，对于连续型随机变量，在一点的概率等于 0，于是 $P\{a < X \leqslant b\}$ 的结果与 $P\{a < X < b\}$、$P\{a \leqslant X < b\}$、$P\{a \leqslant X \leqslant b\}$ 的结果都是一样的.

**例 3**　假设 $X \sim N(0,1)$，求 $P\{1 < X < 3\}$.

**解**：$P\{1 < X < 3\} = P\{X \leqslant 3\} - P\{X \leqslant 1\}$，

查表得 $P\{X \leqslant 3\} - P\{X \leqslant 1\} = 0.9987 - 0.8413 = 0.1574$.

**例 4**　假设 $X \sim N(0,1)$，求（1）$P\{-3 < X < 3\}$；（2）$P\{-2 < X < 2\}$.

**解**：（1）$P\{-3 < X < 3\} = P\{X \leqslant 3\} - P\{X \leqslant -3\}$

$$= P\{X \leqslant 3\} - (1 - P\{X \leqslant 3\}) = 2P\{X \leqslant 3\} - 1,$$

查表得 $2P\{X \leqslant 3\} - 1 = 2 \times 0.9987 - 1 = 0.9974$.

（2）$P\{-2 < X < 2\} = P\{X \leqslant 2\} - P\{X \leqslant -2\}$

$= P\{X \leqslant 2\} - (1 - P\{X \leqslant 2\}) = 2P\{X \leqslant 2\} - 1$，

查表得 $2P\{X \leqslant 2\} - 1 = 2 \times 0.9772 - 1 = 0.9544$.

**注**：利用绝对值不等式的性质（详见附录 C 例 2），可知

$$P\{|X| < 3\} = P\{-3 < X < 3\} = 0.9974, \quad P\{|X| < 2\} = P\{-2 < X < 2\} = 0.9544.$$

**例 5**　假设 $X \sim N(0,1)$，求 $P\{|X| \geqslant 3\}$ 和 $P\{|X| \geqslant 2\}$．

**解：** $P\{|X| \geqslant 3\} = 1 - P\{|X| < 3\} = 1 - 0.9974 = 0.0026$，

$P\{|X| \geqslant 2\} = 1 - P\{|X| < 2\} = 1 - 0.9544 = 0.0456$．

## 3.3　标准正态分布随机变量的小概率事件

像上节例 5 中的事件 $\{|X| \geqslant 3\}$ 和 $\{|X| \geqslant 2\}$，它们的概率分别为 $P\{|X| \geqslant 3\} = 0.0026$，$P\{|X| \geqslant 2\} = 0.0456$，这些概率是很小的，这样的事件称为小概率事件．

一般地，发生的概率小于 5% 的事件称为小概率事件．小概率事件可以被认为在一次试验中几乎不可能发生．

本节讨论随机变量 $X \sim N(0,1)$ 时小概率事件的确定，也就是给定小概率事件的概率 $\alpha$，求满足

$$P\{|X| \geqslant b\} = \alpha，$$

的 $b$ 值．

这相当于 3.2 节求事件概率的逆运算，下面介绍通过查标准正态分布表求解．

以 $\alpha = 0.05$ 为例，说明查表方法．

先计算 $1 - \dfrac{\alpha}{2} = 0.975$，在标准正态分布表中找到面积值 0.975，再看对应的行和列的 $z$ 值，分别为 1.9 和 6，由此就可以得到要求的 $b$ 值 1.96．于是，$\alpha = 0.05$ 时的小概率事件为 $\{|X| \geqslant 1.96\}$．

对于其他的小概率 $\alpha$，如果在表中没有恰好等于 $1 - \dfrac{\alpha}{2}$ 的面积值，则选取大于且靠近 $1 - \dfrac{\alpha}{2}$ 的面积值，再找到对应的行和列的 $z$ 值，由此确定 $b$ 的值．

为什么选取大于且靠近 $1 - \dfrac{\alpha}{2}$ 的面积值呢？原因是这样可以保证得到的小概率事件的概率小于 $\alpha$，假设此时的小概率为 $\alpha_1$，因为 $1 - \dfrac{\alpha_1}{2} > 1 - \dfrac{\alpha}{2}$，可得 $-\dfrac{\alpha_1}{2} > -\dfrac{\alpha}{2}$，$\dfrac{\alpha_1}{2} < \dfrac{\alpha}{2}$，则有　$\alpha_1 < \alpha$．

以 $\alpha = 0.02$ 为例，$1 - \dfrac{\alpha}{2} = 0.99$，查附表 2 得 $z = 2.33$．于是，$\alpha = 0.02$ 时的小概率事件为 $\{|X| \geqslant 2.33\}$．

小概率事件一般采用两个标准，一个是 $\alpha = 0.05$，一个是 $\alpha = 0.01$．

# 3.4　正态分布概率的计算及其应用

## 一、非标准正态分布的概率计算

当 $X$ 服从正态分布 $N(\mu,\sigma^2)$ 时，有下面重要的结论：

**定理 1**　如果 $X \sim N(\mu,\sigma^2)$，则 $\dfrac{X-\mu}{\sigma} \sim N(0,1)$．

此定理的直观解释：如果将标准正态分布比作照相时的标准照片，当不是标准状态时，若人坐偏了就要调整，若头拍得太大了就要缩小，若头拍得太小了就要放大．定理中的 $X-\mu$ 起到调偏的作用，$\dfrac{1}{\sigma}$ 起到缩放的作用．

可以利用此结论，求服从非标准正态分布的随机变量落在某个区间的概率．因为 $P\{X \leqslant x\} = P\{\dfrac{X-\mu}{\sigma} \leqslant \dfrac{x-\mu}{\sigma}\}$，所以只要计算出 $\dfrac{x-\mu}{\sigma}$ 的值，通过查标准正态分布表，即可得到所求的概率．

**例 1**　已知 $X \sim N(1.1,0.1^2)$，计算 $P\{X \leqslant 1.31\}$．

**解：** $P\{X \leqslant 1.31\} = P\{\dfrac{X-1.1}{0.1} \leqslant \dfrac{1.31-1.1}{0.1}\} = P\{\dfrac{X-1.1}{0.1} \leqslant 2.1\} = 0.9821$．

对于 $X \sim N(\mu,\sigma^2)$ 概率 $P\{a < X \leqslant b\}$，可以计算如下：

$$P\{a < X \leqslant b\} = P\{X \leqslant b\} - P\{X \leqslant a\} = P\{\dfrac{X-\mu}{\sigma} \leqslant \dfrac{b-\mu}{\sigma}\} - P\{\dfrac{X-\mu}{\sigma} \leqslant \dfrac{a-\mu}{\sigma}\}．$$

**例 2**　已知 $X \sim N(1.1,0.1^2)$，计算 $P\{1.21 < X \leqslant 1.31\}$．

**解：** $P\{1.21 < X \leqslant 1.31\} = P\{\dfrac{X-1.1}{0.1} \leqslant \dfrac{1.31-1.1}{0.1}\} - P\{\dfrac{X-1.1}{0.1} \leqslant \dfrac{1.21-1.1}{0.1}\}$

$= P\{\dfrac{X-1.1}{0.1} \leqslant 2.1\} - P\{\dfrac{X-1.1}{0.1} \leqslant 1.1\} = 0.9821 - 0.8643 = 0.1178$．

## 二、非标准正态分布小概率事件

3.3 节介绍了标准正态分布随机变量的小概率事件的求法，在实际问题中经常遇到不是标准正态分布的随机变量求小概率事件的问题，下面通过一个具体例子加以说明．

**例 3**　设 $X \sim N(3,4^2)$，求 $\alpha = 0.03$ 时的小概率事件．

**解：** 因为 $X \sim N(3,4^2)$，根据定理 1 可知　$\dfrac{X-3}{4} \sim N(0,1)$．　$\alpha = 0.03$，$1 - \dfrac{\alpha}{2} = 0.985$，查附表 2 得 $z = 2.17$，所以小概率事件为

$$\left\{ \left| \dfrac{X-3}{4} \right| \geqslant 2.17 \right\}．$$

## 三、正态分布的一个应用例子

**例 4**　公共汽车车门的高度是按男子与车门碰头的机会在 0.01 以下来设计的，设男子身高 $X$（单位：cm）服从正态分布 $N(170,6^2)$，试确定车门的高度.

**解：** 设车门的高度为 $h$（cm），则男子与车门碰头的事件可以表示为 $\{X>h\}$. 依题意有

$$P\{X>h\}<0.01.$$

因为 $P\{X>h\}=1-P\{X\leqslant h\}$，所以 $1-P\{X\leqslant h\}<0.01$，求解此不等式，可得

$$P\{X\leqslant h\}>0.99.$$

由题意 $X\sim N(170,6^2)$，根据本节定理 1，可知

$$\frac{X-170}{6}\sim N(0,1).$$

于是

$$P\{X\leqslant h\}=P\{\frac{X-170}{6}\leqslant\frac{h-170}{6}\}.$$

查标准正态分布表得 $P\{\frac{X-170}{6}\leqslant 2.33\}=0.9901>0.99$，因此 $\frac{h-170}{6}\geqslant 2.33$，解得 $h\geqslant 184$（cm），故车门的设计高度至少应为 184cm 方可保证男子与车门碰头的概率在 0.01 以下.

## 3.5　正态总体下的样本均值的分布

第 2 章 2.4 节曾介绍了总体的概念，并且说明了总体可以用随机变量表示. 为了对总体进行推断，需要从中抽取样本. 如果总体是随机变量 $X$，则一个容量为 $n$ 的样本可以记作 $X_1,X_2,\cdots,X_n$，其中 $X_i(i=1,2\cdots,n)$ 表示第 $i$ 次从总体中随机抽取所得到的个体. 因为 $X_1,X_2,\cdots,X_n$ 是随机样本，所以互相之间不受影响，也称为相互独立. 又 $X_1,X_2,\cdots,X_n$ 与 $X$ 具有相同的分布，这样 $X_1,X_2,\cdots,X_n$ 相互独立又与总体 $X$ 具有相同的分布.

当抽样完成后，每个 $X_i(i=1,2\cdots,n)$ 的值就确定了，假设为 $x_i(i=1,2\cdots,n)$，这时 $x_1,x_2,\cdots,x_n$ 称为 $X_1,X_2,\cdots,X_n$ 的**样本值**.

要对总体进行检验和估计，需要利用样本的信息. 由样本构造出来的表达式称为**统计量**. 例如，已知某地区的成年人的身高 $X\sim N(\mu,\sigma^2)$，其中均值未知，需要用样本的均值 $\overline{X}=\frac{1}{n}\sum_{i=1}^{n}X_i$ 来估计 $\mu$，则 $\overline{X}=\frac{1}{n}\sum_{i=1}^{n}X_i$ 就是一个统计量.

像这种不含未知参数，由样本构成的函数称为统计量. 设样本为 $X_1,X_2,\cdots,X_n$，则统计量通常记为

$$T=T(X_1,X_2,\cdots,X_n)$$

常见的统计量有样本均值和样本方差和样本 $k$ 阶矩.

**定义 1**　设 $X_1,X_2,\cdots,X_n$ 是从总体 $X$ 中抽取的容量为 $n$ 的样本，则统计量

$$\overline{X} = \frac{1}{n}\sum_{i=1}^{n} X_i \text{ 和 } S^2 = \frac{1}{n-1}\sum_{i=1}^{n}(X_i - \overline{X})^2$$

分别称为**样本均值**和**样本方差**.

**注意**：将一组数据看成取自一个总体的样本数据来计算样本方差时，要在 $\sum_{i=1}^{n}(X_i - \overline{X})^2$ 前面乘 $\frac{1}{n-1}$，而不是 $\frac{1}{n}$. 这主要是保证用样本方差估计总体方差时的无偏性.

称

$$S = \sqrt{\frac{1}{n-1}\sum_{i=1}^{n}(X_i - \overline{X})^2}$$

为**样本标准差**（或**样本均方差**）.

称

$$A_k = \frac{1}{n}\sum_{i=1}^{n} X_i^k, k = 1, 2, \cdots$$

为**样本的 $k$ 阶矩**.

统计量的观测值可以用小写字母来表示，如样本均值的观测值为

$$\overline{x} = \frac{1}{n}\sum_{i=1}^{n} x_i$$

样本方差的观测值为

$$s^2 = \frac{1}{n-1}\sum_{i=1}^{n}(x_i - \overline{x})^2$$

样本的 $k$ 阶矩的观测值为

$$a_k = \frac{1}{n}\sum_{i=1}^{n} x_i^k, k = 1, 2, \cdots$$

**例 1** 某班的 30 名同学参加了一次数学考试，现随机抽取了 10 名同学的成绩，数据如下：

| 78 | 90 | 85 | 88 | 95 | 98 | 80 | 95 | 90 | 94 |
|----|----|----|----|----|----|----|----|----|----|

试求样本均值、样本方差和样本标准差.

**解**：样本均值

$$\overline{x} = \frac{1}{10}(78 + 90 + 85 + 88 + 95 + 98 + 80 + 95 + 90 + 94) = 89.3 \text{（分）},$$

样本方差

$$s^2 = \frac{1}{9}[(78 - 89.3)^2 + (90 - 89.3)^2 + \cdots + (94 - 89.3)^2] = 44.233 \text{（分}^2\text{）},$$

样本标准差

$$s = \sqrt{s^2} = \sqrt{44.233} = 6.651 \text{（分）}.$$

样本均值的分布是数理统计中用得最多的分布. 当满足正态总体时, 有下面的性质.

**定理 2** 设 $X_1, X_2, \cdots, X_n$ 是正态总体 $N(\mu, \sigma^2)$ 的一个样本, $\overline{X}$ 为样本均值, 则

$$\overline{X} \sim N(\mu, \frac{\sigma^2}{n}).$$

此定理的直观解释: 假设我们要测量自己的体重, 而测量工具有一定的误差, 如何能得到自己体重比较准确的数值呢? 通常的做法是多测几次, 然后取平均数. 这种做法就隐含着此定理的思想, 因为这样得到的数值要比用一次的测量结果准确得多.

此定理的证明要用到后面的知识, 这里不予证明.

# 习题 3

每个同学在班里都有一个学号. 将自己的学号除以 4 的余数作为 $a$, 这样每个同学都有自己的 $a$ 值. 将下列各题中有 $a$ 的地方都换成自己的 $a$ 值, 再求解.

1. 当 $X \sim N(0,1)$ 时, 利用查表法求下列概率:

（1）$P\{X \leqslant (14+a)/10\}$；（2）$P\{X \leqslant -(135+a)/100\}$；

（3）$P\{-2.11 < X < (289+a)/100\}$；（4）$P\{|X| > (212+a)/100\}$；

（5）$P\{|X| \geqslant (159+a)/100\}$.

2. 当 $X \sim N(0,1)$ 时, 用查表法求下列小概率事件:

（1）$\alpha = (50-a)/1000$；（2）$\alpha = (10+a)/1000$.

3. 当 $X \sim N(2, 0.5^2)$ 时, 用查表法求下列小概率事件:

（1）$\alpha = (30+a)/1000$；（2）$\alpha = (45-a)/1000$.

4. 通过查表计算下列概率:

（1）已知 $X \sim N(3.2, 1^2)$, 计算 $P\{X \leqslant (245+a)/100\}$；

（2）已知 $X \sim N(4.11, 2^2)$, 计算 $P\{1.27 < X \leqslant (235+a)/100\}$.

5. 在某市组织的一次数学竞赛中, 全体参赛学生的成绩近似服从正态分布 $X \sim N(60,100)$, 已知成绩在 90 分以上的学生有 $15+a$ 人.

（1）求此次参加竞赛的学生总数共有多少人?

（2）若计划奖励竞赛成绩排在前 228 名的学生, 问受奖学生的最低分数是多少?

6. 已知电灯泡的使用寿命 $X \sim N(1400, 100^2)$（单位: 小时）

（1）购买一个这种灯泡, 求它的使用寿命不小于 $1300+a$ 小时的概率;

（2）确定最小的 $c$, 使得 $P\{X \geqslant c\} = (328+a)/10000$.

7. 当总体服从 $N(\mu, \sigma^2)$ 分布时, 其中 $\mu$ 和 $\sigma^2$ 均未知, 问下面的哪些是统计量, 哪些不是统计量?

（1）$\sum_{i=1}^{n} X_i$；（2）$\sum_{i=1}^{n}(X_i - \mu)^2$；（3）$\sqrt{n}\dfrac{\overline{X}-\mu}{S}$；（4）$(n-1)S^2/\sigma^2$；（5）$\sqrt{n}\dfrac{\overline{X}}{S}$

8．从一批机器零件毛坯中随机地抽取 10 件，测得其质量为（单位：kg）：

| 210 | 243 | 185+$a$ | 240 | 215 | 228 | 196 | 235 | 200 | 199 |
|---|---|---|---|---|---|---|---|---|---|

求这组样本值的均值、方差．

9．某厂的领导想了解本厂出品的罐头的保质期，从中抽样得出如下数据（保质期以月计算）：

| 2+$a$ | 22 | 12 | 25 | 14 | 18 | 7 | 16 | 17 |
|---|---|---|---|---|---|---|---|---|

试求样本的平均数和样本方差．

10．在正态总体 $N(52, 6.3^2)$ 中，随机抽取一个容量为 $36+a$ 的样本，求样本均值 $\overline{X}$ 落在 50.8 到 53.8 之间的概率．

# 第4章 假设检验

假设检验是统计推断的基本问题之一. 本章介绍一种简单情况的假设检验问题, 即在总体服从正态分布并且方差已知的条件下, 对均值进行假设检验问题, 主要是通过这种简单的情况来阐述假设检验的基本原理, 包括假设检验的临界值法, 以及假设检验的 P 值法共 2 节内容.

## 4.1 假设检验的临界值法

先来介绍一个故事.

相传魏晋时, "竹林七贤"之一的王戎幼时聪颖过人. 在 7 岁那年, 有一天他和小伙伴在路边玩, 看见一棵李子树上的果实多得把树枝都快压断了, 小伙伴都跑去摘, 只有王戎站着没动. 他说: "李子是苦的, 我不吃." 小伙伴摘来一尝, 李子果然苦得没法吃. 小伙伴就问王戎: "你又没有吃, 怎么知道李子是苦的啊?" 王戎说: "如果李子是甜的, 树长在路边, 李子早就没了! 李子现在还那么多, 所以肯定李子是苦的!"

这就是著名的路边苦李的故事, 里面包含了假设检验的思想. 假设李子是甜的, 则李子在路边不被吃光这个事件就是一个小概率事件, 但是正是这样的小概率事件发生了, 说明假设有问题, 应否定原假设, 即认为李子是苦的.

接下来看一个数学上的例子.

**例 1** 袋子中装有 19 个白球 1 个黑球, 现从袋中随机抽取一个球, 请猜测一下抽取的是哪种颜色的球?

**分析:** 在一次抽取中抽到的球既有可能是白球, 也有可能是黑球, 不论猜测是白球还是猜测是黑球, 都不可能做到百分之百正确. 因为抽取到白球和抽取到黑球的概率不同, 其中抽到白球的概率为 $\frac{19}{20}$, 抽到黑球的概率为 $\frac{1}{20}$, 所以猜测抽到白球的正确率为 $\frac{19}{20}$, 而猜测抽到黑球的正确率仅为 $\frac{1}{20}$, 因此猜测抽取的球是黑球是小概率事件. 如果非要在一次试验后做出判断, 我们自然认为小概率事件不发生, 即认为不会抽到黑球, 这就是小概率事件原理, 于是最理智的选择是猜测抽取的球是白球.

一般地, 在统计中都是用样本估计总体, 因此不可能做到百分之百正确, 犯点错误是允许的.

小概率事件原理: 认为在一次试验中, 小概率事件不发生.

如果小概率事件发生了, 则反过来怀疑对总体的假设出现了问题, 因而否定原假设.

**例 2** 现有甲乙两个外形相同的袋子, 甲袋子中装有 19 个白球 1 个黑球, 乙袋子中装有 1 个白球 19 个黑球，某人被要求从甲乙两个袋子中随机挑选一个袋子，再从此袋中随机抽取一个球，如果抽取的是黑球，请你判断这个袋子是甲袋子还是乙袋子？

**分析：** 如果假设挑选的袋子是甲袋子，则事件"抽取的球是黑球"为小概率事件，因为抽取的球确实是黑球，说明小概率事件发生了，根据小概率事件在一次试验中不发生的原理，说明假设有问题。因此应该认为挑选的袋子是乙袋子。

因为"假设"这个词的英文为 hypothesis，其中第一个字母为 h，所以今后用斜体 $H$ 来表示假设。用 $H_0$（即在 $H$ 的右下角写上 0）表示原假设，用 $H_1$ 表示与原假设相对立的假设（也称备择假设）。

对于此题，将"挑选的袋子为甲袋子"作为原假设 $H_0$，写成规范形式为

$H_0$：挑选的袋子为甲袋子，　$H_1$：挑选的袋子为乙袋子。

则在原假设 $H_0$ 成立的情况下，小概率事件为"抽取的球是黑球"。因为实际抽到了黑球，说明在原假设 $H_0$ 下，小概率事件发生了，因此否定原假设，改为承认对立假设 $H_1$，即认为挑选的袋子为乙袋子。

**解：** 提出检验假设：

$H_0$：挑选的袋子为甲袋子，　$H_1$：挑选的袋子为乙袋子。

在 $H_0$ 成立时，小概率事件为"抽取的球是黑球"，因为实际抽取的球是黑球，说明小概率事件发生了，所以拒绝原假设，即认为挑选的袋子为乙袋子。

此题当然也可以将"挑选的袋子为乙袋子"作为原假设，解法如下。

**解：** 提出检验假设：

$H_0$：挑选的袋子为乙袋子，　$H_1$：挑选的袋子为甲袋子。

在 $H_0$ 成立时，小概率事件为"抽取的球是白球"，因为实际抽取的球为黑球，说明在此假设下，小概率事件没有发生，因此接受 $H_0$，即认为挑选的袋子为乙袋子。

上面两个例子中的总体都是离散型的，在实际问题中还经常遇到连续型总体的情况，常见的连续型总体为正态总体。

**例 3**　某机械厂生产方便面包装机，按规定每袋净重 100g，但实际包装时，有一定的误差，或多点或少点。设每袋方便面的质量减去 100 的差为 $X$，$X$ 服从正态分布。假设不论是否符合质量要求，$X$ 的标准差均为 1g。现在技术监督部门任意抽取 1 袋进行检验，如果其质量为 98g，试在小概率事件的概率 $\alpha=0.05$ 下，检验包装机是否符合质量标准？

**解：** 假设 $\mu$ 表示 $X$ 的数学期望，则检验包装机是否符合质量标准，就归结为检验 $\mu$ 是否为零。

提出检验假设：

$$H_0：\mu=0，　H_1：\mu\neq 0.$$

当 $H_0$ 为真时，由题意，$X \sim N(0,1)$。设 $X_1$ 为总体 $X$ 的一个样本，则有 $X_1 \sim N(0,1)$。当 $\alpha=0.05$ 时如图 4-1 所示，小概率事件为 $\{|X_1| \geq 1.96\}$。当 $X_1$ 的观测值 $x_1 \geq 1.96$ 时，小概率

事件发生，此时否定原假设，或称拒绝原假设，所以今后也将小概率事件称为拒绝域.

计算 $X_1$ 的观测值. 因为 $x_1 = 98 - 100 = -2$，$|x_1| = 2 > 1.96$，所以 $X_1$ 的观测值 $x_1$ 在拒绝域中，因此拒绝原假设，即认为该包装机质量不符合要求.

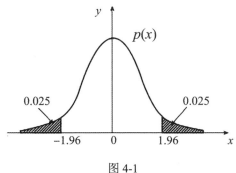

图 4-1

**例 4**　某机械厂生产方便面包装机，按规定每袋净重 100g，但实际包装时，有一定的误差，或多点或少点，设每袋方便面的重量减去 100 的差为 $X$，$X$ 服从正态分布. 假设不论是否符合质量要求，现 $X$ 的标准差均为 0.5g. 现在技术监督部门任意抽取 1 袋进行检验，如果其质量为 98g，试在小概率事件的概率 $\alpha = 0.05$ 下，检验包装机是否符合质量标准？

**解：** 设 $\mu$ 表示 $X$ 的数学期望，则检验包装机是否符合质量标准，就归结为检验 $\mu$ 是否为零.

提出检验假设：

$$H_0：\mu = 0，H_1：\mu \neq 0.$$

在 $H_0$ 成立的前提下，根据题意　$X \sim N(0, 0.5^2)$. 设 $X_1$ 为总体 $X$ 的一个样本，则有 $X_1 \sim N(0, 0.5^2)$. 根据第 3 章 3.4 节定理 1，$Z = \dfrac{X_1}{0.5} \sim N(0,1)$. 当 $\alpha = 0.05$ 时，拒绝域为 $\{|Z| \geq 1.96\}$.

计算 $Z$ 的观测值 $z$. 因为 $x_1 = 98 - 100 = -2$，$z = \dfrac{x_1}{0.5} = -4$，于是 $|z| = 4 \geq 1.96$，所以 $Z$ 的观测值 $z$ 在拒绝域中，因此拒绝原假设，即认为该包装机不符合质量标准.

**练习 1**　（每个同学在班里都有一个学号. 将自己的学号除以 3 的余数作为 $a$，这样每个同学都有自己的 $a$ 值. 将下面练习题中有 $a$ 的地方都换成自己的 $a$ 值，再求解.）

某天开工时，需检验自动包装机工作是否正常. 设该包装机包装的质量与额定质量 100 的差 $X$ 服从正态分布，假设不论是否正常，标准差均为 1.5. 现随机抽查了 1 包，其质量为 $(100 + a)$ kg，问这天包装机工作是否正常？ （$\alpha = 0.01$）

**例 5**　某机械厂生产方便面包装机，按规定每袋净重 100g，但实际包装时，有一定的误差，或多点或少点，设每袋方便面的重量减去 100 的差为 $X$，$X$ 服从正态分布. 假设不论是否符合质量要求，现 $X$ 的标准差均为 0.5g. 现在技术监督部门任意抽取 2 袋进行检验，如果其质量分别为 98g 和 101g，试在小概率事件的概率 $\alpha = 0.01$ 下，检验包装机是否符合质量标准？

**解：**设 $X$ 的数学期望为 $\mu$，由题意可知，$X \sim N\left(\mu, 0.5^2\right)$，设 $X_1, X_2$ 为总体 $X$ 的一个样本，根据第 3 章 3.5 节定理 2，可得样本均值 $\overline{X} = \dfrac{X_1 + X_2}{2} \sim N\left(\mu, \dfrac{0.5^2}{2}\right)$，标准化后，有

$$Z = \frac{\overline{X} - \mu}{\sqrt{\dfrac{0.5^2}{2}}} = \frac{\overline{X} - \mu}{0.5}\sqrt{2} \sim N(0,1).$$

提出检验假设：

$$H_0: \ \mu = 0, \quad H_1: \ \mu \neq 0.$$

在 $H_0$ 成立的前提下，$Z = \dfrac{\overline{X} - 0}{0.5}\sqrt{2} \sim N(0,1)$。当 $\alpha = 0.01$ 时，拒绝域为 $\{|Z| \geqslant 2.58\}$。

计算 $Z$ 的观测值 $z$。因为 $x_1 = 98 - 100 = -2$，$x_2 = 101 - 100 = 1$，于是

$$\overline{x} = \frac{1}{2}(x_1 + x_2) = \frac{1}{2}(-2 + 1) = -0.5, \quad z = \frac{\overline{x} - 0}{0.5}\sqrt{2} = -1.414,$$

$|z| = 1.414 < 2.58$，所以 $Z$ 的观测值 $z$ 不在拒绝域中，因此接受原假设，即认为包装机符合质量标准。

**练习 2**（每个同学在班里都有一个学号。将自己的学号除以 3 的余数作为 $a$，这样每个同学都有自己的 $a$ 值。将下面练习题中有 $a$ 的地方都换成自己的 $a$ 值，再求解。）

某天开工时，需检验自动包装机工作是否正常。假设该包装机包装的质量与额定质量 100kg 之差 $X$ 服从正态分布，假设不论是否正常，$X$ 的标准差均为 1.5kg。现抽测了两包，其质量分别为（$100 + a$）kg 和 104kg，问这天包装机工作是否正常？（$\alpha = 0.01$）

**例 6**　水泥厂用自动包装机包装水泥，每袋额定质量为 50 kg，某日开工后随机抽查了 9 袋，称得其质量如下：

| 49.6 | 49.3 | 50.1 | 50.0 | 49.2 | 49.9 | 49.8 | 51.0 | 50.2 |
|------|------|------|------|------|------|------|------|------|

根据以往的资料，假设每袋质量 $X$ 服从正态分布，且包装机不论是否正常，$X$ 的标准差均为 0.55kg，同时假设每袋的质量 $X$ 在一天内服从同一分布，问该包装机工作是否正常（取 $\alpha = 0.05$）？

**解：**假设 $X$ 的数学期望为 $\mu$，由题意可知，$X \sim N\left(\mu, 0.55^2\right)$，此处 $\mu$ 未知。设 $X_1, X_2, \cdots, X_n$ 为总体 $X$ 的一个样本，根据第 3 章 3.5 节定理 2 可知，样本均值

$$\overline{X} \sim N\left(\mu, \frac{0.55^2}{n}\right),$$

标准化可得

$$\frac{\overline{X} - \mu}{0.55}\sqrt{n} \sim N(0,1).$$

于是，该包装机工作是否正常的问题可转化为检验假设：

$$H_0: \ \mu = 50, \quad H_1: \ \mu \neq 50.$$

当 $H_0$ 成立时，$\dfrac{\overline{X}-50}{0.55}\sqrt{n} \sim N(0,1)$. 令 $Z = \dfrac{\overline{X}-50}{0.55}\sqrt{n}$，则 $Z \sim N(0,1)$.

当 $\alpha = 0.05$ 时，拒绝域为 $\{|Z| \geqslant 1.96\}$.

计算 $Z$ 的观测值 $z$. $\overline{x} = \dfrac{1}{9}(x_1 + x_2 + \cdots + x_9)$

$= \dfrac{1}{9}(49.6 + 49.3 + 50.1 + 50.0 + 49.2 + 49.9 + 49.8 + 51.0 + 50.2) = 49.9$，

$z = \dfrac{\overline{x}-90}{0.55}\sqrt{9} = -0.546$，由于 $|z| = 0.546 < 1.96$，所以 $Z$ 的观测值 $z$ 不在拒绝域中，因此接受原假设，即认为该日包装机工作正常.

**练习 3** 某车间用一台包装机包装葡萄糖. 包得的每袋葡萄糖质量 $X$ 是一个随机变量，它服从正态分布. 当机器正常时，$X$ 的均值为 0.5kg，标准差为 0.015kg. 某日开工后为检验包装机是否正常，随机抽取它所包装的葡萄糖 9 袋，称得每袋的质量（单位：kg）为

| 0.497 | 0.506 | 0.518 | 0.524 | 0.498 | 0.511 | 0.520 | 0.515 | 0.512 |

假设包装机不论是否正常，$X$ 的标准差均为 0.015kg，同时假设每袋的质量 $X$ 在一天内服从同一分布，问机器是否正常（取 $\alpha = 0.05$）？

## 4.2　假设检验的 $p$ 值法

4.1 节介绍了假设检验的临界值法，其特点是提出检验假设后，在原假设成立的条件下先构造检验统计量，并建立小概率事件（也称拒绝域），然后根据已给的样本信息计算该统计量的观测值，并观察该观测值是否落入拒绝域中，进而做出判断. 这种方法的不足之处是，对于不同的显著性水平 $\alpha$，需要重新计算拒绝域.

随着计算机的普及以及现代统计软件的出现，某些关于假设检验问题的研究中常常不明确给出显著性水平或临界值，取而代之的是给出假设检验的 $p$ 值. 下面以 4.1 节中的例 6 为例来说明假设检验的 $P$ 值法.

当 $H_0$ 成立时，

$$\dfrac{\overline{X}-50}{0.55}\sqrt{n} \sim N(0,1).$$

令 $Z = \dfrac{\overline{X}-50}{0.55}\sqrt{n}$，则 $Z \sim N(0,1)$. 根据所给的样本观测值，我们可以计算出 $Z$ 的观测值为

$$z = \dfrac{\overline{x}-50}{0.55}\sqrt{9} = -0.546,$$

则概率 $P\{|Z| > |z|\}$ 就是检验统计量为正态分布时的假设检验 $p$ 值法中需要计算的概率，记

作 $p$ ，即 $p = P\{|Z| > |z|\}$ .

它是以样本观测值得到的统计量的观测值为边界，并与检验假设相匹配的小概率事件的概率.

一般地，给出下面的定义.

**定义 1** 在假设检验问题中，与检验假设相匹配的、以样本观测值得到的统计量的观测值为边界所做出的小概率事件的概率称为该检验的 $P$ 值.

利用此 $P$ 值就可以做出拒绝原假设或接受原假设的判断. 当 $p > \alpha$ 时，接受原假设；当 $p \leqslant \alpha$ 时，拒绝原假设.

下面以 $\alpha=0.05$ 为例，说明理由. 根据前面的分析，当 $\alpha=0.05$ 时，拒绝域为 $\{|Z| \geqslant 1.96\}$ ，如图 4-2 所示.

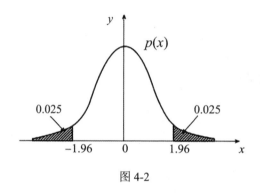

图 4-2

分情况讨论如下：

当 $p > 0.05$ 时，即 $P\{|Z| > |z|\} > 0.05$ ，如图 4-3 所示，此时 $|z| < 1.96$ ，所以 $z$ 没有落在拒绝域，因此接受原假设.

当 $p \leqslant 0.05$ 时，即 $P\{|Z| > |z|\} \leqslant 0.05$ ，如图 4-4 所示，此时 $|z| \geqslant 1.96$ ，所以 $z$ 落在拒绝域，因此拒绝原假设.

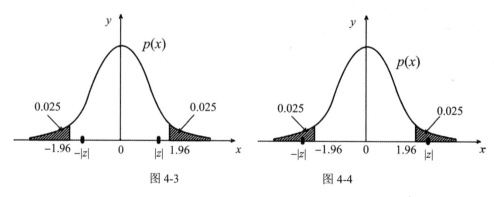

图 4-3　　　　　　　　　　图 4-4

4.1 节中的例 6 用假设检验的 $P$ 值法来解，完整过程如下：

**解：** 假设 $X$ 服从 $N\left(\mu, 0.55^2\right)$ ，此处 $\mu$ 未知，问题转化为检验问题：

$$H_0 : \mu = 50 , \quad H_1 : \mu \neq 50 .$$

样本均值 $\overline{X} \sim N\left(\mu, \dfrac{0.55^2}{n}\right)$，标准化后可得

$$\frac{\overline{X} - \mu}{0.55} \sqrt{n} \sim N(0,1) .$$

当 $H_0$ 成立时，$\dfrac{\overline{X} - 50}{0.55} \sqrt{n} \sim N(0,1)$，令 $Z = \dfrac{\overline{X} - 50}{0.55} \sqrt{n}$，则 $Z \sim N(0,1)$．

计算出 $Z$ 的观测值为

$$z = \frac{\overline{x} - 50}{0.55} \sqrt{9} = -0.546 ,$$

则 $\qquad p = P\{|Z| > |z|\} = P\{|Z| > 0.546\} = 2(1 - P\{Z \leq 0.546\}) = 2(1 - 0.7088) = 0.5824 .$

因为 $p = 0.5824 > \alpha = 0.05$，所以接受原假设，即认为该包装机工作正常．

$p$ 值表示拒绝 $H_0$ 的依据的强度． $p$ 值越小，反对 $H_0$ 的依据越强，越充分．一般地，有：

若 $P \leq 0.01$，称拒绝 $H_0$ 的依据很强，或称检验是高度显著的；

若 $0.01 < P \leq 0.05$，称拒绝 $H_0$ 的依据是强的，或称检验是显著的；

若 $0.05 < p \leq 0.1$，称拒绝 $H_0$ 的依据是弱的，或称检验是不显著的；

若 $P > 0.1$，一般来说没有理由拒绝 $H_0$．

**例 1** 设总体 $X \sim N(\mu,100)$，$\mu$ 未知，现从中抽取一个容量为 36 的样本，测得观测值的样本均值为 $\overline{x} = 64$，试利用 $p$ 值法判断总体 $X$ 的均值 $\mu$ 是否为 60．

**解：** 因为 $X \sim N(\mu,100)$，根据第 3 章 3.5 节定理 2 可知，样本均值

$$\overline{X} \sim N(\mu, \frac{100}{n}) ,$$

标准化后可得

$$\frac{\overline{X} - \mu}{10} \sqrt{n} \sim N(0,1) .$$

检验假设为

$$H_0 : \mu = 60 , \quad H_1 : \mu \neq 60 .$$

当 $H_0$ 成立时，$\dfrac{\overline{X} - 60}{10} \sqrt{n} \sim N(0,1)$．令 $Z = \dfrac{\overline{X} - 60}{10} \sqrt{n}$，则 $Z \sim N(0,1)$．

$Z$ 的观测值为

$$z = \frac{\overline{x} - 60}{10} \sqrt{36} = \frac{64 - 60}{10} \sqrt{36} = \frac{12}{5} = 2.4 , \quad 则$$

$$p = P\{|Z| > |z|\} = P\{|Z| > 2.4\} = 2P\{Z > 2.4\} = 2(1 - \Phi(2.4))$$

$$= 2(1 - 0.9918) = 2 \times 0.0082 = 0.0164 .$$

由于 $p = 0.0164 < 0.05$，表明拒绝 $H_0$ 的依据是强的，所以否定原假设，即认为总体 $X$ 的

均值 $\mu$ 不是 60.

**练习 1**　设总体 $X \sim N(\mu, 25)$，$\mu$ 未知，现从中抽取一个容量为 49 的样本，测得观测值的样本均值为 $\bar{x} = 52$，试利用 $P$ 值法判断总体 $X$ 的均值 $\mu$ 是否为 50.

# 习题 4

（每个同学在班里都有一个学号．将自己的学号除以 3 的余数作为 $a$，这样每个同学都有自己的 $a$ 值．将下列各题中有 $a$ 的地方都换成自己的 $a$ 值，再求解．）

分别用假设检验的临界值法和 $P$ 值法求解下列问题．

1．某天工厂开工时，需检验自动包装机工作是否正常，根据以往的经验，其包装的质量服从标准差为 1.5 的正态分布，额定质量为 100kg，现抽测了 9 包，其质量（单位：kg）如下：

| 99.3 | 98.7 | 100.5 | 101.2 | $(983+a)/10$ | 99.7 | 99.5 | 102.0 | 100.5 |
|------|------|-------|-------|--------------|------|------|-------|-------|

问这天包装机工作是否正常？（取 $\alpha = 0.05$）

2．设零件长度服从正态分布，要求其长度规格为 3.278mm，今取该批零件中的 10 个，测得长度（单位：mm）如下：

| 3.281 | 3.278 | $(3276+a)/1000$ | 3.286 | 3.279 | 3.278 | 3.281 | 3.279 | 3.280 | 3.277 |
|-------|-------|------------------|-------|-------|-------|-------|-------|-------|-------|

当标准差 $\sigma = 0.002\,(\text{mm})$ 时，该批零件平均长度与原规格有无明显差异（取 $\alpha = 0.05$）？

# 第5章 参数估计

统计推断的另一个基本问题就是参数估计，它包括点估计和区间估计．形象地说，如果将待估的参数比喻为射击时的目标，则点估计相当于点射，区间估计相当于用炮弹轰；如果将待估的参数比作河里的一条鱼，则点估计相当于用枪打，区间估计相当于用网捕．本章介绍点估计中的矩估计法和简单情况下的区间估计．

## 5.1 矩估计法

假设总体为随机变量 $X$ ，则容量为 $n$ 的一个样本可表示为 $X_1, X_2, \cdots, X_n$ ．前面讲过样本均值为 $\overline{X} = \frac{1}{n}\sum_{i=1}^{n} X_i$ ，样本方差为 $S^2 = \frac{1}{n-1}\sum_{i=1}^{n}(X_i - \overline{X})^2$ ，样本 $k$ 阶矩为 $A_k = \frac{1}{n}\sum_{i=1}^{n} X_i^k, k = 1, 2, \cdots$ ．

这些表达式中都不含未知参数．我们把不含未知参数，由样本构成的函数称为统计量．设样本为 $X_1, X_2, \cdots, X_n$ ，则统计量通常记为

$$T = T(X_1, X_2, \cdots, X_n).$$

点估计就是以某个统计量的样本观测值作为未知参数的估计值．点估计可以通过多种方式获得，本章只讨论其中最简单的方法——矩估计法．

下面通过一个简单例子来说明矩估计法的原理．

我们知道，当骰子不均匀时，要想得到"点数 1"出现的概率，此时需要将骰子掷多次，并计算"点数 1"出现的频率，则此频率可以用来估算"点数 1"出现的概率．

此种做法就隐含着矩估计法的原理，下面给出具体的说明．

设掷骰子出现"点数 1"的概率为 $p$ ，用随机变量 $X$ 表示在一次试验中出现"点数 1"的次数，则 $X$ 的分布列为

| $X$ | 0 | 1 |
| --- | --- | --- |
| $P$ | $1-p$ | $p$ |

$X$ 的数学期望为 $E(X) = 0 \times (1-p) + 1 \times p = p$ ，即 $p$ 就是总体 $X$ 的均值，根据随机变量 $k$ 阶矩的概念，$p$ 也是总体 $X$ 的一阶矩．

"点数 1"出现的频率可以表示为 $\overline{X} = \frac{1}{n}\sum_{i=1}^{n} X_i$ ，为样本的一阶矩．我们知道，当试验的次数非常多时，可以用事件发生的频率来近似其概率，因此用频率来估计概率的思想就是用样本的一阶矩来估计总体的一阶矩．

更一般地，当样本容量很大时，样本的 $k$ 阶矩可以近似总体的 $k$ 阶矩．这就启发我们

可以用样本矩作为总体矩的估计量,这种用相应的样本矩去估计总体矩的估计方法就称为矩估计法,利用此方法所得到的参数估计称为矩估计量.

下面通过几个例子,来说明矩估计法的应用. 先给出一个离散型随机变量的例子,再给出一个连续型随机变量的例子.

**例 1** 设总体为离散型随机变量,其概率分布为

| $X$ | 1 | 2 |
|---|---|---|
| $P$ | $1-p$ | $p$ |

求参数 $p$ 的矩估计量.

**解:** 设总体为 $X$ ,由题意,总体的一阶矩为

$$E(X) = 1 \cdot (1-p) + 2p = 1 + p$$

设 $X_1, X_2, \cdots, X_n$ 是从总体 $X$ 中抽取的容量为 $n$ 的样本,样本的一阶矩为 $\overline{X} = \dfrac{1}{n} \sum_{i=1}^{n} X_i$ ,根据矩估计法,有

$$1 + p = \overline{X}$$

因此 $p$ 的矩估计量为 $\hat{p} = \overline{X} - 1$ .

**注:** 此处 $\hat{p}$ 表示 $p$ 的估计量. 因为是用样本信息来估计总体的,故很难得到真值.

**练习 1** (每个同学在班里都有一个学号. 将自己的学号除以 5 的余数作为 $a$ ,这样每个同学都有自己的 $a$ 值. 将下面题中有 $a$ 的地方都换成自己的 $a$ 值,再求解.)

设总体为离散型随机变量,其概率分布为

| $X$ | $a$ | $a+2$ |
|---|---|---|
| $P$ | $1-p$ | $p$ |

求参数 $p$ 的矩估计量.

**例 2** 设总体在 $[0,\theta]$ 上均匀分布,求参数 $\theta$ 的矩估计量.

**解:** 设总体为 $X$ ,由题意, $X$ 服从 $[0,\theta]$ 上的均匀分布,于是 $X$ 的概率密度函数为

$$p(x) = \begin{cases} \dfrac{1}{\theta}, & 0 \leqslant x \leqslant \theta \\ 0, & \text{其他} \end{cases}$$

总体的一阶矩为

$$E(X) = \int_{-\infty}^{+\infty} x p(x) \mathrm{d}x = \int_{0}^{\theta} x \frac{1}{\theta} \mathrm{d}x = \frac{1}{\theta} \int_{0}^{\theta} x \mathrm{d}x = \frac{1}{\theta} \left[ \frac{x^2}{2} \right]_{0}^{\theta} = \frac{1}{2\theta} \left[ x^2 \right]_{0}^{\theta} = \frac{1}{2\theta} \left( \theta^2 - 0^2 \right) = \frac{\theta}{2}.$$

设 $X_1, X_2, \cdots, X_n$ 是从总体 $X$ 中抽取的容量为 $n$ 的样本,样本的一阶矩为 $\overline{X} = \dfrac{1}{n} \sum_{i=1}^{n} X_i$ ,根据矩估计法,有

$$\frac{\theta}{2} = \overline{X} ,$$

因此 $\theta$ 的矩估计量为 $\hat{\theta} = 2\overline{X}$ .

**练习2**（每个同学在班里都有一个学号. 将自己的学号除以 5 的余数作为 $a$，这样每个同学都有自己的 $a$ 值. 将下面题中有 $a$ 的地方都换成自己的 $a$ 值，再求解.）

设总体在 $[1, \theta + 1 + a]$ 上均匀分布，求参数 $\theta$ 的矩估计量.

**例3** 设总体 $X$ 服从正态分布 $N(\mu, \sigma^2)$，$X_1, X_2, \cdots, X_n$ 是来自总体 $X$ 的样本，求 $\mu, \sigma^2$ 的矩估计量.

**解：** 由第 2 章 2.6 节例 4 可知，总体的一阶矩和二阶矩分别为

$$E(X) = \mu, \quad E(X^2) = D(X) + \left[E(X)\right]^2 = \sigma^2 + \mu^2,$$

样本的一阶矩为 $\overline{X} = \dfrac{1}{n}\sum_{i=1}^{n} X_i$，样本的二阶矩为 $\dfrac{1}{n}\sum_{i=1}^{n} X_i^2$，根据矩估计法，有

$$\begin{cases} \mu = \overline{X} \\ \sigma^2 + \mu^2 = \dfrac{1}{n}\left(X_1^2 + X_2^2 + \cdots + X_n^2\right) \end{cases}$$

解得 $\mu = \overline{X}$，$\sigma^2 = \dfrac{1}{n}\left(X_1^2, X_2^2 + \cdots + X_n^2\right) - \overline{X}^2 = \dfrac{1}{n}\sum_{i=1}^{n}\left(X_i - \overline{X}\right)^2$，所以 $\mu, \sigma^2$ 的矩估计量为

$$\hat{\mu} = \overline{X}, \quad \hat{\sigma}^2 = \dfrac{1}{n}\sum_{i=1}^{n}\left(X_i - \overline{X}\right)^2 .$$

## 5.2　区间估计

确切地讲，区间估计用两个统计量所构成的区间来估计未知参数. 为了说清楚这个问题，先从一个例子谈起.

# 一、引例

**引例1** 现有 100 人的身高（单位：cm）情况，如下所示：

| | | | | | | | | | |
|---|---|---|---|---|---|---|---|---|---|
| 160.8 | 164.3 | 160.9 | 160.0 | 170.2 | 173.1 | 168.4 | 164.5 | 162.8 | 164.5 |
| 171.0 | 174.7 | 161.3 | 169.3 | 162.5 | 173.4 | 173.7 | 166.2 | 166.0 | 169.1 |
| 177.5 | 163.3 | 165.6 | 179.9 | 176.3 | 167.1 | 166.9 | 176.7 | 151.9 | 171.7 |
| 161.5 | 170.7 | 175.7 | 179.8 | 170.3 | 176.3 | 173.0 | 178.8 | 170.5 | 167.3 |
| 170.3 | 170.1 | 172.1 | 165.0 | 172.9 | 164.0 | 163.9 | 178.9 | 175.7 | 178.3 |
| 174.8 | 180.0 | 159.7 | 165.4 | 171.1 | 172.7 | 158.9 | 160.5 | 163.4 | 161.9 |
| 172.5 | 177.9 | 171.0 | 161.2 | 171.8 | 177.8 | 164.2 | 166.3 | 176.7 | 163.4 |
| 175.4 | 169.5 | 173.3 | 174.1 | 166.6 | 144.9 | 168.6 | 167.6 | 174.3 | 175.3 |
| 165.3 | 169.2 | 156.5 | 181.4 | 162.6 | 179.2 | 187.2 | 163.1 | 175.2 | 157.3 |
| 185.1 | 181.1 | 165.3 | 169.1 | 172.5 | 183.5 | 162.2 | 156.3 | 163.2 | 169.7 |

根据所给数据，可以计算出平均身高为 169.35，标准差为 7.36. 下面我们把这 100 人的身高作为一个总体进行研究.

为了研究的方便，将这 100 个人的身高进行编号，下面给出了按列排序的一种编号方式（也可按其他方式编号）：

| 001 | 011 | 021 | 031 | 041 | 051 | 061 | 071 | 081 | 091 |
|-----|-----|-----|-----|-----|-----|-----|-----|-----|-----|
| 002 | 012 | 022 | 032 | 042 | 052 | 062 | 072 | 082 | 092 |
| 003 | 013 | 023 | 033 | 043 | 053 | 063 | 073 | 083 | 093 |
| 004 | 014 | 024 | 034 | 044 | 054 | 064 | 074 | 084 | 094 |
| 005 | 015 | 025 | 035 | 045 | 055 | 065 | 075 | 085 | 095 |
| 006 | 016 | 026 | 036 | 046 | 056 | 066 | 076 | 086 | 096 |
| 007 | 017 | 027 | 037 | 047 | 057 | 067 | 077 | 087 | 097 |
| 008 | 018 | 028 | 038 | 048 | 058 | 068 | 078 | 088 | 098 |
| 009 | 019 | 029 | 039 | 049 | 059 | 069 | 079 | 089 | 099 |
| 010 | 020 | 030 | 040 | 050 | 060 | 070 | 080 | 090 | 100 |

现采用随机抽样的方式对其进行研究，假设抽取 10 人来估计平均身高，这个身高的估计值是多少呢？

这是一个点估计问题. 首先在 Excel 的 A1 单元格中输入 "=RANDBETWEEN(1,100)"，按回车键，就可以产生一个 1 到 100 的随机数，然后选中 A1 单元格，待 "🕂" 变为 "✚" 时，向右拖动鼠标至 E1 单元格，再向下拖动鼠标至 E2 单元格，即可产生 10 个 1 到 100 的随机数. 假如抽取的是如下编号：

| 10 | 25 | 100 | 6 | 86 |
|----|----|-----|---|----|
| 62 | 99 | 39 | 9 | 29 |

将此结果选中，右击，选择 "复制" 命令，单击 A4 单元格，右击，选择 "选择性粘贴" 命令，在弹出的对话框中选择 "数值"，并单击 "确定" 按钮（注意：由于 RANDBETWEEN 函数是易失函数，每对相关单元格操作一次，RANDBETWEEN 函数值就会变换一次，这样做的目的是防止抽样结果经常变化）. 接下来找到这 10 个人的对应身高，如下所示：

| 185.1 | 172.1 | 169.7 | 174.8 | 163.4 |
|-------|-------|-------|-------|-------|
| 173.7 | 157.3 | 181.4 | 165.3 | 156.5 |

计算这 10 人的平均身高，方法为：选中一个空白单元格，单击菜单栏中的 "开始"，在工具栏中找到 "自动求和" 按钮，然后直接单击，在下拉菜单中选择 "平均值"，再选中数据，回车即可得到结果为 169.93.

可见这个均值与真实值是有差距的，一般来讲，样本容量越大，这个值就越接近真值，但是当抽取的样本容量（样本容量小于 100）一定时，每次的结果会不同. 我们可以用同样的方法再抽取容量为 10 的一个样本，计算出相应的均值和标准差做一下对比，这里不再重复此过程.

# 二、区间估计

从上面的讨论可以看出，点估计是有误差的．为了弥补这个缺点，我们希望估计出一个范围，这种估计称为区间估计．

这个区间如何去寻找呢？

首先，这个范围要包含真值，而且不希望这个范围给得太大．比如本节例 4 中的身高，说身高在 $(0,+\infty)$ 意义不大，尽管这种说法永远没有错误，100%正确，但对于我们了解这个人群的身高情况没有意义，因此我们希望哪怕不是 100%有把握，而是有 99%的把握或者有 95%的把握，但能说出身高在某个区间 $(a,b)$ 内更有意义．这个有把握的程度或者称可信度，在统计中称为**置信度**，对应的区间称为**置信区间**．有了可信度，也可谈论不可信度，不可信度与可信度相加等于 1，不可信度也称为**显著性水平**，用 $\alpha$ 表示，则可信度为 $1-\alpha$．上面说的 99%的把握，即置信度为 99%，对应的显著性水平为 $\alpha=0.01$．如果是 95%的把握，即置信度为 95%，对应的显著性水平为 $\alpha=0.05$；如果是 90%的把握，即置信度为 90%，对应的显著性水平为 $\alpha=0.1$．

置信度的另一种解释：反复抽取多个样本（每个样本的容量相等都为 $n$），每一个样本值确定一个区间，每个区间要么包含真值，要么不包含真值，在这么多的区间中包含真值的区间所占的比例约为 $1-\alpha$，不包含真值的区间所占的比例约为 $\alpha$（参见示意图 5-1）．

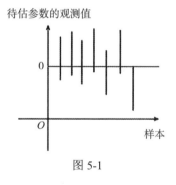

图 5-1

例如，若 $\alpha=0.01$，表示反复抽取 1000 个容量为 $n$ 的样本，得到 1000 个区间，则大约有 10 个区间不包含真值．

其次，给了置信度，如何获得这种区间呢？下面通过一个例子加以说明．

**例 1**　假如身高 $X \sim N\left(\mu,5^2\right)$，求 $\mu$ 的置信度为 0.95 的置信区间．

**分析：**求 $\mu$ 的置信区间，就是找一个随机区间，使得 $\mu$ 落入该随机区间的概率为 0.95，也就是找一个区间 $\left(T_1\left(X_1,X_2,\cdots,X_n\right),T_2\left(X_1,X_2,\cdots,X_n\right)\right)$，满足

$$P\left\{T_1\left(X_1,X_2,\cdots,X_n\right)<\mu<T_2\left(X_1,X_2,\cdots,X_n\right)\right\}=0.95，$$

上述事件的概率为 0.95，说明此事件是一个大概率事件，其对立事件的概率为 0.05，是一个小概率事件．前面已经学过寻找小概率事件的方法，不难由此确定大概率事件．

要想找到区间 $\left[T_1\left(X_1,X_2,\cdots,X_n\right),T_2\left(X_1,X_2,\cdots,X_n\right)\right]$，就需要从总体中抽取样本．因为 $X\sim N\left(\mu,5^2\right)$，设 $X_1,X_2,\cdots,X_n$ 为总体 $X$ 的一个样本，由第 3 章 3.5 节定理 2 可知

$$\overline{X}\sim N\left(\mu,\frac{5^2}{n}\right).$$

标准化后，得

$$Z=\frac{\overline{X}-\mu}{5/\sqrt{n}}\sim N\left(0,1\right).$$

$Z$ 的概率密度曲线如图 5-2 所示．

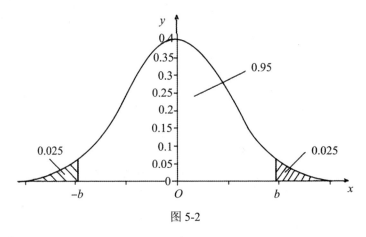

图 5-2

要使得 $P\left\{|Z|<b\right\}=0.95$，则有 $P\left\{Z<b\right\}=0.975$．通过查标准正态分布表，可得 $b=1.96$．于是

$$P\left\{\left|\frac{\overline{X}-\mu}{5/\sqrt{n}}\right|<1.96\right\}=0.95.$$

上式通过变形（详细过程请见附录 C），可以得到

$$P\left\{\overline{X}-\frac{5}{\sqrt{n}}\times1.96<\mu<\overline{X}+\frac{5}{\sqrt{n}}\times1.96\right\}=0.95,$$

于是 $\mu$ 的置信度为 0.95 的置信区间为 $\left(\overline{X}-\dfrac{5}{\sqrt{n}}\times1.96,\overline{X}+\dfrac{5}{\sqrt{n}}\times1.96\right)$．

**解：**设 $X_1,X_2,\cdots,X_n$ 是总体 $X$ 的一个样本，$\overline{X}$ 为样本均值．因为 $X\sim N\left(\mu,5^2\right)$，由第 3 章 3.5 节定理 2 可知，

$$\overline{X}\sim N\left(\mu,\frac{5^2}{n}\right).$$

标准化后，得

$$\frac{\overline{X}-\mu}{5\big/\sqrt{n}}\sim N(0,1).$$

由于 $P\left\{\left|\dfrac{\overline{X}-\mu}{5\big/\sqrt{n}}\right|<1.96\right\}=0.95$，故

$$P\left\{\overline{X}-\frac{5}{\sqrt{n}}\times1.96<\mu<\overline{X}+\frac{5}{\sqrt{n}}\times1.96\right\}=0.95,$$

于是，$\mu$ 的置信度为 0.95 的置信区间为

$$\left(\overline{X}-\frac{5}{\sqrt{n}}\times1.96,\overline{X}+\frac{5}{\sqrt{n}}\times1.96\right).$$

**练习 1**（每个同学在班里都有一个学号. 将自己的学号除以 4 的余数作为 $a$，这样每个同学都有自己的 $a$ 值. 将下面题中有 $a$ 的地方都换成自己的 $a$ 值，再求解.）

假如身高 $X\sim N(\mu,\sigma^2)$，求 $\mu$ 的置信度为 $(96+a)\%$ 的置信区间.

**例 2**　假设身高 $X\sim N(\mu,\sigma^2)$，其中 $\sigma$ 为已知，求 $\mu$ 的置信度为 0.95 的置信区间.

**解**：设 $X_1,X_2,\cdots,X_n$ 为总体 $X$ 的一个样本，$\overline{X}$ 为样本均值. 因为 $X\sim N(\mu,\sigma^2)$，由第 3 章 3.5 节定理 2 可知，

$$\overline{X}\sim N\left(\mu,\frac{\sigma^2}{n}\right).$$

标准化后，得

$$\frac{\overline{X}-\mu}{\sigma\big/\sqrt{n}}\sim N(0,1).$$

由于 $P\left\{\left|\dfrac{\overline{X}-\mu}{\sigma\big/\sqrt{n}}\right|<1.96\right\}=0.95$. 故

$$P\left\{\overline{X}-\frac{\sigma}{\sqrt{n}}\times1.96<\mu<\overline{X}+\frac{\sigma}{\sqrt{n}}\times1.96\right\}=0.95,$$

于是，$\mu$ 的置信度为 0.95 的置信区间为

$$\left(\overline{X}-\frac{\sigma}{\sqrt{n}}\times1.96,\overline{X}+\frac{\sigma}{\sqrt{n}}\times1.96\right).$$

**例 3**　假设身高 $X\sim N(\mu,\sigma^2)$，其中 $\sigma$ 为已知，求 $\mu$ 的置信度为 $1-\alpha$ 的置信区间.

**解**：设 $X_1,X_2,\cdots,X_n$ 为总体 $X$ 的一个样本，$\overline{X}$ 为样本均值. 因为 $X\sim N(\mu,\sigma^2)$，由第 3 章 3.5 节定理 2 可知，

$$\overline{X}\sim N\left(\mu,\frac{\sigma^2}{n}\right).$$

标准化后，得

$$\frac{\overline{X}-\mu}{\sigma/\sqrt{n}} \sim N(0,1).$$

由于 $P\left\{\left|\dfrac{\overline{X}-\mu}{\sigma/\sqrt{n}}\right|<z_{\frac{\alpha}{2}}\right\}=1-\alpha$ ，其中 $z_{\frac{\alpha}{2}}$ 为使得标准正态分布的概率密度曲线右侧概率为

$\dfrac{\alpha}{2}$ 的自变量的值，可通过查标准正态分布表得到．故

$$P\left\{\overline{X}-\frac{\sigma}{\sqrt{n}}z_{\frac{\alpha}{2}}<\mu<\overline{X}+\frac{\sigma}{\sqrt{n}}z_{\frac{\alpha}{2}}\right\}=1-\alpha ,$$

于是，$\mu$ 的置信度为 $1-\alpha$ 的置信区间为

$$\left(\overline{X}-\frac{\sigma}{\sqrt{n}}z_{\frac{\alpha}{2}},\overline{X}+\frac{\sigma}{\sqrt{n}}z_{\frac{\alpha}{2}}\right). \tag{5-1}$$

**注**：1. 置信度一定时，区间的选取不唯一，但上述选取的区间长度最短．

2. 由于式（5-1）是由 $\left|\dfrac{\overline{X}-\mu}{\sigma/\sqrt{n}}\right|<z_{\frac{\alpha}{2}}$ 推导出来的，而 $\left|\dfrac{\overline{X}-\mu}{\sigma/\sqrt{n}}\right|<z_{\frac{\alpha}{2}}$ 等价于

$\left|\overline{X}-\mu\right|<\dfrac{\sigma}{\sqrt{n}}\cdot z_{\frac{\alpha}{2}}$ ，所以式（5-1）表示当置信度为 $1-\alpha$ 时用 $\overline{X}$ 来估算 $\mu$ 时的误差为 $\dfrac{\sigma}{\sqrt{n}}z_{\frac{\alpha}{2}}$ ．

**例 4**　一个人 10 次称自己的体重（单位:kg）称了 10 次，数据如下：

| 75 | 79 | 73 | 76 | 73 | 73 | 74 | 75 | 73 | 76 |
|----|----|----|----|----|----|----|----|----|----|

我们希望估计一下此人的体重．假设此人的称重服从正态分布，标准差为 1.5kg，求此人体重的置信度为 95% 的置信区间．

**解**：设此人的称重为 $X$ ，此人的体重为 $\mu$ ，则 $\mu=E(X)$ ．设 $X_1,X_2,\cdots,X_n$ 为总体 $X$ 的一个样本，$\overline{X}$ 为样本均值．因为 $X\sim N\left(\mu,1.5^2\right)$ ，由第 3 章 3.5 节定理 2 可知，$\overline{X}\sim N\left(\mu,\dfrac{1.5^2}{n}\right)$ ．标准化后，得

$$\frac{\overline{X}-\mu}{1.5/\sqrt{n}}\sim N(0,1).$$

由于 1−95%=0.05，$1-\dfrac{0.05}{2}=0.975$ ，查标准正态分布表可得临界值为 1.96．

于是 $P\left\{\left|\dfrac{\overline{X}-\mu}{1.5/\sqrt{n}}\right|<1.96\right\}=0.95$ ，故

$$P\left\{\overline{X}-\frac{1.5}{\sqrt{n}}\times1.96<\mu<\overline{X}+\frac{1.5}{\sqrt{n}}\times1.96\right\}=0.95 ,$$

因此，$\mu$ 的置信度为 0.95 的置信区间为

$$\left(\overline{X} - \frac{1.5}{\sqrt{n}} \times 1.96, \overline{X} + \frac{1.5}{\sqrt{n}} \times 1.96\right).$$

**注：** 上述置信区间为随机区间，当抽取样本后，就可以得到 $\overline{X}$ 的观测值 $\overline{x}$，于是可以得到置信区间的观测值.

因为

$$\overline{x} = \frac{1}{10}(75 + 79 + 73 + 76 + 73 + 73 + 74 + 75 + 73 + 76) = 74.7,$$

所以该人的平均体重的置信度为 95% 的置信区间为：

$$\left(74.7 - \frac{1.5}{\sqrt{10}} \times 1.96, 74.7 + \frac{1.5}{\sqrt{10}} \times 1.96\right) = (73.77, 75.63).$$

此题也可以利用式（5-1）直接求解.

**另解：** 这里 $\alpha = 0.05$，$1 - \frac{\alpha}{2} = 0.975$，查标准正态分布表，可得 $z_{\frac{\alpha}{2}} = 1.96$. 由所给的数据可以算出 $\overline{x} = 74.7$，又 $\sigma = 1.5$，$n = 10$，于是体重 $\mu$ 的置信度为 95% 的置信区间为

$$\left(\overline{X} - \frac{\sigma}{\sqrt{n}} z_{\frac{\alpha}{2}}, \overline{X} + \frac{\sigma}{\sqrt{n}} z_{\frac{\alpha}{2}}\right) = (73.77, 75.63).$$

**练习 2**　（每个同学在班里都有一个学号. 将自己的学号除以 5 的余数作为 $a$，这样每个同学都有自己的 $a$ 值. 将下面题中有 $a$ 的地方都换成自己的 $a$ 值，再求解.）

为防止出厂产品缺斤少两，某厂质检人员从当天产品中随机抽取 12 包过秤，称得各包的质量（单位：g）如下：

| 9.9 | 10.1 | 10.3 | 10.4 | $(97+a)/10$ | 9.8 | 10.1 | 10.0 | 9.8 | 10.3 | 10.1 | 9.8 |
|-----|------|------|------|-------------|-----|------|------|-----|------|------|-----|

假定该产品每包的质量服从正态分布，标准差为 1.5g，对该产品每包质量的数学期望求置信度为 95% 的区间估计.

# 习题 5

（每个同学在班里都有一个学号. 将自己的学号除以 4 的余数作为 $a$，这样每个同学都有自己的 $a$ 值. 将下列各题中有 $a$ 的地方都换成自己的 $a$ 值，再求解.）

1. 设总体在 $[1+a, \theta]$ 上均匀分布，其中 $\theta > 1+a$，求参数 $\theta$ 的矩估计量.

2. 已知某种木材的横纹抗压力服从正态分布，今从一批这种木材中，随机地抽取 10 根样品，测得它们的抗压值（单位：千克力／厘米 $^2$）如下：

| 482 | 493 | 457 | 471 | 510 | 446 | 435 | 418 | $394+a$ | 469 |
|-----|-----|-----|-----|-----|-----|-----|-----|---------|-----|

试求这批木材横纹抗压力数学期望和标准差的估计值.

# 第 6 章　线性回归分析

公安人员通过公式:

$$身高 = 脚印长度 \times 6.876$$

来推算罪犯的身高, 此公式是如何获得的呢?

在客观世界中, 普遍存在着变量之间的关系. 变量之间的关系, 一般可分为确定性关系和非确定性关系两类. 确定性关系可用函数关系表示, 例如, 圆的面积 $S$ 与圆的半径 $r$ 之间的关系 $S = \pi r^2$, 就是一个函数关系. 而非确定性关系则不然, 例如, 人的身高和脚印长度的关系、某产品的广告投入与销售额间的关系等, 它们之间虽然是有关联的, 但是它们之间的关系又不能用普通函数来表示, 我们称这类非确定性关系为相关关系. 具有相关关系的变量虽然不具有确定的函数关系, 但是可以借助函数关系来表示它们之间的统计规律, 这种近似地表示它们之间的相关关系的函数称为回归函数或回归方程.

回归分析是研究两个或两个以上变量相关关系的一种重要的统计方法, 分为线性回归分析和非线性回归分析. 本章只介绍一元线性回归分析, 包括回归分析问题、显著性检验以及预测共 3 节内容.

## 6.1　回归分析问题

一百多年前, 英国遗传学家高尔顿 (Galton) 注意到: 当父亲身高很高时, 他儿子的身高一般不会比父亲更高; 同样, 当父亲身高很矮时, 他儿子的身高也一般不会比父亲更矮, 而会向一般人的身高靠拢. 当时这位英国遗传学家将这种现象称为回归, 现在将这个概念引申到随机变量之中, 就是所谓的回归分析.

先看一个实例.

**例 1**　为了研究某水稻产量 $y$ 与施肥量 $x$ 之间是否有确定性的关系, 为此在 7 块并排、形状大小相同的试验田上进行施肥量对水稻产量影响的试验, 得到如下所示的一组数据:

| 施肥量 $x$ /kg | 15 | 20 | 25 | 30 | 35 | 40 | 45 |
|---|---|---|---|---|---|---|---|
| 水稻产量 $y$ /kg | 330 | 345 | 365 | 405 | 445 | 450 | 455 |

我们先画出散点图 (表示具有相关关系的两个变量的一组数据的图形), 见图 6-1, 通过观察可以发现, 图中各点大致分布在某条直线附近, 这条直线称为 $y$ 关于 $x$ 的回归直线, 其对应的方程称为线性回归方程, 在本章简称为回归方程.

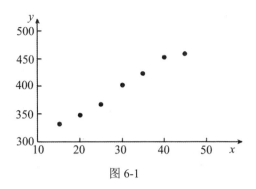

图 6-1

下面的问题就是

（1）求水稻产量 $y$ 与施肥量 $x$ 之间的回归方程.

（2）当施肥量为 70kg 时，估计水稻的产量是多少？

在上面的例子中，对于 $x$ 来讲，它是可以准确测量的，但是即使对于相同的 $x$，因为其他因素(比如土壤、水分、环境等)的影响，产量 $y$ 也会不同,因此产量 $y$ 是随机变量 $Y$. 下面讨论随机变量 $Y$ 与 $x$ 之间存在的这种相关关系,这里 $x$ 是可以控制且可以精确测定的普通变量.

一般地，对于 $x$ 取定的一组不完全相同的值 $x_1, x_2, \cdots, x_n$，做独立试验得到 $n$ 对观察值

$$(x_1, y_1), (x_2, y_2), \cdots, (x_n, y_n).$$

通过观察散点图发现，所描各点大致分布在一条直线 $l$ 附近，这反映出自变量 $x$ 与随机变量 $Y$ 之间可能存在着线性相关关系. 而所有点又不全在直线 $l$ 上，这就说明必有其他随机因素影响着变量 $Y$. 在通常情况下，我们将 $Y$ 视为由两部分因素影响的叠加，即一部分是 $x$ 的线性函数 $a+bx$，另一部分是由随机因素引起的误差 $\varepsilon$. 假定 $x$ 与 $Y$ 之间存在的相关关系可以表示为

$$Y = a + bx + \varepsilon,$$

其中 $\varepsilon$ 为随机误差且 $\varepsilon \sim N(0, \sigma^2)$，$\sigma^2$ 未知，$a$ 与 $b$ 为未知参数.

回归方程 $\hat{y} = a + bx$ 反映了变量 $x$ 与随机变量 $Y$ 之间的相关关系. 回归分析就是要根据样本观测值 $(x_i, y_i)$（$i = 1, 2, \cdots, n$）找到 $a$ 与 $b$ 的适当估计值 $\hat{a}$ 与 $\hat{b}$，并建立回归方程 $\hat{y} = \hat{a} + \hat{b}x$，从而利用这个公式（也称为经验公式），来近似刻画变量 $x$ 与随机变量 $Y$ 之间的相关关系.

如何根据观测数据 $(x_1, y_1), (x_2, y_2), \cdots, (x_n, y_n)$ 得到回归方程 $\hat{y} = \hat{a} + \hat{b}x$ 呢？一个直观的做法就是，选取适当的 $a$ 与 $b$，使得直线 $\hat{y} = a + bx$ 上的点与试验数据中对应点之间的误差尽可能得小. 若记 $(x_i, \hat{y}_i)$ 为直线 $\hat{y} = a + bx$ 上的点，$(x_i, y_i)$ 为试验数据点，则表达式

$$[y_i - \hat{y}_i]^2 = [y_i - (a + bx_i)]^2, \quad i = 1, 2, \cdots, n$$

就刻画了直线 $y = a + bx$ 上点 $(x_i, \hat{y}_i)$ 与试验数据点 $(x_i, y_i)$ 之间的偏离程度.

通常我们记

$$Q(a,b) = \sum_{i=1}^{n} (y_i - a - bx_i)^2,$$

则 $Q(a,b)$ 就表示全体数据点与直线上相应点之间总的偏离程度. 总的偏离程度越小, 回归方程 $\hat{y}=a+bx$ 就越能客观地反映出变量 $x$ 与 $Y$ 之间的线性相关关系. 所以, 在数理统计中, 将能够使 $Q(a,b)$ 取得最小值的 $a$ 与 $b$ 所确定的方程 $\hat{y}=a+bx$ 视为变量 $x$ 与 $Y$ 之间的线性回归方程.

求线性回归方程中未知参数 $a$ 和 $b$ 的估计值 $\hat{a}$ 与 $\hat{b}$ 的方法, 可分为初等数学方法和高等数学方法, 下面只介绍高等数学方法.

可以利用二元函数求极值的方法, 来确定使 $Q(a,b)$ 取得最小值的条件（详见附录 D）.

将表达式 $Q(a,b) = \sum_{i=1}^{n} (y_i - a - bx_i)^2$ 两边分别对未知参数 $a$ 与 $b$ 求偏导数, 并令其为零, 可得

$$\begin{cases} \dfrac{\partial Q}{\partial a} = -2\sum_{i=1}^{n}(y_i - a - bx_i) = 0, \\ \dfrac{\partial Q}{\partial b} = -2\sum_{i=1}^{n}(y_i - a - bx_i)x_i = 0. \end{cases}$$

整理得

$$\begin{cases} na + \left(\sum_{i=1}^{n} x_i\right) b = \sum_{i=1}^{n} y_i, \\ \left(\sum_{i=1}^{n} x_i\right) a + \left(\sum_{i=1}^{n} x_i^2\right) b = \sum_{i=1}^{n} x_i y_i. \end{cases}$$

从上式我们可以得到方程组的唯一解为

$$\begin{cases} \hat{b} = \dfrac{\sum_{i=1}^{n}(x_i - \bar{x})(y_i - \bar{y})}{\sum_{i=1}^{n}(x_i - \bar{x})^2} = \dfrac{\sum_{i=1}^{n} x_i y_i - \frac{1}{n}(\sum_{i=1}^{n} x_i)(\sum_{i=1}^{n} y_i)}{\sum_{i=1}^{n} x_i^2 - \frac{1}{n}(\sum_{i=1}^{n} x_i)^2}, \\ \hat{a} = \bar{y} - \hat{b}\bar{x}. \end{cases} \quad (6\text{-}1)$$

因此, 我们得到了 $x$ 与 $y$ 之间的线性回归方程

$$\hat{y} = \hat{a} + \hat{b}x$$

为了计算方便起见, 我们引入如下记号:

$$L_{xy} = \sum_{i=1}^{n} x_i y_i - \frac{1}{n}(\sum_{i=1}^{n} x_i)(\sum_{i=1}^{n} y_i),$$

$$L_{xx} = \sum_{i=1}^{n} x_i^2 - \frac{1}{n}(\sum_{i=1}^{n} x_i)^2,$$

$$L_{yy} = \sum_{i=1}^{n} y_i^2 - \frac{1}{n}(\sum_{i=1}^{n} y_i)^2.$$

这样，式（6-1）就可以写成

$$
\begin{cases}
\hat{b} = \dfrac{L_{xy}}{L_{xx}}, \\[3mm]
\hat{a} = \overline{y} - \hat{b}\,\overline{x}.
\end{cases}
\qquad（6\text{-}2）
$$

**例 2**　求例 1 中 $y$ 关于 $x$ 的线性回归方程.

**解**：为了便于计算，先计算 $x_i^2, x_i y_i, \Sigma x_i, \Sigma y_i, \Sigma x_i^2, \Sigma x_i y_i$，并列成如下形式：

| $i$ | 1 | 2 | 3 | 4 | 5 | 6 | 7 | $\Sigma$ |
|---|---|---|---|---|---|---|---|---|
| $x_i$ | 15 | 20 | 25 | 30 | 35 | 40 | 45 | 210 |
| $y_i$ | 330 | 345 | 365 | 405 | 445 | 450 | 455 | 2795 |
| $x_i^2$ | 225 | 400 | 625 | 900 | 1225 | 1600 | 2025 | 7000 |
| $x_i y_i$ | 4950 | 6900 | 9125 | 12150 | 15575 | 18000 | 20475 | 87175 |

从上表中可以得到：

$$
\overline{x} = \frac{1}{n}\sum_{i=1}^{n} x_i = \frac{1}{7} \times 210 = 30, \quad \overline{y} = \frac{1}{n}\sum_{i=1}^{n} y_i = \frac{1}{7} \times 2795 = 399.286,
$$

$$
L_{xx} = \sum_{i=1}^{n} x_i^2 - \frac{1}{n}\left(\sum_{i=1}^{n} x_i\right)^2 = 7000 - \frac{1}{7} \times 210^2 = 700,
$$

$$
L_{xy} = \sum_{i=1}^{n} x_i y_i - \frac{1}{n}\left(\sum_{i=1}^{n} x_i\right)\left(\sum_{i=1}^{n} y_i\right) = 87175 - \frac{1}{7} \times 210 \times 2795 = 3325,
$$

由式（6-2）可得 $a$ 与 $b$ 的估计值分别为

$$
\hat{b} = \frac{L_{xy}}{L_{xx}} = \frac{3325}{700} = 4.75,
$$

$$
\hat{a} = \overline{y} - \hat{b}\,\overline{x} = 399.286 - 4.75 \times 30 = 256.786,
$$

因此得到回归方程为

$$
\hat{y} = 256.786 + 4.75x.
$$

**练习 1**　下面给出了变量 $y$ 与变量 $x$ 之间的一组数据，利用上面的方法，求出 $y$ 关于 $x$ 的线性回归方程.

| $x_i$ | $a$ | $b$ | $c$ |
|---|---|---|---|
| $y_i$ | $b$ | $c$ | $d$ |

其中 $a$ 为你的学号除以 5 的余数，$b = a+1$，$c = a+2$，$d = a+3$.

# 6.2　显著性检验

由 6.1 节可知，求回归方程除了要求诸 $x_i$ 不完全相同之外（否则 $L_{xx} = 0$），没有其他条件. 也就是说无论变量 $y$ 与 $x$ 是否具有线性关系，只要诸 $x_i$ 不完全相同，总能求出 $a$ 与 $b$ 的

一个估计 $\hat{a}$ 与 $\hat{b}$，从而得到变量 $y$ 关于 $x$ 的一个线性回归方程 $\hat{y} = \hat{a} + \hat{b}x$．若变量 $y$ 与 $x$ 之间根本不存在线性关系，如图 6-2 所示，那么这个线性回归方程就没有任何意义．

因此，在实际问题中，必须对求出的线性回归方程进行检验，以判断所得到的线性回归方程是否真实反映 $y$ 与 $x$ 之间相关关系．

检验一般采取相关系数法，变量 $y$ 与 $x$ 之间的相关系数定义为

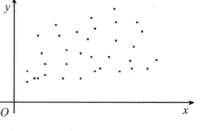

图 6-2

$$r = \frac{\sum_{i=1}^{n}(x_i - \bar{x})(y_i - \bar{y})}{\sqrt{\sum_{i=1}^{n}(x_i - \bar{x})^2}\sqrt{\sum_{i=1}^{n}(y_i - \bar{y})^2}} = \frac{L_{xy}}{\sqrt{L_{xx}L_{yy}}}.$$

$r$ 的大小反映了 $y$ 与 $x$ 之间相关关系的程度．相关系数 $r$ 有下面的性质：

（1）$|r| \leqslant 1$．

（2）$|r|$ 越接近 1，相关程度越大；$|r|$ 越接近 0，相关程度越小．

如何衡量 $|r|$ 是否接近 1 呢？不同的人会有不同的看法．比如我们班级要评选优秀学生，需要大家投票，不同的人会有不同的标准，有的同学可能比较严格，认为 90 分以上才算优秀，而有的学生可能认为 85 分就算优秀，这里的 90 和 85 称为临界值．如何衡量 $|r|$ 是否接近 1，也有这样的问题．如果宽严程度用 $\alpha$ 表示，$\alpha$ 也称为显著性水平，则一般用 $\alpha = 0.05$ 表示宽松，$\alpha = 0.01$ 表示严厉，临界值可通过查表确定（见附表 3），通过 $\alpha$ 和 $n - 2$ 来确定临界值 $r_\alpha$，当 $|r| > r_\alpha$ 时，认为 $y$ 与 $x$ 之间具有线性相关关系；当 $|r| \leqslant r_\alpha$ 时，则认为 $y$ 与 $x$ 之间线性关系不显著．

**例 1** 在显著水平 $\alpha = 0.05$ 下，检验 6.1 节中例 1 的回归效果是否显著？

**解：** 由例 2 可知：$L_{xx} = 700$，$L_{xy} = 3325$，可以计算

$$L_{yy} = \sum_{i=1}^{n} y_i^2 - \frac{1}{n}\left(\sum_{i=1}^{n} y_i\right)^2 = 1132725 - \frac{1}{7} \times 2795^2 = 16721.429,$$

$$r = \frac{L_{xy}}{\sqrt{L_{xx}L_{yy}}} = \frac{3325}{\sqrt{700 \times 16721.429}} = 0.972$$

查附表 3 可得 $r_{0.05} = 0.754$，因为 $|r| > r_{0.05}$，所以认为回归效果是显著的．

为了避免开方运算，可以将比较 $|r|$ 与临界值 $r_\alpha$ 的大小问题，转化为比较 $\left(|r|\right)^2 = r^2$ 与 $r_\alpha^2$ 的大小问题．理由如下：

函数 $f(x) = \sqrt{x}$ 在 $[0, +\infty)$ 上单调递增，即当 $x_1 > 0$，$x_2 > 0$ 时，如果 $x_1 < x_2$，则有 $\sqrt{x_1} < \sqrt{x_2}$；如果 $x_1 \geqslant x_2$，则有 $\sqrt{x_1} \geqslant \sqrt{x_2}$．其函数曲线如图 6-3 所示．由于 $\sqrt{r^2} = |r|$，$\sqrt{r_\alpha^2} = r_\alpha$，所以如果 $r^2 < r_\alpha^2$，则有 $|r| < r_\alpha$；如果 $r^2 \geqslant r_\alpha^2$，则有 $|r| \geqslant r_\alpha$．

这样例 1 也可以按照下面的过程求解.

**解**：由 6.1 节例 2 可知：$L_{xx} = 700$，$L_{xy} = 3325$，可以计算

$$L_{yy} = \sum_{i=1}^{n} y_i^2 - \frac{1}{n}\left(\sum_{i=1}^{n} y_i\right)^2 = 1132725 - \frac{1}{7} \times 2795^2$$

$$= 16721.429 ,$$

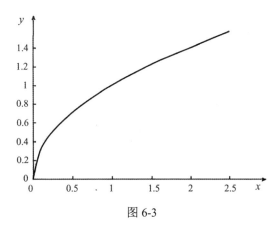

图 6-3

由于 $r = \dfrac{L_{xy}}{\sqrt{L_{xx}L_{yy}}}$，所以

$$r^2 = \frac{L_{xy}^2}{L_{xx}L_{yy}} = \frac{3325^2}{700 \times 16721.429} = 0.945 .$$

由于 $n = 7$，于是 $n - 2 = 5$，查附表 3 可得 $r_{0.05} = 0.754$，所以 $r^2_{0.05} = (0.754)^2 = 0.569$. 从而可以看出，$r^2 > r_{\alpha}^2$，于是有 $|r| > r_{0.05}$，因此认为回归效果是显著的.

**练习 1** 在显著性水平 $\alpha = 0.05$ 下，检验 6.1 节练习 1 中的回归效果是否显著？

# 6.3 预 测

在回归问题中，若回归方程经检验效果显著，这时回归值与实际值就拟合得较好，因而可以利用它对因变量 $Y$ 的新观察值 $y_0$ 进行点预测.

对于给定的 $x_0$，由回归方程可得到回归值

$$\hat{y}_0 = \hat{a} + \hat{b}x_0 ,$$

称 $\hat{y}_0$ 为 $y$ 在 $x_0$ 的**预测值**.

**例 1** 对 6.1 节例 1 中的问题（2）进行解答.

**解**：因为回归方程为

$$\hat{y} = 256.786 + 4.75x ,$$

所以当施肥量为 70kg 时水稻的产量的估计值为

$$\hat{y} = 256.786 + 4.75 \times 70 = 589.286 （kg）.$$

# 习题 6

（每个同学在班里都有一个学号. 将自己的学号除以 3 的余数作为 $a$，这样每个同学都有自己的 $a$ 值. 将下列各题中有 $a$ 的地方都换成自己的 $a$ 值，再求解.）

1. 为了研究钢丝线含碳量 $x$（单位：%）对于电阻 $y$（单位：$\Omega$）在 20℃ 之下的影响，做了 10 次试验，得到的数据如下：

| $x / \%$ | 0.10 | 0.30 | 0.40 | 0.55 | 0.70 | 0.95 | 0.25 | 0.80 | 0.85 | 0.90 |
|---|---|---|---|---|---|---|---|---|---|---|
| $y / \Omega$ | 15 | 18 | 19 | 21 | 22.6 | 23.8 | 17 | 23 | 23.3 | $(235+a)/10$ |

（1）求回归方程.

（2）试求相关系数 $r$ 的值，并在显著性水平 $\alpha = 0.01$ 下检验回归效果.

（3）当钢丝线含碳量为 1% 时，估计电阻是多少？

2．某种产品在生产时产生的有害物质的质量 $y$（单位：g）与它的燃料消耗量 $x$（单位：kg）之间存在某种相关关系．由以往的生产记录得到如下数据：

| $x / \text{kg}$ | 289 | 298 | 316 | 300 | 327 | 340 | 329 | 331 | 340 | 350 |
|---|---|---|---|---|---|---|---|---|---|---|
| $y / \text{g}$ | 43.5 | 42.9 | 42.1 | 43.1 | 39.1 | 37.3 | 38.5 | 38.0 | 37.6 | $(370+a)/10$ |

（1）试求回归方程.

（2）在显著性水平 $\alpha = 0.01$ 下检验回归效果.

（3）当燃料消耗量为 375kg 时，估计有害物质的质量是多少？

3．对某地区城乡 60 岁以上的老人进行血压普查，获得如下数据：

| $x / \text{年}$ | 62 | 67 | 72 | 77 | 82 | 87 | 92 |
|---|---|---|---|---|---|---|---|
| $y / \text{mmHg}$ | 124 | 135 | 147 | 148 | 154 | 153 | $160+a$ |

试求收缩压 $y$（单位：mmHg）对年龄 $x$（单位：年）的线性回归方程，并对回归关系进行显著性检验（取 $\alpha = 0.05$ ).

4．某啤酒厂根据多年来的市场销售经验发现：它们啤酒的销售数量 $y$（单位：箱）与当地的大气温度 $x$（单位：℃）存在着相关关系．下面是该厂某段时间的销售记录的数据.

| $x / \text{℃}$ | 30 | 21 | 35 | 42 | 37 | 20 | 8 | 17 | 35 | 25 |
|---|---|---|---|---|---|---|---|---|---|---|
| $y / \text{箱}$ | 430 | 335 | 520 | 490 | 470 | 210 | 195 | 270 | 400 | $480+a$ |

试问，销售数量 $y$ 与当地的温度 $x$ 之间是否有显著的线性回归关系（取 $\alpha = 0.05$ ）？

# 中级篇

  中级篇主要是将基础篇讲述的基本理论和方法运用到与 $\chi^2$ 分布、$t$ 分布和 $F$ 分布相关的假设检验和区间估计的基本内容之中，包括基于 $\chi^2$ 分布的假设检验与区间估计、基于 $t$ 分布的假设检验与区间估计、基于 $F$ 分布的假设检验与区间估计等 4 章内容. 通过本篇的学习，可以进一步加深对数理统计的基本概念和基本方法的理解，使之达到融会贯通的目的.

# 第7章 基于 $\chi^2$ 分布的假设检验与区间估计

$\chi^2$ 分布是统计中的重要分布之一，在统计推断中具有不可替代的作用. 本章介绍 $\chi^2$ 分布的概率密度函数及其性质、正态总体样本方差的分布与假设检验，以及基于 $\chi^2$ 分布的区间估计共 3 节内容.

## 7.1　$\chi^2$ 分布的概率密度函数及其性质

### 一、$\chi^2$ 分布的概率密度曲线

有时我们也会遇到一类新的总体，表 7-1 给出了取自该类某个总体 $X$ 的 200 个数据.

表 7-1

| | | | | | | | |
|---|---|---|---|---|---|---|---|
| 3.8 | 6.9 | 6.8 | 2.6 | 6.7 | 1.9 | 9.0 | 7.0 |
| 7.5 | 4.7 | 4.9 | 1.5 | 3.5 | 5.2 | 0.2 | 6.9 |
| 4.3 | 5.8 | 5.2 | 3.1 | 2.2 | 12.0 | 3.4 | 3.3 |
| 5.2 | 3.8 | 11.4 | 2.7 | 3.4 | 2.3 | 1.6 | 1.9 |
| 5.2 | 4.2 | 11.4 | 10.7 | 3.6 | 0.6 | 5.3 | 4.4 |
| 3.9 | 1.9 | 1.0 | 4.0 | 2.2 | 4.1 | 4.2 | 1.0 |
| 7.4 | 3.7 | 6.4 | 3.4 | 5.5 | 1.0 | 0.3 | 3.2 |
| 4.5 | 5.5 | 5.4 | 7.3 | 1.8 | 3.4 | 1.0 | 4.5 |
| 0.5 | 0.5 | 3.3 | 2.3 | 1.5 | 3.3 | 1.5 | 5.5 |
| 1.2 | 6.7 | 4.8 | 3.1 | 3.6 | 5.8 | 2.8 | 1.5 |
| 2.3 | 5.1 | 5.7 | 0.9 | 1.8 | 8.0 | 5.1 | 0.6 |
| 3.2 | 2.8 | 8.9 | 1.5 | 8.2 | 4.4 | 1.6 | 8.0 |
| 1.3 | 5.3 | 2.3 | 6.7 | 0.6 | 0.4 | 2.9 | 5.0 |
| 5.9 | 3.6 | 4.8 | 5.8 | 3.9 | 5.5 | 5.0 | 3.1 |
| 0.9 | 4.1 | 1.1 | 2.5 | 3.9 | 4.5 | 8.0 | 4.7 |
| 3.1 | 0.9 | 6.4 | 1.6 | 15.9 | 1.5 | 1.7 | 1.6 |
| 5.8 | 3.9 | 5.3 | 10.6 | 3.5 | 9.6 | 4.2 | 4.8 |
| 3.7 | 0.7 | 1.6 | 3.4 | 1.9 | 1.4 | 1.3 | 1.0 |
| 2.3 | 4.3 | 5.7 | 9.6 | 4.2 | 4.4 | 6.9 | 1.8 |
| 2.9 | 5.5 | 8.1 | 7.9 | 2.0 | 6.1 | 3.8 | 0.3 |
| 2.7 | 4.1 | 2.7 | 4.2 | 3.4 | 2.1 | 2.5 | 4.8 |
| 3.0 | 10.3 | 2.7 | 2.5 | 1.9 | 5.0 | 1.7 | 3.4 |
| 0.9 | 2.9 | 4.0 | 0.2 | 1.9 | 0.4 | 3.5 | 5.1 |
| 1.8 | 2.5 | 8.4 | 3.4 | 4.9 | 6.3 | 8.7 | 2.9 |
| 0.9 | 4.8 | 5.2 | 2.0 | 7.9 | 4.2 | 4.8 | 2.2 |

利用 Excel 软件，画出这组数据的频率分布折线图，如图 7-1 所示.

如果从该总体 $X$ 中采集的数据越来越多，则画频率分布折线图时的组距就可以越取越

小，所画的频率分布折线图就会越来越接近于图 7-2 中所示的光滑曲线.

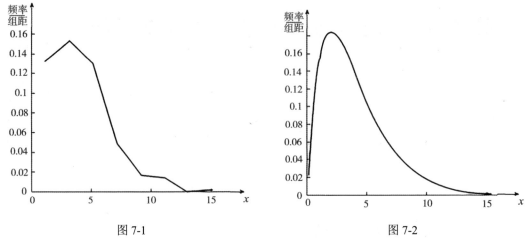

图 7-1　　　　　　　　　　　　　　　　图 7-2

如果这条曲线可用函数表示为

$$p(x) = \begin{cases} \dfrac{1}{2^{\frac{n}{2}}\Gamma\left(\dfrac{n}{2}\right)} x^{\frac{n}{2}-1} \mathrm{e}^{-\frac{x}{2}}, & x > 0 \\ 0, & \text{其他} \end{cases} \quad (7\text{-}1)$$

其中，$\Gamma\left(\dfrac{n}{2}\right) = \dfrac{n-2}{2}\Gamma\left(\dfrac{n-2}{2}\right)$，$\Gamma(n+1) = n!$，$\Gamma\left(\dfrac{1}{2}\right) = \sqrt{\pi}$（有关 $\Gamma$ 函数的内容详见附录 E），则称总体 $X$ 服从 $\chi^2(n)$ 分布，记作 $X \sim \chi^2(n)$，$\chi^2$ 一般读作"卡方"，$n$ 称为该分布的自由度. 表 7-1 中的数据所对应总体的概率密度函数为式（7-1）中 $n=4$ 时的情形，即表 7-1 中的数据所对应的总体的概率密度函数为

$$p(x) = \begin{cases} \dfrac{1}{4} x \mathrm{e}^{-\frac{x}{2}}, & x > 0 \\ 0, & \text{其他} \end{cases}$$

对于不同的 $n$，分别对应不同的总体. 图 7-3 给出了 $n=1$，4，10 的密度曲线形状，从图中可以看出，随着 $n$ 的增大，曲线的最大值对应的 $x$ 坐标越来越远离原点，且曲线越平滑.

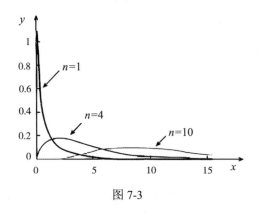

图 7-3

## 二、$\chi^2$ 分布的相关概率计算

在统计中，服从 $\chi^2$ 分布的随机变量经常会遇到，并且需要计算随机变量落在某一个区间的概率，下面介绍常见的查表法.

$\chi^2$ 分布表（见附表 4），给出了位于曲线下方且在垂线 $x = \chi_\alpha^2(n)$ 右侧阴影部分的面积为 $\alpha$，也就是当随机变量 $X \sim \chi^2(n)$ 时，$P\{X > \chi_\alpha^2(n)\} = \alpha$.

**例 1**　已知 $X \sim \chi^2(10)$，通过查表求 $P\{X > 12.549\}$.

**解：**先在表的第一列找到 10 所在行，再在这一行中找到 12.549，则该列对应的第一行的数 0.25 就是所求的概率，即 $P\{X > 12.549\} = 0.25$.

**例 2**　已知 $X \sim \chi^2(6)$，求 $P\{X \leqslant 2.204\}$.

**解：**因为 $P\{X \leqslant 2.204\} = 1 - P\{X > 2.204\}$，而 $P\{X > 2.204\}$ 可通过查表得到，所以 $P\{X \leqslant 2.204\} = 1 - P\{X > 2.204\} = 1 - 0.9 = 0.1$.

需要说明的是，对于给定的 $n$，在表中给出的 $\chi_\alpha^2(n)$ 值很少，需要近似，有时误差可能很大.

至于计算随机变量落入某个区间的概率，可以转化为上面的情况. 如计算 $P\{a < X \leqslant b\}$，其中 $0 < a < b$. 可利用 $P\{a < X \leqslant b\} = P\{X > a\} - P\{X > b\}$ 来计算.

因为服从 $\chi^2$ 分布的随机变量也是连续型随机变量，所以在一点的概率等于 0，所以 $P\{a < X \leqslant b\}$ 的结果与 $P\{a < X < b\}$，$P\{a \leqslant X < b\}$，$P\{a \leqslant X \leqslant b\}$ 的结果都是一样的.

**例 3**　已知 $X \sim \chi^2(6)$，计算 $X$ 落在区间（0.676，10.656）内的概率.

**解：**$P\{0.676 < X < 10.656\} = P\{X > 0.676\} - P\{X > 10.656\} = 0.995 - 0.10 = 0.895$.

## 三、服从 $\chi^2$ 分布的随机变量的小概率事件

对于服从 $\chi^2$ 分布的随机变量，已知小概率事件的概率 $\alpha$，如何确定小概率事件呢?

因为 $\chi^2$ 分布的概率密度函数曲线不是对称的，所以不能像对待正态分布那样取对称区间. 我们采取的方法是在概率密度函数曲线的两头各取 $\dfrac{\alpha}{2}$ 的面积，由此确定横坐标的位置. 也就是，求满足

$$P\{X \leqslant a\} = \frac{\alpha}{2} \qquad P\{X \geqslant b\} = \frac{\alpha}{2}$$

的 $a$ 值和 $b$ 值. 这相当于上面求概率运算的逆运算，下面介绍查表法.

以 $n = 8, \alpha = 0.05$ 为例，说明查表方法.

先确定满足 $P\{X \geqslant b\} = \dfrac{\alpha}{2}$ 的 $b$ 值. 因为 $\dfrac{\alpha}{2} = 0.025$，所以在表中第一列找到 8 所在的行，再在该表的第一行找到 0.025 所在的列，则行和列相交的数字 17.535 即为满足 $P\{X \geqslant b\} = 0.025$ 的 $b$ 值，也就是 $b = 17.535$.

再确定满足 $P\{X \leqslant a\} = \dfrac{\alpha}{2}$ 的 $a$ 值. 由 $P\{X \geqslant a\} = 1 - P\{X < a\} = 1 - \dfrac{\alpha}{2}$, 计算 $1 - \dfrac{\alpha}{2} = 0.975$, 在表中第一列找到 8 所在的行, 再在该表的第一行找到 0.975 所在的列, 则行和列相交的数字 2.18 即为满足 $P\{X \leqslant a\} = \dfrac{\alpha}{2}$ 的 $a$ 值, 也就是 $a = 2.18$.

综上, $n = 8, \alpha = 0.05$ 时的小概率事件为 $\{X \leqslant 2.18\} \cup \{X \geqslant 17.535\}$.

我们用 $\chi^2_{0.025}(8)$ 来表示查 $\chi^2$ 分布表 (取 $\alpha = 0.025$, $n = 8$) 所得到的值, 则有 $\chi^2_{0.025}(8) = 17.535$.

用 $\chi^2_{0.975}(8)$ 来表示查 $\chi^2$ 分布表 (取 $\alpha = 0.975$, $n = 8$) 所得到的值, 则有
$$\chi^2_{0.975}(8) = 2.18.$$
于是服从 $\chi^2(8)$ 分布的随机变量 $X$ 的概率为 0.05 的小概率事件可以写成
$$\{X \leqslant 2.18\} \cup \{X \geqslant 17.535\} = \{X \leqslant \chi^2_{0.975}(8)\} \cup \{X \geqslant \chi^2_{0.025}(8)\}.$$

不难推广到更一般的情况, 服从 $\chi^2(n)$ 分布的随机变量 $X$ 的概率为 $\alpha$ 的小概率事件可以写成
$$\left\{X \leqslant \chi^2_{1-\frac{\alpha}{2}}(8)\right\} \cup \left\{X \geqslant \chi^2_{\frac{\alpha}{2}}(n)\right\} \tag{7-2}$$

利用式 (7-2) 可以求出 $n = 8, \alpha = 0.01$ 时的小概率事件为
$$\{X \leqslant 1.344\} \cup \{X \geqslant 21.955\}.$$

## 7.2 正态总体样本方差的分布与假设检验

### 一、正态总体样本方差的分布

**定理 1** 设 $X_1, X_2, \cdots, X_n$ 是正态总体 $N(\mu, \sigma^2)$ 的一个样本, $\overline{X}$, $S^2$ 分别为样本均值和样本方差, 则

（1）$\overline{X} \sim N(\mu, \dfrac{\sigma^2}{n})$;

（2）$\dfrac{(n-1)S^2}{\sigma^2} \sim \chi^2(n-1)$;

（3）$\overline{X}$ 和 $S^2$ 相互独立.

证明从略.

### 二、方差 $\sigma^2$ 检验的临界值法

下面通过一个具体例子加以说明.

**例 1** 某厂生产的某种型号电池的寿命 (单位: h) 长期以来服从方差 $\sigma^2 = 10000\,\mathrm{h}^2$ 的

正态分布. 现采用新的工艺生产同种型号的电池, 从中随机抽取 27 个电池, 测得其寿命的样本方差 $s^2 = 9800\ \text{h}^2$. 假设采用新的工艺生产该种型号电池的寿命仍服从正态分布, 请根据这一数据判断这批电池的寿命的方差是否较以往有显著的变化 (取 $\alpha = 0.05$).

**分析**: 这是一个假设检验问题, 设 $\sigma_0^2$ 表示采用新的工艺生产该种型号电池的方差, 则判断这批电池的寿命的方差是否较以往有显著变化的问题, 就归结为检验 $\sigma_0^2$ 是否为 10000.

提出检验假设

$$H_0: \sigma_0^2 = 10000, \quad H_1: \sigma_0^2 \neq 10000$$

由 4.1 节可知, 欲做出判断需要在 $H_0$ 成立下构造小概率事件, 通过样本的信息观察小概率事件是否发生. 而要构造小概率事件, 需要找到合适的统计量并且在 $H_0$ 成立下该统计量的分布已知. 为此我们利用本节的定理 1, 选择统计量为 $X^2 = \dfrac{(n-1)S^2}{\sigma_0^2}$, 则 $X^2 \sim \chi^2(n-1)$.

求解过程如下:

**解**: 设 $X$ 表示采用新的工艺生产该种型号电池的寿命, $\sigma_0^2$ 表示其方差, 则检验假设为

$$H_0: \sigma_0^2 = 10000, \quad H_1: \sigma_0^2 \neq 10000$$

设 $X_1, X_2, \cdots, X_n$ 是从总体 $X$ 中抽取的容量为 $n$ 的样本, 由题意 $X \sim N(\mu, \sigma_0^2)$, 其中 $\mu$ 为总体 $X$ 的数学期望, 根据定理 1 可知, 统计量

$$X^2 = \frac{(n-1)S^2}{\sigma_0^2} \sim \chi^2(n-1), \quad \text{其中 } S^2 = \frac{1}{n-1}\sum_{i=1}^{n}(X_i - \overline{X})^2, \quad \overline{X} = \frac{1}{n}\sum_{i=1}^{n}X_i.$$

当 $H_0$ 为真时, $X^2 = \dfrac{(n-1)S^2}{10000} \sim \chi^2(26)$. 当 $\alpha = 0.05$ 时, $\chi^2_{\frac{\alpha}{2}}(n-1) = \chi^2_{0.025}(26) = 41.923$, $\chi^2_{1-\frac{\alpha}{2}}(n-1) = \chi^2_{0.975}(26) = 13.844$, 由式 (7-2), 小概率事件为

$$\left\{ X^2 \leqslant 13.844 \right\} \bigcup \left\{ X^2 \geqslant 41.923 \right\}$$

也就是拒绝域为 $\left\{ X^2 \leqslant 13.844 \right\} \bigcup \left\{ X^2 \geqslant 41.925 \right\}$.

计算 $X^2$ 的观测值. 因为 $s^2 = 9800$, 于是 $\chi^2 = \dfrac{(n-1)s^2}{10000} = \dfrac{26 \times 9800}{10000} = 25.48$, 所以 $X^2$ 的观测值 $\chi^2$ 不在拒绝域中, 因此接受原假设, 即认为这批电池寿命的方差较以往没有显著的变化.

**练习 1**　某厂生产的某种型号电池的寿命 (单位: h) 长期以来服从方差 $\sigma^2 = 5000\ \text{h}^2$ 的正态分布. 现采用新的工艺生产同种型号的电池, 从中随机抽取 30 个电池, 测得其寿命的样本方差 $s^2 = 9200\ \text{h}^2$. 假设采用新的工艺生产该种型号电池的寿命仍服从正态分布, 请根据这一数据判断这批电池的寿命的方差是否较以往有显著的变化 (取 $\alpha = 0.01$).

## 三、方差 $\sigma^2$ 的假设检验 $p$ 值法

下面通过一个具体例子加以说明.

**例 2** 用 $p$ 值法求解例 1.

**分析**：提出检验假设

$$H_0 : \sigma_0^2 = 10000, \ H_1 : \sigma_0^2 \neq 10000$$

由于

$$X^2 = \frac{(n-1)S^2}{\sigma_0^2} \sim \ \chi^2(n-1)$$

当 $H_0$ 成立时，可以计算出 $X^2$ 的观测值为

$$\chi^2 = \frac{(n-1)s^2}{10000} = \frac{(27-1)\times 9800}{10000} = 25.48 .$$

由例 1 可知，假设检验的拒绝域为 $\left\{ X^2 \leqslant 13.844 \right\} \bigcup \left\{ X^2 \geqslant 41.923 \right\}$，而 25.48 不在拒绝域内，所以接受原假设. 此时计算

$$2P\{X^2 > \chi^2\} = 2P\{X^2 > 25.48\}$$

就是检验统计量为 $\chi^2$ 分布的假设检验 $p$ 值法中需要计算的概率.

因为此时

$$p = 2P\{X^2 > \chi^2\} = 2P\{X^2 > 25.48\} = 2 \times 0.492 = 0.984 > 0.05$$

且 $p = 0.984 < 2 - 0.05$，所以可以利用 $p$ 值与 $\alpha$ 进行比较来做出判断：当 $p > \alpha$ 且 $p < 2 - \alpha$ 时接受原假设.

将例 1 中抽取的 27 个电池的样本方差改为 $s^2 = 4600$ 进行假设检验.

当 $s^2 = 4600$ 时，计算 $X^2$ 的观测值为 $\chi^2 = \frac{(n-1)s^2}{10000} = \frac{(27-1)\times 4600}{10000} = 11.96$，由例 1 可知，假设检验的拒绝域为 $\left\{ X^2 \leqslant 13.844 \right\} \bigcup \left\{ X^2 \geqslant 41.925 \right\}$，而 11.96 在拒绝域中，所以拒绝原假设.

因为此时

$$p = 2P\{X^2 > \chi^2\} = 2P\{X^2 > 11.96\} = 2 \times 0.9914 = 1.9828 > 0.05$$

$p = 1.9828 > 1.95 = 2 - 0.05$，所以可以利用 $p$ 值与 $\alpha$ 进行比较来做出判断：当 $p > \alpha$ 且 $p \geqslant 2 - \alpha$ 时，拒绝原假设.

将例 1 中抽取的 27 个电池的样本方差改为 $s^2 = 17600$ 进行假设检验.

当 $s^2 = 17600$ 时，计算 $X^2$ 的观测值为 $\chi^2 = \frac{(n-1)s^2}{10000} = \frac{(27-1)\times 17600}{10000} = 45.76$，由例 1 可知，假设检验的拒绝域为 $\left\{ X^2 \leqslant 13.844 \right\} \bigcup \left\{ X^2 \geqslant 41.923 \right\}$，而 45.76 在拒绝域内，所以拒绝原假设.

因为此时

$$p = 2P\{X^2 > \chi^2\} = 2P\{X^2 > 45.76\} = 2 \times 0.0097 = 0.0194 < 0.05$$

所以可以利用 $p$ 值与 $\alpha$ 进行比较来做出判断：当 $p \leqslant \alpha$ 时拒绝原假设.

综上，对于检验统计量为 $\chi^2$ 分布的假设检验 $p$ 值法，利用 $p$ 值与 $\alpha$ 进行比较来做出判断，有下面的结论：

当 $p \leqslant \alpha$ 时，拒绝原假设；

当 $p > \alpha$ 且 $p \geqslant 2 - \alpha$ 时，拒绝原假设；

当 $p > \alpha$ 且 $p < 2 - \alpha$ 时，接受原假设.

将上面所介绍的 $p$ 值法推广到一般情况，可得检验统计量为 $X^2$ 分布的假设检验 $p$ 值法的一般步骤如下：

（1）提出检验假设.

（2）构造统计量，使得在 $H_0$ 成立时，该统计量的分布已知，且能够根据样本信息计算该统计量的观测值.

（3）计算 $P$ 值.

（4）利用 $P$ 值与 $\alpha$ 的大小关系做出拒绝原假设或接受原假设的判断.

下面利用 $P$ 值法给出例 1 的求解过程.

**解：** 设 $X$ 表示采用新的工艺生产该种型号电池的寿命，$\sigma_0^2$ 表示采用新的工艺生产该种型号电池的方差，则检验假设为

$$H_0 : \sigma_0^2 = 10000, \quad H_1 : \sigma_0^2 \neq 10000$$

设 $X_1, X_2, \cdots, X_n$ 是从总体 $X$ 中抽取的容量为 $n$ 的样本，由题意 $X \sim N(\mu, \sigma^2)$，其中 $\mu$ 为总体 $X$ 的数学期望，根据定理 1 可知，统计量

$$X^2 = \frac{(n-1)S^2}{\sigma_0^2} \sim \chi^2(n-1)，\quad 其中 \ S^2 = \frac{1}{n-1}\sum_{i=1}^{n}(X_i - \overline{X})^2，\quad \overline{X} = \frac{1}{n}\sum_{i=1}^{n}X_i$$

当 $H_0$ 为真时，$X^2 \sim \chi^2(26)$. 计算 $X^2$ 的观测值为

$$\chi^2 = \frac{(n-1)s^2}{10000} = \frac{(27-1) \times 9800}{10000} = 25.48$$

则 $p = 2P\{X^2 > \chi^2\} = 2P\{X^2 > 25.48\} = 2 \times 0.492 = 0.984$. 因为 $p > \alpha$ 且 $p < 2 - \alpha$，所以接受原假设，即认为这批电池寿命的方差较以往没有显著的变化.

**练习 2**　利用 $P$ 值法，求解练习 1.

## 7.3　基于 $\chi^2$ 分布的区间估计

本节讨论正态总体方差的区间估计问题.

**例 1**　假设 $X_1, X_2, \cdots, X_n$ 是正态总体 $N(\mu, \sigma^2)$ 的一个样本，其中 $\mu$ 未知，求 $\sigma^2$ 的置信度为 $1 - \alpha$ 的置信区间.

**分析**：以 $1-\alpha=0.95$ 为例，求 $\sigma^2$ 的置信区间，可归结为找一个随机区间 $\left(T_1(X_1,X_2,\cdots,X_n), T_2(X_1,X_2,\cdots,X_n)\right)$，满足

$$P\left\{T_1(X_1,X_2,\cdots,X_n)<\sigma^2<T_2(X_1,X_2,\cdots,X_n)\right\}=0.95$$

上述事件的概率为 0.95，说明此事件是一个大概率事件，其对立事件的概率为 0.05，是一个小概率. 前面已经学过寻找小概率事件的方法，不难由此确定大概率事件.

因为 $X\sim N(\mu,\sigma^2)$，则

$$\frac{(n-1)S^2}{\sigma^2}\sim\chi^2(n-1)$$

从 $\chi^2$ 分布的特点可以算出，

$$P\left\{\chi^2_{0.975}(n-1)<\frac{(n-1)S^2}{\sigma^2}<\chi^2_{0.025}(n-1)\right\}=0.95$$

通过变形，可以得到

$$P\left\{\frac{(n-1)S^2}{\chi^2_{0.025}(n-1)}<\sigma^2<\frac{(n-1)S^2}{\chi^2_{0.975}(n-1)}\right\}=0.95$$

于是，$\sigma^2$ 的置信度为 0.95 的置信区间为

$$\left(\frac{(n-1)S^2}{\chi^2_{0.025}(n-1)},\frac{(n-1)S^2}{\chi^2_{0.975}(n-1)}\right)$$

同理，当取 $1-\alpha=0.99$ 时，

$$P\left\{\chi^2_{0.995}(n-1)<\frac{(n-1)S^2}{\sigma^2}<\chi^2_{0.005}(n-1)\right\}=0.99$$

于是，$\sigma^2$ 的置信度为 0.99 的置信区间为

$$\left(\frac{(n-1)S^2}{\chi^2_{0.005}(n-1)},\frac{(n-1)S^2}{\chi^2_{0.995}(n-1)}\right)$$

**注**：上述置信区间为随机区间，当抽取样本后，就可以得到 $S^2$ 的观测值 $s^2$，于是可以得到置信区间的观测区间

$$\left(\frac{(n-1)s^2}{\chi^2_{0.005}(n-1)},\frac{(n-1)s^2}{\chi^2_{0.995}(n-1)}\right)$$

下面针对一般的情况，给出求解过程.

**解**：由第 7 章 7.2 节定理 1 可知，如果 $X\sim N(\mu,\sigma^2)$，则

$$\frac{(n-1)S^2}{\sigma^2}\sim\chi^2(n-1)$$

从 $\chi^2$ 分布的特点可以算出

$$P\left\{\chi^2_{1-\frac{\alpha}{2}}(n-1) < \frac{(n-1)S^2}{\sigma^2} < \chi^2_{\frac{\alpha}{2}}(n-1)\right\} = 1-\alpha$$

上式可变形为

$$P\left\{\frac{(n-1)S^2}{\chi^2_{\frac{\alpha}{2}}(n-1)} < \sigma^2 < \frac{(n-1)S^2}{\chi^2_{1-\frac{\alpha}{2}}(n-1)}\right\} = 1-\alpha$$

于是，$\sigma^2$ 的置信度为 $1-\alpha$ 的置信区间为

$$\left(\frac{(n-1)S^2}{\chi^2_{\frac{\alpha}{2}}(n-1)}, \frac{(n-1)S^2}{\chi^2_{1-\frac{\alpha}{2}}(n-1)}\right). \tag{7-3}$$

在实际应用中，可以直接利用式（7-3）来求正态总体方差的区间估计，下面举例说明.

**例 2**　为了了解某校新生国旗班学生的身高情况，现随机抽取了 10 个学生，测得的身高数据（单位：cm）如下：

| 175 | 176 | 173 | 175 | 174 | 173 | 173 | 176 | 173 | 179 |

假设国旗班学生的身高 $X$ 服从正态分布 $N(\mu,\sigma^2)$，求 $\sigma^2$ 的置信度为 0.95 的置信区间.

**解：** 由题意可知，$n=10$，$1-\alpha=0.95$，$\alpha=0.05$，样本均值为

$$\overline{x} = \frac{1}{10}(175+176+173+175+174+173+173+176+173+179) = 174.7 \text{（cm）},$$

样本方差为

$$\begin{aligned}
s^2 = \frac{1}{9}[&(175-174.7)^2 + (176-174.7)^2 + (173-174.7)^2 + (175-174.7)^2 \\
&+(174-174.7)^2 + (173-174.7)^2 + (173-174.7)^2 + (176-174.7)^2 \\
&+(173-174.7)^2 + (179-174.7)^2] = 3.789 \text{（cm}^2），
\end{aligned}$$

查表得

$$\chi^2_{\frac{\alpha}{2}}(n-1) = \chi^2_{0.025}(9) = 19.023，\quad \chi^2_{1-\frac{\alpha}{2}}(n-1) = \chi^2_{0.975}(9) = 2.700$$

利用式（7-3），可得 $\sigma^2$ 的置信度为 0.95 的置信区间为

$$\left(\frac{(n-1)s^2}{\chi^2_{\frac{\alpha}{2}}(n-1)}, \frac{(n-1)s^2}{\chi^2_{1-\frac{\alpha}{2}}(n-1)}\right) = \left(\frac{9 \times 3.789}{19.023}, \frac{9 \times 3.789}{2.700}\right) = (1.793, 12.628)$$

# 习题 7

（每个同学在班里都有一个学号. 将自己的学号除以 4 的余数作为 $a$，这样每个同学都

有自己的 $a$ 值. 将下列各题中有 $a$ 的地方都换成自己的 $a$ 值, 再求解.)

1. 当 $X \sim \chi^2(10+a)$ 时, 利用查表法求下列概率:

（1）$P\{X \leqslant 1.4\}$；（2）$P\{-2.11 < X < 2.89\}$；

（3）$P\{|X| > 2.12\}$；（4）$P\{1.27 < X \leqslant 2.35\}$.

2. 当 $X \sim \chi^2(12+a)$ 时, 利用查表法求下列小概率事件:

（1）$\alpha = 0.05$；（2）$\alpha = 0.01$.

3. 当 $X \sim \chi^2(23+a)$ 时, 利用查表法求下列小概率事件:

（1）$\alpha = 0.03$；（2）$\alpha = 0.045$.

4. 在生产线上随机地取 10 只电阻测得电阻值（单位：欧姆）如下:

| 114.2 | 91.9 | 107.5 | 89.1 | 87.2 | 87.6 | 95.8 | 98.4 | 94.6 | $(854+a)/10$ |

设电阻的电阻值总体服从正态分布, 问在显著水平 $\alpha = 0.05$ 下, 方差与 60 做比较是否有显著性差异?

5. 设某厂生产的铜线的折断力 $X \sim N(\mu, \sigma^2)$, 今从一批产品中抽查 $10(1+a)$ 根, 测其折断力（单位：kgf）, 算得 $\bar{x} = 575.2\,\text{kgf}$, $s^2 = 28.16\,\text{kgf}^2$, 试问能否认为这批铜线折断力的方差为 $64\text{kgf}$（$\alpha = 0.05$）?

6. 有一大批袋装糖果, 现从中随机地取出 16 袋, 称得质量（单位：g）如下:

| 506 | 508 | 499 | 503 | 504 | 510 | 497 | 512 | 514 | 505 | $493+a$ | 496 | 506 | 502 | 509 | 496 |

设袋装糖果的质量近似地服从正态分布, 求总体方差的置信水平为 0.95 的置信区间.

# 第 8 章  基于 $t$ 分布的假设检验与区间估计

$t$ 分布也是统计中的重要分布之一，在统计推断中具有不可替代的作用. 本章介绍 $t$ 分布的概率密度函数及其性质、正态总体样本均值的分布与假设检验，以及基于 $t$ 分布的区间估计共 3 节内容.

## 8.1  $t$ 分布的概率密度函数及其性质

### 一、$t$ 分布的概率密度曲线

有时我们也会遇到一类新的总体，表 8-1 给出了取自该类某个总体 $X$ 的 200 个数据.

表 8-1

| | | | | | | | |
|---|---|---|---|---|---|---|---|
| 0.29 | −2.06 | 1.62 | −0.09 | 0.45 | −0.30 | 0.55 | −0.04 |
| 0.03 | −0.84 | 3.69 | −0.29 | 1.19 | −0.33 | 1.20 | −3.89 |
| 3.83 | −0.57 | 0.05 | −1.04 | 1.13 | −1.22 | 1.02 | −1.75 |
| 1.22 | −0.09 | 0.90 | −0.36 | 0.56 | −0.96 | 0.81 | −0.11 |
| 0.48 | −2.31 | 0.09 | −5.02 | 0.89 | −0.42 | 0.27 | −0.42 |
| 0.72 | −0.58 | 0.53 | −1.57 | 0.30 | −0.50 | 0.02 | −1.15 |
| 0.59 | −0.01 | 1.80 | −1.19 | 0.60 | −0.62 | 1.62 | −1.00 |
| 0.84 | −0.27 | 1.30 | −3.73 | 0.79 | −0.18 | 0.98 | −1.87 |
| 0.96 | −0.77 | 0.50 | −1.10 | 0.56 | −0.24 | 0.76 | −1.19 |
| 1.13 | −3.00 | 0.42 | −2.81 | 2.40 | −1.74 | 2.12 | −0.13 |
| 0.22 | −0.43 | 0.19 | −1.24 | 0.09 | −1.52 | 1.14 | −0.35 |
| 1.24 | −0.60 | 0.75 | −1.69 | 0.65 | −1.42 | 1.15 | −0.35 |
| 1.01 | −0.63 | 0.15 | −1.21 | 0.79 | −1.73 | 1.79 | −1.52 |
| 0.46 | −0.90 | 0.42 | −0.95 | 0.13 | −0.21 | 1.15 | −2.28 |
| 0.56 | −0.30 | 0.50 | −0.05 | 1.56 | −0.57 | 0.67 | −1.21 |
| 0.11 | −1.11 | 0.15 | −1.48 | 1.11 | −1.34 | 0.16 | −0.08 |
| 1.11 | −0.27 | 3.46 | −0.57 | 0.46 | −0.08 | 0.54 | −0.42 |
| 0.40 | −1.10 | 0.32 | −3.50 | 2.16 | −3.06 | 1.38 | −1.02 |
| 0.96 | −0.87 | 1.28 | −0.86 | 0.34 | −0.53 | 2.00 | −0.43 |
| 0.55 | −0.02 | 1.05 | −2.47 | 0.74 | −0.53 | 2.67 | −2.65 |
| 1.48 | −0.65 | 0.20 | −2.93 | 0.25 | −1.28 | 0.34 | −0.53 |
| 0.48 | −5.42 | 1.06 | −2.09 | 0.19 | −1.21 | 8.81 | −0.69 |
| 0.13 | −0.09 | 0.33 | −2.34 | 1.43 | −0.21 | 1.26 | −1.51 |
| 0.62 | −1.10 | 0.38 | −0.84 | 0.04 | −0.38 | 1.79 | −1.35 |
| 0.81 | −0.15 | 0.44 | −0.60 | 0.47 | −0.39 | 0.91 | −0.89 |

利用 Excel 软件，画出这组数据的频率分布折线图，如图 8-1 所示.

如果从该总体 $X$ 中采集的数据越来越多，则画频率分布折线图时的组距就可以越取越小，所画的频率分布折线图就会越来越接近于图 8-2 所示的一条光滑曲线.

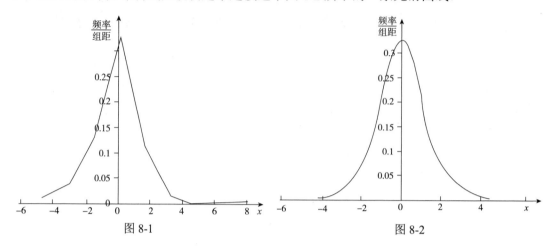

图 8-1                图 8-2

如果这条曲线可用函数表示为

$$p(x) = \frac{\Gamma(\frac{n+1}{2})}{\sqrt{n\pi} \cdot \Gamma(\frac{n}{2})}(1 + \frac{x^2}{n})^{-\frac{n+1}{2}}$$
（8-1）

其中，$\Gamma(1) = 1$，$\Gamma(n+1) = n!$，$\Gamma(\frac{1}{2}) = \sqrt{\pi}$（有关 $\Gamma$ —函数详见附录 E），则称总体 $X$ 服从 $t(n)$ 分布，记作 $X \sim t(n)$. 其中，$n$ 称为该分布的自由度. 表 8-1 中的数据所对应的总体的概率密度函数为式（8-1）中的 $n = 3$ 时的情形，也就是表 8-1 中的数据所对应的总体的概率密度函数为

$$p(x) = \frac{1}{\sqrt{3\pi}}(1 + \frac{x^2}{3})^{-2}$$

当 $n$ 取不同的值时，对应不同的总体. 图 8-3 给出了 $n=1$，$4$，$10$ 时的概率密度曲线，可以看出，随着 $n$ 的增大，曲线越来越陡.

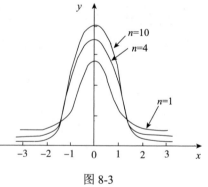

图 8-3

## 二、$t$ 分布的相关概率计算

在统计中，服从 $t$ 分布的随机变量经常会遇到，并且需要计算随机变量落在某个区间的概率，下面介绍常见的查表法.

$t$ 分布表有多种形式，附表 5 给出了一种右侧单尾的 $t$ 分布表，该表给出了位于曲线下方在垂线 $x = t_\alpha(n)$ 右侧阴影部分的面积为 $\alpha$. 也就是，当随机变量 $X \sim t(n)$ 时，

$$P\{X > t_\alpha(n)\} = \alpha.$$

**例 1** 设 $X \sim t(9)$，通过查表求 $P\{X > 1.8331\}$．

**解：** 先在表中的第一列找到 9 所在的行，再在这一行中找到 1.8331，则该列对应的第一行的数 0.05 就是所求的概率，即 $P\{X > 1.8331\} = 0.05$．

**例 2** 已知 $X \sim t(6)$，求 $P\{X \leqslant 2.4469\}$．

**解：** 因为 $P\{X \leqslant 2.4469\} = 1 - P\{X > 2.4469\}$，而 $P\{X > 2.4469\}$ 可通过查表得到，所以 $P\{X \leqslant 2.4469\} = 1 - P\{X > 2.4469\} = 1 - 0.025 = 0.975$．

需要说明的是，对于给定的 $n$，在表中给出的 $t_\alpha(n)$ 值很少，需要近似，有时误差可能很大．

计算随机变量落入某个区间的概率，可以转化为上面的情况．例如，计算 $P\{a < X \leqslant b\}$，可利用 $P\{a < X \leqslant b\} = P\{X > a\} - P\{X > b\}$ 来计算．

因为服从 $t$ 分布的随机变量也是连续型随机变量，所以在一点的概率等于 0，所以 $P\{a < X \leqslant b\}$ 的结果与 $P\{a < X < b\}$、$P\{a \leqslant X < b\}$、$P\{a \leqslant X \leqslant b\}$ 都是一样的．

**例 3** 已知 $X \sim t(6)$，计算 $X$ 落在区间（0.7176，3.1427）内的概率．

**解：** $P\{0.7176 < X < 3.1427\} = P\{X > 0.7176\} - P\{X > 3.1427\} = 0.25 ？ 0.01 = 0.24 = 0.317$．

## 三、服从 $t$ 分布随机变量的小概率事件

对于服从 $t$ 分布的随机变量，已知小概率事件的概率 $\alpha$，如何确定小概率事件呢？

因为 $t$ 分布的概率密度函数是对称的，所以我们像对待正态分布那样取对称区间，即求满足 $P\{|X| \geqslant a\} = \alpha$ 的 $a$ 值．这相当于上面求概率运算的逆运算，下面介绍查表法．

以 $n = 8$，$\alpha = 0.05$ 为例，说明此方法．当 $X \sim t(8)$ 时，求满足 $P\{|X| \geqslant a\} = 0.05$ 的 $a$ 值．

根据 $t$ 分布关于 $y$ 轴对称的性质，可知 $a$ 也满足 $P\{X \geqslant a\} = \dfrac{\alpha}{2}$．于是先计算 $\dfrac{\alpha}{2} = 0.025$，然后在 $t$ 分布表中的第一列找到 8 所在的行，再在该表的第一行找到 0.025 所在的列，则行和列相交的数字 2.3060 即为满足 $P\{X \geqslant a\} = \dfrac{\alpha}{2}$ 的 $a$ 值，也就是 $a = 2.306$．

综上，$n = 8$，$\alpha = 0.05$ 时的小概率事件为 $\{|X| \geqslant 2.306\}$．

类似地，我们可以求出 $n = 8$，$\alpha = 0.01$ 时的小概率事件为

$$\{|X| \geqslant 3.3554\}$$

# 8.2 正态总体样本均值的分布与假设检验

## 一、正态总体样本均值的分布

**定理 1** 设 $X \sim N(0,1)$，$Y \sim \chi^2(n)$，且 $X, Y$ 相互独立，则随机变量 $T = \dfrac{X}{\sqrt{Y/n}}$ 服从自

由度为 $n$ 的 $t$ 分布，记为 $T \sim t(n)$．

**定理 2**　设 $X_1, X_2, \cdots, X_n$ 是正态总体 $N(\mu, \sigma^2)$ 的一个样本，$\overline{X}$，$S^2$ 分别为样本均值和样本方差，则 $\dfrac{\sqrt{n}(\overline{X} - \mu)}{S} \sim t(n-1)$．

定理 1 和定理 2 的证明略．

## 二、均值 $\mu$ 检验的临界值法

下面通过一个具体例子加以说明．

**例 1**　某车床加工一种零件，额定长度为 150mm，现从一批加工后的这种零件中随机抽取 9 个，测得其长度为：

$$147，150，149，154，152，153，148，151，155．$$

如果零件长度服从正态分布，问这批零件是否合格？（$\alpha = 0.05$）

**分析：**这是一个假设检验问题．设加工后的这种零件的长度为 $X$，其数学期望为 $\mu$，检验这批零件是否合格就归结为 $\mu$ 是否为 150．

提出检验假设

$$H_0 : \mu = 150，\quad H_1 : \mu \neq 150．$$

由题意，$X$ 服从 $N(\mu, \sigma^2)$，其中 $\sigma^2$ 为 $X$ 的方差，此处未知，由定理 2 可知

$$\frac{\sqrt{n}(\overline{X} - \mu)}{S} \sim t(n-1)．$$

当 $H_0$ 成立时，

$$\frac{\sqrt{n}(\overline{X} - 150)}{S} \sim t(n-1)$$

令

$$T = \frac{\sqrt{n}(\overline{X} - 150)}{S}$$

则 $T \sim t(n-1)$，此处 $n = 9$．

为了检验 $H_0$ 成立与否，此时根据 $T$ 的分布特点，需要构造一个小概率事件．根据上一节的内容，不难构造出概率为 $\alpha$ 的小概率事件 $\{|T| \geq x\}$，使得 $P\{|T| \geq x\} = \alpha$．根据 $t$ 分布的密度函数的特性，可知此时 $x$，也满足 $P\{T \geq x\} = \dfrac{\alpha}{2}$，这样就可以通过查表得到 $x$．

举例来说，当 $\alpha = 0.05$ 时，$x = 2.306$；当 $\alpha = 0.01$ 时，$x = 3.3554$．

构造好了小概率事件，接下来就是考察，在原假设成立下，$T$ 的观测值是否满足 $\{|T| > x\}$．如果满足，则说明小概率事件在一次试验中发生了，就否定原假设，因此 $\{|T| > x\}$ 也称为拒绝域；如果 $T$ 的观测值不满足 $\{|T| > x\}$，则说明小概率事件没有发生，没有理由否定原假设，也就是接受原假设．

求解过程如下：

**解：** 设加工后的这种零件的长度为 $X$，其数学期望为 $\mu$，则检验假设为

$$H_0: \mu = 150, \quad H_1: \mu \neq 150$$

设 $X_1, X_2, \cdots, X_n$ 是从总体 $X$ 中抽取的容量为 $n$ 的样本，由题意 $X \sim N(\mu, \sigma^2)$，其中 $\sigma^2$ 为 $X$ 的方差，此处是未知的．根据定理 2 可知，$T = \dfrac{\sqrt{n}(\overline{X} - \mu)}{S} \sim t(n-1)$，其中，

$$S^2 = \frac{1}{n-1} \sum_{i=1}^{n} (X_i - \overline{X})^2, \quad \overline{X} = \frac{1}{n} \sum_{i=1}^{n} X_i.$$

当 $H_0$ 为真时，根据题意，

$$T = \frac{\sqrt{n}(\overline{X} - 150)}{S} \sim t(n-1)$$

当 $\alpha = 0.05$ 时，拒绝域为 $\{|T| \geqslant 2.306\}$．

计算 $T$ 的观测值．因为

$$\overline{x} = \frac{1}{9}(x_1 + x_2 + \cdots + x_9) = \frac{1}{9}(147 + 150 + 149 + 154 + 152 + 153 + 148 + 151 + 155) = 151$$

$$s = \sqrt{\frac{1}{9-1} \sum_{i=1}^{9} (x_i - \overline{x})^2} = 2.7386$$

$$t = \frac{\sqrt{9}(\overline{x} - 150)}{s} = \frac{3}{2.7386} = 1.0954$$

又因为 $|t| = 1.0954 < 2.306$，故 $T$ 的观测值 $t$ 不在拒绝域中，所以接受原假设，即认为这批零件合格．

**练习 1** 某车床加工一种零件，额定长度为 145mm，现从一批加工后的这种零件中随机抽取 9 个，测得其长度为：

| 147 | 144 | 146 | 147 | 143 | 145 | 144 | 145 | 143 |
|-----|-----|-----|-----|-----|-----|-----|-----|-----|

如果零件长度服从正态分布，问这批零件是否合格？（$\alpha = 0.01$）

# 三、均值 $\mu$ 假设检验的 $p$ 值法

下面通过一个具体例子加以说明．

**例 2** 用 $p$ 值法求解例 1．

**分析：** 提出检验假设

$$H_0: \mu = 150, \quad H_1: \mu \neq 150$$

由于

$$T = \frac{\sqrt{n}(\overline{X} - \mu)}{S} \sim t(n-1)$$

当 $H_0$ 成立时，可以计算出 $T$ 的观测值为

$$t = \frac{\sqrt{9}(\bar{x} - 150)}{s} = \frac{3}{2.7386} = 1.095$$

由例 1 可知，假设检验的拒绝域为 $\{|T| \geq 2.306\}$，而 1.095 不在拒绝域内，所以接受原假设．此时计算

$$P\{|T| > |t|\} = P\{|T| > 1.095\} = 0.305$$

就是检验统计量为 $t$ 分布的假设检验 $p$ 值法中需要计算的概率．

因为此时

$$p = P\{|T| > |t|\} = P\{|T| > 1.095\} = 0.305 > \alpha$$

所以可以利用 $p$ 值与 $\alpha$ 进行比较来做出判断：当 $p > \alpha$ 时接受原假设．

至于当 $p \leq \alpha$ 时拒绝原假设的说明，这里就不再赘述．

将例 2 所介绍的 $p$ 值法推广到一般情况，可得检验统计量为 $t$ 分布的假设检验 $p$ 值法的一般步骤如下：

（1）提出检验假设．

（2）构造统计量，使得在 $H_0$ 成立时，该统计量的分布已知，且能够根据样本信息计算该统计量的观测值．

（3）计算 $p$ 值．

（4）利用 $p$ 值与 $\alpha$ 的大小关系做出拒绝原假设或接受原假设的判断：

当 $p \leq \alpha$ 时，拒绝原假设．

当 $p > \alpha$ 时，接受原假设．

利用 $P$ 值法，例 2 的求解过程如下．

**解：** 设加工后的这种零件的长度为 $X$，其数学期望为 $\mu$，则检验假设为

$$H_0 : \mu = 150, \quad H_1 : \mu \neq 150.$$

设 $X_1, X_2, \cdots, X_n$ 是从总体 $X$ 中抽取的容量为 $n$ 的样本，由题意 $X \sim N(\mu, \sigma^2)$，其中 $\sigma^2$ 为 $X$ 的方差，此处是未知的．根据定理 2 可知，

$$T = \frac{\sqrt{n}(\bar{X} - \mu)}{S} \sim t(n-1), \quad 其中 S^2 = \frac{1}{n-1} \sum_{i=1}^{n}(X_i - \bar{X})^2, \quad \bar{X} = \frac{1}{n} \sum_{i=1}^{n} X_i$$

当 $H_0$ 成立时，根据题意，

$$T = \frac{\sqrt{n}(\bar{X} - 150)}{S} \sim t(n-1)$$

计算 $T$ 的观测值为

$$t = \frac{\sqrt{9}(\bar{x} - 150)}{s} = \frac{3}{2.7386} = 1.095$$

则 $p = P\{|T| > |t|\} = P\{|T| > 1.095\} = 0.305$．因为 $p > \alpha$，所以接受原假设，即认为这批零件合格．

**练习 2** 利用 $p$ 值法，求解练习 1.

# 8.3 基于 $t$ 分布的区间估计

本节讨论正态总体均值的区间估计问题.

**例 1** 设 $X_1, X_2, \cdots, X_n$ 是正态总体 $N(\mu, \sigma^2)$ 的一个样本，其中 $\sigma^2$ 未知，求 $\mu$ 的置信度为 $1-\alpha$ 的置信区间.

**分析：**以 $1-\alpha=0.95$ 为例，求 $\mu$ 的置信区间，可归结为找一个随机区间 $\left(T_1(X_1, X_2, \cdots, X_n), T_2(X_1, X_2, \cdots, X_n)\right)$，满足

$$P\{T_1(X_1, X_2, \cdots, X_n) < \mu < T_2(X_1, X_2, \cdots, X_n)\} = 0.95.$$

上述事件的概率为 0.95，说明此事件是一个大概率事件，其对立事件的概率为 0.05，是一个小概率事件. 前面已经学过寻找小概率事件的方法，不难由此确定大概率事件.

因为 $X \sim N(\mu, \sigma^2)$，所以

$$\frac{\sqrt{n}(\overline{X} - \mu)}{S} \sim t(n-1)$$

由 $t$ 分布的特点可以算出，

$$P\left\{\left|\frac{\sqrt{n}(\overline{X} - \mu)}{S}\right| < t_{0.025}(n-1)\right\} = 0.95$$

上式通过变形，可以得到

$$P\left\{\overline{X} - \frac{S}{\sqrt{n}}t_{0.025}(n-1) < \mu < \overline{X} + \frac{S}{\sqrt{n}}t_{0.025}(n-1)\right\} = 0.95$$

于是 $\mu$ 的置信度为 0.95 的置信区间为

$$\left(\overline{X} - \frac{S}{\sqrt{n}}t_{0.025}(n-1), \overline{X} + \frac{S}{\sqrt{n}}t_{0.025}(n-1)\right)$$

同理，当取 $1-\alpha=0.99$ 时，

$$P\left\{\left|\frac{\sqrt{n}(\overline{X} - \mu)}{S}\right| < t_{0.005}(n-1)\right\} = 0.99$$

于是 $\mu$ 的置信度为 0.99 的置信区间为

$$\left(\overline{X} - \frac{S}{\sqrt{n}}t_{0.005}(n-1), \overline{X} + \frac{S}{\sqrt{n}}t_{0.005}(n-1)\right)$$

**注：**上述置信区间为随机区间，当抽取样本后，就可以得到 $S^2$ 和 $\overline{X}$ 的观测值 $s^2$ 和 $\bar{x}$，于是可以得到置信区间的观测区间

$$\left(\bar{x} - \frac{s}{\sqrt{n}}t_{0.005}(n-1), \bar{x} + \frac{s}{\sqrt{n}}t_{0.005}(n-1)\right)$$

下面针对一般的情况，给出求解过程.

**解：** 由 8.2 节定理 2 可知，如果 $X \sim N(\mu, \sigma^2)$ ，则

$$\frac{\sqrt{n}(\overline{X} - \mu)}{S} \sim t(n-1)$$

故

$$P\left\{\left|\frac{\sqrt{n}(\overline{X} - \mu)}{S}\right| < t_{\frac{\alpha}{2}}(n-1)\right\} = 1 - \alpha$$

上式变形为

$$P\left\{\overline{X} - \frac{S}{\sqrt{n}} \cdot t_{\frac{\alpha}{2}}(n-1) < \mu < \overline{X} + \frac{S}{\sqrt{n}} \cdot t_{\frac{\alpha}{2}}(n-1)\right\} = 1 - \alpha$$

于是 $\mu$ 的置信度为 $1-\alpha$ 的置信区间为

$$\left(\overline{X} - \frac{S}{\sqrt{n}} \cdot t_{\frac{\alpha}{2}}(n-1), \overline{X} + \frac{S}{\sqrt{n}} \cdot t_{\frac{\alpha}{2}}(n-1)\right)$$

对于 8.2 节例 1 的数据，$n=9, \overline{x}=151, s=2.739$ ，当 $\alpha=0.05$ 时，$\mu$ 的置信度为 0.95 的置信区间的观测区间为

$$\left(\overline{x} - \frac{s}{\sqrt{n}} \cdot t_{\frac{\alpha}{2}}(n-1), \quad \overline{x} + \frac{s}{\sqrt{n}} \cdot t_{\frac{\alpha}{2}}(n-1)\right) = \left(151 - \frac{2.739}{\sqrt{9}} \times 2.306, \quad 151 + \frac{2.739}{\sqrt{9}} \times 2.306\right)$$

$$= (148.895, \quad 153.105)$$

# 习题 8

（每个同学在班里都有一个学号．将自己的学号除以 5 的余数作为 $a$ ，这样每个同学都有自己的 $a$ 值．将下列各题中有 $a$ 的地方都换成自己的 $a$ 值，再求解．）

1．当 $X \sim t(11+a)$ 时，利用查表法求下列概率：

（1）$P\{X \leqslant 1.4\}$ ；（2）$P\{X \leqslant -1.35\}$ ；（3）$P\{-2.11 < X < 2.89\}$ ；（4）$P\{|X| > 2.12\}$ ；

（5）$P\{|X| \geqslant 1.59\}$ ．

2．当 $X \sim t(7+a)$ 时，利用查表法求下列小概率事件：

（1）$\alpha = 0.05$ ；（2）$\alpha = 0.01$ ．

3．当 $X \sim t(13+a)$ 时，利用查表法求下列小概率事件：

（1）$\alpha = 0.03$ ；（2）$\alpha = 0.045$ ．

4．根据长期经验和资料的分析，某砖厂生产的砖的"抗断强度" $X$ 服从正态分布，从该厂产品中随机抽取 6 块，测得抗断强度（单位：$\text{kgf/cm}^2$）如下：

| 32.56 | 29.66 | 31.64 | (300+a)/10 | 31.87 | 31.03 |

检验这批砖的平均抗断强度为 $32.50\text{kgf/cm}^2$ 是否成立？（$\alpha = 0.05$）

要求分别用假设检验的临界值法和 $p$ 值法解答上面的问题.

5. 在稳定生产的情况下, 某工厂生产的电灯泡使用时数可认为服从正态分布, 观察 20+ $a$ 个灯泡的使用时数, 测得其平均寿命为 1832 小时, 标准差为 497 小时. 试构造灯泡使用寿命的总体均值的置信度为 95% 的置信区间.

6. 为防止出厂产品缺斤少两, 某厂质检人员从当天产品中随机抽取 9 包过秤, 称得质量（以 g 为单位）分别为:

| $(99+a)/10$ | 10.1 | 10.4 | 9.7 | 9.8 | 10.1 | 10.0 | 9.8 | 10.3 |
| --- | --- | --- | --- | --- | --- | --- | --- | --- |

假定质量服从正态分布, 试以此数据对该产品的平均质量求置信水平为 95% 的区间估计.

# 第 9 章　基于 $F$ 分布的假设检验与区间估计

$F$ 分布也是统计中的重要分布之一，在统计推断中具有不可替代的作用. 本章介绍 $F$ 分布的概率密度函数及其性质、两个正态总体样本方差之比的分布与假设检验，以及基于 $F$ 分布的区间估计共 3 节内容.

## 9.1　$F$ 分布的概率密度函数及其性质

### 一、$F$分布的概率密度曲线

有时我们也会遇到一类新的总体，表 9-1 给出了取自该类某个总体 $X$ 的 200 个数据.

表 9-1

| | | | | | | | |
|---|---|---|---|---|---|---|---|
| 0.37 | 2.12 | 2.02 | 0.78 | 1.56 | 1.47 | 1.59 | 1.02 |
| 0.55 | 0.87 | 0.46 | 1.17 | 2.02 | 0.79 | 1.70 | 0.94 |
| 2.47 | 0.99 | 1.11 | 0.75 | 2.23 | 1.46 | 0.59 | 0.73 |
| 0.82 | 0.43 | 0.44 | 0.89 | 2.35 | 0.93 | 1.05 | 1.39 |
| 0.44 | 0.90 | 0.92 | 0.89 | 0.56 | 1.60 | 2.71 | 0.65 |
| 1.27 | 0.99 | 1.75 | 1.47 | 0.86 | 0.52 | 0.40 | 1.88 |
| 0.49 | 1.75 | 0.76 | 0.84 | 1.13 | 1.42 | 0.54 | 0.96 |
| 1.21 | 0.84 | 1.86 | 0.76 | 0.89 | 1.33 | 1.21 | 1.48 |
| 1.34 | 0.74 | 0.33 | 1.34 | 1.25 | 1.19 | 2.06 | 1.29 |
| 1.37 | 1.24 | 0.70 | 1.44 | 0.77 | 0.41 | 0.52 | 1.13 |
| 1.58 | 0.91 | 0.83 | 1.74 | 1.24 | 0.34 | 1.24 | 2.05 |
| 0.72 | 0.63 | 0.52 | 0.63 | 0.53 | 0.80 | 0.80 | 0.47 |
| 0.93 | 1.16 | 0.59 | 1.21 | 0.64 | 0.91 | 0.87 | 0.95 |
| 0.93 | 0.86 | 0.29 | 1.52 | 1.46 | 0.71 | 1.36 | 1.13 |
| 0.57 | 0.58 | 1.76 | 1.67 | 1.84 | 1.19 | 0.86 | 1.51 |
| 1.03 | 1.67 | 2.24 | 0.83 | 0.79 | 1.15 | 1.10 | 0.89 |
| 0.55 | 0.89 | 1.07 | 1.01 | 2.14 | 2.43 | 0.56 | 1.03 |
| 0.73 | 0.40 | 0.84 | 2.72 | 0.41 | 0.70 | 1.39 | 1.12 |
| 0.37 | 1.92 | 1.72 | 1.04 | 1.14 | 0.54 | 0.66 | 0.41 |
| 0.49 | 2.05 | 0.73 | 1.77 | 1.24 | 1.00 | 0.35 | 0.53 |
| 0.82 | 1.31 | 0.76 | 1.41 | 0.53 | 0.59 | 0.74 | 1.73 |
| 1.06 | 1.40 | 1.14 | 0.51 | 0.68 | 1.41 | 0.42 | 1.10 |
| 0.55 | 1.58 | 2.03 | 0.83 | 0.61 | 0.76 | 1.33 | 0.54 |
| 0.78 | 1.01 | 0.19 | 0.57 | 1.37 | 1.24 | 0.78 | 0.80 |
| 1.13 | 2.05 | 0.54 | 0.21 | 2.49 | 1.44 | 1.23 | 0.71 |

利用 Excel 软件，画出这组数据的频率分布折线图，如图 9-1 所示.

　　如果从该总体 $X$ 中采集的数据越来越多，则画频率分布折线图时的组距就可以越取越小，所画的频率分布折线图就会越来越接近于图 9-2 中的一条光滑曲线.

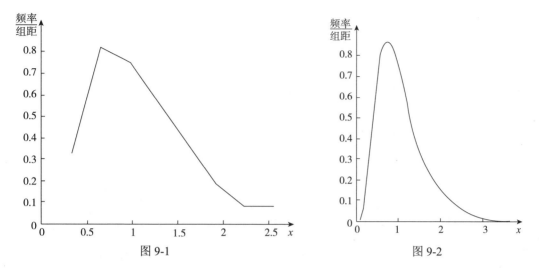

图 9-1　　　　　　　　　　　　　　　　图 9-2

如果这条曲线可用函数表示为

$$p(x) = \begin{cases} \dfrac{\Gamma(\dfrac{n_1}{2})\Gamma(\dfrac{n_2}{2})}{\Gamma(\dfrac{n_1+n_2}{2})} n_1^{\frac{n_1}{2}} n_2^{\frac{n_2}{2}} x^{\frac{n_1}{2}-1} (n_2+n_1 x)^{-\frac{n_1+n_2}{2}}, & x>0, \\ 0, & \text{其他}, \end{cases} \quad (9\text{-}1)$$

则称总体 $X$ 服从 $F(n_1, n_2)$ 分布，记作 $X \sim F(n_1, n_2)$，其中，$n_1$ 和 $n_2$ 分别称为该分布的第一自由度和第二自由度.

　　表 9-1 中的数据所对应的总体的概率密度函数为式（9-1）中的 $n_1 = 10, n_2 = 25$ 时的情形，也就是表 9-1 的数据所对应的总体的概率密度函数为

$$p(x) = \begin{cases} \dfrac{\Gamma(\dfrac{35}{2})}{\Gamma(5)\Gamma(\dfrac{25}{2})} 10^5 \times 25^{\frac{25}{2}} x^4 (25+10x)^{-\frac{35}{2}}, & x>0, \\ 0, & \text{其他}. \end{cases}$$

　　对于 $n_1$，$n_2$ 不同的搭配，分别对应不同的总体. 图 9-3 给出了 $(n_1, n_2) = (10, 40)$，$(11, 3)$ 时的概率密度曲线.

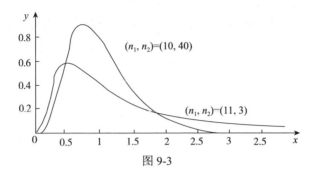

图 9-3

$F$ 分布有一个重要的性质：

**定理 1**　若 $X \sim F(n_1, n_2)$，则 $\dfrac{1}{X} \sim F(n_2, n_1)$．

证明从略．

## 二、F 分布的相关概率计算

在统计中服从 $F$ 分布的随机变量经常会遇到，并且需要计算随机变量落在某个区间的概率，下面介绍常见的查表法．

附表 6 给出了一种右侧单尾的 $F$ 分布表，该表中的值表示位于曲线下方且在垂线 $x = F_\alpha(n_1, n_2)$ 右侧的阴影部分的面积为 $\alpha$．也就是，当随机变量 $X \sim F(n_1, n_2)$ 时，

$$P\{X > F_\alpha(n_1, n_2)\} = \alpha$$

因为 $F$ 分布有两个自由度 $n_1$ 和 $n_2$，所以 $F$ 分布表不同于其他分布表．其特点是对于 $\alpha$ 的不同取值，附表 6 中分别给出了对应不同的 $n_1$ 和 $n_2$ 的概率密度函数横坐标的值．下面通过一些例子说明如何使用 $F$ 分布表．

**例 1**　设 $X \sim F(3,10)$，通过查表求 $P\{X > 3.71\}$．

**解：**在 $F$ 分布表中，对每一个 $\alpha$ 所对应的表格，先在第二行找到 3 所在列，再在第一列中找到 10 所在的行，然后找到行列相交的数，再从这些数中找到离 3.71 最近的那个数，则该数对应的 $\alpha$ 值即为所求．由于 $\alpha = 0.05$ 时，表中 $n_1 = 3$ 所在的列与 $n_2 = 10$ 所在的行相交的数为 3.71，所以 $P\{X > 3.71\} = 0.05$．

**例 2**　已知 $X \sim F(3,11)$，求 $P\{X \leqslant 3.59\}$．

**解：**因为 $P\{X \leqslant 3.59\} = 1 - P\{X > 3.59\}$，通过查 $F$ 分布表可得 $P\{X > 3.59\} = 0.05$，所以

$$P\{X \leqslant 3.59\} = 1 - P\{X > 3.59\} = 1 - 0.05 = 0.95$$

需要说明的是，对于给定的 $n_1, n_2$，在表中给出的 $F_\alpha(n_1, n_2)$ 值很少，需要近似，有时误差可能很大．

因为服从 $F$ 分布的随机变量也是连续型随机变量，所以在一点的概率等于零，所以上面的结果与 $P\{a < X < b\}$、$P\{a \leqslant X < b\}$、$P\{a \leqslant X \leqslant b\}$ 都是一样的．

**例 3**　已知 $X \sim F(3,11)$，计算 $X$ 落在区间（2.66,3.59）内的概率．

**解：**$P\{2.66 < X < 3.59\} = P\{X > 2.66\} - P\{X > 3.59\} = 0.1 - 0.05 = 0.05$．

## 三、服从 F 分布随机变量的小概率事件

对于服从 F 分布的随机变量，如果给了小概率事件的概率 $\alpha$，该如何确定小概率事件呢？

因为 F 分布的密度函数不是对称的，所以不能像对待正态分布那样取对称区间．我们采取的方法是在概率密度函数曲线的两头各取 $\dfrac{\alpha}{2}$ 的面积，由此确定横坐标的位置．也就是，求满足

$$P\{X \leqslant a\} = \frac{\alpha}{2},\ P\{X \geqslant b\} = \frac{\alpha}{2}$$

的 $a$ 值和 $b$ 值．这相当于上面求概率运算的逆运算，下面介绍查表法．

以 $n_1 = 4$，$n_2 = 20$，$\alpha = 0.05$ 为例，说明查表方法．

先确定满足 $P\{X \geqslant b\} = \dfrac{\alpha}{2}$ 的 $b$ 值．因为 $\dfrac{\alpha}{2} = 0.025$，所以通过查 $\alpha = 0.025$，$n_1 = 4$，$n_2 = 20$ 的 F 分布表可以得到 3.51，即为满足 $P\{X \geqslant b\} = 0.025$ 的 $b$ 值，也就是 $b = 3.51$．

再确定满足 $P\{X \leqslant a\} = \dfrac{\alpha}{2}$ 的 $a$ 值．由

$$P\{X > a\} = 1 - P\{X \leqslant a\} = 1 - \frac{\alpha}{2}$$

计算 $1 - \dfrac{\alpha}{2} = 0.975$，因为 F 分布表中没有"$\alpha = 0.975$"对应的表，所以我们利用 F 分布的性质，即

$$P\{X > a\} = 0.975，\text{等价于 } P\left\{\frac{1}{X} < \frac{1}{a}\right\} = 0.975，\quad P\left\{\frac{1}{X} > \frac{1}{a}\right\} = 1 - 0.975 = 0.025$$

所以通过查 $\alpha = 0.025$，$n_1 = 20$，$n_2 = 4$ 的 F 分布表可以得到 8.56，也就是 $\dfrac{1}{a} = 8.56$，由此可以得到

$$a = \frac{1}{8.56} = 0.1168$$

综上，$n_1 = 4, n_2 = 20, \alpha = 0.05$ 时的小概率事件为 $\{X \leqslant 0.117\} \bigcup \{X \geqslant 3.51\}$．

我们用 $F_{0.025}(4,20)$ 来表示查 F 分布表（取 $\alpha = 0.025$，$n_1 = 4$，$n_2 = 20$）所得到的值，则有 $F_{0.025}(4,20) = 3.51$．用 $F_{0.025}(4,20)$ 来表示查 F 分布表（取 $\alpha = 0.025$，$n_1 = 20$，$n_2 = 4$）所得到的值，则有 $F_{0.025}(20,4) = 8.56$．通过上面的分析可知 $F_{0.975}(4,20) = \dfrac{1}{F_{0.025}(20,4)}$，于是服从 $F(4,20)$ 分布的随机变量 $X$ 的小概率为 0.05 的小概率事件可以写成

$$\{X \leqslant 0.117\} \bigcup \{X \geqslant 3.51\} = \left\{X \leqslant \frac{1}{F_{0.025}(20,4)}\right\} \bigcup \{X \geqslant F_{0.025}(4,20)\}.$$

不难推广到更一般的情况，服从 $F(n_1, n_2)$ 分布的随机变量 $X$ 的概率为 $\alpha$ 的小概率事件可以写成

$$\left\{ X \leqslant \frac{1}{F_{\frac{\alpha}{2}}(n_2, n_1)} \right\} \cup \left\{ X \geqslant F_{\frac{\alpha}{2}}(n_1, n_2) \right\} \qquad (9\text{-}2)$$

利用式（9-2），可以求出 $n_1 = 4, n_2 = 20, \alpha = 0.01$ 时的小概率事件为

$$\{ X \leqslant 0.05 \} \cup \{ X \geqslant 5.17 \}.$$

## 9.2　两个正态总体样本方差之比的分布与假设检验

### 一、两个正态总体样本方差之比的分布

**定理 1**　设总体 $X \sim N(\mu_1, \sigma_1^2)$，总体 $Y \sim N(\mu_2, \sigma_2^2)$。$X_1, X_2, \cdots, X_m$ 和 $Y_1, Y_2, \cdots, Y_n$ 是分别来自总体 $X$ 和 $Y$ 的样本，且两样本相互独立，样本方差分别为 $S_1^2$，$S_2^2$，则统计是

$$F = \frac{S_1^2 / \sigma_1^2}{S_2^2 / \sigma_2^2} \sim F(m-1, n-1)$$

如果 $\sigma_1^2 = \sigma_2^2$，则

$$F = \frac{S_1^2}{S_2^2} \sim F(m-1, n-1)$$

证明从略。

### 二、检验两个正态总体方差相等的临界值法

下面通过一个具体例子加以说明。

**例 1**　在平炉上进行一项试验，以确定采用新方法是否会增加钢的得率，试验是在同一只平炉上进行的。假设每炼一炉钢时，除操作方法外，其他条件都尽可能做到相同。先采用标准方法炼一炉，然后用新方法炼一炉，以后交替进行，各炼 10 炉，钢的得率如下：

| 标准方法 | 78.1 | 72.4 | 76.2 | 74.3 | 77.4 | 78.4 | 76.0 | 75.5 | 76.7 | 77.3 |
|---|---|---|---|---|---|---|---|---|---|---|
| 新方法 | 79.1 | 81.0 | 77.3 | 79.1 | 80.0 | 78.1 | 79.1 | 77.3 | 80.2 | 82.1 |

设这两个样本相互独立，且分别来自正态总体 $N(\mu_1, \sigma_1^2)$ 和 $N(\mu_2, \sigma_2^2)$，$\mu_1, \mu_2, \sigma_1^2, \sigma_2^2$ 未知，问新方法的方差是否有变化？（ $\alpha = 0.05$ ）

**分析**：这是一个假设检验问题。设 $X$ 表示标准方法炼一炉钢的得率，$Y$ 表示新方法炼一炉钢的得率，由题意可知，$X \sim N(\mu_1, \sigma_1^2)$，$Y \sim N(\mu_2, \sigma_2^2)$，则检验新方法的方差是否有变化就归结为判断 $\sigma_1^2$ 是否等于 $\sigma_2^2$。

提出检验假设

$$H_0: \sigma_1^2 = \sigma_2^2, \quad H_1: \sigma_1^2 \neq \sigma_2^2$$

由第 4 章 4.1 节可知，欲做出判断需要在 $H_0$ 成立下构造小概率事件，通过样本的信息观察小概率事件是否发生．而要构造小概率事件，则需要找到合适的统计量并且在 $H_0$ 成立下该统计量的分布已知．

设 $X_1, X_2, \cdots, X_m$ 和 $Y_1, Y_2, \cdots, Y_n$ 是分别来自总体 $X$ 和 $Y$ 的样本，且两样本相互独立，根据本节定理 1 可知

$$F = \frac{S_1^2 / \sigma_1^2}{S_2^2 / \sigma_2^2} \sim F(m-1, n-1)$$

其中 $S_1^2 = \dfrac{1}{m-1}\sum_{i=1}^{m}(X_i - \overline{X})^2$，$\overline{X} = \dfrac{1}{m}\sum_{i=1}^{m}X_i$；$S_2^2 = \dfrac{1}{n-1}\sum_{i=1}^{n}(Y_i - \overline{Y})^2$，$\overline{Y} = \dfrac{1}{n}\sum_{i=1}^{n}Y_i$．

当 $H_0$ 成立时，由于 $m = 10$，$n = 10$，有

$$F = S_1^2 / S_2^2 \sim F(9, 9).$$

为了检验 $H_0$ 成立与否，此时根据 $F$ 的分布特点，需要构造一个小概率事件．利用 9.1 节的方法可以得到在此分布下的小概率事件．

构造好了小概率事件，接下来就是根据样本信息考察小概率事件是否发生．如果发生，就否定原假设；如果小概率事件没有发生，则没有理由否定原假设，也就是接受原假设．

例 1 的求解过程如下：

**解：** 设 $X$ 表示采用标准方法炼一炉钢的得率，$Y$ 表示采用新方法炼一炉钢的得率，由题意可知，$X \sim N(\mu_1, \sigma_1^2)$，$Y \sim N(\mu_2, \sigma_2^2)$，则检验新方法的方差是否有变化就归结为判断 $\sigma_1^2$ 是否等于 $\sigma_2^2$．

提出检验假设

$$H_0: \sigma_1^2 = \sigma_2^2, \quad H_1: \sigma_1^2 \neq \sigma_2^2.$$

设 $X_1, X_2, \cdots, X_m$ 和 $Y_1, Y_2, \cdots, Y_n$ 是分别来自总体 $X$ 和 $Y$ 的样本，且两样本相互独立，根据 9.1 节定理 1 可知，

$$F = \frac{S_1^2 / \sigma_1^2}{S_2^2 / \sigma_2^2} \sim F(m-1, n-1)$$

其中 $S_1^2 = \dfrac{1}{m-1}\sum_{i=1}^{m}(X_i - \overline{X})^2$，$\overline{X} = \dfrac{1}{m}\sum_{i=1}^{m}X_i$；$S_2^2 = \dfrac{1}{n-1}\sum_{i=1}^{n}(Y_i - \overline{Y})^2$，$\overline{Y} = \dfrac{1}{n}\sum_{i=1}^{n}Y_i$．

当 $H_0$ 成立时，由于 $m = 1$，$n = 10$，有

$$F = S_1^2 / S_2^2 \sim F(9, 9)$$

由式（9-2）可知，服从 $F(9,9)$ 分布的随机变量小概率为 $\alpha$ 的小概率事件为

$$\left\{ F \leqslant \frac{1}{F_{\frac{\alpha}{2}}(9,9)} \right\} \cup \left\{ F \geqslant F_{\frac{\alpha}{2}}(9,9) \right\}.$$

因为

$$F_{\frac{\alpha}{2}}(n_1-1,n_2-1)=F_{0.025}(9,9)=4.03 \quad , \quad \frac{1}{F_{\frac{\alpha}{2}}(9,9)}=\frac{1}{F_{0.025}(9,9)}=\frac{1}{4.03}=0.248$$

所以小概率事件为

$$\{F \leqslant 0.248\} \cup \{F \geqslant 4.03\}$$

也就是假设检验的拒绝域为

$$\{F \leqslant 0.248\} \cup \{F \geqslant 4.03\}.$$

因为 $s_1^2=3.325$ ， $s_2^2=2.398$ ，所以 $F=S_1^2/S_2^2$ 的观测值为

$$f=s_1^2/s_2^2=\frac{3.325}{2.398}=1.387$$

由于 $f$ 不在拒绝域中，故接受 $H_0$ ，即认为新方法的方差没有发生变化.

**练习 1** 在平炉上进行一项试验，以确定采用新方法是否会增加钢的得率，试验是在同一只平炉上进行的. 假设每炼一炉钢时，除操作方法外，其他条件都尽可能做到相同. 先采用标准方法炼一炉，然后用新方法炼一炉，以后交替进行，各炼 8 炉，钢的得率如下：

| 标准方法 | 78.1 | 72.4 | 76.2 | 74.3 | 77.4 | 78.4 | 76.0 | 75.5 |
|---|---|---|---|---|---|---|---|---|
| 新方法 | 79.1 | 81.0 | 77.3 | 79.1 | 80.0 | 78.1 | 79.1 | 77.3 |

设这两个样本相互独立，且分别来自正态总体 $N(\mu_1,\sigma_1^2)$ 和 $N(\mu_2,\sigma_2^2)$ ， $\mu_1,\mu_2,\sigma_1^2,\sigma_2^2$ 未知，问新方法的方差是否有变化？ （ $\alpha=0.01$ ）

# 三、两个正态总体方差相等的 $p$ 值检验法

下面通过一个具体例子加以说明.

**例 2** 用 $p$ 值法求解**例 1**.

**分析：** 提出检验假设

$$H_0:\sigma_1^2=\sigma_2^2 \quad , \quad H_1:\sigma_1^2 \neq \sigma_2^2$$

由于

$$F=\frac{S_1^2/\sigma_1^2}{S_2^2/\sigma_2^2} \sim F(m-1,n-1)$$

当 $H_0$ 成立时，可以计算出 $F$ 的观测值为

$$f=s_1^2/s_2^2=\frac{3.325}{2.398}=1.387$$

由例 1 可知，假设检验的拒绝域为 $\{F \leqslant 0.2481\} \cup \{F \geqslant 4.03\}$ ，而 1.387 不在拒绝域内，所以接受原假设. 此时计算

$$2P\{F>f\}=2P\{F>1.387\}$$

就是检验统计量为 $F$ 分布的假设检验 $p$ 值法中需要计算的概率.

因为此时

$$p = 2P\{F > f\} = 2P\{F > 1.387\} = 2 \times 0.317 = 0.634 > 0.05$$

且 $p = 0.634 < 1.95 = 2 - 0.05$，所以可以利用 $p$ 值与 $\alpha$ 进行比较来做出判断：当 $p > \alpha$ 且 $p < 2 - \alpha$ 时接受原假设.

至于当 $p > \alpha$ 且 $p \geqslant 2 - \alpha$ 时拒绝原假设的说明，以及当 $p \leqslant \alpha$ 时拒绝原假设的说明，这里就不再赘述.

将例 2 所介绍的 $p$ 值法推广到一般情况，可得检验统计量为 $F$ 分布的假设检验 $p$ 值法的一般步骤如下：

（1）提出检验假设.

（2）构造统计量，使得在 $H_0$ 成立时，该统计量的分布已知，且能够根据样本信息计算该统计量的观测值.

（3）计算 $p$ 值.

（4）利用 $p$ 值与 $\alpha$ 的大小关系做出拒绝原假设或接受原假设的判断.

当 $p \leqslant \alpha$ 时，拒绝原假设.

当 $p > \alpha$ 且 $p \geqslant 2 - \alpha$ 时，拒绝原假设.

当 $p > \alpha$ 且 $p < 2 - \alpha$ 时，接受原假设.

例 2 的求解过程如下：

**解：**设 $X$ 表示采用标准方法炼一炉钢的得率，$Y$ 表示采用新方法炼一炉钢的得率，由题意可知，$X \sim N(\mu_1, \sigma_1^2)$，$Y \sim N(\mu_2, \sigma_2^2)$，则检验新方法的方差是否有变化就归结为判断 $\sigma_1^2$ 是否等于 $\sigma_2^2$.

提出检验假设

$$H_0 : \sigma_1^2 = \sigma_2^2, \quad H_1 : \sigma_1^2 \neq \sigma_2^2$$

设 $X_1, X_2, \cdots, X_m$ 和 $Y_1, Y_2, \cdots, Y_n$ 是分别来自总体 $X$ 和 $Y$ 的样本，且两样本相互独立，根据本节定理 1 可知，

$$F = \frac{S_1^2 / \sigma_1^2}{S_2^2 / \sigma_2^2} \sim F(m-1, n-1)$$

其中 $S_1^2 = \dfrac{1}{m-1} \sum\limits_{i=1}^{m} (X_i - \overline{X})^2$，$\overline{X} = \dfrac{1}{m} \sum\limits_{i=1}^{m} X_i$；$S_2^2 = \dfrac{1}{n-1} \sum\limits_{i=1}^{n} (Y_i - \overline{Y})^2$，$\overline{Y} = \dfrac{1}{n} \sum\limits_{i=1}^{n} Y_i$.

当 $H_0$ 成立时，由于 $m = n = 10$，所以

$$F = S_1^2 / S_2^2 \sim F(9,9)$$

由题意 $s_1^2 = 3.325$，$s_2^2 = 2.398$，于是 $H_0$ 成立时 $F$ 的观测值为

$$f = s_1^2 / s_2^2 = \frac{3.325}{2.398} = 1.387$$

则 $p = 2P\{F > f\} = 2P\{F > 1.387\} = 0.634$. 因为 $p > \alpha$ 且 $p < 2 - \alpha$，所以接受原假设，即认为采用新方法的方差较以往没有显著的变化.

**练习 2**　利用 $p$ 值法，求解练习 1.

# 9.3　基于 $F$ 分布的区间估计

本节讨论两个正态总体方差之比的区间估计问题.

**例 1**　设 $X_1, X_2, \cdots, X_n$ 是正态总体 $X$ 的一个样本且 $X \sim N\left(\mu_1, \sigma_1^2\right)$，$Y_1, Y_2, \cdots, Y_n$ 是正态总体 $Y$ 的一个样本且 $Y \sim N\left(\mu_2, \sigma_2^2\right)$，且两样本相互独立，其中 $\mu_1, \mu_2$ 未知，求 $\dfrac{\sigma_1^2}{\sigma_2^2}$ 的置信度为 $1-\alpha$ 的置信区间.

**分析：**以 $1-\alpha = 0.95$ 为例，求 $\dfrac{\sigma_1^2}{\sigma_2^2}$ 的置信度为 $1-\alpha$ 的置信区间，可归结为找一个随机区间 $\left(T_1(X_1, X_2, \cdots, X_n), T_2(X_1, X_2, \cdots, X_n)\right)$，满足

$$P\left\{T_1(X_1, X_2, \cdots, X_n) < \frac{\sigma_1^2}{\sigma_2^2} < T_2(X_1, X_2, \cdots, X_n)\right\} = 0.95$$

上述事件的概率为 0.95，说明此事件是一个大概率事件，其对立事件的概率为 0.05，是一个小概率事件. 前面已经学过寻找小概率事件的方法，不难由此确定大概率事件.

由于

$$\frac{S_1^2/\sigma_1^2}{S_2^2/\sigma_2^2} \sim F(n_1 - 1, n_2 - 1)$$

从 $F$ 分布的特点可以算出，

$$P\left\{F_{0.975}(n_1 - 1, n_2 - 1) < \frac{S_1^2/\sigma_1^2}{S_2^2/\sigma_2^2} < F_{0.025}(n_1 - 1, n_2 - 1)\right\} = 0.95$$

上式通过变形，可以得到

$$P\left\{\frac{S_1^2}{S_2^2} \cdot \frac{1}{F_{0.025}(n_1 - 1, n_2 - 1)} < \frac{\sigma_1^2}{\sigma_2^2} < \frac{S_1^2}{S_2^2} \cdot \frac{1}{F_{0.975}(n_1 - 1, n_2 - 1)}\right\} = 0.95$$

于是 $\dfrac{\sigma_1^2}{\sigma_2^2}$ 的置信度为 0.95 的置信区间为

$$\left(\frac{S_1^2}{S_2^2} \cdot \frac{1}{F_{0.025}(n_1 - 1, n_2 - 1)}, \quad \frac{S_1^2}{S_2^2} \cdot \frac{1}{F_{0.975}(n_1 - 1, n_2 - 1)}\right)$$

同理，当取 $1-\alpha = 0.01$ 时，有

$$P\left\{F_{0.995}(n_1 - 1, n_2 - 1) < \frac{S_1^2/\sigma_1^2}{S_2^2/\sigma_2^2} < F_{0.005}(n_1 - 1, n_2 - 1)\right\} = 0.99$$

于是，$\dfrac{\sigma_1^2}{\sigma_2^2}$ 的置信度为 0.99 的置信区间为

$$\left( \frac{S_1^2}{S_2^2} \cdot \frac{1}{F_{0.005}(n_1-1, n_2-1)}, \quad \frac{S_1^2}{S_2^2} \cdot \frac{1}{F_{0.995}(n_1-1, n_2-1)} \right)$$

**注**：上述置信区间为随机区间，当抽取样本后，就可以得到 $S_1^2$ 和 $S_2^2$ 的观测值 $s_1^2$ 和 $s_2^2$，于是可以得到置信区间的观测区间

$$\left( \frac{s_1^2}{s_2^2} \cdot \frac{1}{F_{0.005}(n_1-1, n_2-1)}, \quad \frac{s_1^2}{s_2^2} \cdot \frac{1}{F_{0.995}(n_1-1, n_2-1)} \right)$$

下面针对一般的情况，给出例 1 的求解过程．

**解**：由 9.2 节定理 1 可知，

$$\frac{S_1^2/\sigma_1^2}{S_2^2/\sigma_2^2} \sim F(n_1-1, n_2-1)$$

故

$$P\left\{ F_{1-\frac{\alpha}{2}}(n_1-1, n_2-1) < \frac{S_1^2/\sigma_1^2}{S_2^2/\sigma_2^2} < F_{\frac{\alpha}{2}}(n_1-1, n_2-1) \right\} = 1-\alpha$$

上式变形为

$$P\left\{ \frac{S_1^2}{S_2^2} \cdot \frac{1}{F_{\frac{\alpha}{2}}(n_1-1, n_2-1)} < \frac{\sigma_1^2}{\sigma_2^2} < \frac{S_1^2}{S_2^2} \cdot \frac{1}{F_{1-\frac{\alpha}{2}}(n_1-1, n_2-1)} \right\} = 1-\alpha$$

于是 $\dfrac{\sigma_1^2}{\sigma_2^2}$ 的置信度为 $1-\alpha$ 的置信区间为

$$\left( \frac{S_1^2}{S_2^2} \cdot \frac{1}{F_{\frac{\alpha}{2}}(n_1-1, n_2-1)}, \quad \frac{S_1^2}{S_2^2} \cdot \frac{1}{F_{1-\frac{\alpha}{2}}(n_1-1, n_2-1)} \right)$$

对于 9.2 节例 1 的数据 $n_1 = 10$，$n_2 = 10$，$s_1^2 = 3.325$，$s_2^2 = 2.398$，当 $\alpha = 0.05$ 时，$\dfrac{\sigma_1^2}{\sigma_2^2}$ 的置信度为 $1-\alpha$ 的置信区间的观测区间为

$$\left( \frac{s_1^2}{s_2^2} \cdot \frac{1}{F_{\frac{\alpha}{2}}(n_1-1, n_2-1)}, \quad \frac{s_1^2}{s_2^2} \cdot \frac{1}{F_{1-\frac{\alpha}{2}}(n_1-1, n_2-1)} \right) = (0.344, 5.582)$$

# 习题 9

（每个同学在班里都有一个学号．将自己的学号除以 4 的余数作为 $a$，这样每个同学都有自己的 $a$ 值．将下列各题中有 $a$ 的地方都换成自己的 $a$ 值，再求解．）

1．当 $X \sim F(3, 5+a)$ 时，利用查表法求下列概率：

（1）$P\{X \leqslant 1.4\}$；（2）$P\{-2.11 < X < 2.89\}$；（3）$P\{|X| > 2.12\}$；（4）$P\{|X| \geqslant 1.59\}$.

2．当 $X \sim F(5, 8+a)$ 时，利用查表法求下列小概率事件：

（1）$\alpha = 0.05$；（2）$\alpha = 0.01$.

3．当 $X \sim F(4, 9+a)$ 时，利用查表法求下列小概率事件：

（1）$\alpha = 0.03$；（2）$\alpha = 0.045$.

4．分别用假设检验的临界值法和 $p$ 值法解答下面的问题.

在两台自动车床上加工直径为 2.050mm 的轴，现在每相隔两小时，各取容量都为 10 的样本，所得数据（单位：mm）列表如下：

| 零件加工编号 | 1 | 2 | 3 | 4 | 5 | 6 | 7 | 8 | 9 | 10 |
|---|---|---|---|---|---|---|---|---|---|---|
| 第一个样本 | 2.066 | 2.063 | 2.068 | 2.060 | 2.067 | 2.063 | 2.059 | 2.062 | 2.062 | 2.060 |
| 第二个样本 | 2.063 | 2.060 | 2.057 | 2.056 | 2.059 | 2.058 | 2.062 | 2.059 | 2.059 | $(2057+a)/1000$ |

假设直径的分布是正态的，问这两台自动车床的方差是否相等？（取 $\alpha = 0.01$）

5．有两位化验员 A、B，他们独立地对某种聚合物的含氯量用相同方法各做了 $10+a$ 次测定，其测定值的方差 $s^2$ 依次为 0.5419 和 0.6065，设 $\sigma_A^2$ 与 $\sigma_B^2$ 分别为 A、B 所测量数据的总体的方差（正态总体），求方差比 $\dfrac{\sigma_A^2}{\sigma_B^2}$ 的置信度为 95% 的置信区间.

# 第 10 章　数理统计基本内容的归纳总结

前面介绍了数理统计的一些基本内容，为了便于知识的系统化，本章对这些内容进行归纳和总结，主要包括抽样分布，假设检验的原理与统计量的构造，区间估计的原理与枢轴量的构造等内容．

## 10.1　抽样分布

在统计分析中，常常用到一些分布，熟知这些分布的性质非常重要．这些分布主要包括正态分布、$\chi^2$ 分布、$t$ 分布和 $F$ 分布，下面进行归纳和总结．

## 一、概率中常见的几种连续型随机变量的概率分布

### 1．正态分布

正态分布是最常见的连续型随机变量的分布，自然界中大多数变量的概率分布，大致都遵循正态分布．比如成年人的身高、成年人的血压、测量误差等．

（1）正态分布的概念．如果由某个总体 $X$ 中得到的数据，所画出的频率分布折线图越来越与两头低、中间高、左右对称的图形（也称为钟形图形）接近，且该钟形图形用函数可以表示为

$$f(x) = \frac{1}{\sqrt{2\pi}\sigma} e^{-\frac{(x-\mu)^2}{2\sigma^2}}$$

则称该总体服从正态分布，记作 $X \sim N\left(\mu, \sigma^2\right)$，其中 $\mu$ 是正态分布的位置参数，是图形最高峰对应的自变量的值，$\sigma$ 是形状参数，描述正态分布数据的离散程度，$\sigma$ 越大，曲线越扁平．反之，$\sigma$ 越小，曲线越瘦高．

当 $\mu, \sigma$ 取不同值时，对应不同的概率密度曲线，下面给出正态分布的多种情况的概率密度函数图形，如图 10-1 所示．

（2）正态分布概率密度函数的性质．正态分布概率密度函数的性质总结如下：

① 曲线在 $x$ 轴的上方，与 $x$ 轴不相交．

② 曲线关于直线 $x=\mu$ 对称．

③ 曲线在 $x=\mu$ 时位于最高点，最大值 $f(\mu) = \dfrac{1}{\sqrt{2\pi}\sigma}$．

④ 曲线从高峰处分别向左右两侧逐渐均匀下降，以 $x$ 轴为渐近线．

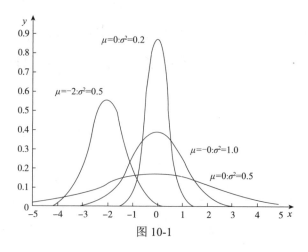

图 10-1

⑤ 当 $\mu$ 一定时，曲线的形状由 $\sigma$ 确定．$\sigma$ 越大，曲线越"矮胖"，表示总体的分布越分散；$\sigma$ 越小，曲线越"瘦高"，表示总体的分布越集中．

（3）标准正态分布及其相关计算．如果总体的概率密度曲线对应的函数为

$$f(x) = \frac{1}{\sqrt{2\pi}} e^{-\frac{x^2}{2}}$$

则称总体 $X$ 服从标准正态分布，记作 $X \sim N(0,1)$．

对于服从标准正态分布的随机变量，求其落在某一个区间的概率，可以通过查标准正态分布表得到．图 10-2 给出了标准正态分布表的一部分．

$$\Phi(z) = \int_{-\infty}^{z} \frac{1}{\sqrt{2\pi}} e^{-\frac{u^2}{2}} \mathrm{d}u = P(Z \leqslant z)$$

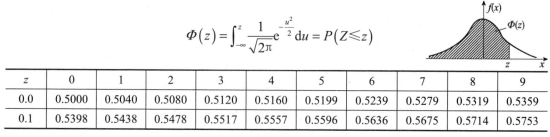

| z | 0 | 1 | 2 | 3 | 4 | 5 | 6 | 7 | 8 | 9 |
|---|---|---|---|---|---|---|---|---|---|---|
| 0.0 | 0.5000 | 0.5040 | 0.5080 | 0.5120 | 0.5160 | 0.5199 | 0.5239 | 0.5279 | 0.5319 | 0.5359 |
| 0.1 | 0.5398 | 0.5438 | 0.5478 | 0.5517 | 0.5557 | 0.5596 | 0.5636 | 0.5675 | 0.5714 | 0.5753 |

图 10-2

在标准正态分布表中，对应于 $z$ 的值 $\Phi(z)$ 表示位于标准正态分布概率密度曲线下方和 $x$ 轴上方且在垂线 $x = z$ 左侧的图形面积，也就是随机变量落在 $(-\infty, z)$ 内的概率．

在标准正态分布表中没有给出 $z$ 为负值时的 $\Phi(z)$ 值，但可以利用标准正态分布的对称性来求．

计算随机变量落入某个区间的概率，如计算 $P\{a < X \leqslant b\}$，可利用

$$P\{a < X \leqslant b\} = P\{X \leqslant b\} - P\{X \leqslant a\}$$

来计算．

（4）查标准正态分布表确定小概率事件．通过反查标准正态分布表可以得到小概率事

件. 注意如果在表中没有恰好等于 $1-\dfrac{\alpha}{2}$ 的面积值, 则选取大于且靠近 $1-\dfrac{\alpha}{2}$ 的面积值, 再找到对应的行和列的 $z$ 值.

为了表示小概率事件时方便, 下面引入分位数的概念.

**定义 1** 设随机变量 $X \sim N(0,1)$, 如果 $P\{X > b\} = \alpha$, 则称 $b$ 为标准正态分布的上 $\alpha$ 分位数 (分位点), 记作 $z_\alpha$.

$z_\alpha$ 的几何意义, 如图 10-3 所示.

根据定义 1, 当随机变量 $X$ 服从标准正态分布时, 其对应于概率为 $\alpha$ 的小概率事件可以表示为

$$\left\{ |X| \geqslant z_{\frac{\alpha}{2}} \right\}$$

如图 10-4 所示.

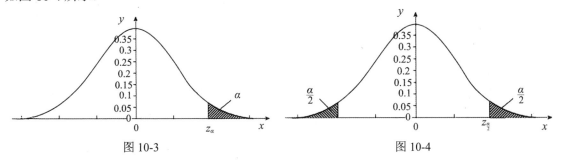

图 10-3　　　　　　　　　　　图 10-4

当 $X$ 服从非标准正态分布 $N\left(\mu, \sigma^2\right)$ 时, 有下面重要的结论.

**定理 1** 如果 $X \sim N\left(\mu, \sigma^2\right)$, 则 $\dfrac{X - \mu}{\sigma} \sim N(0,1)$.

## 2. $\chi^2(n)$ 分布

（1）$\chi^2(n)$ 分布的定义. 如果由某个总体 $X$ 中得到的数据, 所画出的频率分布折线图越来越与这样的曲线接近, 该曲线可用函数表示为

$$f(x) = \begin{cases} \dfrac{1}{2^{\frac{n}{2}} \Gamma\left(\dfrac{n}{2}\right)} x^{\frac{n}{2}-1} \mathrm{e}^{-\frac{x}{2}}, & x > 0, \\ 0, & \text{其他,} \end{cases}$$

其中, $\Gamma\left(\dfrac{n}{2}\right) = \dfrac{n-2}{2} \Gamma\left(\dfrac{n-2}{2}\right)$, $\Gamma(n+1) = n!$, $\Gamma\left(\dfrac{1}{2}\right) = \sqrt{\pi}$, 则称总体 $X$ 服从 $\chi^2(n)$ 分布, 记作 $X \sim \chi^2(n)$.

对于不同的 $n$, 对应不同的概率密度曲线. 图 10-5 给出了 $n=1$, 4, 10 的概率密度曲线形状, 从图中可以看出, 随着 $n$ 的增大, 曲线的最大值对应的 $x$ 坐标越来越远离原点, 且曲线越来越平滑.

（2）查 $\chi^2$ 分布表确定小概率事件. 仿照正态分布上分位点的定义, 可以类似给出 $\chi^2$ 分布上分位点的定义如下:

**定义 2** 设随机变量 $X \sim \chi^2(n)$, 如果 $P\{X > b\} = \alpha$, 则称 $b$ 为 $\chi^2(n)$ 分布的上 $\alpha$ 分位数（分位点）, 记作 $\chi_\alpha^2(n)$.

$\chi_\alpha^2(n)$ 的几何意义, 如图 10-6 所示.

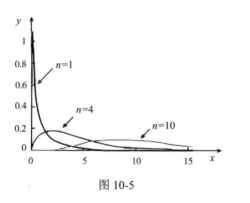

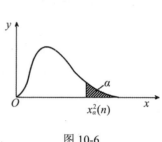

图 10-5                                       图 10-6

不难看出附表 4 中给出的 $\chi^2$ 分布表是关于上分位点的.

对于服从 $\chi^2$ 分布的随机变量, 已知小概率事件的概率 $\alpha$, 如何确定小概率事件呢?

因为 $\chi^2$ 分布的概率密度函数曲线不是对称的, 所以不能像对待正态分布那样取对称区间. 我们采取的方法是在概率密度函数曲线的两头各取 $\dfrac{\alpha}{2}$ 的面积, 由此确定横坐标的位置. 也就是, 求满足

$$P\{X \leqslant a\} = \frac{\alpha}{2}, \quad P\{X \geqslant b\} = \frac{\alpha}{2}$$

的 $a$ 值和 $b$ 值. 这相当于求概率运算的逆运算, 下面介绍查 $\chi^2$ 分布表确定小概率事件.

先确定满足 $P\{X \geqslant b\} = \dfrac{\alpha}{2}$ 的 $b$ 值. 根据 $\alpha$ 的值计算 $\dfrac{\alpha}{2}$, 然后在表中第一列找到 $n$ 值所在的行, 再在该表的第一行找到 $\dfrac{\alpha}{2}$ 的值所在的列, 则行和列相交的数字即为满足 $P\{X \geqslant b\} = \dfrac{\alpha}{2}$ 的 $b$ 值.

再确定满足 $P\{X \leqslant a\} = \dfrac{\alpha}{2}$ 的 $a$ 值.

由 $P\{X > a\} = 1 - P\{X \leqslant a\} = 1 - \dfrac{\alpha}{2}$, 先计算出 $1 - \dfrac{\alpha}{2}$, 然后在表中第一列找到 $n$ 值所在的行, 再在该表的第一行找到 $1 - \dfrac{\alpha}{2}$ 的值所在的列, 则行和列相交的数字即为满足 $P\{X \leqslant a\} = \dfrac{\alpha}{2}$ 的 $a$ 值. 从而得到小概率事件为

$$\{X \leqslant a\} \cup \{X \geqslant b\}.$$

根据 $\chi^2$ 分布上分位数的定义，上述小概率事件可以表示为

$$\left\{X \leqslant \chi^2_{1-\frac{\alpha}{2}}(n)\right\} \cup \left\{X \geqslant \chi^2_{\frac{\alpha}{2}}(n)\right\}.$$

### 3. $t$ 分布

（1）$t$ 分布的定义. 如果由某个总体 $X$ 中得到的数据，所画出的频率分布折线图与这样的曲线接近，该曲线可用函数表示为

$$f(x) = \frac{\Gamma\left(\dfrac{n+1}{2}\right)}{\sqrt{n\pi} - \Gamma\left(\dfrac{n}{2}\right)}\left(1 + \frac{x^2}{n}\right)^{-\frac{n+1}{2}}$$

其中，$\Gamma(1)=1$，$\Gamma(n+1) = n!$，$\Gamma\left(\dfrac{1}{2}\right) = \sqrt{\pi}$，则称总体 $X$ 服从 $t(n)$ 分布，记作 $X \sim t(n)$.

当 $n$ 取不同的值时，$f(x)$ 对应不同的总体的概率密度函数. 图 10-7 给出了 $n=1$，4，10 时的概率密度曲线，从图中可以看出，随着 $n$ 的增大，曲线越来越陡.

**定理 2**　设 $X \sim N(0,1)$，$Y \sim \chi^2(n)$，且 $X,Y$ 相互独立，则随机变量 $T = \dfrac{X}{\sqrt{Y/n}}$ 服从自由度为 $n$ 的 $t$ 分布，记为 $T \sim t(n)$.

（2）查 $t$ 分布表确定小概率事件. 由正态分布和 $\chi^2$ 分布的上分位点的定义，可以类似给出 $t$ 分布上分位点的定义.

**定义 3**　设随机变量 $X \sim t(n)$，如果 $P\{X > b\} = \alpha$，则称 $b$ 为 $t(n)$ 分布的上 $\alpha$ 分位数（分位点），记作 $t_\alpha(n)$.

$t_\alpha(n)$ 的几何意义，如图 10-8 所示.

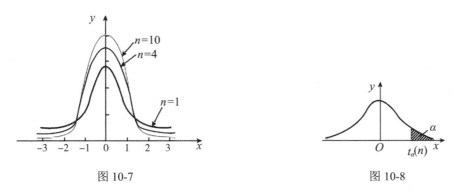

图 10-7　　　　　　　　　　　　　　　　图 10-8

不难看出，附表 5 给出的 $t$ 分布表是关于上分位点的.

对于服从 $t$ 分布的随机变量，已知小概率事件的概率 $\alpha$，如何确定小概率事件呢？

因为 $t$ 分布的概率密度函数是对称的，所以我们可以像对待正态分布那样取对称区间，

即求满足 $P\{|X|\geqslant a\}=\alpha$ 的 $a$ 值. 下面介绍查 $t$ 分布表确定小概率事件.

由 $t$ 分布关于 $y$ 轴对称的性质，可知 $a$ 也满足 $P\{X\geqslant a\}=\dfrac{\alpha}{2}$. 于是先计算 $\dfrac{\alpha}{2}$，然后在 $t$ 分布表中的第一列找到 $n$ 值所在的行，再在该表的第一行找到 $\dfrac{\alpha}{2}$ 的值所在的列，则行和列相交的数字即为满足 $P\{X\geqslant a\}=\dfrac{\alpha}{2}$ 的 $a$ 值. 从而小概率事件为 $\{|X|\geqslant a\}$.

根据 $t$ 分布上分位数的定义，上述小概率事件可以表示为

$$\left\{|X|\geqslant t_{\frac{\alpha}{2}}(n)\right\}.$$

### 4. $F$ 分布

（1）$F$ 分布的定义. 如果由某个总体 $X$ 中得到的数据，所画出的频率分布折线图与这样的曲线接近，该曲线可用函数表示为

$$f(x)=\begin{cases}\dfrac{1}{B\left(\dfrac{n_1}{2},\dfrac{n_2}{2}\right)}n_1^{\frac{n_1}{2}}n_2^{\frac{n_2}{2}}x^{\frac{n_1}{2}-1}(n_2+n_1x)^{-\frac{n_1+n_2}{2}},&x\geqslant0,\\0,&x<0.\end{cases}$$

其中

$$B(\alpha,\beta)=\dfrac{\Gamma(\alpha)\Gamma(\beta)}{\Gamma(\alpha+\beta)},$$

则称总体 $X$ 服从 $F(n_1,n_2)$ 分布，记作 $X\sim F(n_1,n_2)$.

对于 $n_1,n_2$ 不同的搭配，$f(x)$ 分别对应不同的总体的概率密度函数. 图 10-9 给出了 $(n_1,n_2)=(10,40)$，（11,3）的概率密度曲线形状.

$F$ 分布有一个重要的性质：

**定理 3**　若 $X\sim F(n_1,n_2)$，则 $\dfrac{1}{X}\sim F(n_2,n_1)$.

（2）查 $F$ 分布表确定小概率事件. 由正态分布、$\chi^2$ 分布和 $t$ 分布的上分位点的定义，可以类似给出 $F$ 分布上分位点的定义.

**定义 4**　设随机变量 $X\sim F(n_1,n_2)$，如果 $P\{X>b\}=\alpha$，则称 $b$ 为 $F(n_1,n_2)$ 分布的上 $\alpha$ 分位数（分位点），记作 $F_\alpha(n_1,n_2)$.

$F_\alpha(n_1,n_2)$ 的几何意义，如图 10-10 所示.

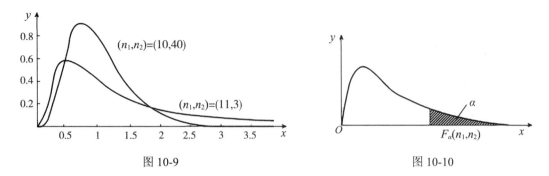

图 10-9　　　　　　　　　　　　图 10-10

附表 6 给出的 $F$ 分布表是关于上分位点的.

对于服从 $F$ 分布的随机变量，给了小概率事件的概率 $\alpha$，如何确定小概率事件呢？

因为 $F$ 分布的密度函数不是对称的，所以我们采取的方法是在概率密度函数曲线的两头各取 $\dfrac{\alpha}{2}$ 的面积，由此确定横坐标的位置. 也就是，求满足

$$P\{X \leqslant a\} = \frac{\alpha}{2}, \quad P\{X \geqslant b\} = \frac{\alpha}{2}$$

的 $a$ 值和 $b$ 值. 下面介绍查 $F$ 分布表确定小概率事件的方法.

先确定满足 $P\{X \geqslant b\} = \dfrac{\alpha}{2}$ 的 $b$ 值. 直接查 $F$ 分布表，可以得到 $b$ 值. 如果用上分位点表示，则 $b = F_{\frac{\alpha}{2}}(n_1, n_2)$.

再确定满足 $P\{X \leqslant a\} = \dfrac{\alpha}{2}$ 的 $a$ 值. 为了求满足上式的 $a$ 值，不能直接查表. 需将其写成上分位点的形式. 将上式改写成 $1 - P\{X > a\} = \dfrac{\alpha}{2}$，从而得到 $P\{X > a\} = 1 - \dfrac{\alpha}{2}$，于是 $a = F_{1-\frac{\alpha}{2}}(n_1, n_2)$. 虽然上式变成了上分位点的形式，但是由于 $1 - \dfrac{\alpha}{2}$ 一般大于 0.9，而在 $F$ 分布表中没有大于 0.1 对应的表，所以需要利用 $F$ 分布的重要性质（定理 3）来求 $a = F_{1-\frac{\alpha}{2}}(n_1, n_2)$.

如何利用定理 3 来求满足 $P\{X \leqslant a\} = \dfrac{\alpha}{2}$ 的 $a$ 值呢？

由于事件 $\{X \leqslant a\}$ 与事件 $\left\{\dfrac{1}{X} \geqslant \dfrac{1}{a}\right\}$ 相等，于是得到

$$P\left\{\frac{1}{X} \geqslant \frac{1}{a}\right\} = \frac{\alpha}{2}$$

由于 $X \sim F(n_1, n_2)$ 时，$\dfrac{1}{X} \sim F(n_2, n_1)$，利用 $F$ 分布表，可得

$$\frac{1}{a} = F_{\frac{\alpha}{2}}(n_2, n_1).$$

于是 $a = \dfrac{1}{F_{\frac{\alpha}{2}}(n_2, n_1)}$. 因此小概率事件为

$$\{X \leqslant a\} \cup \{X \geqslant b\} = \left\{X \leqslant \frac{1}{F_{\frac{\alpha}{2}}(n_2, n_1)}\right\} \cup \left\{X \geqslant F_{\frac{\alpha}{2}}(n_1, n_2)\right\}.$$

由上面的分析，还可以得到一个公式，即

$$F_{1-\frac{\alpha}{2}}(n_1, n_2) = \frac{1}{F_{\frac{\alpha}{2}}(n_2, n_1)}$$

# 二、统计量

如果总体是随机变量 $X$，则容量为 $n$ 的一个样本可以记作 $X_1, X_2, \cdots, X_n$，其中 $X_i, (i = 1, \cdots, n)$ 表示第 $i$ 次从总体中随机抽取所得到的个体. 因为 $X_1, X_2, \cdots, X_n$ 是随机样本，所以互相之间不受影响，也称为相互独立，且 $X_1, X_2, \cdots, X_n$ 与 $X$ 具有相同的分布.

当抽样完成后，每个 $X_i, (i = 1, \cdots, n)$ 的值就确定了，假设为 $x_i, (i = 1, \cdots, n)$，这时 $x_1, x_2, \cdots, x_n$ 称为 $X_1, X_2, \cdots, X_n$ 的样本值.

要对总体进行检验和估计，需要利用样本的信息. 由样本构造出来的表达式称为统计量. 例如，已知某地区的成年人的身高 $X \sim N(\mu, \sigma^2)$，其中均值未知，需要用样本的均值 $\overline{X} = \dfrac{1}{n} \sum\limits_{i=1}^{n} X_i$ 来估计 $\mu$，则 $\overline{X} = \dfrac{1}{n} \sum\limits_{i=1}^{n} X_i$ 就是一个**统计量**.

像这种不含未知参数，由样本构成的函数称为**统计量**. 设样本为 $X_1, X_2, \cdots, X_n$，则统计量通常记为

$$T = T(X_1, X_2, \cdots, X_n)$$

常见的统计量有样本均值、样本方差和样本 $k$ 阶矩.

**定义 2** 设 $X_1, X_2, \cdots, X_n$ 是从总体 $X$ 中抽取的容量为 $n$ 的样本，则统计量

$$\overline{X} = \frac{1}{n} \sum_{i=1}^{n} X_i \text{ 和 } S^2 = \frac{1}{n-1} \sum_{i=1}^{n} \left(X_i - \overline{X}\right)^2$$

分别称为样本均值和样本方差.

称

$$S = \sqrt{\frac{1}{n-1} \sum_{i=1}^{n} \left(X_i - \overline{X}\right)^2}$$

为样本标准差（或样本均方差）.

称

$$A_k = \frac{1}{n} \sum_{i=1}^{n} X_i^k, k = 1, 2, \cdots$$

为样本的 $k$ 阶矩.

统计量的观测值可以用小写字母来表示，如样本均值的观测值为

$$\overline{x} = \frac{1}{n} \sum_{i=1}^{n} x_i ,$$

样本方差的观测值为

$$s^2 = \frac{1}{n-1} \sum_{i=1}^{n} \left( x_i - \overline{x} \right)^2$$

样本的 $k$ 阶矩的观测值为

$$a_k = \frac{1}{n} \sum_{i=1}^{n} x_i^k, k = 1, 2, \cdots$$

# 三、抽样分布（常见统计量的分布）

**定理 4**　设 $X_1, X_2, \cdots, X_n$ 是正态总体 $N\left(\mu, \sigma^2\right)$ 的一个样本，$\overline{X}$ 为样本均值，则

$$\overline{X} \sim N\left(\mu, \frac{\sigma^2}{n}\right)$$

**定理 5**　设 $X_1, X_2, \cdots, X_n$ 是正态总体 $N\left(\mu, \sigma^2\right)$ 的一个样本，$\overline{X}$、$S^2$ 分别为样本均值和样本方差，则

（1）$\overline{X} \sim N\left(\mu, \frac{\sigma^2}{n}\right)$.

（2）$\frac{(n-1)S^2}{\sigma^2} \sim \chi^2 \left(n-1\right)$.

（3）$\overline{X}$ 和 $S^2$ 相互独立.

**定理 6**　设 $X_1, X_2, \cdots, X_n$ 是正态总体 $N\left(\mu, \sigma^2\right)$ 的一个样本，$\overline{X}$、$S^2$ 分别为样本均值和样本方差，则 $\frac{\sqrt{n}\left(\overline{X} - \mu\right)}{S} \sim t\left(n-1\right)$.

**定理 7**　设总体 $X \sim N\left(\mu, \sigma_1^2\right)$，总体 $Y \sim N\left(\mu, \sigma_2^2\right)$，$X_1, X_2, \cdots, X_m$ 和 $Y_1, Y_2, \cdots, Y_n$ 分别是来自总体 $X$ 和 $Y$ 的样本，且两样本相互独立，样本方差分别为 $S_1^2$，$S_2^2$，则

$$F = \frac{S_1^2 / \sigma_1^2}{S_2^2 / \sigma_2^2} \sim F\left(m-1, n-1\right)$$

如果 $\sigma_1^2 = \sigma_2^2$，则

$$F = \frac{S_1^2}{S_2^2} \sim F\left(m-1, n-1\right)$$

# 10.2 假设检验的原理与统计量的构造

## 一、假设检验的原理

根据实际问题,提出假设(包括原假设 $H_0$ 和备择假设 $H_1$). 在原假设 $H_0$ 成立的前提下,由已给小概率事件的概率构造小概率事件. 利用样本的信息进行判断:如果根据样本的信息得出小概率事件发生,应否定原假设 $H_0$,即认为备择假设 $H_1$ 成立;如果根据样本的信息不能得出小概率事件发生,则接受原假设,即认为原假设 $H_0$ 成立.

## 二、统计量及小概率事件的构造

在构造小概率事件时,要用到抽样分布. 不同的分布,小概率事件的表示也不同. 第 4 章介绍的假设检验,都是总体为正态分布时的双边检验,即

$$H_0 : \mu = \mu_0, \quad H_1 : \mu \neq \mu_0$$

已经学过的假设检验可以分为对正态总体数学期望和方差的检验. 下面分别进行说明.

### 1. 对正态总体数学期望的检验

(1) $\sigma^2$ 已知时,假设检验为

$$H_0 : \mu = \mu_0, \quad H_1 : \mu \neq \mu_0$$

当 $H_0$ 成立时,统计量 $\dfrac{\overline{X} - \mu_0}{\sigma}\sqrt{n} \sim N(0,1)$. 令 $Z = \dfrac{\overline{X} - \mu_0}{\sigma}\sqrt{n}$,则 $Z \sim N(0,1)$. 给定显著性水平 $\alpha$,拒绝域为 $\left\{ |Z| \geqslant z_{\frac{\alpha}{2}} \right\}$.

(2) $\sigma^2$ 未知时,假设检验为

$$H_0 : \mu = \mu_0, \quad H_1 : \mu \neq \mu_0$$

当 $H_0$ 成立时,统计量 $\dfrac{\sqrt{n}\left(\overline{X} - \mu_0\right)}{S} \sim t(n-1)$,令

$$T = \frac{\sqrt{n}\left(\overline{X} - \mu_0\right)}{S}$$

则 $T \sim t(n-1)$,给定显著性水平 $\alpha$,拒绝域为 $\left\{ |T| \geqslant t_{\frac{\alpha}{2}}(n-1) \right\}$.

### 2. 对正态总体方差 $\sigma^2$ 的检验

当总体数学期望未知时,假设检验为

$$H_0 : \sigma^2 = \sigma_0^2, \quad H_1 : \sigma^2 \neq \sigma_0^2.$$

当 $H_0$ 成立时，统计量 $X^2 = \dfrac{(n-1)S^2}{\sigma_0^2} \sim \chi^2(n-1)$.

给定显著性水平 $\alpha$，拒绝域为

$$\left\{ X^2 \leqslant \chi_{1-\frac{\alpha}{2}}^2(n-1) \right\} \cup \left\{ X^2 \geqslant \chi_{\frac{\alpha}{2}}^2(n-1) \right\}$$

### 3.　两个正态总体方差相等的检验

当两个正态总体的数学期望和方差未知时，假设检验为

$$H_0: \sigma_1^2 = \sigma_2^2, \quad H_1: \sigma_1^2 \neq \sigma_2^2.$$

在 $H_0$ 成立时，检验统计量为

$$F = S_1^2 / S_2^2 \sim F(n_1-1, n_2-1)$$

给定显著性水平 $\alpha$，拒绝域为

$$\left\{ F \leqslant \frac{1}{F_{\alpha/2}(n_2-1, n_1-1)} \right\} \cup \left\{ F \geqslant F_{\alpha/2}(n_1-1, n_2-1) \right\}$$

## 10.3　区间估计的原理与枢轴量的构造

## 一、区间估计的含义

有把握的程度在统计中称为置信度（又称可信度），对应的区间称为置信区间. 有了可信度，也可谈论不可信度，不可信度与可信度相加等于 1，不可信度也称为显著性水平，用 $\alpha$ 表示. 当显著性水平为 $\alpha$ 时，置信度就是 $1-\alpha$.

所谓区间估计，就是在给定显著性水平下求一个区间，使得待估参数落在此区间的概率为 1 减去显著性水平.

## 二、区间估计的原理

首先根据实际问题确定要估计的参数，并构造一个只含此参数的枢轴量；其次由已给的置信度或显著性水平，寻找一个区间最短的大概率事件（小概率事件的对立事件），由此推出待估参数所在的范围；如果给出样本观测值，则可以求出待估参数所在的观测区间.

## 三、枢轴量及大概率事件的构造

不同的条件及不同的待估参数，选用的枢轴量也会不同.

在第 5，7，8，9 章中介绍的区间估计，是假设总体为正态总体下对数学期望或方差的区间估计，下面进行总结.

## 1. 正态总体数学期望的区间估计

（1）$\sigma^2$ 为已知，求 $\mu$ 的置信度为 $1-\alpha$ 的置信区间.

枢轴量为

$$Z = \frac{\overline{X}-\mu}{\sigma/\sqrt{n}} \sim N(0,1)$$

大概率事件为 $\{|Z|<b\}$，要使 $P\{|Z|<b\}=1-\alpha$，则有 $P\{Z<b\}=1-\dfrac{\alpha}{2}$. 通过查标准正态分布表，可得到 $b$ 值. 如果利用上分位点来表示，则有 $b=z_{\frac{\alpha}{2}}$，于是

$$P\left\{\left|\frac{\overline{X}-\mu}{\sigma/\sqrt{n}}\right|<z_{\frac{\alpha}{2}}\right\}=1-\alpha$$

上式通过变形，可以得到

$$P\left\{\overline{X}-\frac{\sigma}{\sqrt{n}}z_{\frac{\alpha}{2}}<\mu<\overline{X}+\frac{\sigma}{\sqrt{n}}z_{\frac{\alpha}{2}}\right\}=1-\alpha$$

于是，$\mu$ 的置信度为 $1-\alpha$ 的置信区间为 $\left(\overline{X}-\dfrac{\sigma}{\sqrt{n}}z_{\frac{\alpha}{2}},\ \ \overline{X}+\dfrac{\sigma}{\sqrt{n}}z_{\frac{\alpha}{2}}\right)$.

（2）$\sigma^2$ 未知，求 $\mu$ 的置信度为 $1-\alpha$ 的置信区间.

枢轴量为

$$T = \frac{\sqrt{n}\left(\overline{X}-\mu\right)}{S} \sim t(n-1)$$

大概率事件为 $\{|T|<b\}$，要使 $P\{|T|<b\}=1-\alpha$，由 $t$ 分布的特点可以算出，

$$P\left\{\left|\frac{\sqrt{n}(\overline{X}-\mu)}{S}\right|<t_{\frac{\alpha}{2}}(n-1)\right\}=1-\alpha$$

上式通过变形，可以得到

$$P\left\{\overline{X}-\frac{S}{\sqrt{n}}t_{\frac{\alpha}{2}}(n-1)<\mu<\overline{X}+\frac{S}{\sqrt{n}}t_{\frac{\alpha}{2}}(n-1)\right\}=1-\alpha$$

于是，$\mu$ 的置信度为 $1-\alpha$ 的置信区间为

$$\left(\overline{X}-\frac{S}{\sqrt{n}}t_{\frac{\alpha}{2}}(n-1),\ \ \overline{X}+\frac{S}{\sqrt{n}}t_{\frac{\alpha}{2}}(n-1)\right)$$

## 2. 正态总体方差的区间估计

下面只讨论 $\mu$ 未知时，$\sigma^2$ 的置信度为 $1-\alpha$ 的置信区间.

枢轴量为

$$\frac{(n-1)S^2}{\sigma^2} \sim \chi^2(n-1)$$

由 $\chi^2$ 分布的特点，可以得到

$$P\left\{\chi^2_{1-\frac{\alpha}{2}}(n-1) < \frac{(n-1)S^2}{\sigma^2} < \chi^2_{\frac{\alpha}{2}}(n-1)\right\} = 1-\alpha$$

上式通过变形，可以得到

$$P\left\{\frac{(n-1)S^2}{\chi^2_{\frac{\alpha}{2}}(n-1)} < \sigma^2 < \frac{(n-1)S^2}{\chi^2_{1-\frac{\alpha}{2}}(n-1)}\right\} = 1-\alpha$$

于是，$\sigma^2$ 的置信度为 $1-\alpha$ 的置信区间为

$$\left(\frac{(n-1)S^2}{\chi^2_{\frac{\alpha}{2}}(n-1)}, \quad \frac{(n-1)S^2}{\chi^2_{1-\frac{\alpha}{2}}(n-1)}\right)$$

## 3. 两个正态总体方差之比的区间估计

设 $X_1, X_2, \cdots, X_n$ 是正态总体 $X$ 的一个样本且 $X \sim N\left(\mu_1, \sigma_1^2\right)$，$Y_1, Y_2, \cdots, Y_n$ 是正态总体 $Y$ 的一个样本且 $Y \sim N\left(\mu_2, \sigma_2^2\right)$，其中 $\mu_1, \mu_2$ 未知，假设两样本相互独立，求 $\dfrac{\sigma_1^2}{\sigma_2^2}$ 的置信度为 $1-\alpha$ 的置信区间.

枢轴量为

$$\frac{S_1^2 \big/ \sigma_1^2}{S_2^2 \big/ \sigma_2^2} \sim F(n_1-1, n_2-1).$$

由 $F$ 分布的特点，可以得到

$$P\left\{F_{1-\frac{\alpha}{2}}(n_1-1, n_2-1) < \frac{S_1^2 \big/ \sigma_1^2}{S_2^2 \big/ \sigma_2^2} < F_{\frac{\alpha}{2}}(n_1-1, n_2-1)\right\} = 1-\alpha.$$

上式通过变形，可得

$$P\left\{\frac{S_1^2}{S_2^2} \cdot \frac{1}{F_{\frac{\alpha}{2}}(n_1-1, n_2-1)} < \frac{\sigma_1^2}{\sigma_2^2} < \frac{S_1^2}{S_2^2} \cdot \frac{1}{F_{1-\frac{\alpha}{2}}(n_1-1, n_2-1)}\right\} = 1-\alpha,$$

于是，$\dfrac{\sigma_1^2}{\sigma_2^2}$ 的置信度为 $1-\alpha$ 的置信区间为

$$\left( \frac{S_1^{\,2}}{S_2^{\,2}} \cdot \frac{1}{F_{\frac{\alpha}{2}}(n_1-1,\, n_2-1)},\ \frac{S_1^{\,2}}{S_2^{\,2}} \cdot \frac{1}{F_{1-\frac{\alpha}{2}}(n_1-1,\, n_2-1)} \right).$$

## 习题 10

1．通过查表，求下列概率：

（1）当 $X \sim N(0,1)$ 时，求 $P\{1.27 < X \leqslant 2.35\}$ 和 $P\{|X| > 2.12\}$；

（2）当 $X \sim \chi^2(10)$ 时，求 $P\{2.156 < X < 3.247\}$；

（3）当 $X \sim t(9)$ 时，求 $P\{0.7027 < X < 1.8331\}$；

（4）当 $X \sim F(3,4)$ 时，求 $P\{4.19 < X < 6.59\}$；

（5）当 $X \sim N(3.2, 0.1^2)$ 时，计算 $P\{X < 3.1\}$．

2．对下列随机变量及其分布，通过查表求 $\alpha=0.05$ 和 $\alpha=0.01$ 时的小概率事件：

（1）$X \sim N(0,1)$；（2）$X \sim \chi^2(8)$；（3）$X \sim t(8)$；（4）$X \sim F(4,20)$．

3．某班的 30 名同学参加了一次数学考试，现随机抽取了 5 名同学的成绩，数据如下：

| 78 | 90 | 85 | 88 | 95 |
|---|---|---|---|---|

试求样本均值、样本方差、样本标准差和样本的三阶矩．

4．在正态分布总体 $N(52, 6.3^2)$ 中随机抽一容量为 36 的样本，求样本均值 $\overline{X}$ 落在 50.8 与 53.8 之间的概率．

5．叙述假设检验的原理，并对已经学过的假设检验问题进行总结，写出各自的统计量．

6．叙述区间估计的原理，并对已经学过的区间估计问题进行总结，写出各自的枢轴量．

# 高级篇

　　高级篇主要介绍对于多数学生来讲难以理解却又偏重理论的内容，包括随机事件与概率、几种常见的分布及其数字特征、随机变量的分布函数与随机变量函数的分布、二维随机变量的分布与数字特征、中心极限定理与大数定律、对总体估计的理论拓展共 6 章内容.

# 第 11 章　随机事件与概率

在实际问题中，经常会遇到各种各样的随机事件，有些随机事件的概率不是很容易就可以得到的，比如下面的游戏：

**引例 1**　将 9 个球分别贴上数字 1，2，…，9，从中任意抽取 3 个球，问抽到的 3 个数能够排成表 11-1 中 3 行或 3 列或对角线形式的概率有多大？如果排成的话则奖励 500 元，排不成的话则罚 100 元，问是否参与这个游戏？

表 11-1

| 4 | 9 | 2 |
|---|---|---|
| 3 | 5 | 7 |
| 8 | 1 | 6 |

要解决此问题需要排列与组合的知识．为此本章先介绍计数原理，再介绍排列与组合，最后给出概率的计算方法．本章还要介绍事件间的关系与运算和复杂事件的概率．

## 11.1　计数原理

## 一、分类加法计数原理

先看一个例子．

**例 1**　如图 11-1 所示，从甲地到乙地有 3 条公路、2 条铁路，某人要从甲地到乙地，共有多少种不同的走法？

**解**：要从甲地到乙地可以选择公路和铁路中的任何一种，其中公路有 3 条，铁路有 2 条，所以共有 3+2=5 种不同的走法．

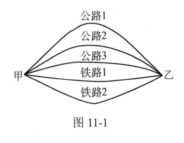

图 11-1

一般地，有下面的原理．

**分类加法计数原理**　完成一件事，有 2 类办法，在第 1 类办法中有 $m$ 种不同的方法，在第 2 类办法中有 $n$ 种不同的方法，那么完成这件事共有 $N=m+n$ 种不同的方法．

**例 2**　有一个书架共有 2 层，上层放有 5 本不同的数学书，下层放有 4 本不同的语文书．从书架上任取一本书，有多少种不同的取法？

**解**：从书架上取一本书可以从上层和下层任选一层，上层有 5 种取法，下层有 4 种取法，所以共有 5+4=9 种取法．

分类加法计数原理有更一般的描述：完成一件事，有 $n$ 类办法，在第 1 类办法中有 $m_1$

种不同的方法，在第 2 类办法中有 $m_2$ 种不同的方法，…，在第 $n$ 类办法中有 $m_n$ 种不同的方法，那么完成这件事共有 $N=m_1+m_2+\cdots+m_n$ 种不同的方法.

## 二、分步乘法计数原理

先看一个例子.

**例 3**　如图 11-2 所示，从甲地到乙地有 3 条道路，从乙地到丙地有 2 条道路，那么从甲地经乙地到丙地共有多少种不同的走法？

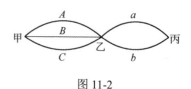

图 11-2

**解**：由于从甲地到丙地必须经过乙地，而从甲地到乙地有 3 条道路 $A$、$B$ 和 $C$，从乙地到丙地有 2 条道路 $a$ 和 $b$，于是从甲地到乙地选择 $A$ 道路时从甲地到丙地的走法有 $A$-$a$ 和 $A$-$b$；当从甲地到乙地选择 $B$ 道路时，从甲地到丙地的走法有 $B$-$a$ 和 $B$-$b$；当从甲地到乙地选择 $C$ 道路时，从甲地到丙地的走法有 $C$-$a$ 和 $C$-$b$. 因此从甲地经乙地到丙地共有 $3\times2=6$ 种不同的走法.

一般地，有下面的原理.

**分步乘法计数原理**　完成一件事需要分 2 个步骤，第 1 步有 $m$ 种不同的方法，第 2 步有 $n$ 种不同的方法，那么完成这件事共有 $N=m\times n$ 种不同的方法.

**例 4**　有一个书架共有 2 层，上层放有 5 本不同的数学书，下层放有 4 本不同的语文书. 从书架上任取一本数学书和一本语文书，有多少种不同的取法？

**解**：从书架上取一本数学书和一本语文书可以分 2 步完成，第一步从上层取一本书，有 5 种选择；第二步从下层取一本书，有 4 种选择. 于是共有 $N=5\times4=20$（种）不同的取法.

分步乘法计数原理有更一般的描述：完成一件事，需要分 $n$ 个步骤，第 1 步有 $m_1$ 种不同的方法，第 2 步有 $m_2$ 种不同的方法，…，第 $n$ 步有 $m_n$ 种不同的方法，那么完成这件事共有 $N=m_1+m_2+\cdots+m_n$ 种不同的方法.

分类加法计数原理与分步乘法计数原理异同点的理解.

（1）相同点：都是完成一件事的不同方法种数的问题.

（2）不同点：分类加法计数原理针对的是"分类"问题，完成一件事要分为若干类，各类的方法相互独立，每类中的各种方法也相对独立，用任何一类中的任何一种方法都可以单独完成这件事；而分步乘法计数原理针对的是"分步"问题，完成一件事要分为若干个步骤，各个步骤相互依存，单独完成其中的任何一步都不能完成这件事，只有当各个步骤都完成后，才算完成了这件事.

## 11.2　排列与组合

## 一、排列与排列数

先从简单的情况说起.

从 2 个不同的元素 a、b 中取 1 个元素的排法有 a 和 b 两种．每个排法又称为一个排列，于是从 2 个不同的元素 a、b 中取 1 个元素的排列也就有 a 和 b．所有排列的个数称为排列数，这个从 2 个不同的元素中取 1 个元素的排列数也记为 $A_2^1$，数一数排列的个数，得到 $A_2^1 = 2$．

从 3 个不同的元素 a、b、c 中取 2 个元素的排列，即按照一定的顺序排成两个元素为一列，有以下几种：

$$ab，ac，bc，ba，ca，cb$$

从 3 个不同的元素中取 2 个元素的排列数记为 $A_3^2$，数一数排列的个数，得到 $A_3^2 = 6$．

从 4 个不同的元素 a，b，c，d 中取 2 个元素的排列，有以下几种：

$$ab，ac，ad，ba，bc，bd，ca，cb，cd，da，db，dc$$

从 4 个不同的元素中取 2 个元素的排列数记为 $A_4^2$，数一数排列的个数，得到 $A_4^2 = 12$．

一般地，从 $n$ 个不同的元素中取 $m$（$m \leqslant n$）个元素的排列数记为 $A_n^m$，那么如何通过两个数 $m$ 和 $n$ 来求 $A_n^m$ 呢？

我们从上面几种简单情况来归纳求 $A_n^m$ 的公式．

$$A_2^1 = 2，A_3^2 = 3 \cdot 2 = 6，A_4^2 = \overbrace{4 \cdot (4-1)}^{2} = 12，$$

可以猜测

$$A_n^m = \overbrace{n \cdot (n-1)(n-2) \cdots (n-m+1)}^{m}$$

我们可以利用分步乘法计数原理，对此公式做出证明．

先以 $A_4^2 = 4 \times 3 = 12$ 为例说明．完成此问题可分 2 个步骤，即从第 1 位到第 2 位分别选排：第 1 位可从这 4 个元素中任意取出一个来排，有 4 种方法；第 2 位从剩下的 3 个元素里任选一个来排，有 3 种排法，如图 11-3 所示．两个位置都排完，构造一个排列的事件才算完成，根据分步乘法计数原理可知，从 4 个元素中每次选取 2 个元素的排列的个数为 $4 \times 3 = 12$．

对一般情况，从 $n$ 个元素中，每次取出 $m$ 个元素的排列，可把这 $m$ 个元素所排列的位置划分为第 1 位，第 2 位，…，第 $m$ 位，如图 11-4 所示．

图 11-3　　　　　　　　　　图 11-4

第 1 步：第 1 位可以从 $n$ 个元素中任选 1 个来排，有 $n$ 种方法；

第 2 步：第 2 位只能在余下的 $n-1$ 个元素中任选 1 个来排，有 $n-1$ 种方法；

第 3 步：第 3 位只能在余下的 $n-2$ 个元素中任选 1 个来排，有 $n-2$ 种方法；

……

第 $m$ 步：第 $m$ 位只能在余下的 $n-(m-1)$ 个元素中任选 1 个来排，有 $n-m+1$ 种方法．$m$ 个位置都排完，构造一个排列的事件才算完成，根据分步乘法计数原理，共有

$$n(n-1)(n-2)\cdots(n-m+1)$$

种排法. 因此, 我们得到**排列数公式**

$$\mathrm{A}_n^m = n(n-1)(n-2)\cdots(n-m+1).$$

排列数公式有如下特点:

（1）它是 $m$ 个连续正整数的积.

（2）第一个因数最大, 它是 A 的下标 $n$.

（3）第 $m$ 个因数, 即最后一个因数最小, 它是 A 的下标 $n$ 减去上标 $m$ 再加 1.

$n$ 个不同元素全部取出的一个排列, 叫作 $n$ 个不同元素的一个**全排列**. 在排列数公式中, 当 $m=n$ 时, 即有

$$\mathrm{A}_n^n = n(n-1)(n-2)\cdots 3\cdot 2\cdot 1 = n!,$$

此为 $n$ 个不同元素的全排列数公式.

**例 1**　计算（1）$\mathrm{A}_9^3$；（2）$\mathrm{A}_5^5$；（3）$\mathrm{A}_5^3$；（4）$\mathrm{A}_{35}^4$.

**解：**（1）$\mathrm{A}_9^3 = 9\cdot 8\cdot 7 = 504$；

（2）$\mathrm{A}_5^5 = 5\cdot 4\cdot 3\cdot 2\cdot 1 = 120$；

（3）$\mathrm{A}_5^3 = 5\cdot 4\cdot 3 = 60$；

（4）$\mathrm{A}_{35}^4 = 35\cdot 34\cdot 33\cdot 32 = 1256640$.

## 二、组合与组合数

先从简单的情况说起.

从 3 个不同的元素 a、b、c 中取 2 个元素并成一组（也称为一个组合）, 共有以下几种组合:

$$\text{ab, ac, bc}$$

**注：**组合与排列的区别是不考虑顺序. 例如, ab 和 ba 在排列中是两种情况, 而在组合中是同一种情况.

从 3 个不同的元素中取 2 个元素的组合数记为 $\mathrm{C}_3^2$, 数一数, 得到 $\mathrm{C}_3^2 = 3$.

从 4 个不同的元素 a, b, c, d 中取 2 个元素并成一组, 共有以下几种组合:

$$\text{ab, ac, ad, bc, bd, cd,}$$

从 4 个不同的元素中取 2 个元素的组合数记为 $\mathrm{C}_4^2$, 数一数, 得到 $\mathrm{C}_4^2 = 6$.

一般地, 从 $n$ 个不同的元素中取 $m$（$m \leqslant n$）个元素的组合数记为 $\mathrm{C}_n^m$, 则如何通过两个数 $m$ 和 $n$ 来求 $\mathrm{C}_n^m$ 呢?

先看一个实际问题.

**例 2**　从甲、乙、丙 3 名同学中选出 2 名去参加某天的一项活动, 其中 1 名同学参加上午的活动, 1 名同学参加下午的活动, 问有多少种不同的选法?

**解：**从甲、乙、丙 3 名同学中任选 2 名参加上午、下午的活动, 对应于从 3 个元素中

任取 2 个元素的一个排列，因此共有 $A_3^2 = 3 \times 2 = 6$ 种不同的方法.

列出这些选法如下

甲上午乙下午；甲上午丙下午；乙上午丙下午；

乙上午甲下午；丙上午甲下午；丙上午乙下午

**例 3**　从甲、乙、丙 3 名同学中选出 2 名去参加某天一项活动，问有多少种不同的选法?

**解**：从甲、乙、丙 3 名同学中任选 2 名参加某天一项活动，对应于从 3 个元素中任取 2 个元素的一个组合，因此共有 $C_3^2 = 3 \times 2 = 6$ 种不同的方法.

列出这些选法如下

甲、乙；甲、丙；乙、丙.

例 2 中的选法 $A_3^2$ 可以看作两步完成.

第 1 步：按例 3 中选法选取组合，共有 $C_3^2$ 个组合.

第 2 步：针对每个组合进行排列，每个组合的排列总数均为 $A_2^2 = 2 \cdot 1 = 2$ 个.

根据分步乘法计数原理，得

$$A_3^2 = C_3^2 A_2^2 ,$$

$$C_3^2 = \frac{A_3^2}{A_2^2} .$$

考察从 4 个不同元素 a，b，c，d 中取出 3 个元素的组合与排列的关系，如图 11-5 所示.

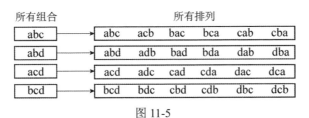

图 11-5

可以看出，每一个组合都对应着 6 个不同的排列，因此，求从 4 个元素中取出 3 个元素的排列数 $A_4^3$，可以分为两步.

第 1 步：从 4 个不同元素中取出 3 个元素作为一组，共有 $C_4^3$ 个.

第 2 步：对每一个组合中的 3 个不同元素做全排列，各有 $A_3^3$ 个.

根据分步乘法计数原理，得

$$A_4^3 = C_4^3 A_3^3 ,$$

$$C_4^3 = \frac{A_4^3}{A_3^3} .$$

一般地，求从 $n$ 个不同元素中取出 $m$ 个元素的排列数，可以分为以下 2 步.

第 1 步：先求出从这 $n$ 个不同元素中取出 $m$ 个元素的组合数 $C_n^m$.

第 2 步：求每一个组合中 $m$ 个元素的全排列数 $A_m^m$.

根据分步乘法计数原理，得

$$\mathrm{A}_n^m = \mathrm{C}_n^m \times \mathrm{A}_m^m$$

因此

$$\mathrm{C}_n^m = \frac{\mathrm{A}_n^m}{\mathrm{A}_m^m} = \frac{n(n-1)(n-2)\cdots(n-m+1)}{m!} = \frac{n!}{(n-m)!m!},$$

这里 $m, n$ 为正整数，且 $m \le n$，这个公式叫作**组合数公式**.

**例 4**　计算：（1）$\mathrm{C}_9^2$；（2）$\mathrm{C}_8^5$；（3）$\mathrm{C}_{35}^7$.

**解：**（1）$\mathrm{C}_9^2 = \dfrac{9 \cdot 8}{2 \cdot 1} = 36$；

（2）$\mathrm{C}_8^5 = \dfrac{8 \cdot 7 \cdot 6 \cdot 5 \cdot 4}{5 \cdot 4 \cdot 3 \cdot 2 \cdot 1} = 56$；

（3）$\mathrm{C}_{35}^7 = \dfrac{35 \cdot 34 \cdot 33 \cdot 32 \cdot 31 \cdot 30 \cdot 29}{7 \cdot 6 \cdot 5 \cdot 4 \cdot 3 \cdot 2 \cdot 1} = 6724520$.

有了排列组合的知识，我们可以解决游戏中的概率问题.

**解：**设 $A$ 表示"抽到的 3 个数能够排成表中 3 行或 3 列或对角线形式"，则从 9 个球中任意抽取 3 个球的基本事件总数为 $\mathrm{C}_9^3 = \dfrac{9 \cdot 8 \cdot 7}{3 \cdot 2 \cdot 1} = 84$，事件 $A$ 包含的基本事件总数为 8 个，由古典概率的定义，$P(A) = \dfrac{8}{\mathrm{C}_9^3} = \dfrac{8}{84} = \dfrac{2}{21}$.

# 11.3　随机事件与样本空间

## 一、随机事件的概念

### 1. 确定性现象和随机现象

在自然界和社会中经常遇到各种各样的现象，这些现象大体可分为两类：一类是确定性现象. 例如"在一个标准大气压下，纯水加热到 100℃时必然沸腾."，"同性电荷相斥，异性电荷相吸"等，这种在一定条件下有确定结果的现象称为确定性现象. 在自然界和社会中还有另一类现象，在一定条件下，可能出现的结果不止一个，且预先无法确定出现哪个结果，这种现象称为随机现象. 例如，观察掷骰子朝上的点数.

### 2. 随机试验

在词典中，关于试验的解释是：为达到某种效果先做探测行动. 关于实验的解释是：为了检验某种理论或假设是否具有预想效果而进行的试验活动. 由此可以看出，试验包括实验、测量和观察.

在概率统计中，我们将研究一类特殊的试验——随机试验. 例如，为了了解某个骰子是否均匀，需要进行试验，这个试验通常是将骰子抛掷很多次，然后统计各个点数出现的频率，这就是一个典型的随机试验. 不难发现掷骰子试验具有如下三个特征：

（1）试验可以在相同条件下重复进行.

**注**：这里所说的条件指做试验要求的条件，例如，掷骰子试验，所要求的条件包括风速，温度等，在这些基本条件下做重复试验，所以掷骰子试验满足这一条.

（2）试验的所有可能结果是已知的，且不止一个.

（3）每次试验都恰好出现这些结果中的一个，但在试验之前不能确定出现哪个结果.

受此启发，我们可以给出随机试验的定义如下.

如果一个试验满足下列条件：

（1）试验可以在相同条件下重复进行.

（2）试验的所有可能结果是已知的，且不止一个.

（3）每次试验都恰好出现这些结果中的一个，但在试验之前不能确定出现哪个结果.

则称该试验为随机试验.

## 3．随机事件

我们把随机试验中的结果称为事件. 在一次随机试验中，可能发生也可能不发生，而在大量重复试验中却具有某种规律性的试验结果，称为随机试验的随机事件，用 $A$，$B$，$C$，$\cdots$ 表示. 例如，掷骰子试验中，$A=$ "出现的点数为 1"，$B=$ "出现的点数为奇数"都是随机事件.

在随机试验中，每次都一定发生的事件称为必然事件，记作 $\Omega$；每次都不发生的事件称为不可能事件，记作 $\varnothing$. 例如，掷骰子试验中，$C=$ "出现的点数小于 7"是必然事件，$D=$ "出现的点数大于 7"是不可能事件.

为了研究方便，常把必然事件和不可能事件也当作一种特殊的随机事件.

# 二、基本事件空间

在随机试验中，不能再分解的随机事件称为基本事件. 例如，掷骰子试验中，事件 $A_1=$ "出现的点数为 1"，$A_2=$ "出现的点数为 2"，$A_3=$ "出现的点数为 3"，都是基本事件. 而 $B=$ "出现的点数为奇数"就不是基本事件.

基本事件的全体组成的集合，称为**基本事件空间**，也称**样本空间**，记作 $\Omega$.

例如，掷骰子试验中，令

$A_1=$ "出现的点数为 1"，$A_2=$ "出现的点数为 2"，$A_3=$ "出现的点数为 3"，

$A_4=$ "出现的点数为 4"，$A_5=$ "出现的点数为 5"，$A_6=$ "出现的点数为 6"，

则样本空间 $\Omega=\{A_1,\ A_2,\ A_3,\ A_4,\ A_5,\ A_6\}$. 也可以简洁地表示上述基本事件如下：

令 $A_i=$ "出现的点数为 $i$"，$i=(1,2,\cdots,6)$. 则样本空间 $\Omega=\{A_1,\ A_2,\ A_3,\ A_4,\ A_5,\ A_6\}$.

**练习 1**

（1）从 52 张扑克牌中随机地摸一张，观察数字，写出样本空间.

（2）从 52 张扑克牌中随机地摸一张，观察花色，写出样本空间.

# 11.4　事件间的关系与运算

试验的结果都是样本空间 $\Omega$ 的子集，从集合的观点来看，样本空间 $\Omega$ 的子集就是随机事件. 下面给出事件发生的定义.

**定义 1**　在一次试验中，当且仅当随机事件 $A$ 包含的某个基本事件出现时，称事件 $A$ 发生了.

例如，掷骰子试验中，$B=$ "出现的点数为奇数"，如在一次试验中出现的点数为 1，就称事件 $B$ 发生了；如果出现的点数为 3，也称事件 $B$ 发生了；如果出现的点数为 5，也称事件 $B$ 发生了.

下面给出随机试验中，各种随机事件之间的运算和关系.

# 一、事件间的运算

## 1. 事件的和（并）

由事件 $A$ 与事件 $B$ 的并构成的集合，称为 $A$ 与 $B$ 的和，记为 $A+B$ 或 $A \cup B$，表示"事件 $A$ 与事件 $B$ 至少有一个发生".

例如，掷骰子试验中，若 $A=$ "出现的点数为 1，2"，$B=$ "出现的点数为 2，3"，则 $A+B=$ "出现的点数为 1，2，3".

$A+B$ 可用事件发生的语言来描述，$A+B$ 发生，是说在一次试验中，出现 $A+B$ 里面的基本事件. 有下面的情况：

出现的点数为 1，此时也说 $A$ 发生了，

出现的点数为 2，此时也说 $A$ 和 $B$ 发生了，

出现的点数为 3，此时也说 $B$ 发生了.

即 $A$ 和 $B$ 至少有一个发生. 反过来，如果有两个事件 $A$ 和 $B$，一个新的事件描述为：$A$ 和 $B$ 至少有一个发生，则这个新的事件应如何表示呢？下面通过一个具体的例子说明.

掷骰子试验中，若 $A=$ "出现的点数为 1，2"，$B=$ "出现的点数为 2，3"，则使得 $A$ 和 $B$ 至少有一个发生的基本事件有"出现的点数为 1"，"出现的点数为 2"，"出现的点数为 3"，即 $A+B$，所以，如果有两个事件 $A$ 和 $B$，一个新的事件描述为：$A$ 和 $B$ 至少有一个发生，则这个新的事件应表示为 $A+B$.

## 2. 事件的积（交）

由事件 $A$ 与事件 $B$ 的交构成的集合，称为 $A$ 与 $B$ 的积，记为 $AB$，或 $A \cap B$，表示"事

件 $A$ 与 $B$ 同时发生".

例如，掷骰子试验中，若 $A=$ "出现的点数为 1，2"，$B=$ "出现的点数为 2，3"，则 $AB=$ "出现的点数为 2".

$AB$ 可用事件发生的语言来描述．$AB$ 发生，是说在一次试验中，出现 $AB$ 里面的基本事件"出现的点数为 2"，即 $A$ 和 $B$ 同时发生了．反过来，如果有两个事件 $A$ 和 $B$，一个新的事件描述为：$A$ 和 $B$ 同时发生，则这个新的事件应如何表示呢？下面通过一个具体的例子说明.

掷骰子试验中，若 $A=$ "出现的点数为 1，2"，$B=$ "出现的点数为 2，3"，则使得 $A$ 和 $B$ 同时发生的基本事件有"出现的点数为 2"，即 $AB$，所以，如果有两个事件 $A$ 和 $B$，一个新的事件描述为：$A$ 和 $B$ 同时发生，则这个新的事件应表示为 $AB$.

### 3. 事件的差

由属于 $A$ 但不属于 $B$ 所构成的集合称为 $A$ 与 $B$ 的差，记为 $A-B$．表示"事件 $A$ 发生而事件 $B$ 不发生".

例如，掷骰子试验中，若 $A=$ "出现的点数为 1，2"，$B=$ "出现的点数为 2，3"，则 $A-B=$ "出现的点数为 1".

$A-B$ 可用事件发生的语言来描述：$A-B$ 发生，是说在一次试验中，出现 $A-B$ 里面的基本事件"出现的点数为 1"，即 $A$ 发生，但 $B$ 不发生．反过来，如果有两个事件 $A$ 和 $B$，一个新的事件描述为：$A$ 发生但 $B$ 不发生，则这个新的事件应如何表示呢？下面通过一个具体的例子说明.

掷骰子试验中，若 $A=$ "出现的点数为 1，2"，$B=$ "出现的点数为 2，3"，则使得 $A$ 发生但 $B$ 不发生的基本事件有"出现的点数为 1"，即 $A-B$，所以，如果有两个事件 $A$ 和 $B$，一个新的事件描述为：$A$ 发生但 $B$ 不发生，则这个新的事件应表示为 $A-B$.

**练习 1**　在掷骰子试验中，针对事件的各种运算分别给出相应的两个事件加以说明.

## 二、事件间的关系

### 1. 事件的包含

如果 $A$ 中的基本事件都在 $B$ 中，也就是事件 $A$ 发生必然导致事件 $B$ 发生，则称 $A$ 包含于 $B$，或 $B$ 包含 $A$，记为 $A \subseteq B$.

例如，掷骰子试验中，$A=$ "出现的点数为 1"，$B=$ "出现的点数为奇数"，则 $A \subseteq B$.

### 2. 事件的相等

如果 $A \subseteq B$ 且 $B \subseteq A$，即 $A$ 与 $B$ 包含完全相同的基本事件，则称事件 $A$ 与事件 $B$ 相等，记为 $A=B$.

例如，掷骰子试验中，$A=$ "出现的点数为 1,3,5"，$B=$ "出现的点数为奇数"，则 $A=B$.

## 3. 互不相容事件

如果事件 $A$ 与 $B$ 满足 $AB=\varnothing$ ，则称 $A$ 与 $B$ 互不相容. 换一种说法，事件 $A$ 与 $B$ 不能同时发生，因为在一次试验中，出现的基本事件不可能同时属于事件 $A$ 和 $B$，否则 $AB\neq\varnothing$，所以事件 $A$ 与 $B$ 不能同时发生.

例如，掷骰子试验中，$A=$ "出现的点数为偶数"，$B=$ "出现的点数为1"，则 $A$ 与 $B$ 互不相容.

## 4. 互逆事件

设 $A$，$B$ 是两个事件，若 $A$ 与 $B$ 满足 $AB=\varnothing$ 且 $A\bigcup B=\Omega$，则称事件 $A$ 与 $B$ 互逆（对立），记为 $A=\overline{B}$ 或 $B=\overline{A}$.

例如，掷骰子试验中，$A=$ "出现的点数为偶数"，$B=$ "出现的点数为奇数"，则 $A$ 与 $B$ 互逆.

请同学们思考互逆和互不相容之间的关系.

**练习2** 在掷骰子试验中，分别给出符合事件包含、相等、互不相容（互斥）、互逆（对立）关系的两个事件.

**例1** 设 $A,B$ 是样本空间 $\Omega$ 中的两个随机事件，试用 $A,B$ 的运算表达式表示下列随机事件.

（1）事件 $A$ 和 $B$ 同时发生.

（2）事件 $A,B$ 中至少有一个发生.

（3）事件 $A$ 发生但 $B$ 不发生.

（4）事件 $B$ 发生但 $A$ 不发生.

（5）事件 $A,B$ 中恰有一个发生.

（6）事件 $A,B$ 均不发生.

（7）事件 $A,B$ 中不多于一个事件发生.

（8）事件 $A,B$ 中不少于一个事件发生.

**解：**（1）$AB$ ；（2）$A\bigcup B$ ；（3）$A-B$ 或 $A\overline{B}$ ；（4）$B-A$ 或 $B\overline{A}$ ；（5）$A\overline{B}+B\overline{A}$ ；（6）$\overline{A}\,\overline{B}$ ；（7）$\overline{A}\,\overline{B}+A\overline{B}+B\overline{A}$ ；（8）$A\overline{B}+B\overline{A}+AB$ .

**例2** 设 $A$、$B$、$C$ 是样本空间 $\Omega$ 中的 3 个随机事件，试用 $A$、$B$、$C$ 的运算表达式表示下列随机事件.

（1）$A$ 与 $B$ 发生但 $C$ 不发生.

（2）事件 $A$、$B$、$C$ 中至少有一个发生.

（3）事件 $A$、$B$、$C$ 中至少有两个发生.

（4）事件 $A$、$B$、$C$ 中恰好有两个发生.

（5）事件 $A$、$B$、$C$ 中不多于一个事件发生.

**解：**（1）$AB\overline{C}$；（2）$A\cup B\cup C$；（3）$AB\cup BC\cup AC$ 或 $AB\overline{C}+A\overline{B}C+\overline{A}BC+ABC$；

（4）$AB\overline{C}\cup A\overline{B}C\cup\overline{A}BC$ 或 $AB\overline{C}+A\overline{B}C+\overline{A}BC$；

（5）$\overline{A}\overline{B}\overline{C}+A\overline{B}\overline{C}+\overline{A}B\overline{C}+\overline{A}\overline{B}C$ 或 $\overline{AB\cup BC\cup AC}$.

# 11.5　随机事件的概率

## 一、概率的加法公式

在第 1 章的预备知识中，曾经介绍了概率的统计定义、古典概型和几何概型，这些概率都具有下面的性质：

（1）$0\leqslant P(A)\leqslant 1$.

（2）$P(\Omega)=1$，$P(\varnothing)=0$.

其中 $A$ 为任意的随机事件，$\Omega$ 为必然事件，$\varnothing$ 为不可能事件.

当事件 $A$ 和事件 $B$ 互不相容时，有下面的性质.

（3）$P(A\cup B)=P(A)+P(B)$.

此公式称为互不相容时概率的加法公式.

下面以掷骰子为例加以说明.

设 $A=$"出现的点数为 1,3"，$B=$"出现的点数为 5"，则事件 $A$ 和事件 $B$ 互不相容，$A\cup B=$"出现奇数点"，$P(A\cup B)=\dfrac{3}{6}=\dfrac{1}{2}$，$P(A)=\dfrac{2}{6}=\dfrac{1}{3}$，$P(B)=\dfrac{1}{6}$，显然有 $P(A\cup B)=P(A)+P(B)$ 成立.

特别地，有 $P(A\cup\overline{A})=P(A)+P(\overline{A})$，于是 $P(\Omega)=P(A)+P(\overline{A})$，因此有
$$P(A)=1-P(\overline{A})$$

当计算事件 $A$ 的概率有困难而求它的对立事件的概率较容易时，可以先求其对立事件的概率，然后利用此公式求得结果.

**例 1**　一批产品中有 7 件正品，3 件次品，现从中任取 3 件，求：

（1）没有次品的概率.

（2）至少有一件次品的概率.

**解：**（1）设 $A=$"取出的 3 件产品没有次品"，则
$$P(A)=\frac{C_7^3}{C_{10}^3}=\frac{\dfrac{7\times6\times5}{3\times2\times1}}{\dfrac{10\times9\times8}{3\times2\times1}}=\frac{7\times6\times5}{10\times9\times8}=\frac{7}{24}.$$

（2）设 $B=$"取出的 3 件产品中至少有 1 件次品"，则
$$P(B)=P(\overline{A})=1-P(A)=1-\frac{7}{24}=\frac{17}{24}.$$

**定理 1**　设 $A,B$ 为任意两个事件，则有

$$P(A \bigcup B) = P(A) + P(B) - P(AB).$$

此公式称为概率的加法公式.

**证明：** 因为 $A \bigcup B = A \bigcup (B - AB)$，且 $A(B - AB) = \varnothing$，于是由互不相容时概率的加法公式，可得

$$P(A \bigcup B) = P[A + (B - AB)] = P(A) + P(B - AB).$$

又因为 $B = AB \bigcup (B - AB)$，且 $(AB)(B - AB) = \varnothing$，于是由互不相容时概率的加法公式，可得

$$P(B) = P(AB) + P(B - AB),$$

于是

$$P(B - AB) = P(B) - P(AB),$$

所以

$$P(A \bigcup B) = P(A) + P(B) - P(AB).$$

利用概率的加法公式可以求解实际问题，下面给出一些例子.

**例 2**　甲、乙二人射击同一目标，甲击中目标的概率是 0.75，乙击中目标的概率是 0.85，甲、乙二人同时击中目标的概率是 0.68，求至少一人击中目标的概率.

**解：** 设 $A=$ "甲击中目标"，$B=$ "乙击中目标"，由题意得

$$P(A) = 0.75，\quad P(B) = 0.85，\quad P(AB) = 0.68.$$

所以，所求概率为

$$P(A \bigcup B) = P(A) + P(B) - P(AB) = 0.75 + 0.85 - 0.68 = 0.92.$$

**例 3**　甲、乙两人同时向目标射击，甲射中目标的概率为 0.8，乙射中目标的概率为 0.85，两人同时射中目标的概率为 0.69，求目标未被射中的概率.

**解：** 设 $A=$ "甲击中目标"，$B=$ "乙击中目标"，由题意得

$$P(A) = 0.8，\quad P(B) = 0.85，\quad P(AB) = 0.69，$$

所以，所求概率为

$$P(\overline{AB}) = P(\overline{A+B}) = 1 - P(A+B) = 1 - [P(A) + P(B) - P(AB)]$$
$$= 1 - (0.8 + 0.85 - 0.69) = 0.04.$$

**练习 1**　甲、乙两人同时向目标射击，甲射中目标的概率为 0.78，乙射中目标的概率为 0.85，两人同时射中目标的概率为 0.69，求目标被射中的概率.

对 3 个事件，概率的加法公式有下面的形式.

**定理 2**　对于事件 $A_1, A_2, A_3$，有

$$P(A_1 \bigcup A_2 \bigcup A_3) = P(A_1) + P(A_2) + P(A_3) - P(A_1 A_2) - P(A_1 A_3) - P(A_2 A_3) + P(A_1 A_2 A_3).$$

# 二、事件的独立性

**引例 1**　袋中有 2 只白球、1 只红球，从中有放回地抽取两次，每次取 1 只球，求第一次取得白球第二次取得红球的概率.

**解**：设 $A$ = "第一次取得白球"，$B$ = "第二次取得红球"，则

$$AB = \text{"第一次取得白球、第二次取得红球"}.$$

由题意，$P(A) = \dfrac{2}{3}$，$P(B) = \dfrac{1}{3}$. 为了求 $P(AB)$，将白球编号，白 1，白 2，则有放回地取两次时总的可能结果有 9 个，即

$$（白 1，白 1），（白 1，白 2），（白 1，红），$$
$$（白 2，白 1），（白 2，白 2），（白 2，红），$$
$$（红，白 1），（红，白 2），（红，红），$$

其中事件 $AB$ 占有 2 种可能的结果，所以，$P(AB) = \dfrac{2}{9}$.

很明显，对于上面的引例，第一次取与第二次取互不影响，即相互独立. 此时我们发现有下面的式子

$$P(AB) = P(A)P(B)$$

成立.

受此例子的启发，我们给出两个事件相互独立的一般定义.

**定义 1**　如果两个事件 $A$，$B$ 满足

$$P(AB) = P(A)P(B),$$

则称事件 $A$ 与事件 $B$ 相互独立.

**例 4**　甲、乙二人各自独立地向同一目标射击，命中的概率分别为 0.9 和 0.8，现在每人射击一次，求二人都命中目标的概率.

**解**：设 $A$ = "甲命中目标"，$B$ = "乙命中目标"，由题意得 $P(A) = 0.9$，$P(B) = 0.8$. 因为 $A$，$B$ 相互独立，所以，所求概率为

$$P(AB) = P(A)P(B) = 0.9 \times 0.8 = 0.72.$$

相互独立的事件有下列性质：

（1）当事件 $A$ 与 $B$ 相互独立时，有

$$P(A \cup B) = P(A) + P(B) - P(A)P(B).$$

（2）若事件 $A$ 与 $B$ 相互独立，则 $A$ 与 $\overline{B}$、$\overline{A}$ 与 $B$、$\overline{A}$ 与 $\overline{B}$ 也是相互独立的.

**例 5**　甲、乙两人同时独立地向某一目标射击，射中目标的概率分别为 0.8，0.7，求

（1）两人都射中目标的概率.

（2）至少有一人射中目标的概率.

（3）恰有一人射中目标的概率.

**解**：设 $A$ = "甲射中目标"，$B$ = "乙射中目标"，由题意，$P(A) = 0.8$，$P(B) = 0.7$，且 $A$ 与 $B$ 相互独立. 所以，

（1）$P(AB) = P(A)P(B) = 0.8 \times 0.7 = 0.56$.

（2）$P(A + B) = P(A) + P(B) - P(A)P(B) = 0.8 + 0.7 - 0.8 \times 0.7 = 0.94$.

（3）$P(A\overline{B} + \overline{A}B) = P(A\overline{B}) + P(\overline{A}B) = P(A)P(\overline{B}) + P(\overline{A})P(B)$

$$= 0.8 \times (1 - 0.7) + (1 - 0.8) \times 0.7 = 0.38.$$

**练习 2**　某车间有甲、乙两台机床独立工作，已知甲机床停机的概率为 0.08，乙机床停机的概率为 0.07，求甲、乙两机床至少有一台停机的概率.

# 三、条件概率

先看一个电视中的猜奖游戏.

**引例 2**　在一著名的电视游戏节目里，台上有三扇门，分别标有 1，2，3，其中两扇门后没有奖品，而另外一扇门后有一奖品. 如果参与者能准确地猜到哪扇门后有奖品，则参与者就赢得此奖品.

**分析**：假设奖品被等可能地放在每一扇门后面，参与者在三扇门中挑选一扇. 他在挑选前并不知道任意一扇门后面是什么. 主持人知道每扇门后面有什么，如果参赛者挑了一扇没有奖品的门，则主持人必须挑另一扇没有奖品的门告诉参与者，如果参与者挑了一扇有奖品的门，则主持人等可能地在另外两扇没有奖品的门中挑一扇门告诉参与者. 这时参与者被问是否保持它的原来的原则，还是转而选择剩下的那一扇门，转换选择可以增加参与者拿到奖品的机会吗？假如你是那位参与者请问你的决策是什么？理由是什么？

为了更好地解释上面的问题，我们先给出条件概率的定义.

在实际问题中，有时需要在事件 $A$ 已发生的条件下，讨论事件 $B$ 的概率. 由于增加了条件"事件 $A$ 已发生"，所以称为条件概率，记作 $P(B|A)$.

下面通过一个例子加以说明.

**例 6**　甲、乙车间生产同一种产品，结果如表 11-2 所示.

表 11-2

|  | 正品数 | 次品数 | 合计 |
|---|---|---|---|
| 甲车间生产的产品数 | 57 | 3 | 60 |
| 乙车间生产的产品数 | 38 | 2 | 40 |
| 合计 | 95 | 5 | 100 |

现从这 100 件产品中任取一件，用 $A$ 表示"取到正品"，$B$ 表示"取到甲车间生产的产品". 试求 $P(B|A)$，$P(A)$，$P(AB)$.

**解**：由概率的古典定义，容易求得

$$P(A) = \frac{95}{100}, \quad P(AB) = \frac{57}{100}, \quad P(B|A) = \frac{57}{95}.$$

对于 $P(B|A) = \frac{57}{95}$ 可以写成 $P(B|A) = \frac{57}{95} = \frac{\frac{57}{100}}{\frac{95}{100}} = \frac{P(AB)}{P(A)}$.

从这个表达式的我们受到启发，对于一般的条件概率给出如下定义：

**定义 2**　若 $A$，$B$ 是同一随机试验下的任意两个随机事件，且 $P(A)>0$，则称

$$P(B \mid A)=\frac{P(AB)}{P(A)}$$

为在事件 $A$ 发生的条件下事件 $B$ 发生的**条件概率**.

**例 7**　在例 6 提供的数据基础上，求 $P(A \mid B)$.

**分析：**　根据定义 2，类似地，可以得到

$$P(A \mid B)=\frac{P(AB)}{P(B)}.$$

因为 $P(AB)$ 表示"从这 100 件产品中任取一件，取到的既是正品又是甲车间生产的产品"的概率，所以 $P(AB)=\dfrac{57}{100}$. 又 $P(B)=\dfrac{60}{100}$，因此 $P(A \mid B)=\dfrac{P(AB)}{P(B)}=\dfrac{57}{60}$.

下面给出求解过程：

**解：**由题意，$P(AB)=\dfrac{57}{100}$，$P(B)=\dfrac{60}{100}$，根据条件概率的定义，有

$$P(A \mid B)=\frac{P(AB)}{P(B)}=\frac{57}{60}.$$

此题也可以用古典概率直接求得，分析如下：

$P(A \mid B)$ 的含义就是在已知"取到甲车间产品"的条件下，取到的产品是正品的概率. 由于已知取到的是甲车间产品，故可能的抽取结果有 60 个，而其中有 57 个结果为"取到正品"，所以 $P(A \mid B)=\dfrac{57}{60}$.

从上面的例子可以看到，计算条件概率 $P(B \mid A)$ 有下列两种方法：

（1）根据古典概型的定义，分别求出在增加了 $A$ 发生的条件后缩减的样本空间中的基本事件总数和事件 $B$ 中包含的缩减后的样本空间中基本事件个数，两数再相除得到.

（2）根据条件概率的定义，在原来的样本空间中，先求出 $P(AB)$ 和 $P(A)$，再利用公式计算

$$P(B \mid A)=\frac{P(AB)}{P(B)}.$$

## 四、概率的乘法公式

我们可以将条件概率公式变形为下面的形式：

当 $P(A)>0$ 时，$P(B \mid A)=\dfrac{P(AB)}{P(A)}$ 变形为 $P(AB)=P(A)P(B \mid A)$.

当 $P(B)>0$ 时，$P(A \mid B)=\dfrac{P(AB)}{P(B)}$ 变形为 $P(AB)=P(B)P(A \mid B)$.

由此得到下面的定理，也称为**概率的乘法公式**.

**定理 3**　（**概率的乘法公式**）对于任意的事件 $A$，$B$，且 $P(A)>0$，$P(B)>0$，则

$$P(AB) = P(B)P(A|B) = P(A)P(B|A).$$

应用概率的乘法公式，可以将一些不易求出的两事件交的概率，转化为求条件概率来计算.

**例 8**　一袋中有 10 个球，其中 3 个白球、7 个红球，现依次从袋中不放回地取出两个球，求第一次取出的是白球，第二次取出的仍是白球的概率.

**解：**设 $A$="第一次取出的是白球"，$B$="第二次取出的是白球"，由题意可知，$P(A) = \dfrac{3}{10}$，

$P(B|A) = \dfrac{2}{9}$. 根据概率的乘法定理，可知所求的概率为

$$P(AB) = P(A)P(B|A) = \frac{3}{10} \cdot \frac{2}{9} = \frac{1}{15}$$

有了上面的知识，下面我们给出电视中的猜奖游戏的解答.

**解：**设 $A$="改变原来的选择后猜中"，$B$="第一次猜中"，由题意，$P(B) = \dfrac{1}{3}$，$P(A|B) = 0$，

$P(A|\bar{B}) = 1$，则

$$P(A) = P[A(B + \bar{B})] = P[AB + A\bar{B}] = P(AB) + P(A\bar{B})$$

$$= P(B)P(A|B) + P(\bar{B})P(A|\bar{B}) = \frac{1}{3} \cdot 0 + \frac{2}{3} \cdot 1 = \frac{2}{3}.$$

在此问题中，

$$P(A) = P(B)P(A|B) + P(\bar{B}) + P(A|\bar{B})$$

就是简单情况的全概率公式.

# 五、全概率公式

为了将上式写成更一般的形式，令 $B_1 = B, B_2 = \bar{B}$，则 $\Omega = B_1 \bigcup B_2$ 且 $B_1 \bigcap B_2 = \varnothing$，这样就有

$$P(A) = P(B_1)P(A|B_1) + P(B_2)P(A|B_2) \tag{11-1}$$

其中 $B_1, B_2$ 称为对所有情况 $\Omega$ 的一个**划分**，如图 11-6 所示.

**例 9**　设某仓库有一批产品，已知其中 40% 是甲厂生产的，60% 是乙厂生产的，且甲厂和乙厂生产的次品率分别为 $\dfrac{1}{10}$ 和 $\dfrac{2}{15}$，现从这批产品中任取一件，试求取出的产品为正品的概率.

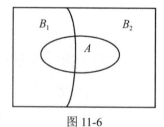

图 11-6

**解：**设 $A_1$="取出的这件产品是甲厂生产的"，$A_2$="取出的这件产品是乙厂生产的"，$B$="取出的产品为正品"，由题意可知，$P(A_1) = \dfrac{4}{10}$，$P(A_2) = \dfrac{6}{10}$，$P(B|A_1) = 1 - \dfrac{1}{10} = \dfrac{9}{10}$，$P(B|A_2) = 1 - \dfrac{2}{15} = \dfrac{13}{15}$，根据全概率公式，所求的概率为

$$P(B) = P(A_1)P(B \mid A_1) + P(A_2)P(B \mid A_2) = \frac{4}{10} \times \frac{9}{10} + \frac{6}{10} \times \frac{13}{15}$$

$$= \frac{9}{25} + \frac{13}{25} = \frac{22}{25} = \frac{88}{100} = 0.88$$

**练习 3**　设某仓库有一批产品，已知其中 30% 是甲厂生产的，70% 是乙厂生产的，且甲厂和乙厂生产的次品率分别为 $\frac{3}{10}$ 和 $\frac{1}{15}$，现从这批产品中任取一件，试求取出的产品为次品的概率.

如果 $B_1, B_2, B_3$ 是对所有情况 $\Omega$ 的一个划分，即

$$\Omega = B_1 \bigcup B_2 \bigcup B_3 \text{ 且 } B_1 \bigcap B_2 = \varnothing，\quad B_1 \bigcap B_3 = \varnothing，\quad B_2 \bigcap B_3 = \varnothing，$$

如图 11-7 所示，则公式（11-1）可推广为下面的公式：

$$P(A) = P(B_1)P(A \mid B_1) + P(B_2)P(A \mid B_2) + P(B_3)P(A \mid B_3) \qquad （11\text{-}2）$$

**例 10**　设某仓库有一批产品，已知其中 50%、30%、20% 依次是甲、乙、丙厂生产的，且甲、乙、丙厂生产的次品率分别为 $\frac{1}{10}$、$\frac{1}{15}$、$\frac{1}{20}$，现从这批产品中任取一件，试求取出的产品为正品的概率.

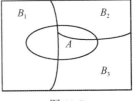

图 11-7

**解：** 设 $A_1 =$ "取出的这件产品是甲厂生产的"，$A_2 =$ "取出的这件产品是乙厂生产的"，$A_3 =$ "取出的这件产品是丙厂生产的"，$B =$ "取出的产品为正品"，由题意可知，$P(A_1) = \frac{5}{10}, P(A_2) = \frac{3}{10}, P(A_3) = \frac{2}{10}$，$P(B \mid A_1) = \frac{9}{10}, P(B \mid A_2) = \frac{14}{15}, P(B \mid A_3) = \frac{19}{20}$，根据全概率公式，所求的概率为

$$P(B) = P(B \mid A_1)P(A_1) + P(B \mid A_2)P(A_2) + P(B \mid A_3)P(A_3)$$

$$= \frac{9}{10} \times \frac{5}{10} + \frac{14}{15} \times \frac{3}{10} + \frac{19}{20} \times \frac{2}{10} = \frac{9}{20} + \frac{7}{25} + \frac{19}{100} = \frac{92}{100} = 0.92$$

**练习 4**　设某仓库有一批产品，已知其中 30%、40%、30% 依次是甲、乙、丙厂生产的，且甲、乙、丙厂生产的次品率分别为 $\frac{1}{10}$、$\frac{2}{15}$、$\frac{3}{20}$，现从这批产品中任取一件，试求取出的产品次品的概率.

式（11-1）、式（11-2）分别是用两个事件划分样本空间和用 3 个事件划分样本空间的全概率公式. 将此划分的概念推广到更一般的情况，有一般的全概率公式.

**定理 4**　（**全概率公式**）设 $B_1, B_2, \cdots, B_n$ 为样本空间 $\Omega$ 的一个划分，即 $\Omega = B_1 \bigcup B_2 \bigcup \cdots \bigcup B_n$，且对任意 $i, j$，有 $B_i \bigcap B_j = \varnothing$. 如果 $P(B_i) > 0, i = 1, 2, \cdots, n$，则对任一事件 $A$ 有

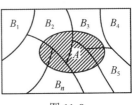

图 11-8

$$P(A) = P(B_1)P(A \mid B_1) + P(B_2)P(A \mid B_2) + \cdots + P(B_n)P(A \mid B_n).$$

用图形表示如图 11-8 所示.

## 六、贝叶斯公式

对于例 9，如果从这批产品中任取一件发现是正品，问这个产品来自甲厂的概率是多少？

根据例 9 求解中的假设，所求的概率为 $P(A_1 | B)$，根据条件概率的定义可知，$P(A_1 | B) = \dfrac{P(A_1 B)}{P(B)}$，而对于 $P(A_1 B)$ 可利用概率的乘法公式，对于 $P(B)$ 可利用全概率公式，于是有

$$P(A_1 | B) = \frac{P(A_1 B)}{P(B)} = \frac{P(A_1)P(B | A_1)}{\sum\limits_{i=1}^{2} P(A_i)P(B | A_i)} = \frac{\dfrac{4}{10} \times \dfrac{9}{10}}{\dfrac{4}{10} \times \dfrac{9}{10} + \dfrac{6}{10} \times \dfrac{13}{15}} = \frac{\dfrac{9}{25}}{\dfrac{22}{25}} = \frac{9}{22},$$

公式

$$P(A_1 | B) = \frac{P(A_1 B)}{P(B)} = \frac{P(A_1)P(B | A_1)}{\sum\limits_{i=1}^{2} P(A_i)P(B | A_i)}$$

称为在样本空间划分为两个随机事件情况时的贝叶斯公式.

**例 11**　发报台分别以概率 0.6 和 0.4 发出信号"·"和"-"，由于通信系统受到干扰，当发出信号"·"时，收报台未必收到信号"·"，而是分别以概率 0.8 和 0.2 收到"·"和"-"；同样，发出"-"时分别以概率 0.9 和 0.1 收到"-"和的是"·". 如果收报台收到"·"，求收报台没收错的概率.

**解：**设

$$A = \text{"发报台发出信号'·'"}, \quad \overline{A} = \text{"发报台发出信号'-'"},$$
$$B = \text{"收报台收到'·'"}, \quad \overline{B} = \text{"收报台收到'-'"},$$

由题意可知，

$P(A) = 0.6$，$P(\overline{A}) = 0.4$，$P(B | A) = 0.8$，$P(\overline{B} | A) = 0.2$，$P(B | \overline{A}) = 0.1$，$P(\overline{B} | \overline{A}) = 0.9$，

所求概率为

$$P(A | B) = \frac{P(AB)}{P(B)} = \frac{P(A)P(B | A)}{P(A)P(B | A) + P(\overline{A})P(B | \overline{A})} = \frac{0.6 \times 0.8}{0.6 \times 0.8 + 0.4 \times 0.1} = 0.92.$$

所以收报台没收错的概率为 0.92.

**练习 5**　发报台分别以概率 0.7 和 0.3 发出信号"·"和"-"，由于通信系统受到干扰，当发出信号"·"时，收报台未必收到信号"·"，而是分别以概率 0.8 和 0.2 收到信号"·"和"-"；同样，发出信号"-"时分别以概率 0.9 和 0.1 收到信号"-"和"·". 如果收报台收到信号"-"，求收报台没收错的概率.

一般地，如果样本空间划分为 $n$ 个随机事件，则有下面的贝叶斯公式.

**定理 5**　设 $A_1, A_2, \cdots, A_n$ 为样本空间 $\Omega$ 的一个划分，即 $\Omega = A_1 \bigcup A_2 \bigcup \cdots \bigcup A_n$，对任意 $i, j$，

有 $A_i \bigcap A_j = \varnothing$，且 $P(A_i) > 0, i = 1,2,\cdots,n$，则对任一事件 $B$，有

$$P(A_i \mid B) = \frac{P(A_i)P(B \mid A_i)}{P(A_1)P(B \mid A_1) + P(A_2)P(B \mid A_2) + \cdots + P(A_n)P(B \mid A_n)}.$$

这个公式称为贝叶斯公式（Bayesian Formula），也称为后验公式.

贝叶斯公式是由英国数学家贝叶斯（Thomas Bayes，1702—1761）提出的. 后人为了纪念他，用他的姓氏来命名此公式.

**例 12**　设某仓库有一批产品，已知其中 50%、30%、20%依次是甲、乙、丙厂生产的，且甲、乙、丙厂生产的次品率分别为 $\frac{1}{10}$、$\frac{1}{15}$、$\frac{1}{20}$，现从这批产品中抽取一件产品发现为正品，求该产品来自甲厂的概率.

**解：** 设

$A_1 =$ "取出的这件产品是甲厂生产的"，　$A_2 =$ "取出的这件产品是乙厂生产的"，

$A_3 =$ "取出的这件产品是丙厂生产的"，$B =$ "取出的产品为正品"，

由题意可知

$$P(A_1) = \frac{5}{10}, \quad P(A_2) = \frac{3}{10}, \quad P(A_3) = \frac{2}{10}, \quad P(B \mid A_1) = 1 - \frac{1}{10} = \frac{9}{10},$$

$$P(B \mid A_2) = 1 - \frac{2}{15} = \frac{3}{15}, \quad P(B \mid A_3) = 1 - \frac{1}{20} = \frac{19}{20},$$

根据贝叶斯公式，所求的概率为

$$P(A_1 \mid B) = \frac{P(A_1)P(B \mid A_1)}{\sum_{i=1}^{3} P(A_i)P(B \mid A_i)} = \frac{\dfrac{5}{10} \times \dfrac{9}{10}}{\dfrac{5}{10} \times \dfrac{9}{10} + \dfrac{3}{10} \times \dfrac{14}{15} + \dfrac{2}{10} \times \dfrac{14}{20}} = \frac{\dfrac{9}{20}}{\dfrac{9}{20} + \dfrac{7}{25} + \dfrac{7}{50}} = \frac{\dfrac{9}{20}}{\dfrac{87}{100}} = \frac{45}{87}.$$

**练习 6**　设某仓库有一批产品，已知其中 30%、40%、30%依次是甲、乙、丙厂生产的，且甲、乙、丙厂生产的次品率分别为 $\frac{1}{10}$、$\frac{2}{15}$、$\frac{3}{20}$，现从这批产品中抽取一件产品发现为次品，求该产品来自乙厂的概率.

# 习题 11

（每个同学在班里都有一个学号. 将自己的学号除以 3 的余数作为 $a$，这样每个同学都有自己的 $a$ 值. 将下列各题中有 $a$ 的地方都换成自己的 $a$ 值，再求解.）

1. 一个学生从 $3+a$ 本不同的科技书，4 本不同的文艺书，5 本不同的外语书中任选一本阅读，问有多少种不同的选法？

2. 一个乒乓球队里有男队员 $5+a$ 人，女队员 4 人，从中选出男、女队员各一名组成混合双打，问有多少种不同的选法？

3. 一商场有 $3+a$ 个大门，商场内有 2 个楼梯，顾客从商场外到二楼的走法有多少种？

4. 在一次读书活动中，有 $5+a$ 本不同的政治书，10 本不同的科技书，20 本不同的历史书供学生选用，

（1）某学生若要从这三类书中任选一本，则有多少种不同的选法？

（2）若要从这三类书中各选一本，则有多少种不同的选法？

（3）若要从这三类书中选不属于同一类的两本，则有多少种不同的选法？

5. 从分别写有 0，1，2，3，…，9 十张数字的卡片中，随机抽出两张，问抽到数字之和为奇数有多少种不同的抽法？抽到的数字之和为偶数有多少种不同的抽法？

6. （1）3 名同学报名参加 $4+a$ 个不同学科的比赛，每名学生只能参赛一项，问有多少种不同的报名方案？

（2）若有 $4+a$ 项冠军在 3 个人中产生，每项冠军只能有一人获得，问有多少种不同的夺冠方案？

7. 将 $3+a$ 封信投入 $4+a$ 个不同的信箱，共有多少种不同的投法；$3+a$ 名学生走进有 $4+a$ 个大门的教室，共有多少种不同的进法？$3+a$ 个元素的集合到 $4+a$ 个元素的集合的不同的映射有多少个？

8. $4+a$ 个小电灯并联在电路中，每一个电灯均有亮与不亮两种状态，总共可表示多少种不同的状态，其中至少有一个亮的有多少种状态？

9. 某学生去书店，发现 $3+a$ 本好书，决定至少买其中 1 本，则该生的购书方案有多少种？

10. 已知两条异面直线上分别有 $5+a$ 个点和 8 个点，则这 $13+a$ 个点可确定多少个不同的平面？

11. 有红、黄、蓝三种颜色的旗帜各 $3+a$ 面，在每种颜色的 $3+a$ 面旗帜上分别标上号码 1，2，…，$3+a$，任取 3 面，它们的颜色与号码均不相同的取法有多少种？

12. $5+a$ 个人并排站成一排，如果 $A,B$ 必须相邻且 $B$ 在 $A$ 的右边，那么有多少种不同的排法？

13. $7+a$ 个人并排站成一行，如果甲乙两个必须不相邻，那么有多少种不同的排法？

14. 将数字 1 至 $4+a$ 填入标号为 1 至 $4+a$ 的 $4+a$ 个方格里，每格填一个数，则每个方格的标号与所填数字均不相同的填法有多少种？

15. 将编号为 1，2，…，$4+a$ 球放入 $5+a$ 个不同的口袋中，共有多少种方法？

16. $(3+a)(4+a)$ 名同学分别到 $(3+a)$ 个不同的路口进行流量的调查，若每个路口 $(4+a)$ 人，则不同的分配方案有多少种？

17. 将 $2(3+a)$ 个不同的元素排成前后两排，每排 $3+a$ 个元素，那么有多少种不同的排法？

18. 将 $2(4+a)$ 个不同的元素排成前后两排，每排 $4+a$ 个元素，其中某 2 个元素要排在前排，某 1 个元素排在后排，有多少种不同排法？

19. 将 $7+a$ 人排成一排照相，若要求甲、乙、丙三人不相邻，有多少种不同的排法？

20. $10+a$ 个三好学生名额被分到 7 个班级，每个班级至少一个名额，有多少种不同分配方案？

21. 某高校从某系的 $10+a$ 名优秀毕业生中选派 4 人分别到 A、B、C、D 四个城市，其中甲同学不到 A 城市，乙同学不到 B 城市，共有多少种不同派遣方案？

22. 袋中装有 $6+a$ 只红球和 4 只黄球，现从中任意抽取 2 只，试求取到 1 只红球和 1 只黄球的概率.

23. 一批产品由 $8+a$ 件正品和 2 件次品组成，从中任取 2 件，求（1）这 2 件产品全是正品的概率；（2）这 2 件产品中恰有 1 件次品的概率；（3）这 2 件产品中至少有 1 件次品的概率.

24. 写出下列随机试验的样本空间 $\Omega$ 与随机事件 $A$：

（1）掷一颗骰子，观察向上一面的点数；事件 $A$ 表示"出现奇数点".

（2）对一个目标进行射击，一旦击中便停止射击，观察射击的次数；事件 $A$ 表示"射击不超过 3 次".

（3）把单位长度的一根细棒折成三段，观察各段的长度；事件 $A$ 表示"三段细棒能构成一个三角形".

25. 一工人生产了 4 件产品，以 $A_i$ 表示他生产的第 $i$ 件产品是正品 $(i=1,2,3,4)$，试用 $A_i$ 表示下列事件：

（1）没有一件产品是次品.

（2）至少有一件产品是次品.

（3）恰有一件产品是次品.

（4）至少有两件产品不是次品.

26. 某学生做了三道题，以 $A_i$ 表示"第 $i$ 题做对了"的事件 $(i=1,2,3)$，则该生至少做对了两道题的事件该怎么表示？

27. 若 $A$ 表示"某甲得 100 分"的事件，$B$ 表示"某乙得 100 分"的事件，写出下列式子分别表示的含义：

（1）$\overline{A}$；（2）$A\cup B$；（3）$AB$；（4）$A\overline{B}$；（5）$\overline{AB}$；（6）$\overline{AB}$.

28. 化简下列各式

（1）$AB\cup A\overline{B}$；（2）$(A\cup B)\cup(\overline{A}\cup\overline{B})$　；（3）$\overline{(A\cup B)}\cap(A-\overline{B})$.

29. 甲、乙二人射击同一目标，甲击中目标的概率是 $(75+a)/100$，乙击中目标的概率是 0.85，甲、乙二人同时击中目标的概率是 0.68，求至少一人击中目标的概率.

30. 一条电路上串联有两根保险丝，当电流强度超过一定值时，两根保险丝烧断的概率分别为 0.95 和 0.80，两根保险丝同时烧断的概率为 $(76+a)/100$，问电路断电的概率是多少？

31. 甲、乙二人各自独立地向同一目标射击，命中的概率分别为 $(90+a)/100$ 和 0.8，现在每人射击一次，求二人都命中目标的概率.

32. 甲、乙二人独立地向一架敌机射击，已知甲击中敌机的概率为 $(80+a)/100$，乙击中敌机的概率为 0.6，若只有甲、乙同时击中敌机才坠毁，求敌机坠毁的概率．

33．一射手对同一目标进行 $4+a$ 次独立的射击，若至少射中一次的概率为 $\dfrac{80}{81}$，求此射手每次射击的命中率．

34．设情报员能破译一份密码的概率为 $(60+a)/100$．试问，至少要使用多少名情报员才能使破译一份密码的概率大于 95%？假定各情报员能否破译这份密码是相互独立的．

35．设有 $2(n+a)$ 个元件，每个元件正常工作的概率均为 $p$．假设所有元件工作是相互独立的．试求下列两个系统正常工作的概率：

（1）将每 $n+a$ 个元件串联成一个子系统，再把这两个子系统并联．

（2）将每两个元件并联成一个子系统，再把这 $n+a$ 个子系统串联．

36．设每个元件的可靠度为 $(96-a)/100$．试问，至少要并联多少个元件才能使系统的可靠度大于 0.9999？假定每个元件是否正常工作是相互独立的．

37．$5+a$ 名篮球运动员独立地投篮，每个运动员投篮的命中率都是 80%．他们各投一次，试求：

（1）恰有 4 次命中的概率．

（2）至少有 4 次命中的概率．

（3）至多有 4 次命中的概率．

38．某商店出售晶体管，每盒装 100 只，且已知每盒混有 $4+a$ 支不合格品．商店采用"缺一赔十"的销售方式：顾客买一盒晶体管，如果随机地取 1 只发现是不合格品，商店要立刻把 10 只合格品的晶体管放在盒子中，不合格的那只晶体管不再放回．顾客在一个盒子中随机地先后取 3 只进行测试，试求他发现全是不合格品的概率．

39．已知 $P(A)=\dfrac{1}{3+a}, P(B|A)=\dfrac{1}{4}, P(A|B)=\dfrac{1}{6}$，求 $P(A\cup B)$．

40．设 $A,B$ 是两个事件，已知 $P(A)=(3+a)/10, P(B)=0.6$，试在下列两种情况中分别求出 $P(A|B)$，$P(\overline{A}|\overline{B})$．

（1）事件 $A,B$ 互不相容．

（2）事件 $A,B$ 有包含关系．

41．某学校五年级有两个班，一班 50 名学生，其中有 10 名女生；二班 30 名学生，其中有 $18+a$ 名女生．在两班中任选一个班，然后从中先后挑选两名学生，求

（1）先选出的是女生的概率．

（2）在已知先选出的是女生的条件下，后选出的也是女生的概率．

42．无线电通信中，由于随机干扰，当发送信号"·"时，收到的信号为"·"、"不清"与"-"的概率分别是 0.7、0.2 与 0.1；当发送信号"-"时，收到的信号为"-"、"不清"与"·"的概率分别是 0.9、0.1 与 0．如果整个发报过程中，"·"与"-"分别占 $(6+a)/10$ 与 $(4-a)/10$，那么，当收到信号"不清"时，原发送信号为"·"与"-"的概率分别有多大？

43. 口袋里装有 $p+q$ 枚硬币, 其中 $q$ 枚硬币是废品 (两面都是国徽). 从口袋中随机地取出 1 枚硬币, 并把它独立地抛 $n+a$ 次, 结果发现向上的一面全是国徽. 试求这枚硬币是废品的概率.

44. 一个盒子装有 $6+a$ 只乒乓球, 其中 4 只是新球. 第一次比赛时随机地从盒子中取出 1 只乒乓球, 使用后放回盒子. 第二次比赛时又随机地从盒子中取出 1 只乒乓球.

(1) 试求第二次取出的球是新球的概率.

(2) 已知第二次取出的球是新球, 试求第一次比赛时取的球为新球的概率.

45. 甲、乙、丙三个炮兵阵地向目标发射的炮弹数之比为 1∶7∶2, 而各阵地每发炮弹命中目标的概率分别为 0.05、$(1+a)/10$、0.2. 现在目标已被击毁, 试求目标是被甲阵地击毁的概率.

# 第12章　几种常见的分布及其数字特征

常见的分布在研究随机现象时发挥着重要作用. 本章介绍几种常见的离散型随机变量和连续型随机变量的分布及其数字特征, 包括几种常见的离散型随机变量的分布、几种常见的连续型随机变量的分布、几种常见分布的随机变量的期望与方差共 3 节内容.

## 12.1　几种常见的离散型随机变量的分布

常见的离散型随机变量的分布有 0-1 分布、二项分布和泊松分布等.

## 一、0-1 分布与伯努利试验

先看一个例子.

**例1**　箱子中有 9 件玩具, 其中 6 件为正品、3 件为次品. 从中随机抽取一件, $X$ 表示抽取的这件产品中的次品数, 求 $X$ 的概率分布.

**解:** $X$ 的概率分布为

| $X$ | 0 | 1 |
|---|---|---|
| $P$ | $\dfrac{2}{3}$ | $\dfrac{1}{3}$ |

此时称随机变量 $X$ 服从 0-1 分布.

一般地, 设随机变量 $X$ 只可能取 0 与 1 两个值, 它的概率分布为

| $X$ | 0 | 1 |
|---|---|---|
| $P$ | $1-p$ | $p$ |

则称随机变量 $X$ 服从 0-1 分布.

**例2**　现有 100 件产品, 其中有 5 件次品和 95 件正品, 从中任取一件, 求取到的这件产品中正品的件数 $X$ 的概率分布.

**解:** $X$ 的概率分布为

| $X$ | 0 | 1 |
|---|---|---|
| $P$ | 0.05 | 0.95 |

**练习1**　请举出一些符合 0-1 分布的随机变量, 并写出其概率分布.

在上面的例子中, 随机试验只考虑两种结果 $A$ 和 $\overline{A}$, 这样的试验也被称为伯努利 (Bernoulli) 试验. 这类试验现象在研究概率问题中占有重要的地位. 雅各布·伯努利是研究这类试验统计规律的第一人, 后人为了纪念他, 用他的姓氏来命名该试验.

雅各布·伯努利 (JakobBernoulli, 1654—1705) 是瑞士数学家, 是伯努利家族的代表

人物之一，被公认为概率论的先驱之一.

凡是伯努利试验，都可以定义一个 0-1 分布的随机变量，以此来表示试验的结果.

## 二、$n$ 重伯努利试验与二项分布

将一个伯努利试验独立地重复进行 $n$ 次的试验称为 $n$ 重伯努利试验.

例如，某人投篮，观察投中与否，投篮 2 次就是 2 重伯努利试验，投篮 3 次就是 3 重伯努利试验，投篮 $n$ 次就是 $n$ 重伯努利试验.

在 $n$ 重伯努利试验中，设 $X$ 表示事件 $A$ 发生的次数，我们关心的是 $X$ 的概率分布. 下面从简单的问题说起.

**引例 1**　假设甲运动员投篮的命中率为 $\dfrac{1}{3}$，现独立地投篮 2 次，求投篮 2 次中投进次数 $X$ 的概率分布.

**解：**设 $A_i=$ "第 $i$ 次投篮投中"，$\overline{A_i}=$ "第 $i$ 次投篮未投中"，$i=1,2$，有

$$P(A_i)=\frac{1}{3}, \quad P(\overline{A_i})=1-\frac{1}{3},$$

于是

$$P\{X=0\}=P\{\overline{A_1}\,\overline{A_2}\}=P\{\overline{A_1}\}P\{\overline{A_2}\}=\left(1-\frac{1}{3}\right)^2,$$

$$P\{X=1\}=P\{A_1\overline{A_2}+\overline{A_1}A_2\}=P\{A_1\overline{A_2}\}+P\{\overline{A_1}A_2\}=\frac{1}{3}\times\frac{2}{3}+\frac{2}{3}\times\frac{1}{3}$$

$$=2\times\frac{1}{3}\left(1-\frac{1}{3}\right)=C_2^1\frac{1}{3}\left(1-\frac{1}{3}\right),$$

$$P\{X=2\}=P\{A_1A_2\}=P\{A_1\}P\{A_2\}=\left(\frac{1}{3}\right)^2.$$

上面关于概率的三个表达式具有一个共同的特点，就是表达式的构成可以看成三部分的乘积，即系数、$\dfrac{1}{3}$ 的乘幂、$1-\dfrac{1}{3}$ 的乘幂. 其中，$\dfrac{1}{3}$ 的幂指数等于所求概率表达式中的投进次数，并且 $\dfrac{1}{3}$ 和 $1-\dfrac{1}{3}$ 的幂指数之和等于试验的总次数. 系数等于以试验的总次数为元素的总数，以投进的次数为取出元素个数的组合数. 例如，概率 $P\{X=0\}$ 的表达式中的系数为 1，等于 $C_2^0=C_2^2$，可以理解为从 2 个依次编号的盒子中挑选 2 个放入 $\overline{A}$ 的挑选方法；概率 $P\{X=1\}$ 的表达式中的系数为 2，等于 $C_2^1$，可以理解为从 2 个依次编号的盒子中挑选 1 个放入 $A$ 的挑选方法；概率 $P\{X=2\}$ 的表达式中的系数为 1，等于 $C_2^2$，可以理解为从 2 个依次编号的盒子中挑选 2 个放入 $A$ 的挑选方法.

所以，投篮 2 次投进的次数 $X$ 的概率分布为

$$P\{X=k\}=C_2^k\left(\frac{1}{3}\right)^k\left(1-\frac{1}{3}\right)^{2-k}, \ k=0,1,2.$$

**引例 2**　如果甲运动员投篮的命中率为 $\dfrac{1}{3}$，现独立地投篮 3 次，用同样的方法可以求出投进的次数 $X$ 的概率分布如下：

| $X$ | 0 | 1 | 2 | 3 |
|---|---|---|---|---|
| $P$ | $C_3^0\left(\dfrac{1}{3}\right)^0\left(1-\dfrac{1}{3}\right)^3$ | $C_3^1\left(\dfrac{1}{3}\right)^1\left(1-\dfrac{1}{3}\right)^2$ | $C_3^2\left(\dfrac{1}{3}\right)^2\left(1-\dfrac{1}{3}\right)^1$ | $C_3^3\left(\dfrac{1}{3}\right)^3\left(1-\dfrac{1}{3}\right)^0$ |

即

$$P\{X=k\}=C_3^k\left(\dfrac{1}{3}\right)^k\left(1-\dfrac{1}{3}\right)^{3-k},\quad k=0,1,2,3.$$

上面关于概率的表达式具有一个共同的特点，就是表达式的构成可以看成三部分的乘积，即系数、$\dfrac{1}{3}$ 的乘幂、$1-\dfrac{1}{3}$ 的乘幂．其中，$\dfrac{1}{3}$ 的幂指数等于所求概率表达式中的投进次数，并且 $\dfrac{1}{3}$ 和 $1-\dfrac{1}{3}$ 的幂指数之和等于试验的总次数；系数等于以试验的总次数为元素的总数，以投进的次数为取出元素个数的组合数．例如，概率 $P\{X=0\}$ 的表达式中的系数 $C_3^0=C_3^3$，可以理解为从 3 个依次编号的盒子中挑选 3 个放入 $\overline{A}$ 的挑选方法；概率 $P\{X=1\}$ 的表达式中的系数为 $C_3^1$，可以理解为从 3 个依次编号的盒子中挑选 1 个放入 $A$ 的挑选方法；概率 $P\{X=2\}$ 的表达式中的系数为 $C_3^2$，可以理解为从 3 个依次编号的盒子中挑选 2 个放入 $A$ 的挑选方法；概率 $P\{X=3\}$ 的表达式中的系数为 $C_3^3$，可以理解为从 3 个依次编号的盒子中挑选 3 个放入 $A$ 的挑选方法．

**引例 3**　如果甲运动员投篮的命中率为 $\dfrac{1}{3}$，现独立地投篮 $n$ 次，用同样的方法可以求出投进的次数 $X$ 的概率分布如下．

$$P\{X=k\}=C_n^k\left(\dfrac{1}{3}\right)^k\left(1-\dfrac{1}{3}\right)^{n-k},\quad k=0,1,2,\cdots,n$$

上面关于概率的表达式具有一个共同的特点，就是表达式的构成可以看成三部分的乘积，即系数、$\dfrac{1}{3}$ 的乘幂、$1-\dfrac{1}{3}$ 的乘幂．其中，$\dfrac{1}{3}$ 的幂指数等于所求概率表达式中的投进次数，并且 $\dfrac{1}{3}$ 和 $1-\dfrac{1}{3}$ 的幂指数之和等于试验的总次数；系数等于以试验的总次数为元素的总数，以投进的次数为取出元素个数的组合数．例如，概率 $P\{X=0\}$ 的表达式中的系数 $C_n^0=C_n^n$，可以理解为从 $n$ 个依次编号的盒子中挑选 $n$ 个放入 $\overline{A}$ 的挑选方法；概率 $P\{X=1\}$ 的表达式中的系数为 $C_n^1$，可以理解为从 $n$ 个依次编号的盒子中挑选 1 个放入 $A$ 的挑选方法；概率 $P\{X=2\}$ 的表达式中的系数为 $C_n^2$，可以理解为从 $n$ 个依次编号的盒子中挑选 2 个放入 $A$ 的挑选方法；概率 $P\{X=k\}$ 的表达式中的系数为 $C_n^k$，可以理解为从 $n$ 个依次编号的盒子中挑选 $k$ 个放入 $A$ 的挑选方法．

**引例 4**　如果甲运动员投篮的命中率为 $p$，现独立地投篮 $n$ 次，用同样的方法可以求出投进的次数 $X$ 的概率分布如下.

$$P\{X=k\}=C_n^k p^k q^{n-k}, \quad k=0,1,2,\cdots,n.$$

**解释：** 甲运动员投篮命中在指定的 $k$ 次中发生，在其他 $n-k$ 次不发生，例如在前 $k$ 次发生，而后 $n-k$ 次不发生的概率为

$$p^k q^{n-k}, \quad k=0,1,2,\cdots,n.$$

由于这种指定的方式有 $C_n^k$ 种（可以理解为从 $n$ 个依次编号的盒子中挑选 $k$ 个放入 $A$ 的挑选方法），且各种方式构成的事件两两互不相容，所以在 $n$ 次投篮中命中 $k$ 次的概率为

$$P\{X=k\}=C_n^k p^k q^{n-k}, \quad k=0,1,2,\cdots,n.$$

在 $n$ 重伯努利试验中，设 $X$ 为事件 $A$ 发生的次数，则 $X$ 的可能取值为 $0,1,2,\cdots,n$. 若记 $P(A)=p$，$P(\bar{A})=1-p=q$，则在 $n$ 重伯努利试验中，事件 $A$ 恰好发生 $k$ 次的概率为

$$P\{X=k\}=C_n^k p^k q^{n-k}, \quad k=0,1,2,\cdots,n.$$

若随机变量 $X$ 的概率分布为 $P\{X=k\}=C_n^k p^k q^{n-k}, k=0,1,\cdots,n$，其中 $0<p<1$，$q=1-p$，则称 $X$ 服从参数为 $n$，$p$ 的二项分布，记为 $X\sim B(n,p)$.

此名称的由来与二项式定理有关，二项式定理如下：

$$(a+b)^n=C_n^0 a^n+C_n^1 a^{n-1}b+\cdots+C_n^k a^{n-k}b^k+\cdots+C_n^{n-1}ab^{n-1}+C_n^n b^n,$$
$$\text{其中 } n \text{ 为正整数.}$$

下面以 $(a+b)^4$ 为例，说明公式的由来. 由式

$$(a+b)^4=(a+b)(a+b)(a+b)(a+b)$$

可以看出，等号右边的积的展开式的每一项，是从每个括号里任取一个字母的乘积，因而各项都是 4 次式，即展开式的各项应有下面的形式（按 $a$ 的指数降幂排列）：

$$b^4, \ ab^3, \ a^2b^2, \ a^3b, \ a^4.$$

上面各项在展开式中出现的次数，就是各项前面的系数.

在 $(a+b)(a+b)(a+b)(a+b)$ 的四个括号中：

每个都不取 $b$ 的情况有 1 种，可写成 $C_4^0$，所以 $a^4$ 的系数是 $C_4^0$.

恰有 1 个取 $b$ 的情况有 $C_4^1$ 种，所以 $a^3b$ 的系数是 $C_4^1$.

恰有 2 个取 $b$ 的情况有 $C_4^2$ 种，所以 $a^2b^2$ 的系数是 $C_4^2$.

恰有 3 个取 $b$ 的情况有 $C_4^3$ 种，所以 $ab^3$ 的系数是 $C_4^3$.

4 个都取 $a$ 的情况有 1 种，可写成 $C_4^4$，所以 $b^4$ 的系数是 $C_4^4$.

因此，有

$$(a+b)^4=C_4^0 a^4+C_4^1 a^3b+C_4^2 a^2b^2+C_4^3 ab^3+C_4^4 b^4.$$

下面考虑一般情形，由

$$(a+b)^n = \underbrace{(a+b)(a+b)\cdots(a+b)}_{n \text{ 个}(a+b)}$$

可知，其展开式是从 $n$ 个括号里各取一个字母的一切可能乘积的和，这些乘积合并同类项后，共有 $n+1$ 项，即在 $(a+b)(a+b)\cdots(a+b)$ 的 $n$ 个括号中：

每个都不取 $b$ 的情况有 1 种，可写成 $C_n^0$，所以第 1 项是 $C_n^0 a^n$.

恰有 1 个取 $b$ 的情况有 $C_n^1$ 种，所以第 2 项是 $C_n^1 a^{n-1}b$.

恰有 2 个取 $b$ 的情况有 $C_n^2$ 种，所以第 3 项是 $C_n^2 a^{n-2}b^2$.

……

恰有 $k$ 个取 $b$ 的情况有 $C_n^k$ 种，所以第 $k+1$ 项是 $C_n^k a^{n-k}b^k$.

……

$n$ 个括号中都取 $b$ 的情况有 1 种，可写成 $C_n^n$，所以第 $n+1$ 项是 $C_n^n b^n$.

因此，有

$$(a+b)^n = C_n^0 a^n + C_n^1 a^{n-1}b + \cdots + C_n^k a^{n-k}b^k + \cdots + C_n^{n-1}ab^{n-1} + C_n^n b^n，n \text{ 为正整数}.$$

这个公式所表示的定理叫作**二项式定理**，右边的多项式叫作 $(a+b)^n$ 的**二项展开式**，它一共有 $n+1$ 项，其中各项的系数 $C_n^k$（$k=0,1,2,\cdots,n$）叫作**二项式系数**，式中的 $C_n^k a^{n-k}b^k$ 叫作**二项展开式的通项**.

对于 $(q+p)^n$，应用上面的二项式定理，可得

$$(q+p)^n = C_n^0 q^n + C_n^1 q^{n-1}p + \cdots + C_n^k q^{n-k}p^k + \cdots + C_n^{n-1}qp^{n-1} + C_n^n p^n.$$

此式的通项为 $C_n^k q^{n-k}p^k$（$k=0$，1，$\cdots$，$n$）. 因为服从参数为 $n$，$p$ 的二项分布的随机变量的概率分布恰好与此通项一致，所以二项分布而得名.

二项分布的实际背景是 $n$ 重伯努利试验：若在单次试验中事件 $A$ 发生的概率为 $p$，则在 $n$ 次独立重复试验中 $A$ 发生的次数 $X$ 就服从参数为 $n$，$p$ 的二项分布.

当 $n=1$ 时，二项分布即为 0-1 分布.

**例 3**　重复投掷一枚均匀的硬币 5 次，求正面朝上的次数为 3 次的概率.

**解**：设 $X$ 表示投掷硬币 5 次正面朝上的次数，则 $X \sim B(5, \frac{1}{2})$，其概率分布为

$$P\{X=k\} = C_5^k \left(\frac{1}{2}\right)^k \left(1-\frac{1}{2}\right)^{5-k}，\quad k=0,1,2,3,4,5.$$

所以正面朝上的次数为 3 次的概率为

$$P\{X=3\} = C_5^3 \left(\frac{1}{2}\right)^3 \left(1-\frac{1}{2}\right)^{5-3} = 10 \times \frac{1}{8} \times \frac{1}{4} = \frac{5}{16}.$$

**练习 2**　重复投掷一枚均匀的硬币 4 次，求正面朝上的次数为 2 次的概率.

**练习 3**　重复投掷一枚均匀的骰子 4 次，求点数 1 出现的次数为 2 次的概率.

**例 4**　重复投掷一枚均匀的硬币 5 次，求正面朝上的次数至少为 2 次的概率.

**解：**设 $X$ 表示投掷硬币 5 次正面朝上的次数，则 $X \sim B\left(5, \dfrac{1}{2}\right)$，其概率分布为

$$P\{X = k\} = C_5^k \left(\frac{1}{2}\right)^k \left(1 - \frac{1}{2}\right)^{5-k}, \quad k = 0,1,2,3,4,5.$$

所以正面朝上的次数至少为 2 次的概率为

$$P\{X \geqslant 2\} = 1 - P\{X < 2\} = 1 - (P\{X = 0\} + P\{X = 1\})$$

$$= 1 - C_5^0 \left(\frac{1}{2}\right)^0 \left(1 - \frac{1}{2}\right)^5 - C_5^1 \left(\frac{1}{2}\right)^1 \left(1 - \frac{1}{2}\right)^{5-1}$$

$$= 1 - \left(\frac{1}{2}\right)^5 - 5\left(\frac{1}{2}\right)^5 = 1 - \frac{6}{32} = \frac{13}{16}.$$

**练习 4**　重复投掷一枚均匀的骰子 5 次，求点数 1 出现的次数至少为 2 次的概率.

## 三、泊松分布

若随机变量 $X$ 的概率分布为 $P\{X = k\} = \dfrac{\lambda^k}{k!} e^{-\lambda}$，$k = 0,1,2,\cdots$ 其中 $\lambda$ 为正常数，则称 $X$ 服从参数为 $\lambda$ 的泊松分布，记作 $X \sim P(\lambda)$.

服从泊松分布的离散型随机变量是非常多的，比如在一段时间内，火车站候车室里的候车人数；宾馆饭店中电话总机接到的呼叫次数；一本书的印刷错误数；某一地区一段时间间隔内发生的交通事故数等都服从泊松分布.

**例 5**　设 $X$ 表示在 100 个工作时内某台仪器发生的故障总数，且根据以往的资料知 $X \sim P(\lambda)$，其中 $\lambda = 0.1$，试求在 100 个工作时内故障不多于两次的概率.

**解：**由题意可知

$$P\{X = k\} = \frac{(0.1)^k}{k!} e^{-0.1}, \quad k = 0,1,2,\cdots$$

于是所求概率为

$$P\{X \leqslant 2\} = P\{X = 0\} + P\{X = 1\} + P\{X = 2\} = \frac{(0.1)^0}{0!} e^{-0.1} + \frac{(0.1)^1}{1!} e^{-0.1} + \frac{(0.1)^2}{2!} e^{-0.1}$$

$$= 0.9048 + 0.0905 + 0.0045 = 0.9998.$$

故该仪器在 100 个工作时内故障不多于两次的概率为 0.9998.

二项分布与泊松分布之间的关系由下面的泊松定理给出.

**泊松（Poisson）定理**　设 $X \sim B(n, p_n)$，$n$ 是任意正整数，又设 $np_n = \lambda$ 是一个常数，则对于任一固定的非负整数 $k$，有 $\lim\limits_{n \to \infty} P\{X = k\} = \lim\limits_{n \to \infty} C_n^k p_n^k (1 - p_n)^{n-k} = \dfrac{\lambda^k e^{-\lambda}}{k!}$.

**证明：**由 $p_n = \lambda / n$，得

$$C_n^k p_n^k (1 - p_n)^{n-k} = \frac{n(n-1)\ldots(n-k+1)}{k!} \left(\frac{\lambda}{n}\right)^k \left(1 - \frac{\lambda}{n}\right)^{n-k}$$

$$= \frac{\lambda^k}{k!}\left[1\cdot\left(1-\frac{1}{n}\right)\cdot\left(1-\frac{2}{n}\right)\cdots\left(1-\frac{k-1}{n}\right)\right]\left(1-\frac{\lambda}{n}\right)^n\left(1-\frac{\lambda}{n}\right)^{-k}.$$

对于任意固定的 $k$，当 $n\to\infty$ 时，有

$$\lim_{n\to\infty}\left[1\cdot\left(1-\frac{1}{n}\right)\cdot\left(1-\frac{2}{n}\right)\cdots\left(1-\frac{k-1}{n}\right)\right]=1,$$

$$\lim_{n\to\infty}\left(1-\frac{\lambda}{n}\right)^n=\lim_{n\to\infty}\left[1+\frac{1}{\left(-\frac{n}{\lambda}\right)}\right]^{\left(-\frac{n}{\lambda}\right)(-\lambda)}=\lim_{n\to\infty}\left\{\left[1+\frac{1}{\left(-\frac{n}{\lambda}\right)}\right]^{\left(-\frac{n}{\lambda}\right)}\right\}^{(-\lambda)}=\mathrm{e}^{-\lambda},$$

（上式的推导用到了重要极限 $\lim\limits_{u\to\infty}\left(1+\frac{1}{u}\right)^u=\mathrm{e}$ ）

$$\lim_{n\to\infty}\left(1-\frac{\lambda}{n}\right)^{-k}=1,$$

故有 $\qquad \lim\limits_{n\to\infty}\mathrm{C}_n^k p_n^k(1-p_n)^{n-k}=\frac{\lambda^k\mathrm{e}^{-\lambda}}{k!}.$

**注：**

（1）当 $n$ 很大而 $p$ 较小时，有 $\mathrm{C}_n^k p^k(1-p)^{n-k}\approx\frac{\lambda^k\mathrm{e}^{-\lambda}}{k!}$，其中 $\lambda=np$. 在实际计算时，只要 $n\geqslant 20$，$p\leqslant 0.05$ 时，即可用此近似计算公式.

（2）该定理说明，在适当的条件下，二项分布的极限分布是泊松分布.

下面通过一个例题来说明泊松定理的应用.

**例 6** 某人进行射击，每次命中率为 0.02，独立射击 400 次，试求至少击中两次的概率.

**解：** 设 $X$ 表示射击 400 次命中的次数，由题意可知，$X\sim B(400,0.02)$. 因为 $\lambda=np=400\times 0.02=8$，由上面的近似公式，有

$$P\{X=k\}=\mathrm{C}_{400}^k\times(0.02)^k\times(0.98)^{400-k}\approx\frac{8^k\mathrm{e}^{-8}}{k!}.$$

于是，所求的概率为

$$P\{X\geqslant 2\}=1-P\{X=0\}-P\{X=1\}\approx 1-\frac{8^0}{0!}\mathrm{e}^{-8}-\frac{8^1}{1!}\mathrm{e}^{-8}=0.997.$$

## 12.2　几种常见的连续型随机变量的分布

常见的连续型随机变量的分布有正态分布、均匀分布、指数分布等，我们在前面已经介绍了正态分布，下面介绍均匀分布和指数分布.

# 一、均匀分布

先看一个例子.

**例 1**　如果有一连续型随机变量 $X$，其概率密度函数为

$$p(x) = \begin{cases} c, a \leqslant x \leqslant b, \\ 0, 其他. \end{cases}$$

求 $c$ 的值.

**解：**因为 $\int_{-\infty}^{+\infty} p(x)\mathrm{d}x = \int_{-\infty}^{a} p(x)\mathrm{d}x + \int_{a}^{b} p(x)\mathrm{d}x + \int_{b}^{+\infty} p(x)\mathrm{d}x$

$$= \int_{a}^{b} c\mathrm{d}x = c\int_{a}^{b} \mathrm{d}x = c[x]_{a}^{b} = c(b-a),$$

又因为 $\int_{-\infty}^{+\infty} p(x)\mathrm{d}x = 1$，所以 $c(b-a) = 1$，即 $c = \dfrac{1}{b-a}$.

从上面的例子可以看出，$X$ 的概率密度函数为

$$p(x) = \begin{cases} \dfrac{1}{b-a}, a \leqslant x \leqslant b, \\ 0, \qquad 其他. \end{cases}$$

**定义 1**　若随机变量 $X$ 的密度函数为

$$p(x) = \begin{cases} \dfrac{1}{b-a}, a \leqslant x \leqslant b, \\ 0, \qquad 其他. \end{cases}$$

则称 $X$ 在区间 $[a,b]$ 上服从均匀分布，记为 $X \sim U[a,b]$.

服从均匀分布的随机变量的概率密度函数的图形如图 12-1 所示.

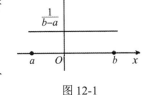

图 12-1

下面给出均匀分布的一些的实际应用.

**例 2**　在某公共汽车站，每隔 8 分钟有一辆公共汽车通过. 一个乘客在任意时刻到达车站是等可能的. 求：

（1）此乘客候车时间 $X$ 的概率密度函数.

（2）此乘客候车时间超过 5 分钟的概率.

**解：**（1）由题意可知，$X \sim U[0,8]$，所以 $X$ 的概率密度函数为

$$p(x) = \begin{cases} \dfrac{1}{8}, 0 \leqslant x \leqslant 8, \\ 0, 其他. \end{cases}$$

（2）此乘客候车时间超过 5 分钟的概率为

$$P\{X > 5\} = \int_{5}^{+\infty} p(x)\mathrm{d}x = \int_{5}^{8} \frac{1}{8}\mathrm{d}x + \int_{8}^{+\infty} 0\mathrm{d}x = \frac{1}{8}\int_{5}^{8}\mathrm{d}x = \frac{1}{8}[x]_{5}^{8} = \frac{1}{8}(8-5) = \frac{3}{8}.$$

**例 3**　现有一组实验数据，设 $X$ 表示数据四舍五入保留两位小数后的结果减去原有数

据的差，假设 $X$ 服从 $(-0.005, 0.005]$ 上的均匀分布，求：

（1）$X$ 的概率密度函数；

（2）$X$ 的取值落在 $[0.001, 0.003]$ 内的概率.

**解：**因为 $X \sim U(-0.005, 0.005)$，于是，$X$ 的概率密度函数为

$$p(x) = \begin{cases} \dfrac{1}{0.005 - (-0.005)}, & -0.005 < x \leqslant 0.005, \\ 0, & 其他. \end{cases} = \begin{cases} 100, & -0.005 < x \leqslant 0.005, \\ 0, & 其他. \end{cases}$$

所求概率为

$$P\{0.001 \leqslant X \leqslant 0.003\} = \int_{0.001}^{0.003} 100 \mathrm{d}x = 100 \int_{0.001}^{0.003} \mathrm{d}x = 100 [x]_{0.001}^{0.003} = 0.2.$$

**练习 1**　在某公共汽车站，每隔 6 分钟有一辆公共汽车通过．一个乘客在任意时刻到达车站是等可能的．求：

（1）此乘客候车时间 $X$ 的概率密度函数．

（2）此乘客候车时间不超过 3 分钟的概率．

## 二、指数分布

指数分布是另外一种常见的分布，定义如下：

**定义 2**　若随机变量 $X$ 的概率密度函数为

$$p(x) = \begin{cases} \lambda \mathrm{e}^{-\lambda x}, & x > 0, \\ 0, & 其他. \end{cases}$$

其中 $\lambda > 0$，则称 $X$ 服从参数为 $\lambda$ 的**指数分布**，记作 $X \sim \mathrm{e}(\lambda)$.

服从指数分布的随机变量的概率密度的图形如图 12-2 所示，图中给出了 $\lambda = \dfrac{1}{2}, \dfrac{1}{5}, \dfrac{1}{10}$ 时的概率密度函数曲线.

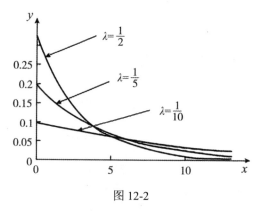

图 12-2

指数分布常用于近似描述多种寿命的分布，在随机服务系统中也有许多应用.

**例 4**　研究了英格兰在 1875—1951 年内，在矿山发生导致 10 人以上死亡的事故的频繁程度，得知相继两次事故之间的时间 $T$（以日计）服从指数分布，其概率密度函数为：

$$p_T(x) = \begin{cases} \dfrac{1}{241} \mathrm{e}^{-\frac{x}{241}}, & x > 0, \\ 0, & \text{其他.} \end{cases}$$

求概率 $P\{50 < T < 100\}$ .

**解：** $P\{50 < T < 100\} = \displaystyle\int_{50}^{100} p_T(x)\mathrm{d}x = \int_{50}^{100} \frac{1}{241} \mathrm{e}^{-\frac{x}{241}}\mathrm{d}x = -\int_{50}^{100} \mathrm{e}^{-\frac{x}{241}}\mathrm{d}\left(-\frac{x}{241}\right)$

$= -\left[\mathrm{e}^{-\frac{x}{241}}\right]_{50}^{100} = -\left(\mathrm{e}^{-\frac{100}{241}} - \mathrm{e}^{-\frac{50}{241}}\right) = \mathrm{e}^{-\frac{50}{241}} - \mathrm{e}^{-\frac{100}{241}} = 0.8126 - 0.6604 = 0.1522$ .

## 12.3　几种常见分布的随机变量的期望与方差

### 一、二项分布

如果 $X \sim B(n, p)$ ，则 $E(X) = np$ ， $D(X) = npq$ ，其中 $q = 1 - p$ .

**证明**　因为 $X \sim B(n, p)$ ，即 $P(X = i) = \mathrm{C}_n^i p^i q^{n-i}$ ， $i = 0, 1, 2, \cdots, n$ ， $0 < p < 1$ ， $p + q = 1$ . 由数学期望的定义，可知

$$\begin{aligned}
E(X) &= \sum_{i=0}^{n} i \cdot P(X = i) = \sum_{i=0}^{n} i \cdot \mathrm{C}_n^i p^i q^{n-i} \\
&= \sum_{i=1}^{n} i \frac{n!}{(n-i)!\,i!} p^i q^{n-i} = \sum_{i=1}^{n} \frac{n!}{(n-i)!(i-1)!} p^i q^{n-i} \\
&= \sum_{i=1}^{n} \frac{np \cdot (n-1)!}{(i-1)![(n-1)-(i-1)]!} p^{i-1} q^{(n-1)-(i-1)} \\
&= np \sum_{i=1}^{n} \mathrm{C}_{n-1}^{i-1} p^{i-1} q^{(n-1)-(i-1)} = np \sum_{k=0}^{n-1} \mathrm{C}_{n-1}^{k} p^k q^{(n-1)-k} \\
&= np(p+q)^{n-1} = np .
\end{aligned}$$

又因为

$$\begin{aligned}
E(X^2) &= \sum_{i=0}^{n} i^2 \mathrm{C}_n^i p^i q^{n-i} = \sum_{i=0}^{n} [i(i-1) + i] \mathrm{C}_n^i p^i q^{n-i} = \sum_{i=0}^{n} i(i-1)\mathrm{C}_n^i p^i q^{n-i} + \sum_{i=0}^{n} i \mathrm{C}_n^i p^i q^{n-i} \\
&= \sum_{i=0}^{n} i(i-1) \frac{n!}{i!(n-i)!} p^i q^{n-i} + np \\
&= \sum_{i=2}^{n} i(i-1) \frac{n!}{i!(n-i)!} p^i \cdot q^{n-i} + np \\
&= \sum_{i=2}^{n} \frac{n(n-1) \cdot (n-2)!}{(i-2)!(n-i)!} p^2 \cdot p^{i-2} \cdot q^{n-i} + np \\
&= n(n-1)p^2 \sum_{i=2}^{n} \frac{(n-2)!}{(i-2)![(n-2)-(i-2)]!} p^{i-2} q^{(n-2)-(i-2)} + np
\end{aligned}$$

$$= n(n-1)p^2 \sum_{i=2}^{n} C_{n-2}^{i-2} p^{i-2} q^{(n-2)-(i-2)} + np = n(n-1)p^2 \sum_{k=0}^{n-2} C_{n-2}^{k} p^k q^{(n-2)-k} + np$$

$$= n(n-1)p^2 (p+q)^{n-2} + np = n(n-1)p^2 + np ,$$

于是

$$D(X) = E(X^2) - \left[E(X)\right]^2 = n(n-1)p^2 + np - (np)^2 = -np^2 + np = np(1-p) = npq .$$

注：证明过程中用到了二项式定理 $(a+b)^n = \sum_{k=0}^{n} C_n^k a^{n-k} b^k$ .

## 二、泊松分布

如果 $X \sim P(\lambda)$ ，则 $E(X) = \lambda$ ， $D(X) = \lambda$ .

证明：因为 $X \sim P(\lambda)$ ，即 $P(X=i) = \dfrac{\lambda^i}{i!} e^{-\lambda}$ ， $i = 0,1,2,\cdots$ ， $\lambda > 0$ .

由期望的定义，可知

$$E(X) = \sum_{i=0}^{\infty} i \cdot \frac{\lambda^i}{i!} e^{-\lambda} = \sum_{i=1}^{\infty} i \cdot \frac{\lambda^i}{i!} e^{-\lambda} = e^{-\lambda} \sum_{i=1}^{\infty} \frac{\lambda^i}{(i-1)!} = \lambda e^{-\lambda} \sum_{i=1}^{\infty} \frac{\lambda^{i-1}}{(i-1)!}$$

$$= \lambda e^{-\lambda} \sum_{k=0}^{\infty} \frac{\lambda^k}{k!} = \lambda e^{-\lambda} \cdot e^{\lambda} = \lambda .$$

又因为

$$E(X^2) = \sum_{i=0}^{\infty} i^2 \cdot \frac{\lambda^i}{i!} e^{-\lambda} = \sum_{i=0}^{\infty} [i(i-1)+i] \frac{\lambda^i}{i!} e^{-\lambda} = \sum_{i=0}^{\infty} i(i-1) \frac{\lambda^i}{i!} e^{-\lambda} + \sum_{i=0}^{\infty} i \frac{\lambda^i}{i!} e^{-\lambda}$$

$$= \sum_{i=2}^{\infty} i(i-1) \frac{\lambda^i}{i!} e^{-\lambda} + \lambda = \sum_{i=2}^{\infty} \frac{\lambda^i}{(i-2)!} e^{-\lambda} + \lambda = e^{-\lambda} \lambda^2 \sum_{i=2}^{\infty} \frac{\lambda^{i-2}}{(i-2)!} + \lambda$$

$$= e^{-\lambda} \cdot \lambda^2 \cdot e^{\lambda} + \lambda = \lambda^2 + \lambda ,$$

于是

$$D(X) = E(X^2) - \left[E(X)\right]^2 = \lambda^2 + \lambda - \lambda^2 = \lambda .$$

注：在上面的推导过程中用到了下面的公式

$$\sum_{n=0}^{\infty} \frac{x^n}{n!} = e^x .$$

## 三、均匀分布

如果 $X \sim U[a,b]$ ，则 $E(X) = \dfrac{a+b}{2}$ ， $D(X) = \dfrac{(b-a)^2}{12}$ .

证明：已在第 2 章 2.6 节例 3 中给出了证明.

## 四、指数分布

若 $X \sim \mathrm{e}(\lambda)$，则 $E(X) = \dfrac{1}{\lambda}$，$D(X) = \dfrac{1}{\lambda^2}$．

证明：因为 $X \sim \mathrm{e}(\lambda)$，即 $X$ 的概率密度函数为 $f(x) = \begin{cases} \lambda \mathrm{e}^{-\lambda x}, & x > 0, \\ 0, & x \leqslant 0. \end{cases}$

由期望的定义，可知

$$E(X) = \int_{-\infty}^{+\infty} x f(x) \mathrm{d}x = \int_{-\infty}^{+\infty} x \lambda \mathrm{e}^{-\lambda x} \mathrm{d}x = \int_0^{+\infty} (-x) \mathrm{d}\mathrm{e}^{-\lambda x} = -\int_0^{+\infty} x \mathrm{d}\mathrm{e}^{-\lambda x} = -\left[ x \mathrm{e}^{-\lambda x} \right]_0^{+\infty} + \int_0^{+\infty} \mathrm{e}^{-\lambda x} \mathrm{d}x .$$

$$= -\lim_{x \to +\infty} \frac{x}{\mathrm{e}^{\lambda x}} - \frac{1}{\lambda} \int_0^{+\infty} \mathrm{e}^{-\lambda x} \mathrm{d}(-\lambda x) = -\lim_{x \to +\infty} \frac{x'}{(\mathrm{e}^{\lambda x})'} - \frac{1}{\lambda} \left[ \mathrm{e}^{-\lambda x} \right]_0^{+\infty}$$

$$= -\lim_{x \to +\infty} \frac{1}{\lambda \mathrm{e}^{\lambda x}} - \frac{1}{\lambda} \left( \lim_{x \to +\infty} \frac{1}{\mathrm{e}^{\lambda x}} - \mathrm{e}^0 \right) = \frac{1}{\lambda} .$$

又因为

$$E(X^2) = \int_{-\infty}^{+\infty} x^2 f(x) \mathrm{d}x = \int_0^{+\infty} x^2 \cdot \lambda \mathrm{e}^{-\lambda x} \mathrm{d}x = -\int_0^{+\infty} x^2 \mathrm{d}\mathrm{e}^{-\lambda x}$$

$$= -\left[ x^2 \mathrm{e}^{-\lambda x} \right]_0^{+\infty} + \int_0^{+\infty} \mathrm{e}^{-\lambda x} \mathrm{d}(x^2) = -\lim_{x \to +\infty} \frac{x^2}{\mathrm{e}^{\lambda x}} + 2 \int_0^{+\infty} x \mathrm{e}^{-\lambda x} \mathrm{d}x$$

$$= -\lim_{x \to +\infty} \frac{(x^2)'}{(\mathrm{e}^{\lambda x})'} - \frac{2}{\lambda} \int_0^{+\infty} x \mathrm{d}\mathrm{e}^{-\lambda x} = -\lim_{x \to +\infty} \frac{2x}{\lambda \mathrm{e}^{\lambda x}} - \frac{2}{\lambda} \left[ \left( x \mathrm{e}^{-\lambda x} \right) \Big|_0^{+\infty} - \int_0^{+\infty} \mathrm{e}^{-\lambda x} \mathrm{d}x \right]$$

$$= -\frac{2}{\lambda} \lim_{x \to +\infty} \frac{x}{\mathrm{e}^{\lambda x}} - \frac{2}{\lambda} \left[ \lim_{x \to +\infty} \frac{x}{\mathrm{e}^{\lambda x}} - 0 - \frac{1}{-\lambda} \int_0^{+\infty} \mathrm{e}^{-\lambda x} \mathrm{d}(-\lambda x) \right]$$

$$= -\frac{4}{\lambda} \lim_{x \to +\infty} \frac{x}{\mathrm{e}^{\lambda x}} - \frac{2}{\lambda^2} \int_0^{+\infty} \mathrm{e}^{-\lambda x} \mathrm{d}(-\lambda x) = -\frac{4}{\lambda} \lim_{x \to +\infty} \frac{(x)'}{(\mathrm{e}^{\lambda x})'} - \frac{2}{\lambda^2} \left( \mathrm{e}^{-\lambda x} \right) \Big|_0^{+\infty}$$

$$= -\frac{4}{\lambda} \lim_{x \to +\infty} \frac{1}{\lambda \mathrm{e}^{\lambda x}} - \frac{2}{\lambda^2} \left( \lim_{x \to +\infty} \mathrm{e}^{-\lambda x} - \mathrm{e}^0 \right)$$

$$= -\frac{4}{\lambda^2} \lim_{x \to +\infty} \frac{1}{\mathrm{e}^{\lambda x}} - \frac{2}{\lambda^2} \lim_{x \to +\infty} \frac{1}{\mathrm{e}^{\lambda x}} + \frac{2}{\lambda^2} = \frac{2}{\lambda^2} ,$$

于是

$$D(X) = E(X^2) - \left[ E(X) \right]^2 = \frac{2}{\lambda^2} - \left( \frac{1}{\lambda} \right)^2 = \frac{1}{\lambda^2} .$$

## 五、正态分布

若 $X \sim N(\mu, \sigma^2)$，则 $E(X) = \mu$，$D(X) = \sigma^2$．

证明：已在第 2 章 2.6 节例 4 中给出了证明．

特别地，若 $X \sim N(0,1)$，则 $E(X) = 0$，$D(X) = 1$．

# 习题 12

（每个同学在班里都有一个学号．将自己的学号除以 4 的余数作为 $a$，这样每个同学都有自己的 $a$ 值．将下列各题中有 $a$ 的地方都换成自己的 $a$ 值，再求解．）

1. 已知某药有效率为 $(70+a)/100$，今用该药试治某病 3 例，$X$ 表示治疗无效的人数，求 $X$ 的概率分布．

2. 据报道，有（$10+a$）%的人对某药有胃肠道反应．为考察某厂的产品质量，现任选 5 人服用此药．试求

（1）$k$ 人有反应的概率（$k=0,1,2,3,4,5$）．

（2）不多于 2 个人有反应的概率．

（3）有人有反应的概率．

3. 某人进行射击，每次命中率为 0.02，独立射击 $400+a$ 次，试求至少击中两次的概率．

4. 重复投掷一枚均匀的骰子 $6+a$ 次，求点数 1 出现的次数至少为 2 次的概率．

5. 重复投掷一枚均匀的硬币 $5+a$ 次，求正面朝上的次数至少为 2 次的概率．

6. 先将一枚骰子进行改造，使得六个面中有一个面是 1 点，两个面是 2 点，三个面是 3 点．假设改造后的骰子仍是均匀的．你的学号除以 3 后的余数再加上 1 作为你关注的点数（假如你的学号为 6，则除以 3 后的余数为 0，你关注的点数就是 1），重复投掷这枚改造后的骰子 5 次．假设 $X$ 表示你所关注的点数出现的次数．求

（1）根据你自己的学号，写出你自己关注的点数．

（2）写出 $X$ 的概率分布（分布列）．

（3）计算你关注的点数至少出现 2 次的概率．

7. 假如生三胞胎的概率为 $10^{-4}$，求在 $10^{5+a}$ 次分娩中，有 0，1，2 次生三胞胎的概率．

8. 在某公共汽车站，每隔 $5+a$ 分钟有一辆公共汽车通过．一个乘客在任意时刻到达车站是等可能的．求：（1）此乘客候车时间 $X$ 的概率密度函数；（2）此乘客候车时间不超过 2 分钟的概率．

9. 假设将你的学号除以 3 的余数再加上 5 作为某路汽车到达甲公交车站的时间间隔（单位为分钟）（比如你的学号为 7，则除以 3 的余数为 1，所以该路汽车到达甲公交车站的间隔为 6 分钟），现假定一个乘客在任意时刻到达甲汽车站是等可能的．求：

（1）根据你的学号，写出该路汽车到达甲汽车站的间隔．

（2）此乘客候车时间 $X$ 的概率密度函数．

（3）此乘客候车时间不超过 3 分钟的概率．

（4）计算 $E(X)$．

10. 从学校乘汽车到火车站的途中有 3 个交通岗，假设在各个交通岗遇到红灯的事件是相互独立的，并且概率都是 $\dfrac{2}{5+a}$，设 $X$ 为途中遇到红灯的次数，求随机变量 $X$ 的数学期

望和方差.

11．牧场的 10 头牛因误食疯牛病毒污染的饲料被感染，已知该病的发病率为 $(2+a)/100$，设发病牛的头数为 $X$，求随机变量 $X$ 的数学期望和方差.

12．设有 $m+a$ 升水，其中含有 $n$ 个大肠杆菌，今任取 1 升水检验，设其中含大肠杆菌的个数为 $X$，求随机变量 $X$ 的数学期望和方差.

13．某次考试中，第一大题由 12 道选择题组成，每题选对得 5 分，不选或选错得 0 分. 小王选对每题的概率为 $(80+a)/100$，求小王第一大题得分的均值.

14．若随机变量 $X$ 服从 $[0,2\pi+a]$ 上的均匀分布，求随机变量 $X$ 的期望和方差.

15．某公共汽车站每隔 $10+a$ 分钟有一辆车经过，某一乘客到车站的时间是任意的，该乘客的候车时间（单位：分钟）是一个随机变量 $X$，求 $X$ 的数学期望与均方差.

16．某班有 $48+a$ 名同学，一次考试后的数学成绩服从正态分布，平均分为 80，标准差为 10，理论上在 80 分到 90 分的人数有多少？

17．已知正态总体 $X$ 落在区间 $(0.2,+\infty)$ 的概率是 $(50+a)/100$，求 $X$ 的数学期望.

18．在一次英语考试中，考试的成绩 $X$ 服从正态分布，且数学期望为 $63+a$，方差为 100，求考试成绩落在区间（60,100）内的概率.

19．若 $X\sim N(\mu,\sigma^2)$，$X_1,X_2,\cdots,X_n$ 为取自 $X$ 中的一个样本，$\overline{X}=\dfrac{1}{n}(X_1+X_2+\cdots+X_n)$，求 $E(\overline{X})$，$D(\overline{X})$.

20．若 $X\sim e(\lambda)$，$D(X)=(2+a)^2$，求 $X$ 落在区间（1,6）内的概率.

# 第 13 章 随机变量的分布函数与随机变量函数的分布

第 2 章曾介绍了随机变量的概念，并给出了随机变量的两种基本的类型，即离散型随机变量和连续型随机变量，还给出了概率分布的描述、离散型随机变量用概率分布或分布列、连续型随机变量用概率密度函数. 遗憾的是，对于离散型随机变量和连续型随机变量没有统一的描述.

数学是在不断地概括与抽象中发展的，如何用一个统一的东西表示其分布情况呢？数学家用分布函数来将离散型随机变量和连续型随机变量进行统一的描述.

本章介绍随机变量分布函数的概念及其求法，并对随机变量函数的分布进行介绍，最后给出映射观点下随机变量的定义，包括离散型随机变量的分布函数、连续型随机变量的分布函数、随机变量函数的分布、映射观点下随机变量的再认识等内容.

## 13.1 离散型随机变量的分布函数

### 一、离散型随机变量的分布函数的概念与求法

第 2 章第 2.2 节，曾经介绍过离散型随机变量的概率分布的概念，即表示离散型随机变量取各个值概率的表格和数学式子统称为离散型随机变量的概率分布或分布列. 例如，随机变量 $X$ 服从 0-1 分布，即

| $X$ | 0 | 1 |
|---|---|---|
| $P$ | $\dfrac{1}{3}$ | $\dfrac{2}{3}$ |

这就是一个概率分布或称分布列.

由离散型随机变量的概率分布，可以求出离散型随机变量落在某个区间的概率，例如，求 $P\{0 < X \leqslant 1\}$. 有时也会遇到求随机变量小于或等于某个值的概率，如 $P\{X \leqslant 0\}$，$P\{X \leqslant 0.5\}$，$P\{X \leqslant 1\}$ 等. 随机变量小于或等于的这个值可以是任意的实数，都能求出相应的概率.

不难看出，$P\{X \leqslant 0.5\} = P\{X = 0\} = \dfrac{1}{3}$. 我们还可以求出 $P\{X \leqslant -1\}$，$P\{X \leqslant 1.5\}$. 对于所有给定的实数 $x$，都能计算出 $P\{X \leqslant x\}$.

如果 $x < 0$，则 $P\{X \leqslant x\} = 0$；

如果 $0 \leqslant x < 1$，则 $P\{X \leqslant x\} = P\{X = 0\} = \dfrac{1}{3}$；

如果 $x \geq 1$，则 $P\{X \leq x\} = P\{X = 0\} + P\{X = 1\} = \dfrac{1}{3} + \dfrac{2}{3} = 1$.

综上，$P\{X \leq x\} = \begin{cases} 0, x < 0, \\ \dfrac{1}{3}, 0 \leq x < 1, \\ 1, x \geq 1. \end{cases}$

称上述函数为随机变量 $X$ 的分布函数，一般记为 $F(x)$，即

$$F(x) = P\{X \leq x\} = \begin{cases} 0, x < 0, \\ \dfrac{1}{3}, 0 \leq x < 1, \\ 1, x \geq 1. \end{cases} \tag{13-1}$$

它的图形如图 13-1 所示.

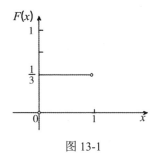

图 13-1

**练习 1**　设随机变量 $Y$ 的概率分布为

| $Y$ | 1 | 2 |
| --- | --- | --- |
| $P$ | $\dfrac{1}{4}$ | $\dfrac{3}{4}$ |

求随机变量 $Y$ 的分布函数.

从式（13-1）可以看出，分布函数 $F(x)$ 具有下面的性质：

（1）$0 \leq F(x) \leq 1$.

（2）$F(x)$ 为不减函数.

（3）$F(x)$ 为右连续.

## 二、离散型随机变量的分布函数与概率分布的互求

上面介绍了离散型随机变量的分布函数的概念和求法，反过来，由离散型随机变量的分布函数可以求出概率分布.

例如，已知离散型随机变量 $Y$ 的分布函数为

$$F(x) = P\{Y \leqslant x\} = \begin{cases} 0, & x < 3, \\ \dfrac{1}{5}, & 3 \leqslant x < 5, \\ 1, & x \geqslant 5. \end{cases}$$

则 $P\{Y=3\} = P\{Y \leqslant 3\} - P\{Y < 3\} = \dfrac{1}{5} - 0 = \dfrac{1}{5}$，$P\{Y=5\} = P\{Y \leqslant 5\} - P\{Y < 5\} = 1 - \dfrac{1}{5} = \dfrac{4}{5}$.

综上，随机变量 $Y$ 的概率分布为

| $Y$ | 3 | 5 |
|---|---|---|
| $P$ | $\dfrac{1}{5}$ | $\dfrac{4}{5}$ |

在求概率分布的过程中，用到分布函数在分界点 $x_i$ 处的函数值，即

$$P\{Y = x_i\} = P\{Y \leqslant x_i\} - P\{Y < x_i\} = F(x_i) - F(x_i - 0).$$

其中 $F(x_i - 0)$ 是 $F(x)$ 在 $x_i$ 处的左极限，表示在 $x_i$ 点左侧临近函数的变化趋势.

**练习2** 已知离散型随机变量 $Z$ 的分布函数为

$$F(x) = P\{Z \leqslant x\} = \begin{cases} 0, & x < 4, \\ \dfrac{1}{3}, & 4 \leqslant x < 6, \\ 1, & x \geqslant 6. \end{cases}$$

求随机变量 $Z$ 的概率分布.

# 13.2　连续型随机变量的分布函数

除了离散型随机变量外，还有一类重要的随机变量——连续型随机变量，这种随机变量 $X$ 可以取某个区间 $[a,b]$ 或 $(-\infty, +\infty)$ 内的一切值. 由于这种随机变量的所有可能取值无法像离散型随机变量那样一一排列，因而也就不能用离散型随机变量的分布列来描述它的概率分布，刻画这种随机变量的概率分布也可以用分布函数.

## 一、连续型随机变量分布函数的概念与求法

在标准正态分布表中，曾经见过函数

$$\Phi(x) = \int_{-\infty}^{x} \frac{1}{\sqrt{2\pi}} e^{-\frac{u^2}{2}} \, du$$

这就是标准正态分布的分布函数，它表示随机变量落在 $(-\infty, x]$ 内的概率，其中的函数 $\dfrac{1}{\sqrt{2\pi}} e^{-\frac{u^2}{2}}$ 是标准正态分布的随机变量 $X$ 的概率密度函数 $p(x)$ 中的自变量 $x$ 用 $u$ 替换的结果. 即

$$\Phi(x) = P\{X \leqslant x\} = \int_{-\infty}^{x} p(u) \, du$$

因为函数 $\dfrac{1}{\sqrt{2\pi}}\mathrm{e}^{-\frac{u^2}{2}}$ 的原函数无法用初等函数表示，所以分布函数的值只能通过近似计算得到. 正因为标准正态分布经常用到，且计算积分值没有规律可循，所以才列出表格供需要时查阅.

有时连续型随机变量的分布函数可以用显函数的方式表示出来，下面通过一个例子加以说明.

**例 1**　设连续型随机变量 $X$ 的概率密度函数为

$$p(x)=\begin{cases}\dfrac{1}{x^2}, & x\geqslant 1,\\[2mm] 0, & x<1.\end{cases}$$

求概率 $P\{X\leqslant 0\}$，$P\{X\leqslant 1\}$，$P\{X\leqslant 2\}$，$P\{X\leqslant 3\}$，$P\{X\leqslant x\}$.

**分析：**

$$P\{X\leqslant 0\}=\int_{-\infty}^{0}p(x)\mathrm{d}x=\int_{-\infty}^{0}0\mathrm{d}x=\left[C\right]_{-\infty}^{0}=C-\lim_{x\to-\infty}C=0，$$

$$P\{X\leqslant 1\}=\int_{-\infty}^{1}p(x)\mathrm{d}x=\int_{-\infty}^{1}0\mathrm{d}x=\left[C\right]_{-\infty}^{1}=C-\lim_{x\to-\infty}C=0，$$

$$P\{X\leqslant 2\}=\int_{-\infty}^{2}p(x)\mathrm{d}x=\int_{-\infty}^{1}p(x)\mathrm{d}x+\int_{1}^{2}p(x)\mathrm{d}x=\int_{-\infty}^{1}0\mathrm{d}x+\int_{1}^{2}\dfrac{1}{x^2}\mathrm{d}x$$

$$=0+\left[-\dfrac{1}{x}\right]_{1}^{2}=-\left[\dfrac{1}{x}\right]_{1}^{2}=-\left(\dfrac{1}{2}-1\right)=\dfrac{1}{2}，$$

$$P\{X\leqslant 3\}=\int_{-\infty}^{3}p(x)\mathrm{d}x=\int_{-\infty}^{1}p(x)\mathrm{d}x+\int_{1}^{3}p(x)\mathrm{d}x=\int_{-\infty}^{1}0\mathrm{d}x+\int_{1}^{3}\dfrac{1}{x^2}\mathrm{d}x$$

$$=0+\left[-\dfrac{1}{x}\right]_{1}^{3}=-\left[\dfrac{1}{x}\right]_{1}^{3}=-\left(\dfrac{1}{3}-1\right)=1-\dfrac{1}{3}=\dfrac{2}{3}，$$

综上，

$$P\{X\leqslant x\}=\int_{-\infty}^{x}p(u)\mathrm{d}u=\begin{cases}0, & x\leqslant 1,\\[2mm] 1-\dfrac{1}{x}, & x>1.\end{cases}$$

将此函数称为连续型随机变量 $X$ 的分布函数，记作 $F(x)$，即 $F(x)=P\{X\leqslant x\}=\int_{-\infty}^{x}p(u)\mathrm{d}u$.

**练习 1**　设连续型随机变量 $X$ 的概率密度函数为

$$p(x)=\begin{cases}\dfrac{8}{x^3}, & x\geqslant 2,\\[2mm] 0, & x<2.\end{cases}$$

求概率 $P\{X\leqslant 0\}$，$P\{X\leqslant 1\}$，$P\{X\leqslant 2\}$，$P\{X\leqslant 3\}$，$P\{X\leqslant x\}$.

**例 2**　连续型随机变量 $X$ 的概率密度函数为

$$p(x) = \begin{cases} \dfrac{1}{2}, 1 \leqslant x \leqslant 3, \\ 0, \text{其他}. \end{cases}$$

求随机变量 $X$ 的分布函数 $F(x)$.

**解：**

当 $x < 1$ 时，$F(x) = \displaystyle\int_{-\infty}^{x} p(u)\mathrm{d}u = \int_{-\infty}^{x} 0\mathrm{d}u = 0$；

当 $1 \leqslant x \leqslant 3$ 时，$F(x) = \displaystyle\int_{-\infty}^{x} p(u)\mathrm{d}u = \int_{-\infty}^{1} 0\mathrm{d}u + \int_{1}^{x} \dfrac{1}{2}\mathrm{d}u = \dfrac{1}{2}\int_{1}^{x}\mathrm{d}u = \dfrac{1}{2}\left[u\right]_{1}^{x} = \dfrac{1}{2}(x-1)$；

当 $x > 3$ 时，$F(x) = \displaystyle\int_{-\infty}^{x} p(u)\mathrm{d}u = \int_{-\infty}^{1} 0\mathrm{d}u + \int_{1}^{3} \dfrac{1}{2}\mathrm{d}u + \int_{3}^{x} 0\mathrm{d}u = \dfrac{1}{2}\int_{1}^{3}\mathrm{d}u = \dfrac{1}{2}\left[u\right]_{1}^{3} = 1$.

综上，$F(x) = \displaystyle\int_{-\infty}^{x} p(u)\mathrm{d}u = \begin{cases} 0, & x < 1, \\ \dfrac{1}{2}(x-1), & 1 \leqslant x \leqslant 3, \\ 1, & x > 3. \end{cases}$

**练习2**　连续型随机变量 $X$ 的概率密度函数为

$$p(x) = \begin{cases} \dfrac{1}{3}, 0 \leqslant x \leqslant 3, \\ 0, \text{其他}. \end{cases}$$

求随机变量 $X$ 的分布函数 $F(x)$.

**例3**　服从指数分布的随机变量 $X$，其概率密度函数为 $p(x) = \begin{cases} 2\mathrm{e}^{-2x}, x > 0, \\ 0, \quad x \leqslant 0. \end{cases}$，求随机变量 $X$ 的分布函数 $F(x)$.

**解：**

当 $x \leqslant 0$ 时，$F(x) = \displaystyle\int_{-\infty}^{x} p(u)\mathrm{d}u = \int_{-\infty}^{x} 0\mathrm{d}u = 0$.

当 $x \geqslant 0$ 时，

$$F(x) = \int_{-\infty}^{x} p(u)\mathrm{d}u = \int_{-\infty}^{0} 0\mathrm{d}u + \int_{0}^{x} 2\mathrm{e}^{-2u}\mathrm{d}u = -\int_{0}^{x} \mathrm{e}^{-2u}\mathrm{d}(-2u) = \left[-\mathrm{e}^{-2u}\right]_{0}^{x} = 1 - \mathrm{e}^{-2x}.$$

综上，$F(x) = \displaystyle\int_{-\infty}^{x} p(u)\mathrm{d}u = \begin{cases} 0, & x \leqslant 0, \\ 1 - \mathrm{e}^{-2x}, & x > 0. \end{cases}$

**练习3**　服从指数分布的随机变量 $X$，其概率密度函数为 $p(x) = \begin{cases} 3\mathrm{e}^{-3x}, x > 0, \\ 0, \quad x \leqslant 0. \end{cases}$，求随机变量 $X$ 的分布函数 $F(x)$.

## 二、连续型随机变量的分布函数与概率密度函数的互求

上面介绍了连续型随机变量的分布函数的概念和求法，反过来，由连续型随机变量的分布函数也可以求出概率密度函数.

因为 $F(x) = \int_{-\infty}^{x} p(u)\mathrm{d}u$ ，是一个变上限的积分，所以不难看出 $F'(x) = p(x)$ ．由此可以得到由分布函数求概率密度函数的方法，下面通过一个例子加以说明．

**例 4**　已知连续型随机变量 $X$ 的分布函数为

$$F(x) = \begin{cases} 0, & x < 1, \\ \dfrac{1}{2}(x-1), & 1 \leqslant x \leqslant 3, \\ 1, & x > 3. \end{cases}$$

求随机变量 $X$ 的概率密度函数．

**解：** 当 $x < 1$ 时，$F'(x) = 0$ ．

当 $1 < x < 3$ 时，$F'(x) = \dfrac{1}{2}$ ．

当 $x > 3$ 时，$F'(x) = 0$ ．

于是

$$p(x) = \begin{cases} \dfrac{1}{2}, & 1 \leqslant x \leqslant 3, \\ 0, & 其他. \end{cases}$$

**注：** 当分布函数为分段函数时，一般在分界点处导数不存在，此时在分界点处的概率密度值，既可以取左侧点的函数值也可以取右侧的函数值．例 4 的概率密度函数也可写成

$$p(x) = \begin{cases} \dfrac{1}{2}, & 1 < x < 3, \\ 0, & 其他. \end{cases}$$

**练习 4**　已知连续型随机变量 $X$ 的分布函数为

$$F(x) = \int_{-\infty}^{x} p(x)\mathrm{d}x = \begin{cases} 0, & x \leqslant 0, \\ 1 - (1+x)\mathrm{e}^{-x}, & x > 0. \end{cases}$$

求随机变量 $X$ 的概率密度函数．

## 13.3　随机变量函数的分布

在许多实际问题中，所考虑的随机变量往往依赖于另一个随机变量．例如，一个商店某天销售某种商品的数量 $X$ ，是一个随机变量，销售该商品的利润 $Y$ 也是一个随机变量，但 $Y$ 可以用 $X$ 表示．假设每件商品的卖价为 50 元，成本价为 35 元，则 $Y = 50X - 35X = 15X$ ．如果设 $f(x) = 15x$ ，则有 $Y = 15X = f(X)$ ，此时称 $Y$ 为随机变量 $X$ 的函数．

已知随机变量 $X$ 的概率分布，求出随机变量 $X$ 的函数 $f(X)$ 的概率分布，本节分别介绍离散型随机变量和连续型随机变量函数概率分布的求法．

# 一、离散型随机变量函数的分布

先看一个例子.

**引例 1**　设某球员在某固定点投篮的命中率是 $\dfrac{1}{3}$，现投篮 2 次，用 $X$ 表示进球数，则 $X \sim B\left(2, \dfrac{1}{3}\right)$，其概率分布为

| $X$ | 0 | 1 | 2 |
|---|---|---|---|
| $P$ | $\dfrac{4}{9}$ | $\dfrac{4}{9}$ | $\dfrac{1}{9}$ |

如果采用计分的办法，每进一球得 2 分，则试求该球员的得分 $Y$ 的概率分布.

**分析**：$Y$ 的取值为 0，2，4，$Y$ 也是随机变量. 因为 $Y=2X$，所以考虑利用 $X$ 的概率分布来求 $Y$ 的概率分布. 由于

$$P\{Y=0\}=P\{X=0\}，P\{Y=2\}=P\{X=1\}，P\{Y=4\}=P\{X=2\}，$$

于是，$Y$ 的概率分布列为

| $Y$ | 0 | 2 | 4 |
|---|---|---|---|
| $P$ | $\dfrac{4}{9}$ | $\dfrac{4}{9}$ | $\dfrac{1}{9}$ |

在上面的引例 1 中，$Y=2X=f(X)$，其中函数 $f(x)=2x$，是一一对应的，所以求随机变量 $Y$ 的概率分布，只需将 $X$ 的取值替换成 $Y$ 的对应取值即可，至多有时需要重新排一下顺序而已.

**例 1**　已知随机变量 $X$ 的分布列为

| $X$ | −1 | 0 | 1 | 2 |
|---|---|---|---|---|
| $p_k$ | 0.1 | 0.2 | 0.3 | 0.4 |

求 $Y=1-2X$ 的分布列.

**解**：当 $X=-1$ 时，$Y=1-2(-1)=3$；

当 $X=0$ 时，$Y=1-2(0)=1$；

当 $X=1$ 时，$Y=1-2(1)=-1$；

当 $X=2$ 时，$Y=1-2(2)=-3$.

于是，$Y$ 的分布列为

| $Y$ | 3 | 1 | −1 | −3 |
|---|---|---|---|---|
| $P$ | 0.1 | 0.2 | 0.3 | 0.4 |

写成规范形式为

| Y | −3 | −1 | 1 | 3 |
|---|---|---|---|---|
| P | 0.4 | 0.3 | 0.2 | 0.1 |

若函数 $f(x)$ 不是一一对应的时, 则求 $Y = f(X)$ 的概率分布列就不那么简单了, 下面举例说明.

**引例 2**　某单位举行抽奖游戏, 让每个获奖者掷一次骰子, 根据掷出的点数 $X$, 来确定奖金数额 $Y$, 假设 $Y = (X-3)^2 + (X-5)^2$, 试写出随机变量 $Y$ 的概率分布.

**分析:** $X$ 的概率分布为

| X | 1 | 2 | 3 | 4 | 5 | 6 |
|---|---|---|---|---|---|---|
| P | $\dfrac{1}{6}$ | $\dfrac{1}{6}$ | $\dfrac{1}{6}$ | $\dfrac{1}{6}$ | $\dfrac{1}{6}$ | $\dfrac{1}{6}$ |

当 $X = 1$ 时, $Y = (1-3)^2 + (1-5)^2 = 20$; 当 $X = 2$ 时, $Y = (2-3)^2 + (2-5)^2 = 10$;

当 $X = 3$ 时, $Y = (3-3)^2 + (3-5)^2 = 4$; 当 $X = 4$ 时, $Y = (4-3)^2 + (4-5)^2 = 2$;

当 $X = 5$ 时, $Y = (5-3)^2 + (5-5)^2 = 4$; 当 $X = 6$ 时, $Y = (6-3)^2 + (6-5)^2 = 10$.

从上面的分析可以看出, $Y$ 的取值为 $2,4,10,20$.

取各个值的概率分别为

$$P\{Y = 2\} = P\{X = 4\} = \frac{1}{6},$$

$$P\{Y = 4\} = P\{\{X = 3\} \bigcup \{X = 5\}\} = P\{X = 3\} + P\{X = 5\} = \frac{1}{6} + \frac{1}{6} = \frac{1}{3},$$

$$P\{Y = 10\} = P\{\{X = 2\} \bigcup \{X = 6\}\} = P\{X = 2\} + P\{X = 6\} = \frac{1}{6} + \frac{1}{6} = \frac{1}{3},$$

$$P\{Y = 20\} = P\{X = 1\} = \frac{1}{6}.$$

写成表格的形式如下

| Y | 2 | 4 | 10 | 20 |
|---|---|---|---|---|
| P | $\dfrac{1}{6}$ | $\dfrac{1}{3}$ | $\dfrac{1}{3}$ | $\dfrac{1}{6}$ |

从引例 2 可知, 求 $Y = f(X)$ 的概率分布列时, 如果 $f(x)$ 不是一一对应的, 则需要根据概率加法定理, 将使得 $Y$ 值相同的那些 $X$ 取值的概率相加, 从而得到随机变量 $Y$ 取该值的概率, 进而得到 $Y$ 的分布.

也可以直接在分布列的表格上进行运算, 然后再进行整理和排序. 引例 2 也可以按如下的步骤进行求解.

**解：**

| $Y$ | 20 | 10 | 4 | 2 | 4 | 10 |
|---|---|---|---|---|---|---|
| $X$ | 1 | 2 | 3 | 4 | 5 | 6 |
| $P$ | $\dfrac{1}{6}$ | $\dfrac{1}{6}$ | $\dfrac{1}{6}$ | $\dfrac{1}{6}$ | $\dfrac{1}{6}$ | $\dfrac{1}{6}$ |

于是，随机变量 $Y$ 的概率分布为

| $Y$ | 2 | 4 | 10 | 20 |
|---|---|---|---|---|
| $P$ | $\dfrac{1}{6}$ | $\dfrac{1}{3}$ | $\dfrac{1}{3}$ | $\dfrac{1}{6}$ |

**例 2**　设 $X$ 的分布列为

| $X$ | −1 | 0 | 1 | 2 |
|---|---|---|---|---|
| $P$ | 0.1 | 0.2 | 0.3 | 0.4 |

求 $Y = X^2$ 的分布列．

**解：**方法一

当 $X = -1$ 时，$Y = 1$；当 $X = 0$ 时，$Y = 0$；当 $X = 1$ 时，$Y = 1$；当 $X = 2$ 时，$Y = 4$．

于是，$Y$ 的分布列为

| $Y$ | 0 | 1 | 4 |
|---|---|---|---|
| $P$ | 0.2 | 0.4 | 0.4 |

方法二

| $Y$ | 1 | 0 | 1 | 4 |
|---|---|---|---|---|
| $X$ | −1 | 0 | 1 | 2 |
| $P$ | 0.1 | 0.2 | 0.3 | 0.4 |

于是，$Y$ 的分布列为

| $Y$ | 0 | 1 | 4 |
|---|---|---|---|
| $P$ | 0.2 | 0.4 | 0.4 |

**练习 1**　设 $X$ 的分布列为

| $X$ | −1 | 0 | 1 |
|---|---|---|---|
| $P$ | 0.4 | 0.2 | 0.4 |

求 $Y = X^2 + 1$ 的分布列．

## 二、连续型随机变量函数的分布

先看一个例子.

**引例 3**　某人每天从家里出发去上班, 他从家里先步行 5 分钟, 再到公交站 $A$ 乘特定线路, 行驶 20 分钟到达公交站 $B$ 后, 再步行 5 分钟到达单位. 假设该特定线路的车每 10 分钟一趟, 他候车的时间 $X$ 服从均匀分布, 求他从家里到单位所用时间 $Y$ 的概率密度函数.

**分析：** 由题意, $X$ 的概率密度函数为

$$p_X(x) = \begin{cases} \dfrac{1}{10}, & 0 \leqslant x \leqslant 10, \\ 0, & \text{其他.} \end{cases}$$

由题意不难看出, $Y = 5 + X + 20 + 5 = 30 + X$, 可以猜出 $Y$ 的取值范围为 $[30, 40]$, 且为均匀分布. 于是 $Y$ 的概率密度函数为

$$p_Y(y) = \begin{cases} \dfrac{1}{10}, & 30 \leqslant y \leqslant 40, \\ 0, & \text{其他.} \end{cases}$$

本题比较简单, 可以通过"猜"得出概率密度函数. 当 $Y$ 与 $X$ 之间的函数比较复杂时, 很难通过"猜"得出概率密度函数, 为此需要研究一般的方法.

为了求出 $Y$ 的概率密度函数, 首先利用概率密度函数与分布函数的互求关系, 将问题转化为求随机变量 $Y$ 的分布函数. 其次, 因为随机变量 $Y$ 的分布函数是事件 $\{Y \leqslant y\}$ 的概率, 利用随机变量 $Y$ 与 $X$ 之间的函数关系, 将事件 $\{Y \leqslant y\}$ 用随机变量 $X$ 满足的条件来表示, 从而可以与已知的 $X$ 的概率密度函数联系起来. 最后利用变上限的定积分的求导定理, 可以得到 $Y$ 的概率密度函数.

求解过程如下：

（1）先求 $Y$ 的分布函数

$$F_Y(y) = P\{Y \leqslant y\} = P\{30 + X \leqslant y\} = P\{X \leqslant y - 30\} = \int_{-\infty}^{y-30} p(x)\mathrm{d}x .$$

（2）将 $F_Y(y)$ 对 $y$ 求导, 利用变上限的定积分的求导定理（详见附录 A）, 可得

$$p_Y(y) = F_Y'(y) = \left( \int_{-\infty}^{y-30} p(x)\mathrm{d}x \right)' = p(y-30) \cdot (y-30)' = p(y-30),$$

再利用外层函数为分段函数的复合函数的求法（详见附录 F）, 于是 $Y$ 的概率密度函数为

$$p_Y(y) = \begin{cases} \dfrac{1}{10}, & 30 \leqslant y \leqslant 40, \\ 0, & \text{其他.} \end{cases}$$

此结果与直观猜测的结果完全一致.

下面再举一些例子.

**例 3**　设 $X$ 的概率密度为

$$p(x) = \begin{cases} \dfrac{1}{2}x, & 0 < x < 2, \\ 0, & \text{其他.} \end{cases}$$

令 $Y = 3X - 1$，求 $Y$ 的概率密度 $p_Y(y)$．

**解：**（1）先求 $Y$ 的分布函数

$$F_Y(y) = P\{Y \leqslant y\} = P\{3X - 1 \leqslant y\} = P\{X \leqslant \frac{y+1}{3}\} = \int_{-\infty}^{\frac{y+1}{3}} p(x)\mathrm{d}x$$

（2）将 $F_Y(y)$ 对 $y$ 求导

利用变上限的定积分的求导定理，可得

$$p_Y(y) = F_Y^{'}(y) = \left(\int_{-\infty}^{\frac{y+1}{3}} p(x)\mathrm{d}x\right)' = p\left(\frac{y+1}{3}\right) \cdot \left(\frac{y+1}{3}\right)' = \frac{1}{3}p\left(\frac{y+1}{3}\right),$$

再利用外层函数为分段函数的复合函数的求法（详见附录 F），于是 $Y$ 的概率密度函数为

$$p_Y(y) = \frac{1}{3}p\left(\frac{y+1}{3}\right) = \frac{1}{3}\begin{cases} \dfrac{1}{2}\left(\dfrac{y+1}{3}\right), & 0 < \dfrac{y+1}{3} < 2, \\ 0, & \text{其他} \end{cases} = \begin{cases} \dfrac{1}{18}(y+1), & -1 < y < 5, \\ 0, & \text{其他.} \end{cases}$$

**练习2**　设 $X$ 的概率密度为

$$p(x) = \begin{cases} \dfrac{1}{9}x^2, & 0 \leqslant x \leqslant 3, \\ 0, & \text{其他.} \end{cases}$$

令 $Y = 4X + 2$，求 $Y$ 的概率密度 $p_Y(y)$．

**例4**　设随机变量 $X$ 服从标准正态分布，即 $X$ 的概率密度为

$$p(x) = \frac{1}{\sqrt{2\pi}}\mathrm{e}^{-\frac{x^2}{2}}, \quad -\infty < x < +\infty．$$

令 $Y = 1 - 2X$，求 $Y$ 的概率密度 $p_Y(y)$．

**解：**（1）先求 $Y$ 的分布函数

$$F_Y(y) = P\{Y \leqslant y\} = P\{1 - 2X \leqslant y\} = P\{-X \leqslant \frac{y-1}{2}\} = P\{X \geqslant \frac{1-y}{2}\}$$

$$= 1 - P\{X < \frac{1-y}{2}\} = 1 - \int_{-\infty}^{\frac{1-y}{2}} p(x)\mathrm{d}x．$$

（2）对 $F_Y(y)$ 关于 $y$ 求导

$$p_Y(y) = F_Y^{'}(y) = \left(1 - \int_{-\infty}^{\frac{1-y}{2}} p(x)\mathrm{d}x\right)' = -\left(\int_{-\infty}^{\frac{1-y}{2}} p(x)\mathrm{d}x\right)'$$

$$= -p\left(\frac{1-y}{2}\right)\left(\frac{1-y}{2}\right)' = \frac{1}{2}p\left(\frac{1-y}{2}\right) = \frac{1}{2}\frac{1}{\sqrt{2\pi}}\mathrm{e}^{-\frac{\left(\frac{1-y}{2}\right)^2}{2}} = \frac{1}{2\sqrt{2\pi}}\mathrm{e}^{-\frac{(y-1)^2}{2\times 2^2}}．$$

对照第 3 章第 1 节式（3-1）不难看出，$Y \sim N(1,2^2)$．

**练习 3**　设随机变量 $X \sim N(\mu, \sigma^2)$，令 $Y = \dfrac{X - \mu}{\sigma}$，求 $Y$ 的概率密度 $p_Y(y)$．

练习 3 的求解过程，实际上就是第 3 章第 4 节定理 1 的证明．

例 4 和练习 3 隐含着一个一般性的结论，表述为下面的定理．

**定理 1**　如果随机变量 $X \sim N(\mu, \sigma^2)$，则 $Y = aX + b \sim N(a\mu + b, (a\sigma)^2)$．

**例 5**　设随机变量 $X$ 服从标准正态分布，即 $X$ 的概率密度为

$$p(x) = \frac{1}{\sqrt{2\pi}} \mathrm{e}^{-\frac{x^2}{2}}, \quad -\infty < x < +\infty.$$

令 $Y = X^2$，求 $Y$ 的概率密度 $p_Y(y)$．

**解：**（1）先求 $Y$ 的分布函数

$F_Y(y) = P\{Y \leqslant y\} = P\{X^2 \leqslant y\}$

当 $y \leqslant 0$ 时，$F_Y(y) = P\{Y \leqslant y\} = P\{X^2 \leqslant y\} = 0$；

当 $y > 0$ 时，

$F_Y(y) = P\{Y \leqslant y\} = P\{X^2 \leqslant y\} = P\{|X| \leqslant \sqrt{y}\} = P\{-\sqrt{y} \leqslant X \leqslant \sqrt{y}\}$

$\quad = P\{X \leqslant \sqrt{y}\} - (1 - P\{X \leqslant \sqrt{y}\}) = 2P\{X \leqslant \sqrt{y}\} - 1 = 2\displaystyle\int_{-\infty}^{\sqrt{y}} p(x)\mathrm{d}x - 1$．

（2）对 $F_Y(y)$ 关于 $y$ 求导

当 $y \leqslant 0$ 时，$p_Y(y) = F_Y'(y) = 0$；

当 $y > 0$ 时，

$$p_Y(y) = F_Y'(y) = \left(2\int_{-\infty}^{\sqrt{y}} p(x)\mathrm{d}x - 1\right)' = 2\left(\int_{-\infty}^{\sqrt{y}} p(x)\mathrm{d}x\right)' = 2p(\sqrt{y})(\sqrt{y})' = \frac{1}{\sqrt{y}} p(\sqrt{y})$$

$$= \frac{1}{\sqrt{y}} \frac{1}{\sqrt{2\pi}} \mathrm{e}^{-\frac{(\sqrt{y})^2}{2}} = \frac{1}{\sqrt{y}} \frac{1}{\sqrt{2\pi}} \mathrm{e}^{-\frac{y}{2}} = \frac{1}{\sqrt{2\pi}} y^{-\frac{1}{2}} \mathrm{e}^{-\frac{y}{2}}.$$

于是 $Y$ 的概率密度函数为

$$p(y) = \begin{cases} 0, & y \leqslant 0, \\ \dfrac{1}{\sqrt{2\pi}} y^{-\frac{1}{2}} \mathrm{e}^{-\frac{y}{2}}, & y > 0. \end{cases}$$

此概率密度函数恰好是 $\chi^2(1)$ 的概率密度函数，由此我们得到下面的重要定理：

**定理 1**　如果随机变量 $X \sim N(0,1)$，则 $X^2 \sim \chi^2(1)$．

**练习 4**　设随机变量 $X \sim N(2,9)$，令 $Y = \left(\dfrac{X-2}{3}\right)^2$，求 $Y$ 的概率密度 $p_Y(y)$．

**练习 5**　设随机变量 $X \sim F(n_1, n_2)$，证明 $\dfrac{1}{X} \sim F(n_2, n_1)$．

# 13.4　映射观点下随机变量的再认识

第 2 章 2.1 节曾介绍了随机变量的描述性定义，在第 10 章 10.3 节又给出了随机试验，随机事件和样本空间的概念，本节在映射的观点下给出随机变量的定义．先看几个具体的例子．

**例 1**　掷骰子观察掷出的点数．

由第 2 章 2.1 节可知，有下面 6 个事件表示如下（这里为了加深印象，再次简单地加以阐述）：

$A$="出现的点数为 1"，$B$="出现的点数为 2"，$C$="出现的点数为 3"，

$D$="出现的点数为 4"，$E$="出现的点数为 5"，$F$="出现的点数为 6"．

像"出现的点数"这几个字重复出现，引入一个字母 $X$ 表示之，则上述随机事件都可以用该字母等于某个数值来表示，例如，

$$A=\{X=1\}，B=\{X=2\}，C=\{X=3\}，D=\{X=4\}，E=\{X=5\}，F=\{X=6\}．$$

称 $X$ 为随机变量，因为它的取值多于一个，且取哪个值在投掷之前不能准确预测．

掷一次骰子可以看成是做了一次试验，根据随机试验的定义，也是一次随机试验．上面的事件 $A,B,C,D,E,F$ 是基本事件，把它们放在一起构成的集合，就是样本空间，即样本空间 $\Omega=\{A,B,C,D,E,F\}$．随机变量 $X$ 起到了一个对应规律的作用，对于样本空间中的每一个基本事件都有唯一的实数与之对应，即

$$X(A)=1，X(B)=2，X(C)=3，X(D)=4，X(E)=5，X(F)=6．$$

我们曾在高等数学（上册）中介绍了映射的概念，定义如下：

**定义 1**　设 $A$，$B$ 是两个非空集合，如果按某一个确定的对应规则 $f$，使对于集合 $A$ 中的每一个元素 $x$，在集合 $B$ 中都有唯一确定的元素 $y$ 与之对应，那么就称对应规则 $f$ 为从集合 $A$ 到集合 $B$ 上的一个映射．

根据映射的定义，不难看出随机变量 $X$ 就是样本空间到实数集合上的映射．

**例 2**　投硬币观察正面朝上还是反面朝上．

由第 2 章 2.1 节可知，有下面 2 个事件，表示如下：

$$A="正面朝上"，B="反面朝上"．$$

虽然上述两个事件的描述中没有数量，但我们可以定义一个字母 $Z$ 为"出现正面的次数"，则 $A=\{Z=1\}$，$B=\{Z=0\}$．其中 $Z$ 就是一个随机变量，它的取值为 0,1．

投一次硬币可以看成是做了一次试验，根据随机试验的定义，也是一次随机试验．上面的事件 $A,B$ 是基本事件，把它们放在一起构成的集合，就是样本空间，即样本空间 $\Omega=\{A,B\}$．随机变量 $Z$ 起到了一个对应规律的作用，对于样本空间中的每一个基本事件都有唯一的实数与之对应，即

$$Z(A)=1，Z(B)=0．$$

根据映射的定义，不难看出随机变量 $X$ 就是样本空间到实数集合上的映射.

**例 3**　设通过某公交车站的某路汽车每 10 分钟一辆，某乘客随机地到达该公交站，考察该乘客乘该路汽车的候车时间.

如果用 $X$ 表示"该乘客乘该路汽车的候车时间"这段文字，则 $X$ 是一个随机变量，它的取值范围为区间 $[0,10]$，$X$ 也是连续型随机变量.

这里的基本事件有无穷多个，可以表示为

$$A_x = \text{"该乘客乘该路汽车的候车时间为 } x\text{"}, \quad x \in [0,10].$$

该乘客乘该路汽车一次可以看成是做了一次试验，根据随机试验的定义，也是一次随机试验. 样本空间 $\Omega = \{A_x \mid x \in [0,10]\}$. 随机变量 $X$ 起到了一个对应规律的作用，对于样本空间中的每一个基本事件都有唯一的实数与之对应，即

$$X(A_x) = x, \quad x \in [0,10].$$

根据映射的定义，不难看出随机变量 $X$ 就是样本空间到实数集合上的映射.

从例 1 ~ 例 3，不难抽象出随机变量的新定义如下：

**定义 2**　对于给定的随机试验，设样本空间为 $\Omega$，如果对于 $\Omega$ 中的每一个基本事件 $\omega$，都有唯一的实数 $X(\omega)$ 与之对应，这样就得到了一个定义在样本空间上的映射 $X$，称此映射为随机变量.

# 习题 13

1. 设随机变量 $X$ 的概率分布为

| $Y$ | $-1$ | $1$ |
| --- | --- | --- |
| $P$ | $\dfrac{1}{4}$ | $\dfrac{3}{4}$ |

求 $X$ 的分布函数.

2. 已知离散型随机变量 $X$ 的分布函数为

$$F(x) = \begin{cases} 0, & x < 1, \\ \dfrac{1}{4}, & 1 \leqslant x < 3, \\ 1, & x \geqslant 3. \end{cases}$$

求随机变量 $X$ 的概率分布.

3. 设 $X$ 的分布列为

| $X$ | $-1$ | $0$ | $1$ |
| --- | --- | --- | --- |
| $P$ | 0.3 | 0.3 | 0.4 |

求 $Y = X^2 - 1$ 的分布列.

4. 设 $X$ 的概率密度函数为

$$p(x) = \begin{cases} \dfrac{1}{9}x^2, & 0 \leqslant x \leqslant 3, \\ 0, & \text{其他.} \end{cases}$$

令 $Y = 3X - 2$，求 $Y$ 的概率密度函数 $p_Y(y)$．

5．设随机变量 $X \sim N(1,4)$，令 $Y = \dfrac{X-1}{2}$，求 $Y$ 的概率密度函数 $p_Y(y)$．

# 第 14 章　二维随机变量的分布与数字特征

前面介绍的随机现象都是可用一个随机变量来描述的，但是在实际问题中随机现象往往需要两个或两个以上的随机变量来描述. 如要研究某炮手对于某款炮弹的射击命中率，需要了解弹着点的位置. 又如会面问题：有两个汽车司机，在 00:00～1:00 之间到达某地，他们商定先到者等 10 分钟再走，问两个人能会面的概率有多大？像这样的问题，就需要同时考虑两个随机变量. 有时还需要研究多维随机变量. 因为从一维到二维有很多新内容，而从二维到多维几乎可以类推，所以本章只介绍二维随机变量，主要包括二维随机变量及其分布、边缘分布、随机变量的独立性、条件分布、二维随机变量函数的分布与数学期望、二维随机变量的相关系数与协方差等内容.

## 14.1　二维随机变量及其分布

上面谈到的弹着点位置，需要方向角 $\theta$ 和距离 $\rho$ 两个随机变量才可以描述清楚. 会面问题，需要用甲到达的时刻 $X$ 与乙到达的时刻 $Y$ 才能描述清楚.

将两个随机变量放在一起，并按照一定的顺序排列的随机变量，如弹着点位置问题的 $(\theta,\rho)$，会面问题的 $(X,Y)$，称为二维随机变量.

二维随机变量可分为离散型和连续型两种基本情况，下面分别来介绍.

## 一、二维离散型随机变量及其分布

### 1. 二维离散型随机变量与联合分布列

先看一个例子.

**引例 1**　一个口袋中有大小形状完全相同的 2 红、4 白共 6 个球，现从袋中有放回地随机摸两次球，每次摸一个，求第一次摸到红球并且第二次摸到白球的概率.

**分析**：为了描述这个事件需要两个随机变量，定义如下

$$X = \begin{cases} 0, & \text{表示第一次取红球,} \\ 1, & \text{表示第一次取白球,} \end{cases} \qquad Y = \begin{cases} 0, & \text{表示第二次取红球,} \\ 1, & \text{表示第二次取白球.} \end{cases}$$

因为它们的取值都是有限个，所以称 $(X,Y)$ 为二维离散型随机变量.

有时也会遇到两个随机变量的取值均为可列个的情况.这些都称为二维离散型随机变量.

一般地，有下面的定义.

**定义 1**　如果二维随机变量 $(X,Y)$ 可能的取值只有有限个或无穷可列个, 则称 $(X,Y)$ 为二维离散型随机变量.

引例 1 中所求第一次摸到红球并且第二次摸到白球的概率，可以表示为 $P\{X=0,Y=1\}$. 因为是有放回的，所以

$$P\{X=0,Y=1\}=\frac{2\times4}{6\times6}=\frac{2}{9}.$$

有时也需要求出所有情况的概率

$$P\{X=0,Y=0\}=\frac{2\times2}{6\times6}=\frac{1}{9},$$

$$P\{X=1,Y=0\}=\frac{4\times2}{6\times6}=\frac{2}{9},$$

$$P\{X=1,Y=1\}=\frac{4\times4}{6\times6}=\frac{4}{9}.$$

上述结果可以用一个表格简洁地表示如下

| $X$ | $Y$ | |
|---|---|---|
| | 0 | 1 |
| 0 | $\frac{1}{9}$ | $\frac{2}{9}$ |
| 1 | $\frac{2}{9}$ | $\frac{4}{9}$ |

我们将表示二维随机变量取所有值概率的表达式或表格，统称为二维随机变量的联合概率分布或联合分布列. 用数学语言表示如下：

**定义 2**　设二维随机变量 $(X,Y)$ 所有可能的取值为 $(x_i,y_j),(i,j=1,2,\cdots)$，则称 $P(X=x_i,Y=y_j)=p_{ij},(i,j=1,2,\cdots)$ 为 $(X,Y)$ 的联合概率分布或联合分布列.

二维离散型随机变量 $(X,Y)$ 的联合分布有时也用如下的概率分布表来表示：

| $X$ | $Y$ | | | | |
|---|---|---|---|---|---|
| | $y_1$ | $y_2$ | $\cdots$ | $y_j$ | $\cdots$ |
| $x_1$ | $p_{11}$ | $p_{12}$ | $\cdots$ | $p_{1j}$ | $\cdots$ |
| $x_2$ | $p_{21}$ | $p_{22}$ | $\cdots$ | $p_{2j}$ | $\cdots$ |
| $\cdots$ | $\cdots$ | $\cdots$ | $\cdots$ | $\cdots$ | $\cdots$ |
| $x_i$ | $p_{i1}$ | $p_{i2}$ | $\cdots$ | $p_{ij}$ | $\cdots$ |
| $\cdots$ | $\cdots$ | $\cdots$ | $\cdots$ | $\cdots$ | $\cdots$ |

**例 1**　一个口袋中有大小形状完全相同的 2 红、4 白共 6 个球，现从袋中不放回地随机摸两次球，每次摸一个，设随机变量 $X$ 表示第一个球的情况，随机变量 $Y$ 表示第二个球的情况，定义如下

$$X=\begin{cases}0,\text{表示第一次摸到红球,}\\1,\text{表示第一次摸到白球,}\end{cases}\qquad Y=\begin{cases}0,\text{表示第二次摸到红球,}\\1,\text{表示第二次摸到白球.}\end{cases}$$

求 $(X,Y)$ 的联合概率分布.

**解**：利用排列组合的知识，可得二维随机变量 $(X,Y)$ 的联合概率分布为

$$P\{X=0,Y=0\}=\frac{A_2^2}{A_6^2}=\frac{1}{15},\quad P\{X=0,Y=1\}=\frac{2\times4}{A_6^2}=\frac{4}{15}$$

$$P\{X=1,Y=0\}=\frac{4\times2}{A_6^2}=\frac{4}{15},\quad P\{X=1,Y=1\}=\frac{4\times3}{A_6^2}=\frac{2}{5}.$$

把 $(X,Y)$ 的联合分布列写成表格的形式如下：

| $X$ | $Y$ | |
| --- | --- | --- |
| | 0 | 1 |
| 0 | $\dfrac{1}{15}$ | $\dfrac{4}{15}$ |
| 1 | $\dfrac{4}{15}$ | $\dfrac{2}{5}$ |

从上面的例子，不难推测出联合分布列具有以下性质：

（1）$p_{ij}\geqslant0,(i,j=1,2,\cdots)$.

（2）$\sum_i\sum_j p_{ij}=1$.

## 2. 二维联合分布函数

有时也会遇到求两个随机变量分别小于等于各自特定值的概率问题，先看一个例子.

**例 2**　对引例 1，求 $P\{X\leqslant0,Y\leqslant1\}$，$P\{X\leqslant1,Y\leqslant0.5\}$.

**解**：$P\{X\leqslant0,Y\leqslant1\}=P\{X=0,Y=0\}+P\{X=0,Y=1\}=\dfrac{1}{9}+\dfrac{2}{9}=\dfrac{1}{3}$，

$P\{X\leqslant1,Y\leqslant0.5\}=P\{X=0,Y=0\}+P\{X=1,Y=0\}=\dfrac{1}{9}+\dfrac{2}{9}=\dfrac{1}{3}$，

对于任意的有序实数对 $(x,y)$，都可以求出 $P\{X\leqslant x,Y\leqslant y\}$ 的值，这样在有序实数对 $(x,y)$ 与概率之间就构成了一个二元函数，该函数称为二维随机变量 $(X,Y)$ 的联合分布函数，记作 $F(x,y)$. 即

$$F(x,y)=P\{X\leqslant x,Y\leqslant y\}.$$

对于例 2，有 $F(x,y)=\begin{cases}0,x<0或y<0,\\[2mm]\dfrac{1}{9},0\leqslant x<1,0\leqslant y<1,\\[2mm]\dfrac{1}{3},x\geqslant1,0\leqslant y<1,\\[2mm]\dfrac{1}{3},0\leqslant x<1,y\geqslant1,\\[2mm]1,x\geqslant1,y\geqslant1.\end{cases}$

一般地，如果 $(X,Y)$ 是二维离散型随机变量，那么它的分布函数可按下式求得：
$F(x,y) = \sum\limits_{x_i \leqslant x} \sum\limits_{y_j \leqslant y} p_{ij}$ ，这里和式是对一切满足不等式 $x_i \leqslant x$ ， $y_i \leqslant y$ 的 $i,j$ 来求和的.

**练习 1**　对例 1 中的二维随机变量 $(X,Y)$ ，求联合分布函数.

# 二、二维连续型随机变量及其分布

## 1. 二维连续型随机变量的概率密度曲面

为了了解某个国家居民中成年人的身高和体重情况，随机抽取了 100 个成年人，测得这些人的身高 $X$（单位：厘米）和体重 $Y$（单位：千克）的数据如下：

| 序号 | 身高 $X$ | 体重 $Y$ | 序号 | 身高 $X$ | 体重 $Y$ | 序号 | 身高 $X$ | 体重 $Y$ | 序号 | 身高 $X$ | 体重 $Y$ |
|---|---|---|---|---|---|---|---|---|---|---|---|
| 1 | 169 | 168 | 26 | 170 | 165 | 51 | 177 | 181 | 76 | 171 | 176 |
| 2 | 173 | 185 | 27 | 174 | 166 | 52 | 165 | 184 | 77 | 172 | 167 |
| 3 | 166 | 175 | 28 | 171 | 163 | 53 | 177 | 168 | 78 | 172 | 168 |
| 4 | 177 | 171 | 29 | 172 | 178 | 54 | 170 | 174 | 79 | 163 | 165 |
| 5 | 170 | 168 | 30 | 163 | 180 | 55 | 163 | 177 | 80 | 167 | 169 |
| 6 | 173 | 168 | 31 | 174 | 173 | 56 | 170 | 167 | 81 | 169 | 162 |
| 7 | 181 | 169 | 32 | 169 | 173 | 57 | 180 | 166 | 82 | 180 | 166 |
| 8 | 173 | 182 | 33 | 168 | 174 | 58 | 179 | 182 | 83 | 163 | 174 |
| 9 | 173 | 169 | 34 | 172 | 172 | 59 | 183 | 180 | 84 | 181 | 166 |
| 10 | 171 | 164 | 35 | 160 | 170 | 60 | 175 | 175 | 85 | 173 | 174 |
| 11 | 174 | 178 | 36 | 171 | 177 | 61 | 169 | 169 | 86 | 174 | 162 |
| 12 | 168 | 172 | 37 | 173 | 174 | 62 | 164 | 168 | 87 | 161 | 174 |
| 13 | 178 | 170 | 38 | 169 | 180 | 63 | 169 | 163 | 88 | 178 | 170 |
| 14 | 170 | 163 | 39 | 166 | 168 | 64 | 172 | 165 | 99 | 182 | 160 |
| 15 | 166 | 190 | 40 | 161 | 172 | 65 | 171 | 181 | 90 | 180 | 180 |
| 16 | 171 | 163 | 41 | 172 | 164 | 66 | 171 | 165 | 91 | 170 | 170 |
| 17 | 171 | 172 | 42 | 158 | 171 | 67 | 169 | 161 | 92 | 164 | 169 |
| 18 | 166 | 160 | 43 | 167 | 175 | 68 | 169 | 164 | 93 | 170 | 173 |
| 19 | 165 | 171 | 44 | 182 | 169 | 69 | 158 | 160 | 94 | 175 | 175 |
| 20 | 157 | 184 | 45 | 181 | 176 | 70 | 165 | 167 | 95 | 164 | 173 |
| 21 | 174 | 163 | 46 | 172 | 177 | 71 | 170 | 168 | 96 | 174 | 166 |
| 22 | 168 | 167 | 47 | 162 | 161 | 72 | 156 | 176 | 97 | 164 | 163 |
| 23 | 169 | 174 | 48 | 179 | 178 | 73 | 172 | 177 | 98 | 160 | 179 |
| 24 | 160 | 173 | 49 | 181 | 171 | 74 | 169 | 173 | 99 | 175 | 178 |
| 25 | 180 | 156 | 50 | 163 | 181 | 75 | 167 | 170 | 100 | 175 | 178 |

仿照一维连续型随机变量中求概率密度函数的方法，分别将 $X$ 的取值范围和 $Y$ 的取值

范围等分, 得到若干个小矩形. 接下来在每个小矩形上, 以落入该小矩形数据的频率与面积之比值为高, 做平顶柱体然后找出每个小平顶柱体顶面的中点, 再将所有中点按照相邻的三点做平面的方法, 可以得到折面. 图 14-1 给出了这种折面构造的俯视图. 当分割越来越细时, 所得折面越来越光滑, 这个光滑的曲面对应的函数 $z = f(x, y)$ 称为 $(X, Y)$ 的联合概率密度函数.

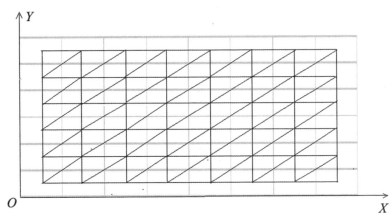

图 14-1

二维联合概率密度函数具有以下性质:

（1）$f(x, y) \geqslant 0$.

（2）$\displaystyle\int_{-\infty}^{+\infty} \int_{-\infty}^{+\infty} f(x, y)\mathrm{d}x\mathrm{d}y = 1$.

（3）$P\{(X, Y) \in D\} = \displaystyle\iint_{D} f(x, y)\mathrm{d}x\mathrm{d}y$, 其中 $D$ 为 $xOy$ 平面上的任意一个区域.

下面的例子给出了二维连续型随机变量联合概率密度函数性质的应用.

**例 3**　设随机变量 $(X, Y)$ 的联合概率密度函数为

$$f(x, y) = \begin{cases} k(6 - x - y), & 0 < x < 2, 2 < y < 4, \\ 0, & \text{其他}, \end{cases}$$

（1）确定常数 $k$.

（2）求 $P\{X < 1, Y < 3\}$.

（3）求 $P\{X + Y \leqslant 4\}$.

**解:**（1）因为

$$\int_{-\infty}^{+\infty} \int_{-\infty}^{+\infty} f(x, y)\mathrm{d}x\mathrm{d}y = \int_{0}^{2} \int_{2}^{4} k(6 - x - y)\mathrm{d}y\mathrm{d}x = \int_{0}^{2}\left[ 6ky - kxy - k\frac{y^2}{2} \right]_{2}^{4} \mathrm{d}x$$

$$= \int_{0}^{2}\left[ 2(6k - kx) - 6k \right]\mathrm{d}x = \int_{0}^{2}\left( 6k - 2kx \right)\mathrm{d}x = \left[ 6kx - kx^2 \right]_{0}^{2} = 8k,$$

根据联合概率密度函数的性质, 有 $8k = 1$, 解得 $k = \dfrac{1}{8}$.

（2）$P\{X<1,Y<3\}=\int_{-\infty}^{1}\int_{-\infty}^{3}f(x,y)\mathrm{d}y\mathrm{d}x=\int_{0}^{1}\int_{2}^{3}\dfrac{1}{8}(6-x-y)\mathrm{d}y\mathrm{d}x=\dfrac{1}{8}\int_{0}^{1}\left[6y-xy-\dfrac{y^{2}}{2}\right]_{2}^{3}\mathrm{d}x$

$=\dfrac{1}{8}\int_{0}^{1}\left[(6-x)-\dfrac{5}{2}k\right]\mathrm{d}x=\dfrac{1}{8}\int_{0}^{1}\left(\dfrac{7}{2}-x\right)\mathrm{d}x=\dfrac{1}{8}\left[\dfrac{7}{2}x-\dfrac{1}{2}x^{2}\right]_{0}^{1}=\dfrac{3}{8}.$

（3）$P\{X+Y\leqslant 4\}=\iint\limits_{D}f(x,y)\mathrm{d}x\mathrm{d}y.$

（其中 $D=\{(x,y)\,|\,x+y\leqslant 4\}=\{(x,y)\,|\,-\infty<y<4-x,-\infty<x<+\infty\}$，如图 14-2 所示）

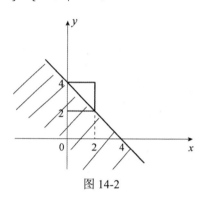

图 14-2

由于 $f(x,y)$ 只在矩形区域内不为零，所以

$$P\{X+Y\leqslant 4\}=\iint\limits_{D}f(x,y)\mathrm{d}x\mathrm{d}y=\int_{0}^{2}\mathrm{d}x\int_{2}^{4-x}\dfrac{1}{8}(6-x-y)\mathrm{d}y$$

$$=\int_{0}^{2}\dfrac{1}{8}\left[6y-xy-\dfrac{y^{2}}{2}\right]_{2}^{4-x}\mathrm{d}x=\dfrac{1}{8}\int_{0}^{2}\left[(6-x)(4-x-2)-\dfrac{1}{2}[(4-x)^{2}-2^{2}]\right]\mathrm{d}x$$

$$=\dfrac{1}{8}\int_{0}^{2}\left[12-8x+x^{2}-\dfrac{1}{2}[12-8x+x^{2}]\right]\mathrm{d}x=\dfrac{1}{8}\int_{0}^{2}(6-4x+\dfrac{1}{2}x^{2})\mathrm{d}x$$

$$=\dfrac{1}{8}\left[6x-2x^{2}+\dfrac{1}{6}x^{3}\right]_{0}^{2}=\dfrac{1}{8}\left[12-8+\dfrac{4}{3}\right]=\dfrac{1}{8}\times\dfrac{16}{3}=\dfrac{2}{3}$$

**练习 2**　设随机变量 $(X,Y)$ 的联合概率密度函数为

$$f(x,y)=\begin{cases}k(6-2x-2y),&0<x<1,1<y<2,\\0,&\text{其他,}\end{cases}$$

（1）确定常数 $k$.

（2）求 $P\{X<1,Y<3\}$.

（3）求 $P\{X+Y\leqslant 4\}$.

## 2. 常见的二维连续型随机变量的分布

（1）二维均匀分布.

设 $(X,Y)$ 为二维连续型随机变量，$G$ 是平面上的一个有界区域，其面积为 $A(A>0)$，

若 $(X,Y)$ 的联合概率密度函数为

$$f(x,y)=\begin{cases}\dfrac{1}{A},&\text{当}(x,y)\in G,\\[3mm]0,&\text{当}(x,y)\notin G,\end{cases}$$

则称二维随机变量 $(X,Y)$ 在 $G$ 上服从二维均匀分布.

可验证 $f(x,y)$ 满足联合概率密度函数的两条基本性质.

（2）二维正态分布. 若二维连续型随机变量 $(X,Y)$ 的联合概率密度函数为

$$f(x,y)=\frac{1}{2\pi\sigma_1\sigma_2\sqrt{1-\rho^2}}\exp\left\{\frac{-1}{2(1-\rho^2)}\left[\frac{(x-\mu_1)^2}{\sigma_1^2}-2\rho\frac{(x-\mu_1)(y-\mu_2)}{\sigma_1\sigma_2}+\frac{(y-\mu_2)^2}{\sigma_2^2}\right]\right\}$$

$$(-\infty<x<+\infty,-\infty<y<+\infty)$$

其中 $\mu_1,\mu_2,\sigma_1,\sigma_2,\rho$ 都是常数，且 $\sigma_1>0,\sigma_2>0,|\rho|<1$，则称 $(X,Y)$ 服从二维正态分布 $N(\mu_1,\mu_2,\sigma_1^2,\sigma_2^2,\rho)$ .

可以证明 $f(x,y)$ 满足概率密度的两条基本性质.

## 3. 二维连续型随机变量的联合分布函数

有时也会遇到求二维随机变量落在某个区域的概率，下面通过一个例子加以说明.

**例 4**　设二维连续型随机变量 $(X,Y)$ 的联合概率密度函数为

$$f(x,y)=\begin{cases}12\mathrm{e}^{-(3x+4y)},&x>0,y>0\\0,&\text{其他}.\end{cases}$$

求 $P\{X\leqslant1,Y\leqslant2\}$ .

**解：** $P\{X\leqslant1,Y\leqslant2\}$

$$=\iint\limits_{D}f(x,y)\mathrm{d}x\mathrm{d}y\quad(\text{其中}\ D=\{(x,y)|-\infty<x\leqslant1,-\infty<y\leqslant2\})$$

$$=\iint\limits_{D_1}12\mathrm{e}^{-(3x+4y)}\mathrm{d}x\mathrm{d}y\quad(\text{其中}\ D_1=\{(x,y)|0<x\leqslant1,0<y\leqslant2\})$$

$$=\int_0^1\mathrm{d}x\int_0^2 12\mathrm{e}^{-(3x+4y)}\mathrm{d}y=\int_0^1 3\mathrm{e}^{-3x}\mathrm{d}x\int_0^2 4\mathrm{e}^{-4y}\mathrm{d}y=\int_0^1-\mathrm{e}^{-3x}\mathrm{d}(-3x)\int_0^2-\mathrm{e}^{-4y}\mathrm{d}(-4y)$$

$$=\int_0^1\mathrm{e}^{-3x}\mathrm{d}(-3x)\int_0^2\mathrm{e}^{-4y}\mathrm{d}(-4y)=\left[\mathrm{e}^{-3x}\right]_0^1\left[\mathrm{e}^{-4y}\right]_0^2=(1-\mathrm{e}^{-3})(1-\mathrm{e}^{-8})\approx0.9499\ .$$

对于任意的实数 $x,y$，都可以求出 $P\{X\leqslant x,Y\leqslant y\}$ 的值，而且是对应 $x,y$ 的唯一的值，这样在有序数对 $x,y$ 与概率之间就构成了一个二元函数，该函数称为二维连续型随机变量 $(X,Y)$ 的联合分布函数，记作 $F(x,y)$ . 即

$$F(x,y)=P\{X\leqslant x,Y\leqslant y\}\ .$$

对于本题

$$F(x,y)=\int_{-\infty}^{y}\int_{-\infty}^{x}f(u,v)\mathrm{d}u\mathrm{d}v$$

$$= \begin{cases} \int_0^y \int_0^x 12e^{-(3u+4v)}\,\mathrm{d}u\mathrm{d}v, & y>0, x>0, \\ 0, & \text{其他}, \end{cases} = \begin{cases} (1-e^{-3x})(1-e^{-4y}), & y>0, x>0, \\ 0, & \text{其他}. \end{cases}$$

**练习3**　设二维连续型随机变量 $(X,Y)$ 的联合概率密度函数为

$$f(x,y) = \begin{cases} 6e^{-(2x+3y)}, & x>0, y>0, \\ 0, & \text{其他}. \end{cases}$$

求 $P\{X \le 2, Y \le 4\}$ 及联合分布函数 $F(x,y)$.

## 4. 已知二维连续型随机变量的联合分布函数，求联合概率密度函数

由例 4 可知，$F(x,y) = \begin{cases} (1-e^{-3x})(1-e^{-4y}), & y>0, x>0, \\ 0, & \text{其他}. \end{cases}$

将此函数分别对 $x$ 和 $y$ 求导后得到

$$\frac{\partial}{\partial x}F(x,y) = \begin{cases} 3e^{-3x}(1-e^{-4y}), & y>0, x>0 \\ 0, & \text{其他}. \end{cases}$$

$$\frac{\partial^2}{\partial x \partial y}F(x,y) = \begin{cases} 12e^{-3x}e^{-4y}, & y>0, x>0, \\ 0, & \text{其他}. \end{cases}$$

此结果和 $(X,Y)$ 的联合概率密度函数

$$f(x,y) = \begin{cases} 12e^{-(3x+4y)}, & x>0, y>0 \\ 0, & \text{其他}, \end{cases}$$

一样，这种做法里面就隐含着一个定理，叙述如下：

**定理 1**　如果二维连续型随机变量 $(X,Y)$ 的联合概率密度函数 $f(x,y)$ 连续，$(X,Y)$ 的联合分布函数为 $F(x,y)$，则

$$\frac{\partial^2 F(x,y)}{\partial x \partial y} = f(x,y).$$

**例 5**　设二维随机变量 $(X,Y)$ 的联合分布函数为

$$F(x,y) = \begin{cases} (1-e^{-4x})(1-e^{-2y}), & x>0, y>0, \\ 0, & \text{其他}. \end{cases}$$

求 $(X,Y)$ 的联合概率密度函数.

**解：**$f(x,y) = \dfrac{\partial^2 F(x,y)}{\partial x \partial y} = \begin{cases} 8e^{-(4x+2y)}, & x>0, y>0, \\ 0, & \text{其他}. \end{cases}$

**练习4**　设二维随机变量 $(X,Y)$ 的联合分布函数为

$$F(x,y) = \begin{cases} (1-e^{-3x})(1-e^{-4y}), & x>0, y>0, \\ 0, & \text{其他}. \end{cases}$$

求 $(X,Y)$ 的联合分布密度.

## 三、分布函数的统一定义和性质

设 $(X,Y)$ 是二维随机变量, 对于任意实数 $x,y$, 称
二元函数 $F(x,y)=P(X\leqslant x,Y\leqslant y)$ 为二维随机变量
$(X,Y)$ 的分布函数, 或称为 $(X,Y)$ 的联合分布函数. 如
果把二维随机变量 $(X,Y)$ 看作平面上具有随机坐标
$(X,Y)$ 的点, 那么分布函数 $F(x,y)$ 在 $(x,y)$ 处的函数值
就是随机点 $(X,Y)$ 落在以点 $(x,y)$ 为顶点而位于该点
左下方的无穷矩形域内的概率, 如图 14-3 所示.

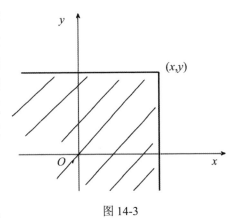

图 14-3

二维随机变量的分布函数的性质:

（1）$0\leqslant F(x,y)\leqslant 1$.

（2）$F(x,y)$ 是变量 $x,y$ 的不减函数, 即对于任意
固定的 $y$, 当 $x_1<x_2$ 时有 $F(x_1,y)\leqslant F(x_2,y)$; 对于任意固定的 $x$, 当 $y_1<y_2$ 时有
$F(x,y_1)\leqslant F(x,y_2)$.

（3）对于任意固定的 $y$, $F(-\infty,y)=\lim\limits_{x\to-\infty}F(x,y)=0$.

对于任意固定的 $x$, $F(x,-\infty)=\lim\limits_{y\to-\infty}F(x,y)=0$.

并且 $F(-\infty,-\infty)=\lim\limits_{\substack{x\to-\infty\\y\to-\infty}}F(x,y)=0$, $F(+\infty,+\infty)=\lim\limits_{\substack{x\to+\infty\\y\to+\infty}}F(x,y)=1$.

## 14.2　边缘分布

在一个二维随机变量描述的随机现象中, 有时也会遇到求其中的一个随机变量的分布
问题, 称为边缘分布. 下面分别讨论离散型和连续型随机变量的边缘分布情况.

## 一、二维离散型随机变量的边缘概率分布

先看一个引例.

**引例 1**　一个口袋中有大小形状相同的 2 红 4 白共 6 个球, 现从袋中不放回地随机摸
两次球, 每次摸一个, 设随机变量

$$X=\begin{cases}0, \text{表示第一次取红球},\\1, \text{表示第一次取白球}.\end{cases}\qquad Y=\begin{cases}0, \text{表示第二次取红球},\\1, \text{表示第二次取白球}.\end{cases}$$

求 $P\{X=0\}$, $P\{X=1\}$, $P\{Y=0\}$, $P\{Y=1\}$.

**分析**：$(X,Y)$ 的联合概率分布为

$$P\{X=0,Y=0\}=\frac{A_2^2}{A_6^2}=\frac{1}{15};\quad P\{X=0,Y=1\}=\frac{2\times 4}{A_6^2}=\frac{4}{15};$$

$$P\{X=1,Y=0\}=\frac{4\times2}{A_6^2}=\frac{4}{15}\,;\quad P\{X=1,Y=1\}=\frac{4\times3}{A_6^2}=\frac{2}{5}.$$

$$P\{X=0\}=P\{\{X=0\}\cap\Omega\}=P\{\{X=0\}\cap\{\{Y=0\}\cup\{Y=1\}\}\}$$

$$=P\{X=0,Y=0\}+P\{X=0,Y=1\}=\frac{1}{15}+\frac{4}{15}=\frac{1}{3}\,;$$

$$P\{X=1\}=P\{\{X=1\}\cap\Omega\}=P\{\{X=1\}\cap\{\{Y=0\}\cup\{Y=1\}\}\}$$

$$=P\{X=1,Y=0\}+P\{X=1,Y=1\}=\frac{4}{15}+\frac{6}{15}=\frac{2}{3}\,;$$

$$P\{Y=0\}=P\{\{Y=0\}\cap\Omega\}=P\{\{Y=0\}\cap\{\{X=0\}\cup\{X=1\}\}\}$$

$$=P\{X=0,Y=0\}+P\{X=1,Y=0\}=\frac{1}{15}+\frac{4}{15}=\frac{1}{3}\,;$$

$$P\{Y=1\}=P\{\{Y=1\}\cap\Omega\}=P\{\{Y=1\}\cap\{\{X=0\}\cup\{X=1\}\}\}$$

$$=P\{X=0,Y=1\}+P\{X=1,Y=1\}=\frac{4}{15}+\frac{6}{15}=\frac{2}{3}.$$

上面的求解过程可以从联合分布列中直接得到，如下所示.

| $X$ | $Y$ | | |
|---|---|---|---|
| | 0 | 1 | $P\{X=x_i\}$ |
| 0 | $\dfrac{1}{15}$ | $\dfrac{4}{15}$ | $\dfrac{1}{3}$ |
| 1 | $\dfrac{4}{15}$ | $\dfrac{2}{5}$ | $\dfrac{2}{3}$ |
| $P\{Y=y_j\}$ | $\dfrac{1}{3}$ | $\dfrac{2}{3}$ | |

从上表可以看出，$P\{X=x_i\}$ 和 $P\{Y=y_j\}$ 位于联合分布列的边缘位置，所以称为边缘概率分布或边缘分布列，也称边沿概率分布或边沿分布列.

一般地，将二维随机变量 $(X,Y)$ 描述的随机现象中，只关于 $X$ 的分布列和只关于 $Y$ 的分布列，称为边缘分布列.

对于本例中，称 $P\{X=0\}=\dfrac{1}{3}$，$P\{X=1\}=\dfrac{2}{3}$ 为 $(X,Y)$ 关于 $X$ 的边缘分布列. 称 $P\{Y=0\}=\dfrac{1}{3}$，$P\{Y=1\}=\dfrac{2}{3}$ 为 $(X,Y)$ 关于 $Y$ 的边缘分布列.

可以仿照分布列和分布函数的关系，有了边缘分布列，可定义边缘分布函数. 例如，对于本例，关于 $X$ 的边缘分布函数为

$$F_X(x) = P\{X \leq x\} = \begin{cases} 0, x < 0, \\ \dfrac{1}{3}, 0 \leq x < 1, \\ 1, x \geq 1. \end{cases}$$

关于 $Y$ 的边缘分布函数为

$$F_Y(y) = P\{Y \leq y\} = \begin{cases} 0, y < 0, \\ \dfrac{1}{3}, 0 \leq y < 1, \\ 1, y \geq 1. \end{cases}$$

## 二、二维连续型随机变量的边缘概率密度函数

对于二维连续型随机变量，有时需要在已知联合概率密度函数的条件下，提取其中某一个随机变量的信息，如求其中某一个随机变量的概率密度函数，也就是在假设联合概率密度函数为 $f(x,y)$ 的情况下，求关于 $X$ 的边缘概率密度函数和关于 $Y$ 的边缘概率密度函数．下面分别来介绍．

（1）求 $X$ 的边缘概率密度函数，也就是求随机变量 $X$ 落在 $[x, x+\mathrm{d}x]$ 上的概率的表达式中除去 $\mathrm{d}x$ 后的部分．

随机变量 $X$ 落在 $[x, x+\mathrm{d}x]$ 上的概率的几何意义，为二元函数 $f(x,y)$ 与 $xOy$ 平面以及介于 $X=x$，$X=x+\mathrm{d}x$ 之间所围的体积．不难看出此体积可以看成一个柱体，柱体的底面积为 $\int_{-\infty}^{+\infty} f(x,y)\mathrm{d}y$，所围的体积就为 $\left[\int_{-\infty}^{+\infty} f(x,y)\mathrm{d}y\right]\mathrm{d}x$．

于是关于 $X$ 的边缘概率密度函数为 $\int_{-\infty}^{+\infty} f(x,y)\mathrm{d}y$．

（2）求 $Y$ 的边缘概率密度函数，也就是求随机变量 $Y$ 落在 $[y, y+\mathrm{d}y]$ 上的概率的表达式中除去 $\mathrm{d}y$ 后的部分．

随机变量 $Y$ 落在 $[y, y+\mathrm{d}y]$ 上的概率的几何意义，就是二元函数 $f(x,y)$ 与 $xOy$ 平面以及介于 $Y=y$，$Y=y+\mathrm{d}y$ 之间所围的体积．不难看出，此体积可以看成一个柱体，柱体的底面积为 $\int_{-\infty}^{+\infty} f(x,y)\mathrm{d}x$，于是所围的体积就是 $\left[\int_{-\infty}^{+\infty} f(x,y)\mathrm{d}x\right]\mathrm{d}y$，因此关于 $Y$ 的边缘概率密度函数为 $\int_{-\infty}^{+\infty} f(x,y)\mathrm{d}x$．

**例 1**　设 $(X,Y)$ 的联合概率密度函数为

$$f(x,y) = \begin{cases} \dfrac{4}{\pi}, 0 \leq y \leq \sqrt{1-x^2}, 0 \leq x \leq 1, \\ 0, 其他. \end{cases}$$

求 $(X,Y)$ 关于 $X$ 和关于 $Y$ 的边缘概率密度函数．

**解**：关于 $X$ 的边缘概率密度函数为　　$f_X(x) = \int_{-\infty}^{+\infty} f(x,y)\mathrm{d}y$．

当 $0\leqslant x\leqslant 1$ 时，$f_X(x)=\int_{-\infty}^{+\infty}f(x,y)\mathrm{d}y=\int_0^{\sqrt{1-x^2}}\frac{4}{\pi}\mathrm{d}y=\frac{4}{\pi}\int_0^{\sqrt{1-x^2}}\mathrm{d}y=\frac{4}{\pi}[y]_0^{\sqrt{1-x^2}}=\frac{4}{\pi}\sqrt{1-x^2}$ ；

当 $x<0$ 或 $x>1$ 时，$f_X(x)=\int_{-\infty}^{+\infty}f(x,y)\mathrm{d}y=\int_{-\infty}^{+\infty}0\mathrm{d}y=[C]_{-\infty}^{+\infty}=\lim_{x\to+\infty}C-\lim_{x\to-\infty}C=C-C=0$ .

综上，$f_X(x)=\begin{cases}\dfrac{4}{\pi}\sqrt{1-x^2},0\leqslant x\leqslant 1,\\0,\qquad\quad\text{其他.}\end{cases}$

关于 $Y$ 的边缘概率密度函数为 $f_Y(y)=\int_{-\infty}^{+\infty}f(x,y)\mathrm{d}x$ .

当 $0\leqslant y\leqslant 1$ 时，$f_Y(y)=\int_{-\infty}^{+\infty}f(x,y)\mathrm{d}x=\int_0^{\sqrt{1-y^2}}\frac{4}{\pi}\mathrm{d}x=\frac{4}{\pi}\int_0^{\sqrt{1-y^2}}\mathrm{d}x=\frac{4}{\pi}[x]_0^{\sqrt{1-y^2}}=\frac{4}{\pi}\sqrt{1-y^2}$ ；

当 $y<0$ 或 $y>1$ 时，$f_Y(y)=\int_{-\infty}^{+\infty}f(x,y)\mathrm{d}x=\int_{-\infty}^{+\infty}0\mathrm{d}x=[C]_{-\infty}^{+\infty}=\lim_{x\to+\infty}C-\lim_{x\to-\infty}C=C-C=0$ .

综上，$f_Y(y)=\begin{cases}\dfrac{4}{\pi}\sqrt{1-y^2},0\leqslant y\leqslant 1,\\0,\qquad\quad\text{其他.}\end{cases}$

**练习1** 设 $(X,Y)$ 的联合概率密度函数为

$$f(x,y)=\begin{cases}1,0\leqslant y\leqslant 1,0\leqslant x\leqslant 1,\\0,\text{其他.}\end{cases}$$

求 $(X,Y)$ 关于 $X$ 和关于 $Y$ 的边缘概率密度函数.

**练习2** 设二维随机变量 $(X,Y)$ 服从二维正态分布 $N(\mu_1,\mu_2,\sigma_1^2,\sigma_2^2,\rho)$ ，即 $(X,Y)$ 的联合概率密度函数为

$$f(x,y)=\frac{1}{2\pi\sigma_1\sigma_2\sqrt{1-\rho^2}}\exp\left\{\frac{-1}{2(1-\rho^2)}\left[\frac{(x-\mu_1)^2}{\sigma_1^2}-2\rho\frac{(x-\mu_1)(y-\mu_2)}{\sigma_1\sigma_2}+\frac{(y-\mu_2)^2}{\sigma_2^2}\right]\right\},$$

$$(-\infty<x<+\infty,-\infty<y<+\infty)$$

其中 $\mu_1,\mu_2,\sigma_1,\sigma_2,\rho$ 都是常数，且 $\sigma_1>0,\sigma_2>0,|\rho|<1$ ，求 $(X,Y)$ 关于 $X$ 和关于 $Y$ 的边缘概率密度函数.

## 14.3　随机变量的独立性

## 一、离散型随机变量的独立性

先看两个例子.

**引例1** 一个口袋中有大小形状相同的 2 红 4 白共 6 个球，现从袋中不放回地随机摸两次球，每次摸一个，设随机变量

$$X=\begin{cases}0,\text{ 表示第一次取红球,}\\1,\text{ 表示第一次取白球.}\end{cases}\qquad Y=\begin{cases}0,\text{ 表示第二次取红球,}\\1,\text{ 表示第二次取白球.}\end{cases}$$

则 $(X,Y)$ 的联合分布列和边缘分布列如下：

| X | Y | | |
|---|---|---|---|
| | 0 | 1 | $P\{X=x_i\}$ |
| 0 | $\dfrac{1}{15}$ | $\dfrac{4}{15}$ | $\dfrac{1}{3}$ |
| 1 | $\dfrac{4}{15}$ | $\dfrac{2}{5}$ | $\dfrac{2}{3}$ |
| $P\{Y=y_j\}$ | $\dfrac{1}{3}$ | $\dfrac{2}{3}$ | |

**引例 2**　一个口袋中有大小形状相同的 2 红 4 白共 6 个球，现从袋中有放回地随机摸两次球，每次摸一个，设

$$X=\begin{cases}0,\ \text{表示第一次取红球,}\\1,\ \text{表示第一次取白球.}\end{cases}\qquad Y=\begin{cases}0,\ \text{表示第二次取红球,}\\1,\ \text{表示第二次取白球.}\end{cases}$$

则 $(X,Y)$ 的联合分布列和边缘分布列如下

| X | Y | | |
|---|---|---|---|
| | 0 | 1 | $P\{X=x_i\}$ |
| 0 | $\dfrac{1}{9}$ | $\dfrac{2}{9}$ | $\dfrac{1}{3}$ |
| 1 | $\dfrac{2}{9}$ | $\dfrac{4}{9}$ | $\dfrac{2}{3}$ |
| $P\{Y=y_j\}$ | $\dfrac{1}{3}$ | $\dfrac{2}{3}$ | |

对于引例 2，我们发现联合分布列与边缘分布列之间有下列关系：

$$P\{X=x_i,Y=y_j\}=P\{X=x_i\}\cdot P\{Y=y_j\}，\quad i,j=0,1.$$

而对于引例 1，联合分布列与边缘分布列之间没有上述关系．因为

$$P\{X=0,Y=0\}=\frac{1}{15}，\quad P\{X=0\}\cdot P\{Y=0\}=\frac{1}{3}\times\frac{1}{3}=\frac{1}{9}，$$

很明显 $P\{X=0,Y=0\}\neq P\{X=0\}\cdot P\{Y=0\}$．

我们称引例 2 中的随机变量 $X$ 与 $Y$ 是**相互独立**的，称引例 1 中的随机变量 $X$ 与 $Y$ 不是**相互独立**的．

一般地，有下面的定义．

**定义 1**　设 $(X,Y)$ 是二维离散型随机变量，如果对所有的 $i,j$，都有 $P(X=x_i,Y=y_j)=P(X=x_i)\cdot P(Y=y_j)$，则称随机变量 $X$ 与 $Y$ 是相互独立的．

**例 1**　设二维随机变量 $(X,Y)$ 的联合分布列为

| X | Y | | | |
|---|---|---|---|---|
| | 0 | 1 | 2 | 3 |
| 0 | $\dfrac{1}{27}$ | $\dfrac{1}{9}$ | $\dfrac{1}{9}$ | $\dfrac{1}{27}$ |
| 1 | $\dfrac{1}{9}$ | $\dfrac{2}{9}$ | $\dfrac{1}{9}$ | 0 |
| 2 | $\dfrac{1}{9}$ | $\dfrac{1}{9}$ | 0 | 0 |
| 3 | $\dfrac{1}{27}$ | 0 | 0 | 0 |

试求 $(X,Y)$ 关于 $X$ 和关于 $Y$ 的边缘分布列，并判断 $X,Y$ 是否相互独立？

**解：** $(X,Y)$ 关于 $X$ 和关于 $Y$ 的边缘分布如下

| X | Y | | | | |
|---|---|---|---|---|---|
| | 0 | 1 | 2 | 3 | $P\{X=x_i\}$ |
| 0 | $\dfrac{1}{27}$ | $\dfrac{1}{9}$ | $\dfrac{1}{9}$ | $\dfrac{1}{27}$ | $\dfrac{8}{27}$ |
| 1 | $\dfrac{1}{9}$ | $\dfrac{2}{9}$ | $\dfrac{1}{9}$ | 0 | $\dfrac{4}{9}$ |
| 2 | $\dfrac{1}{9}$ | $\dfrac{1}{9}$ | 0 | 0 | $\dfrac{2}{9}$ |
| 3 | $\dfrac{1}{27}$ | 0 | 0 | 0 | $\dfrac{1}{27}$ |
| $P\{Y=y_j\}$ | $\dfrac{8}{27}$ | $\dfrac{4}{9}$ | $\dfrac{2}{9}$ | $\dfrac{1}{27}$ | |

由于 $P\{X=0,Y=0\}=\dfrac{1}{27}$ ，而 $P\{X=0\}\cdot P\{Y=0\}=\dfrac{8}{27}\times\dfrac{8}{27}=\dfrac{64}{729}$ ，所以 $P\{X=0,Y=0\}\neq P\{X=0\}\cdot P\{Y=0\}$ ，于是 $X,Y$ 不是相互独立的.

## 二、连续型随机变量的独立性

先看两个例子.

**引例 3** 设 $(X,Y)$ 的联合概率密度函数为

$$f(x,y)=\begin{cases}1, & 0\leqslant x\leqslant 1, 0\leqslant y\leqslant 1,\\ 0, & 其他.\end{cases}$$

求 $(X,Y)$ 关于 $X$ 和关于 $Y$ 的边缘概率密度函数.

**解：** $(X,Y)$ 关于 $X$ 的边缘概率密度函数 $f_X(x)=\displaystyle\int_{-\infty}^{+\infty}f(x,y)\mathrm{d}y$

当 $0 \leqslant x \leqslant 1$ 时，$f_X(x) = \int_{-\infty}^{+\infty} f(x,y)\mathrm{d}y = \int_0^1 1\mathrm{d}y = \left[y\right]_0^1 = 1$.

当 $x < 0$ 或 $x > 1$ 时，$f_X(x) = \int_{-\infty}^{+\infty} f(x,y)\mathrm{d}y = \int_{-\infty}^{+\infty} 0\mathrm{d}y = \left[C\right]_{-\infty}^{+\infty} = C - C = 0$.

综上，$f_X(x) = \begin{cases} 1, 0 \leqslant x \leqslant 1, \\ 0, \text{其他}. \end{cases}$

$(X,Y)$ 关于 $Y$ 的边缘概率密度函数

当 $0 \leqslant y \leqslant 1$ 时，$f_Y(y) = \int_{-\infty}^{+\infty} f(x,y)\mathrm{d}x = \int_0^1 1\mathrm{d}x = \left[x\right]_0^1 = 1$.

当 $y < 0$ 或 $y > 1$ 时，$f_Y(y) = \int_{-\infty}^{+\infty} f(x,y)\mathrm{d}x = \int_{-\infty}^{+\infty} 0\mathrm{d}x = \left[C\right]_{-\infty}^{+\infty} = C - C = 0$.

综上，$f_Y(y) = \begin{cases} 1, 0 \leqslant y \leqslant 1, \\ 0, \text{其他}. \end{cases}$

**引例 4**　设 $(X,Y)$ 的联合密度函数为

$$f(x,y) = \begin{cases} 1, 0 \leqslant y \leqslant 2(1-x), 0 \leqslant x \leqslant 1, \\ 0, \text{其他}. \end{cases}$$

求 $(X,Y)$ 关于 $X$ 和关于 $Y$ 的边缘概率密度函数.

**解：** $(X,Y)$ 关于 $X$ 的边缘概率密度函数

$$f_X(x) = \int_{-\infty}^{+\infty} f(x,y)\mathrm{d}y = \begin{cases} \int_0^{2(1-x)} \mathrm{d}y, 0 \leqslant x \leqslant 1, \\ \int_{-\infty}^{+\infty} 0\mathrm{d}y, \text{其他}. \end{cases} = \begin{cases} \int_0^{2(1-x)} \mathrm{d}y, 0 \leqslant x < 1, \\ 0, \qquad\quad \text{其他}. \end{cases}$$

$$= \begin{cases} \left[y\right]_0^{2(1-x)}, 0 \leqslant x < 1, \\ 0, \qquad\quad \text{其他}. \end{cases} = \begin{cases} 2(1-x), \ 0 \leqslant x < 1, \\ 0, \qquad\quad \text{其他}. \end{cases}$$

由于　$f(x,y) = \begin{cases} 1, 0 \leqslant y \leqslant 2(1-x), 0 \leqslant x \leqslant 1, \\ 0, \text{其他}. \end{cases} = \begin{cases} 1, 0 \leqslant x \leqslant 1 - \dfrac{y}{2}, 0 \leqslant y \leqslant 2, \\ 0, \text{其他}. \end{cases}$

所以 $(X,Y)$ 关于 $Y$ 的边缘分布密度函数为

$$f_Y(y) = \int_{-\infty}^{+\infty} f(x,y)\mathrm{d}x = \begin{cases} \int_0^{1-\frac{y}{2}} \mathrm{d}x, 0 \leqslant y \leqslant 2, \\ \int_{-\infty}^{+\infty} 0\mathrm{d}x, \text{其他}. \end{cases} = \begin{cases} \left[x\right]_0^{1-\frac{y}{2}}, 0 \leqslant y < 2, \\ 0, \qquad \text{其他}. \end{cases} = \begin{cases} 1 - \dfrac{y}{2}, 0 \leqslant y < 2, \\ 0, \qquad \text{其他}. \end{cases}$$

对于引例 3，我们发现联合概率密度函数与边缘概率密度函数之间有下列关系：

$$f(x,y) = f_X(x)f_Y(y)$$

而对于引例 4，联合概率密度函数与边缘概率密度函数之间没有上述关系. 因为 $f\left(\dfrac{1}{2}, \dfrac{3}{2}\right) = 0$ ，$f_X\left(\dfrac{1}{2}\right)f_Y\left(\dfrac{3}{2}\right) = 1 \times \dfrac{1}{4} = \dfrac{1}{4}$，很明显 $f\left(\dfrac{1}{2}, \dfrac{3}{2}\right) \neq f_X\left(\dfrac{1}{2}\right)f_Y\left(\dfrac{3}{2}\right)$.

我们称引例 3 中的随机变量 $X$ 与 $Y$ 是**相互独立**的，称引例 4 中的随机变量 $X$ 与 $Y$ 不是**相互独立**的.

一般地，有下面的定义.

**定义 2** 设 $(X,Y)$ 是二维连续型随机变量，如果对任意的实数 $x,y$ ，都有 $f(x,y) = f_X(x)f_Y(y)$ ，则称 $X,Y$ 是相互独立的.

**例2** 设二维随机变量 $(X,Y)$ 的联合概率密度函数为

$$f(x,y) = \begin{cases} Ce^{-2(x+y)}, & 0 < x < +\infty, 0 < y < +\infty, \\ 0, & \text{其他.} \end{cases}$$

试求：

（1）常数 $C$.

（2）$(X,Y)$ 落在如图 14-4 所示的三角区域 $D$ 内的概率.

（3）关于 $X$ 和关于 $Y$ 的边缘分布，并判断 $X,Y$ 是否相互独立.

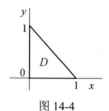

图 14-4

**解：**（1）因为

$$\int_{-\infty}^{+\infty}\int_{-\infty}^{+\infty} f(x,y)\mathrm{d}x\mathrm{d}y = \int_0^{+\infty}\int_0^{+\infty} Ce^{-2(x+y)}\mathrm{d}x\mathrm{d}y$$

$$= C\int_0^{+\infty} e^{-2x}\mathrm{d}x\int_0^{+\infty} e^{-2y}\mathrm{d}y = C\int_0^{+\infty}(-\frac{1}{2})e^{-2x}\mathrm{d}(-2x)\int_0^{+\infty}(-\frac{1}{2})e^{-2y}\mathrm{d}(-2y)$$

$$= C(-\frac{1}{2})(-\frac{1}{2})\int_0^{+\infty} e^{-2x}\mathrm{d}(-2x)\int_0^{+\infty} e^{-2y}\mathrm{d}(-2y) = \frac{C}{4}\left[e^{-2x}\right]_0^{+\infty} \cdot \left[e^{-2y}\right]_0^{+\infty}$$

$$= \frac{C}{4}(\lim_{x\to+\infty} e^{-2x} - e^0)(\lim_{y\to+\infty} e^{-2y} - e^0) = \frac{C}{4}(\lim_{x\to+\infty}\frac{1}{e^{2x}} - 1)(\lim_{y\to+\infty}\frac{1}{e^{2y}} - 1) = \frac{C}{4},$$

根据联合概率密度函数的性质，有 $\frac{C}{4} = 1$ ，解得 $C = 4$.

（2）$P\{(X,Y)\in D\} = \iint_D f(x,y)\mathrm{d}x\mathrm{d}y = \int_0^1\mathrm{d}x\int_0^{1-x} 4e^{-2(x+y)}\mathrm{d}y = 4\int_0^1\mathrm{d}x\int_0^{1-x} e^{-2x}e^{-2y}\mathrm{d}y$

$$= 4\int_0^1 e^{-2x}\mathrm{d}x\int_0^{1-x} e^{-2y}\mathrm{d}y = (-2)\int_0^1 e^{-2x}\mathrm{d}x\int_0^{1-x}(-2)e^{-2y}\mathrm{d}y = (-2)\int_0^1 e^{-2x}\mathrm{d}x\int_0^{1-x} e^{-2y}\mathrm{d}(-2y)$$

$$= (-2)\int_0^1 e^{-2x}\mathrm{d}x\left(\left[e^{-2y}\right]_0^{1-x}\right) = (-2)\int_0^1 e^{-2x}\mathrm{d}x\left(e^{-2(1-x)} - e^0\right) = (-2)\int_0^1 e^{-2x}\left(e^{-2(1-x)} - 1\right)\mathrm{d}x$$

$$= (-2)\int_0^1\left(e^{-2} - e^{-2x}\right)\mathrm{d}x = (-2)\int_0^1 e^{-2}\mathrm{d}x - \int_0^1(-2)e^{-2x}\mathrm{d}x = (-2)e^{-2}\int_0^1\mathrm{d}x - \int_0^1 e^{-2x}\mathrm{d}(-2x)$$

$$= (-2)e^{-2}\left[x\right]_0^1 - \left[e^{-2x}\right]_0^1 = (-2)e^{-2} - (e^{-2} - 1) = 1 - 3e^{-2}.$$

（3）关于 $X$ 的边缘概率密度函数为

$$f_X(x) = \int_{-\infty}^{+\infty} f(x,y)\mathrm{d}y$$

当 $x \leqslant 0$ 时，$f_X(x) = \int_{-\infty}^{+\infty} 0\mathrm{d}y = 0 = 0$.

当 $x > 0$ 时，$f_X(x) = \int_{-\infty}^{+\infty} f(x,y)\mathrm{d}y = \int_0^{+\infty} 4e^{-2(x+y)}\mathrm{d}y = 4e^{-2x}\int_0^{+\infty} e^{-2y}\mathrm{d}y = (-2)e^{-2x}\int_0^{+\infty} e^{-2y}\mathrm{d}(-2y)$

$$= (-2)e^{-2x}\left[e^{-2y}\right]_0^{+\infty} = (-2)e^{-2x}\left(\lim_{y\to+\infty} e^{-2y} - e^0\right) = (-2)e^{-2x}\left(\lim_{y\to+\infty}\frac{1}{e^{2y}} - 1\right) = 2e^{-2x}.$$

故有

$$f_X(x) = \begin{cases} 2e^{-2x}, & x > 0, \\ 0, & x \leqslant 0. \end{cases}$$

同理可求得关于 $Y$ 的边缘概率密度函数为

$$f_Y(x) = \begin{cases} 2e^{-2y}, & y > 0, \\ 0, & y \leqslant 0. \end{cases}$$

**练习 1**　设 $(X,Y)$ 的联合概率密度函数为

$$f(x,y) = \begin{cases} \dfrac{4}{\pi}, & 0 \leqslant y \leqslant \sqrt{1-x^2}, 0 \leqslant x \leqslant 1, \\ 0, & 其他. \end{cases}$$

求关于 $X$ 和关于 $Y$ 的边缘概率密度函数，并判断 $X,Y$ 是否相互独立.

## 三、独立性的统一定义

不管 $(X,Y)$ 是离散型随机变量还是连续型随机变量，有下面的定理：

**定理 1**　随机变量 $X$，$Y$ 相互独立的充分必要条件是：对于任意 $x,y$ 有 $P\{X \leqslant x, Y \leqslant y\} = P\{X \leqslant x\}P\{Y \leqslant y\}$，即 $F(x,y) = F_X(x)F_Y(y)$ 总成立.

这样我们可以得到二维随机变量 $(X,Y)$ 中 $X,Y$ 相互独立的统一定义如下.

**定义 3**　设 $(X,Y)$ 是二维随机变量，如果对于任意 $x,y$ 有 $F(x,y) = F_X(x)F_Y(y)$，则称随机变量 $X$ 与 $Y$ 是相互独立的.

如果记 $A = \{X \leqslant x\}, B = \{Y \leqslant y\}$，那么上式为 $P(AB) = P(A)P(B)$. 由此可见，$X,Y$ 相互独立的定义与两个事件相互独立的定义是一致的.

## 四、独立性的运用

在实际问题中，往往根据实际情况可以判断两个随机变量是否相互独立. 例如，有放回地从袋子中摸两个球，则第一次的随机变量与第二次的随机变量就是相互独立的. 当得知两个随机变量相互独立时，可以由两个随机变量各自的分布，得到联合分布.

**例 3**　设 $X$ 和 $Y$ 是两个相互独立的随机变量，$X$ 服从（0,0.2）上的均匀分布，$Y$ 的概率密度函数为

$$f_Y(y) = \begin{cases} 5e^{-5y}, & y > 0, \\ 0, & 其他. \end{cases}$$

求（1）$X$ 与 $Y$ 的联合概率密度函数；（2）$P\{Y \leqslant X\}$.

**解**：（1）因 $X$ 服从（0,0.2）上的均匀分布，所以 $X$ 的概率密度函数为

$$f_X(x) = \begin{cases} \dfrac{1}{0.2}, & 0 < x < 0.2, \\ 0, & 其他. \end{cases}$$

由题意可知 $Y$ 的概率密度函数 $f_Y(y) = \begin{cases} 5e^{-5y}, & y > 0, \\ 0, & \text{其他}, \end{cases}$ 又因为 $X$ 和 $Y$ 是两个相互独立的

随机变量，所以 $X$ 与 $Y$ 的联合概率密度函数

$$f(x,y) = f_X(x)f_Y(y) = \begin{cases} \dfrac{1}{0.2} \times 5e^{-5y}, 0 < x < 0.2, y > 0, \\ 0, \qquad \text{其他}. \end{cases} = \begin{cases} 25e^{-5y}, 0 < x < 0.2, y > 0, \\ 0, \qquad \text{其他}. \end{cases}$$

（2）$P(Y \leqslant X) = \iint\limits_{y \leqslant x} f(x,y)\mathrm{d}x\mathrm{d}y = \iint\limits_{D} 25e^{-5y}\mathrm{d}x\mathrm{d}y$

（其中 $D = \{(x,y) | 0 < y < x, 0 < x < 0.2\}$，如图 14-5 所示）

于是所求概率为

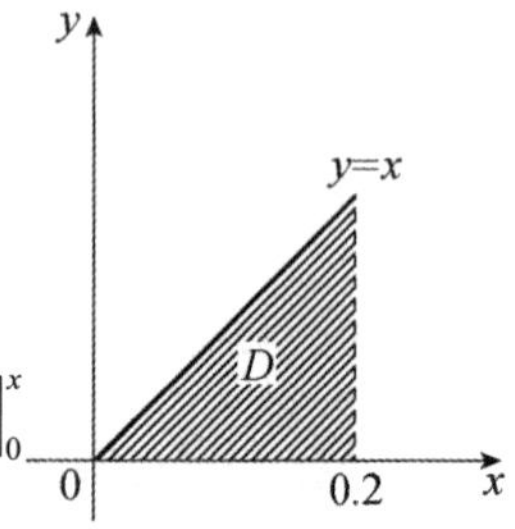

$$P(Y \leqslant X) = \int_0^{0.2}\mathrm{d}x\int_0^x 25e^{-5y}\mathrm{d}y = \int_0^{0.2}\mathrm{d}x\int_0^x (-5)e^{-5y}\mathrm{d}(-5y) = \int_0^{0.2}\mathrm{d}x(-5)\left[e^{-5y}\right]_0^x$$

图 14-5

$$= \int_0^{0.2}\mathrm{d}x(-5)\left[e^{-5y}\right]_0^x = \int_0^{0.2}\mathrm{d}x(-5)(e^{-5x} - e^0) = (-5)\int_0^{0.2}(e^{-5x} - 1)\mathrm{d}x$$

$$= 5\int_0^{0.2}\mathrm{d}x + \int_0^{0.2}e^{-5x}\mathrm{d}(-5x) = 5\left[x\right]_0^{0.2} + \left[e^{-5x}\right]_0^{0.2} = 1 + e^{-1} - e^0 = e^{-1}.$$

**练习 2**　设 $X$ 和 $Y$ 是两个相互独立的随机变量，$X$ 服从（1,2）上的均匀分布，$Y$ 的密度函数为

$$f_Y(y) = \begin{cases} 3e^{-3y}, & y > 0, \\ 0, & \text{其他}. \end{cases}$$

求（1）$X$ 与 $Y$ 的联合概率密度函数；（2）$P\{Y \leqslant X + 1\}$.

## 14.4　条件分布

### 一、二维离散型随机变量的条件分布列

第 10 章 10.10 节曾经介绍了事件的条件概率，下面回顾一下.

若 $A, B$ 是同一随机试验下的任意两个随机事件，且 $P(A) > 0$，则在事件 $A$ 发生的条件下事件 $B$ 发生的条件概率

$$P(B|A) = \frac{P(AB)}{P(A)}.$$

在二维随机变量描述的随机现象中，也会遇到类似的问题，下面先看一个例子.

**引例 1**　设袋子中有 2 红 3 白共 5 个球，现从袋中不放回地随机摸两次球，每次摸一个，设

$$X = \begin{cases} 0, & \text{表示第一次摸到红球}, \\ 1, & \text{表示第一次摸到白球}. \end{cases} \quad Y = \begin{cases} 0, & \text{表示第二次摸到红球}, \\ 1, & \text{表示第二次摸到白球}. \end{cases}$$

求（1）$(X,Y)$ 的联合分布列；（2）条件概率

$$P\{Y=0|X=0\}, \quad P\{Y=1|X=0\}, \quad P\{Y=0|X=1\}, \quad P\{Y=1|X=1\},$$

$$P\{X=0|Y=0\}, \quad P\{X=1|Y=0\}, \quad P\{X=0|Y=1\}, \quad P\{X=1|Y=1\}.$$

**解：**（1）可求得 $(X,Y)$ 的联合分布列为

| X | Y | | |
|---|---|---|---|
| | 0 | 1 | $P\{X=x_i\}$ |
| 0 | $\dfrac{2}{20}$ | $\dfrac{6}{20}$ | $\dfrac{8}{20}$ |
| 1 | $\dfrac{6}{20}$ | $\dfrac{6}{20}$ | $\dfrac{12}{20}$ |
| $P\{Y=y_j\}$ | $\dfrac{8}{20}$ | $\dfrac{12}{20}$ | |

通过直观分析，不难求得

$$P\{Y=0|X=0\}=\frac{1}{4}, \quad P\{Y=1|X=0\}=\frac{3}{4}, \quad P\{Y=0|X=1\}=\frac{2}{4}, \quad P\{Y=1|X=1\}=\frac{2}{4}.$$

至于计算 $P\{X=0|Y=0\}$，$P\{X=1|Y=0\}$，$P\{X=0|Y=1\}$，$P\{X=1|Y=1\}$，可利用列举法求得，做法如下.

将袋子中的球编号，红 1、红 2、白 1、白 2、白 3，则两次摸球的结果有下列 20 种等可能的结果：

$$（红1，红2），（红1，白1），（红1，白2），（红1，白3），$$
$$（红2，红1），（红2，白1），（红2，白2），（红2，白3），$$
$$（白1，红1），（白1，红2），（白1，白2），（白1，白3），$$
$$（白2，红1），（白2，红2），（白2，白1），（白2，白3），$$
$$（白3，红1），（白3，红2），（白3，白1），（白3，白2）.$$

第二次摸到红球有下列结果：

$$（红1，红2），（红2，红1），（白1，红1），（白1，红2），$$
$$（白2，红1），（白2，红2），（白3，红1），（白3，红2）.$$

则不难得到 $P\{X=0|Y=0\}=\dfrac{2}{8}$，$P\{X=1|Y=0\}=\dfrac{6}{8}$.

第二次摸到白球有下列结果：

$$（红1，白1），（红1，白2），（红1，白3），（红2，白1），$$
$$（红2，白2），（红2，白3），（白1，白2），（白1，白3），$$
$$（白2，白1），（白2，白3），（白3，白1），（白3，白2）.$$

则不难得到 $P\{X=0|Y=1\}=\dfrac{6}{12}$，$P\{X=1|Y=1\}=\dfrac{6}{12}$.

上述这些随机变量的条件概率，又可以表示为

$$P\{Y=0|X=0\}=\frac{1}{4}=\frac{\dfrac{1}{20}}{\dfrac{4}{20}}=\frac{P\{X=0,Y=0\}}{P\{X=0\}}\ ,\quad P\{Y=1|X=0\}=\frac{3}{4}=\frac{\dfrac{3}{20}}{\dfrac{4}{20}}=\frac{P\{X=0,Y=1\}}{P\{X=0\}}\ ,$$

$$P\{Y=0|X=1\}=\frac{2}{4}=\frac{\dfrac{2}{20}}{\dfrac{4}{20}}=\frac{P\{X=1,Y=0\}}{P\{X=1\}}\ ,\quad P\{Y=1|X=1\}=\frac{2}{4}=\frac{\dfrac{2}{20}}{\dfrac{4}{20}}=\frac{P\{X=1,Y=1\}}{P\{X=1\}}\ ,$$

$$P\{X=0|Y=0\}=\frac{2}{8}=\frac{\dfrac{2}{20}}{\dfrac{8}{20}}=\frac{P\{X=0,Y=0\}}{P\{Y=0\}}\ ,\quad P\{X=1|Y=0\}=\frac{6}{8}=\frac{\dfrac{6}{20}}{\dfrac{8}{20}}=\frac{P\{X=1,Y=0\}}{P\{Y=0\}}\ ,$$

$$P\{X=0|Y=1\}=\frac{6}{12}=\frac{\dfrac{6}{20}}{\dfrac{12}{20}}=\frac{P\{X=0,Y=1\}}{P\{Y=1\}}\ ,\quad P\{X=1|Y=1\}=\frac{6}{12}=\frac{\dfrac{6}{20}}{\dfrac{12}{20}}=\frac{P\{X=1,Y=1\}}{P\{Y=1\}}\ .$$

由上面的分析可以发现，对于任意的 $i,j=0,1$ ，有

$$P\{X=i|Y=j\}=\frac{P\{X=i,Y=j\}}{P\{Y=j\}}\ ,$$

$$P\{Y=j|X=i\}=\frac{P\{X=i,Y=j\}}{P\{X=i\}}\ .$$

受此例的启发，下面给出一般的定义.

**定义 1**　设二维离散型随机变量 $(X,Y)$ 的联合分布列为

$$P\{X=x_i,Y=y_j\}\ ,\quad i,j=1,2\cdots$$

关于 $X$ 和关于 $Y$ 的边缘分布列分别为 $P\{X=x_i\}$ ， $i=1,2,\cdots$ 和 $P\{Y=y_j\}$ ， $j=1,2,\cdots$ 对于固定的 $j$ ，若 $P\{Y=y_j\}>0$ ，则称

$$P\{X=x_i|Y=y_j\}=\frac{P\{X=x_i,Y=y_j\}}{P\{Y=y_j\}}\ ,\quad i=1,2,\cdots$$

为在 $Y=y_j$ 条件下随机变量 $X$ 的条件分布列.

同样，对于固定的 $i$ ，若 $P\{X=x_i\}>0$ ，则称

$$P\{Y=y_j|X=x_i\}=\frac{P\{X=x_i,Y=y_j\}}{P\{X=x_i\}}\ ,\quad j=1,2,\cdots$$

为在 $X=x_i$ 条件下随机变量 $Y$ 的条件分布列.

下面给出一个利用定义求条件分布列的例子.

**例 1**　设袋子中有 3 红 4 白共 7 个球，现从袋中不放回地随机摸两次球，每次摸一个，设

$$X=\begin{cases}0,\ 表示第一次摸到红球,\\1,\ 表示第一次摸到白球,\end{cases}\quad Y=\begin{cases}0,\ 表示第二次摸到红球,\\1,\ 表示第二次摸到白球,\end{cases}$$

求 $(X,Y)$ 的联合分布列和条件分布列.

**解：** $(X,Y)$ 的联合分布列及边缘分布列为

| X | Y | | |
|---|---|---|---|
| | 0 | 1 | $P\{X=x_i\}$ |
| 0 | $\dfrac{6}{42}$ | $\dfrac{12}{42}$ | $\dfrac{18}{42}$ |
| 1 | $\dfrac{12}{42}$ | $\dfrac{12}{42}$ | $\dfrac{24}{42}$ |
| $P\{Y=y_j\}$ | $\dfrac{18}{42}$ | $\dfrac{24}{42}$ | |

根据条件分布列的定义，可得条件分布列如下：

在 $X=0$ 条件下随机变量 $Y$ 的条件分布列为

$$P\{Y=0|X=0\}=\frac{P\{X=0,Y=0\}}{P\{X=0\}}=\frac{\dfrac{6}{42}}{\dfrac{18}{42}}=\frac{1}{3},$$

$$P\{Y=1|X=0\}=\frac{P\{X=0,Y=1\}}{P\{X=0\}}=\frac{\dfrac{12}{42}}{\dfrac{18}{42}}=\frac{2}{3}.$$

在 $X=1$ 条件下随机变量 $Y$ 的条件分布列为

$$P\{Y=0|X=1\}=\frac{P\{X=1,Y=0\}}{P\{X=1\}}=\frac{\dfrac{12}{42}}{\dfrac{24}{42}}=\frac{1}{2},$$

$$P\{Y=1|X=1\}=\frac{P\{X=1,Y=1\}}{P\{X=1\}}=\frac{\dfrac{12}{42}}{\dfrac{24}{42}}=\frac{1}{2}.$$

在 $Y=0$ 条件下随机变量 $X$ 的条件分布列为

$$P\{X=0|Y=0\}=\frac{P\{X=0,Y=0\}}{P\{Y=0\}}=\frac{\dfrac{6}{42}}{\dfrac{18}{42}}=\frac{1}{3},$$

$$P\{X=1|Y=0\}=\frac{P\{X=1,Y=0\}}{P\{Y=0\}}=\frac{\dfrac{12}{42}}{\dfrac{18}{42}}=\frac{2}{3}.$$

在 $Y=1$ 条件下随机变量 $X$ 的条件分布列为

$$P\{X=0|Y=1\}=\frac{P\{X=0,Y=1\}}{P\{Y=1\}}=\frac{\dfrac{12}{42}}{\dfrac{24}{42}}=\frac{1}{2},$$

$$P\{X=1|Y=1\}=\frac{P\{X=1,Y=1\}}{P\{Y=1\}}=\frac{\dfrac{12}{42}}{\dfrac{24}{42}}=\frac{1}{2}.$$

**练习 1**　设袋子中有 1 红 4 白 5 个球，现从袋中不放回地随机摸两次球，每次摸一个，设

$$X=\begin{cases}0,\text{表示第一次摸到红球,}\\1,\text{表示第一次摸到白球.}\end{cases}\qquad Y=\begin{cases}0,\text{表示第二次摸到红球,}\\1,\text{表示第二次摸到白球.}\end{cases}$$

求 $(X,Y)$ 的联合分布列和条件分布列.

## 二、二维连续型随机变量的条件概率密度

对于二维连续型随机变量，有时也会遇到求条件概率密度函数的问题，先看一种比较简单的情形.

**引例 2**　设 $(X,Y)$ 的联合概率密度函数为

$$f(x,y)=\begin{cases}1,0\leqslant y\leqslant 2(1-x),0\leqslant x\leqslant 1,\\0,\text{其他.}\end{cases}$$

求（1）$(X,Y)$ 关于 $X$ 的边缘概率密度函数；（2）$(X,Y)$ 关于 $Y$ 的边缘概率密度函数；（3）在 $X=\dfrac{1}{3}$ 的条件下，随机变量 $Y$ 的概率密度函数.

**分析**：$(X,Y)$ 关于 $X$ 的边缘概率密度函数为

$$f_X(x)=\int_{-\infty}^{+\infty}f(x,y)\mathrm{d}y=\begin{cases}\int_0^{2(1-x)}\mathrm{d}y=2(1-x),0<x<1,\\0,\qquad\qquad\text{其他,}\end{cases}$$

$(X,Y)$ 关于 $Y$ 的边缘概率密度函数为

$$\int_{-\infty}^{+\infty}f(x,y)\mathrm{d}x=\begin{cases}\int_0^{1-\frac{y}{2}}\mathrm{d}y=1-\dfrac{y}{2},1<y<2,\\0,\qquad\qquad\text{其他,}\end{cases}$$

下面求在 $X=\dfrac{1}{3}$ 条件下随机变量 $Y$ 的概率密度函数 $f_{Y|X}\left(\dfrac{1}{2}\Big|\dfrac{1}{3}\right)$.

根据连续型随机变量概率密度函数的意义，可知欲求出随机变量 $Y$ 的概率密度函数，需选取一个代表区间 $[y,y+\mathrm{d}y]$，通过计算随机变量 $Y$ 落在此区间的概率表达式来获得. 下面通过计算在区间 $\left[\dfrac{1}{2},\dfrac{1}{2}+\mathrm{d}y\right]$ 上的概率来观察其规律性. 如图 14-6 所示.

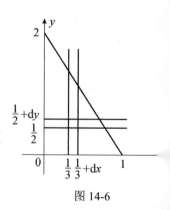

图 14-6

$$f_{Y|X}\left(\frac{1}{2}\middle|\frac{1}{3}\right)\mathrm{d}y = P\left\{\frac{1}{2}\leqslant Y \leqslant \frac{1}{2}+\mathrm{d}y\middle|\frac{1}{3}\leqslant X \leqslant \frac{1}{3}+\mathrm{d}x\right\} = \frac{P\left\{\frac{1}{3}\leqslant X \leqslant \frac{1}{3}+\mathrm{d}x, \frac{1}{2}\leqslant Y \leqslant \frac{1}{2}+\mathrm{d}y\right\}}{P\left\{\frac{1}{3}\leqslant X \leqslant \frac{1}{3}+\mathrm{d}x\right\}}$$

$$= \frac{f\left(\frac{1}{3},\frac{1}{2}\right)\mathrm{d}x\mathrm{d}y}{\frac{4}{3}\mathrm{d}x} = \frac{f\left(\frac{1}{3},\frac{1}{2}\right)\mathrm{d}x\mathrm{d}y}{f_X\left(\frac{1}{3}\right)\mathrm{d}x} = \frac{f\left(\frac{1}{3},\frac{1}{2}\right)}{f_X\left(\frac{1}{3}\right)}\mathrm{d}y$$

由此例可以看出，$f_{Y|X}\left(\frac{1}{2}\middle|\frac{1}{3}\right)=\dfrac{f\left(\frac{1}{3},\frac{1}{2}\right)}{f_X\left(\frac{1}{3}\right)}$.

一般地，有下面的定义.

**定义 2**　设二维连续型随机变量 $(X,Y)$ 的联合概率密度函数为 $f(x,y)$，关于 $X$ 的边缘概率密度函数分别为 $f_X(x)$. 对于使得 $f_X(x)>0$ 的任意 $x$，则称 $\dfrac{f(x,y)}{f_X(x)}$ 为在 $X=x$ 条件下随机变量 $Y$ 的条件概率密度函数，记作 $f_{Y|X}(y|x)$. 即

$$f_{Y|X}(y|x)=\frac{f(x,y)}{f_X(x)}.$$

同样，设二维连续型随机变量 $(X,Y)$ 的联合概率密度函数为 $f(x,y)$，关于 $Y$ 的边缘概率密度函数为 $f_Y(y)$. 对于使得 $f_Y(y)>0$ 的任意 $y$，则称 $\dfrac{f(x,y)}{f_Y(y)}$ 为在 $Y=y$ 条件下随机变量 $X$ 的条件概率密度函数，记作 $f_{X|Y}(x|y)$. 即

$$f_{X|Y}(x|y)=\frac{f(x,y)}{f_Y(y)}.$$

**例 2**　设 $(X,Y)$ 的联合概率密度函数为

$$f(x,y)=\begin{cases}\dfrac{4}{\pi}, & 0\leqslant y \leqslant \sqrt{1-x^2},\ 0\leqslant x \leqslant 1,\\[2mm] 0, & \text{其他.}\end{cases}$$

求条件概率密度函数 $f_{Y|X}(y|x)$.

**解**：关于 $X$ 的边缘概率密度函数为 $f_X(x)=\displaystyle\int_{-\infty}^{+\infty}f(x,y)\mathrm{d}y$

当 $0\leqslant x \leqslant 1$ 时，$f_X(x)=\displaystyle\int_{-\infty}^{+\infty}f(x,y)\mathrm{d}y=\int_0^{\sqrt{1-x^2}}\frac{4}{\pi}\mathrm{d}y=\frac{4}{\pi}\sqrt{1-x^2}$；

当 $x<0$ 或 $x>1$ 时，$f_X(x)=\displaystyle\int_{-\infty}^{+\infty}f(x,y)\mathrm{d}y=0$.

综上，$f_X(x)=\begin{cases}\dfrac{4}{\pi}\sqrt{1-x^2}, & 0\leqslant x \leqslant 1,\\[2mm] 0, & \text{其他.}\end{cases}$

由条件概率密度函数的定义，可得

当 $0 \leqslant x \leqslant 1$ 时，

$$f_{Y|X}(y|x) = \frac{f(x,y)}{f_X(x)} = \begin{cases} \dfrac{\dfrac{4}{\pi}}{\dfrac{4}{\pi}\sqrt{1-x^2}}, & 0 \leqslant y \leqslant \sqrt{1-x^2}, \\ 0, & \text{其他}. \end{cases} = \begin{cases} \dfrac{1}{\sqrt{1-x^2}}, & 0 \leqslant y \leqslant \sqrt{1-x^2}, \\ 0, & \text{其他}. \end{cases}$$

**练习 2** 对上例，求 $f_{X|Y}(x|y)$ .

## 14.5 二维随机变量函数的分布与数学期望

在二维随机变量描述的随机现象中，有时需要计算由这两个随机变量构成的函数的分布. 下面分别讨论二维离散型随机变量和二维连续型随机变量函数的分布与数学期望.

# 一、二维离散型随机变量函数的分布

先看一个例子.

**引例 1** 设袋子中有 3 红 4 白共 7 个球，现从袋中不放回地随机摸两次球，每次摸一个，设

$$X = \begin{cases} 0, & \text{表示第一次摸到红球}, \\ 1, & \text{表示第一次摸到白球}. \end{cases} \quad Y = \begin{cases} 0, & \text{表示第二次摸到红球}, \\ 1, & \text{表示第二次摸到白球}. \end{cases}$$

求两次摸到红球个数之和的概率分布.

**分析**：不难看出，求两次摸到红球个数之和的概率分布，等价于求 $X+Y$ 的概率分布.

由于 $(X,Y)$ 的联合分布列为

| $X$ | $Y$ | |
|:---:|:---:|:---:|
| | 0 | 1 |
| 0 | $\dfrac{6}{42}$ | $\dfrac{12}{42}$ |
| 1 | $\dfrac{12}{42}$ | $\dfrac{12}{42}$ |

当 $X = 0$ ， $Y = 0$ 时， $X+Y = 0$ ；当 $X = 0$ ， $Y = 1$ 时， $X+Y = 1$ ；

当 $X = 1$ ， $Y = 0$ 时， $X+Y = 1$ ；当 $X = 1$ ， $Y = 1$ 时， $X+Y = 2$ .

从上面的分析可以看出， $X+Y$ 的取值为 0,1,2.

取各个值的概率分别为

$$P\{X+Y = 0\} = P\{X = 0, Y = 0\} = \frac{6}{42} = \frac{1}{7},$$

$$P\{X+Y = 1\} = P\{\{X = 0, Y = 1\} \bigcup \{X = 1, Y = 0\}\}$$

$$= P\{X=0, Y=1\} + P\{X=1, Y=0\} = \frac{24}{42} = \frac{4}{7},$$

$$P\{X+Y=2\} = P\{X=1, Y=1\} = \frac{12}{42} = \frac{2}{7}.$$

$X+Y$ 的分布列写成表格的形式为

| $X+Y$ | 0 | 1 | 2 |
|---|---|---|---|
| $P$ | $\dfrac{1}{7}$ | $\dfrac{4}{7}$ | $\dfrac{2}{7}$ |

在上面的引例中, 求 $X+Y$ 的分布列可以概括为: 先求出二维随机变量 $(X,Y)$ 的每一对取值对应的 $X+Y$ 的值, 接下来将 $X+Y$ 取相同值时所有的 $(X,Y)$ 数对找出来, 并将其对应概率相加, 最后按照 $X+Y$ 取值由小到大进行排列, 并写出对应的概率.

$X+Y$ 可以看成是 $X,Y$ 的二元函数中的比较简单的情况, 至于求更一般的函数 $g(X,Y)$ 的分布列, 其方法与求 $X+Y$ 分布列的方法一样, 这里不再详细说明.

## 二、二维连续型随机变量函数的分布

求二维连续型随机变量的一般函数的概率密度函数比较复杂, 下面只讨论比较简单的 $X+Y$ 和 $\dfrac{X}{Y}$ 情形.

### 1. $X+Y$ 的分布

在假设检验和区间估计部分, 我们看到样本均值的分布具有重要的应用价值. 当时在第 3 章 3.5 节给出了如下定理.

**定理 1**　设 $X_1, X_2, \cdots, X_n$ 是正态总体 $N(\mu, \sigma^2)$ 的一个样本, $\overline{X}$ 为样本均值, 则

$$\overline{X} \sim N(\mu, \frac{\sigma^2}{n})$$

这个定理是如何证明的呢? 下面就来介绍所用的方法.

样本均值 $\overline{X} = \dfrac{1}{n}(X_1 + X_2 + \cdots + X_n)$ 可以看成由 $X_1 + X_2 + \cdots + X_n$ 与 $\dfrac{1}{n}$ 相乘得到, 只要求出 $X_1 + X_2 + \cdots + X_n$ 的概率密度函数, 再利用求一元连续型随机变量的概率密度函数的方法就可以得到 $\overline{X}$ 的概率密度函数. 因此将问题转化为求 $X_1 + X_2 + \cdots + X_n$ 的概率密度函数问题.

而求 $X_1 + X_2 + \cdots + X_n$ 的概率密度函数问题, 又可以转化为由已知二维连续型随机变量 $(X,Y)$ 的联合概率密度函数求 $X+Y$ 的概率密度函数问题. 因为这样就可以先由 $(X_1, X_2)$ 的联合概率密度函数求出 $X_1 + X_2$ 的概率密度函数, 再由 $(X_1 + X_2, X_3)$ 的联合概率密度函数求出 $X_1 + X_2 + X_3$ 的概率密度函数, $\cdots$, 依次类推, 就可以得到 $X_1 + X_2 + \cdots + X_n$ 的概率密度函数.

下面就来介绍由已知二维连续型随机变量 $(X,Y)$ 的联合概率密度函数求 $X+Y$ 的概率密度函数问题.

仿照求一元连续型随机变量的概率密度函数的方法，为了求出 $X+Y$ 的概率密度函数，首先，利用概率密度函数与分布函数的互求关系，将问题转化为求 $X+Y$ 的分布函数．其次，因为 $X+Y$ 的分布函数是事件 $\{X+Y\leqslant z\}$ 的概率，而事件 $\{X+Y\leqslant z\}$ 可以表示为 $\{(X,Y)\in D\}$，其中 $D=\{(x,y)|x+y\leqslant z\}=\{(x,y)|-\infty<x<+\infty,-\infty<y\leqslant z-x\}$，如图 14-7 所示．

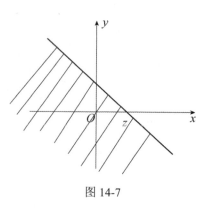

图 14-7

于是

$$P\{X+Y\leqslant z\}=P\{(X,Y)\in D\}=\iint_D f(x,y)\mathrm{d}x\mathrm{d}y=\int_{-\infty}^{+\infty}\left[\int_{-\infty}^{z-x}f(x,y)\mathrm{d}y\right]\mathrm{d}x\text{ 固定 }z\text{ 和 }x\text{，对}$$

$\int_{-\infty}^{z-x}f(x,y)\mathrm{d}y$ 做变量替换，令 $y=u-x$，则 $\int_{-\infty}^{z-x}f(x,y)\mathrm{d}y=\int_{-\infty}^{z}f(x,u-x)\mathrm{d}u$，于是

$$F_{X+Y}(z)=P\{X+Y\leqslant z\}=P\{(X,Y)\in D\}=\iint_D f(x,y)\mathrm{d}x\mathrm{d}y$$

$$=\int_{-\infty}^{+\infty}\left[\int_{-\infty}^{z-x}f(x,y)\mathrm{d}y\right]\mathrm{d}x=\int_{-\infty}^{+\infty}\left[\int_{-\infty}^{z}f(x,u-x)\mathrm{d}u\right]\mathrm{d}x=\int_{-\infty}^{z}\left[\int_{-\infty}^{+\infty}f(x,u-x)\mathrm{d}x\right]\mathrm{d}u.$$

根据概率密度函数与分布函数的关系可知，$X+Y$ 的概率密度函数为

$$f_{X+Y}(z)=\left[F_{X+Y}(z)\right]'=\left[\int_{-\infty}^{z}\left[\int_{-\infty}^{+\infty}f(x,u-x)\mathrm{d}x\right]\mathrm{d}u\right]'=\int_{-\infty}^{+\infty}f(x,z-x)\mathrm{d}x.$$

特别地，当 $X,Y$ 相互独立时，有

$$f_{X+Y}(z)=\int_{-\infty}^{+\infty}f(x,z-x)\mathrm{d}x=\int_{-\infty}^{+\infty}f_X(x)f_Y(z-x)\mathrm{d}x.$$

**例 1**　设 $X,Y$ 相互独立且均服从标准正态分布，求 $X+Y$ 的概率密度函数．

**解**：由题意，可知 $f_X(x)=\dfrac{1}{\sqrt{2\pi}}\mathrm{e}^{-\frac{x^2}{2}}$，$f_Y(y)=\dfrac{1}{\sqrt{2\pi}}\mathrm{e}^{-\frac{y^2}{2}}$．

因为 $X,Y$ 相互独立，所以 $X+Y$ 的概率密度函数为

$$f_{X+Y}(z)=\int_{-\infty}^{+\infty}f_X(x)f_Y(z-x)\mathrm{d}x=\int_{-\infty}^{+\infty}\frac{1}{\sqrt{2\pi}}\mathrm{e}^{-\frac{x^2}{2}}\frac{1}{\sqrt{2\pi}}\mathrm{e}^{-\frac{(z-x)^2}{2}}\mathrm{d}x$$

$$=\frac{1}{2\pi}\int_{-\infty}^{+\infty}\mathrm{e}^{-\frac{x^2}{2}}\mathrm{e}^{-\frac{z^2-2zx+x^2}{2}}\mathrm{d}x=\frac{1}{2\pi}\mathrm{e}^{-\frac{z^2}{2}}\int_{-\infty}^{+\infty}\mathrm{e}^{-\frac{2x^2-2zx}{2}}\mathrm{d}x=\frac{1}{2\pi}\mathrm{e}^{-\frac{z^2}{2}}\int_{-\infty}^{+\infty}\mathrm{e}^{-\left[x^2-zx+(\frac{z}{2})^2-(\frac{z}{2})^2\right]}\mathrm{d}x$$

$$=\frac{1}{2\pi}\mathrm{e}^{-\frac{z^2}{2}}\int_{-\infty}^{+\infty}\mathrm{e}^{-(x-\frac{z}{2})^2}\mathrm{e}^{\frac{z^2}{4}}\mathrm{d}x=\frac{1}{2\pi}\mathrm{e}^{-\frac{z^2}{4}}\int_{-\infty}^{+\infty}\mathrm{e}^{-(x-\frac{z}{2})^2}\mathrm{d}x\overset{u=\sqrt{2}(x-\frac{z}{2})}{=}\frac{1}{2\pi}\mathrm{e}^{-\frac{z^2}{4}}\int_{-\infty}^{+\infty}\mathrm{e}^{-\frac{u^2}{2}}\frac{1}{\sqrt{2}}\mathrm{d}u$$

$$=\frac{1}{2\sqrt{\pi}}\mathrm{e}^{-\frac{z^2}{4}}\frac{1}{\sqrt{2\pi}}\int_{-\infty}^{+\infty}\mathrm{e}^{-\frac{u^2}{2}}\mathrm{d}u=\frac{1}{2\sqrt{\pi}}\mathrm{e}^{-\frac{z^2}{4}}=\frac{1}{\sqrt{2\pi}\sqrt{2}}\mathrm{e}^{-\frac{(z-0)^2}{2(\sqrt{2})^2}}$$

于是 $X+Y\sim N(0,\sqrt{2}^2)$．

用上述类似的方法可以证明，若 $X_1,X_2,\cdots,X_n$ 为相互独立的正态变量，且

$X_i \sim N(\mu_i, \sigma_i^2)$，则 $\sum\limits_{i=1}^{n} X_i \sim N(\sum\limits_{i=1}^{n} \mu_i, \sum\limits_{i=1}^{n} \sigma_i^2)$．

**例2**　设 $X \sim \chi^2(m)$，$Y \sim \chi^2(n)$，且 $X, Y$ 相互独立，求 $X + Y$ 的概率密度函数．

**解：** 由 $X \sim \chi^2(m)$，可知 $X$ 的概率密度函数为

$$f_X(x) = \begin{cases} \dfrac{1}{2^{\frac{m}{2}} \Gamma\left(\dfrac{m}{2}\right)} x^{\frac{m}{2}-1} \mathrm{e}^{-\frac{x}{2}}, & x > 0, \\ 0, & \text{其他.} \end{cases}$$

由 $Y \sim \chi^2(n)$，可知 $Y$ 的概率密度函数为

$$f_Y(y) = \begin{cases} \dfrac{1}{2^{\frac{n}{2}} \Gamma\left(\dfrac{n}{2}\right)} y^{\frac{n}{2}-1} \mathrm{e}^{-\frac{y}{2}}, & y > 0, \\ 0, & \text{其他.} \end{cases}$$

又因为 $X, Y$ 相互独立，所以 $X + Y$ 的概率密度函数为

$$f_{X+Y}(z) = \int_{-\infty}^{+\infty} f_X(x) f_Y(z-x) \mathrm{d}x = \int_0^{+\infty} f_X(x) f_Y(z-x) \mathrm{d}x$$

当 $z < 0$ 时，因为上式最后积分中的 $x > 0$，所以此时 $z - x < 0$，从而 $f_Y(z-x) = 0$，于是 $f_{X+Y}(z) = \int_{-\infty}^{+\infty} f_X(x) f_Y(z-x) \mathrm{d}x = \int_0^{+\infty} f_X(x) f_Y(z-x) \mathrm{d}x = 0$．

当 $z > 0$ 时，

$$f_{X+Y}(z) = \int_{-\infty}^{+\infty} f_X(x) f_Y(z-x) \mathrm{d}x = \int_0^{+\infty} \frac{1}{2^{\frac{m}{2}} \Gamma\left(\frac{m}{2}\right)} x^{\frac{m}{2}-1} \mathrm{e}^{-\frac{x}{2}} f_Y(z-x) \mathrm{d}x$$

$$= \int_0^z \frac{1}{2^{\frac{m}{2}} \Gamma\left(\frac{m}{2}\right)} x^{\frac{m}{2}-1} \mathrm{e}^{-\frac{x}{2}} \frac{1}{2^{\frac{n}{2}} \Gamma\left(\frac{n}{2}\right)} (z-x)^{\frac{n}{2}-1} \mathrm{e}^{-\frac{z-x}{2}} \mathrm{d}x$$

$$= \frac{1}{2^{\frac{m}{2}} \Gamma\left(\frac{m}{2}\right)} \frac{1}{2^{\frac{n}{2}} \Gamma\left(\frac{n}{2}\right)} \mathrm{e}^{-\frac{z}{2}} \int_0^z x^{\frac{m}{2}-1} (z-x)^{\frac{n}{2}-1} \mathrm{d}x$$

$$\xlongequal{\diamondsuit x = zt} \frac{1}{2^{\frac{m}{2}} \Gamma\left(\frac{m}{2}\right)} \frac{1}{2^{\frac{n}{2}} \Gamma\left(\frac{n}{2}\right)} \mathrm{e}^{-\frac{z}{2}} \int_0^1 (zt)^{\frac{m}{2}-1} (z-zt)^{\frac{n}{2}-1} z \mathrm{d}t$$

$$= \frac{z^{\frac{m}{2}-1} z^{\frac{n}{2}-1} z}{2^{\frac{m}{2}} \Gamma\left(\frac{m}{2}\right) 2^{\frac{n}{2}} \Gamma\left(\frac{n}{2}\right)} \mathrm{e}^{-\frac{z}{2}} \int_0^1 t^{\frac{m}{2}-1} (1-t)^{\frac{n}{2}-1} \mathrm{d}t$$

$$= \frac{z^{\frac{m}{2}+\frac{n}{2}-1}}{2^{\frac{m}{2}+\frac{n}{2}}\Gamma\left(\frac{m}{2}+\frac{n}{2}\right)}\mathrm{e}^{-\frac{z}{2}} = \frac{z^{\frac{m+n}{2}-1}}{2^{\frac{m+n}{2}}\Gamma\left(\frac{m+n}{2}\right)}\mathrm{e}^{-\frac{z}{2}} \quad (\text{注} \quad \int_0^1 t^{\frac{m}{2}-1}(1-t)^{\frac{n}{2}-1}\mathrm{d}t = \frac{\Gamma\left(\frac{m}{2}\right)\Gamma\left(\frac{n}{2}\right)}{\Gamma\left(\frac{m}{2}+\frac{n}{2}\right)}) \,,$$

于是 $X+Y \sim \chi^2(m+n)$ .

## 2. $\dfrac{X}{Y}$ 的分布

在假设检验和区间估计部分，我们已经知道 $t$ 分布和 $F$ 分布有着重要的应用. 在第 8 章 8.2 节和第 9 章 9.2 节曾给出了如下定理.

**定理 2**　设 $X \sim N(0,1)$ ，$Y \sim \chi^2(n)$ ，且 $X,Y$ 相互独立，则随机变量 $T = \dfrac{X}{\sqrt{Y/n}}$ 服从自由度为 $n$ 的 $t$ 分布，记为 $T \sim t(n)$ .

**定理 3**　设 $X_1, X_2, \cdots, X_n$ 是正态总体 $N(\mu, \sigma^2)$ 的一个样本，$\overline{X}$ ，$S^2$ 分别为样本均值和样本方差，则 $\dfrac{\sqrt{n}(\overline{X}-\mu)}{S} \sim t(n-1)$ .

**定理 4**　设总体 $X \sim N(\mu_1, \sigma_1^2)$ ，总体 $Y \sim N(\mu_2, \sigma_2^2)$ ，$(X_1, X_2, \cdots, X_m)$ 和 $(X_1, X_2, \cdots, X_n)$ 是分别来自总体 $X$ 和 $Y$ 的样本，且两样本相互独立，样本方差分别为 $S_1^2, S_2^2$ ，则

$$F = \frac{S_1^2 / \sigma_1^2}{S_2^2 / \sigma_2^2} \sim F(m-1, n-1) \,.$$

如果 $\sigma_1^2 = \sigma_2^2$ ，则

$$F = \frac{S_1^2}{S_2^2} \sim F(m-1, n-1) \,.$$

这些定理中的统计量，整体结构是两个随机变量相除的形式，因此要证明这些定理，需要用到两个随机变量商的分布.

仿照求一元连续型随机变量的概率密度函数的方法，为了求出 $\dfrac{X}{Y}$ 的概率密度函数，首先，利用概率密度函数与分布函数的互求关系，将问题转化为求 $\dfrac{X}{Y}$ 的分布函数. 其次，因为 $\dfrac{X}{Y}$ 的分布函数是事件 $\left\{\dfrac{X}{Y} \leqslant z\right\}$ 的概率，而事件 $\left\{\dfrac{X}{Y} \leqslant z\right\}$ 可以表示为 $\{(X,Y) \in D\}$ ，其中

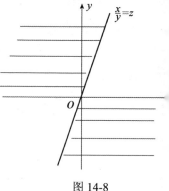

$$D = \left\{(x,y)\left|\frac{x}{y}\leqslant z\right.\right\} = \{(x,y)|x\leqslant yz, z>0\} \cup \{(x,y)|x\geqslant yz, z<0\}$$

$$= \{(x,y)|-\infty < x \leqslant yz, y\geqslant 0, z>0\} \cup \{(x,y)|yz\leqslant x<+\infty, y\leqslant 0, z<0\} \,,$$

如图 14-8 所示.

于是

图 14-8

$$P\left\{\frac{X}{Y} \leqslant z\right\} = P\{(X,Y) \in D\} = \iint_D f(x,y)\mathrm{d}x\mathrm{d}y = \int_{-\infty}^{0}\left[\int_{yz}^{+\infty} f(x,y)\mathrm{d}x\right]\mathrm{d}y + \int_{0}^{+\infty}\left[\int_{-\infty}^{yz} f(x,y)\mathrm{d}x\right]\mathrm{d}y,$$

固定 $z$ 和 $y$，对 $\int_{yz}^{+\infty} f(x,y)\mathrm{d}x$ 和 $\int_{-\infty}^{yz} f(x,y)\mathrm{d}x$ 做变量替换，令 $u = \dfrac{x}{y}$，有 $x = uy$，则

当 $y < 0$ 时，$\int_{yz}^{+\infty} f(x,y)\mathrm{d}x = \int_{z}^{-\infty} yf(uy,y)\mathrm{d}u$.

当 $y > 0$ 时，$\int_{-\infty}^{yz} f(x,y)\mathrm{d}x = \int_{-\infty}^{z} yf(uy,y)\mathrm{d}u$.

于是

$$F_{\frac{X}{Y}}(z) = P\left\{\frac{X}{Y} \leqslant z\right\} = P\{(X,Y) \in D\} = \iint_D f(x,y)\mathrm{d}x\mathrm{d}y$$

$$= \int_{-\infty}^{0}\left[\int_{yz}^{+\infty} f(x,y)\mathrm{d}x\right]\mathrm{d}y + \int_{0}^{+\infty}\left[\int_{-\infty}^{yz} f(x,y)\mathrm{d}x\right]\mathrm{d}y = \int_{-\infty}^{0}\left[\int_{z}^{-\infty} yf(uy,y)\mathrm{d}u\right]\mathrm{d}y + \int_{0}^{+\infty}\left[\int_{-\infty}^{z} yf(uy,y)\mathrm{d}u\right]\mathrm{d}y$$

$$= -\int_{-\infty}^{0}\left[\int_{-\infty}^{z} yf(uy,y)\mathrm{d}u\right]\mathrm{d}y + \int_{-\infty}^{z}\left[\int_{0}^{+\infty} yf(uy,y)\mathrm{d}y\right]\mathrm{d}u$$

$$= \int_{-\infty}^{z}\left[-\int_{-\infty}^{0} yf(uy,y)\mathrm{d}y\right]\mathrm{d}u + \int_{-\infty}^{z}\left[\int_{0}^{+\infty} yf(uy,y)\mathrm{d}y\right]\mathrm{d}u$$

$$= \int_{-\infty}^{z}\left[\int_{0}^{+\infty} yf(uy,y)\mathrm{d}y - \int_{-\infty}^{0} yf(uy,y)\mathrm{d}y\right]\mathrm{d}u.$$

根据概率密度函数与分布函数的关系可知，$\dfrac{X}{Y}$ 的概率密度函数为

$$f_{\frac{X}{Y}}(z) = \left[F_{\frac{X}{Y}}(z)\right]' = \int_{0}^{+\infty} yf(zy,y)\mathrm{d}y - \int_{-\infty}^{0} yf(zy,y)\mathrm{d}y$$

$$= \int_{0}^{+\infty} |y| f(zy,y)\mathrm{d}y + \int_{-\infty}^{0} |y| f(zy,y)\mathrm{d}y = \int_{-\infty}^{+\infty} |y| f(zy,y)\mathrm{d}y.$$

特别地，当 $X, Y$ 相互独立时，有

$$f_{\frac{X}{Y}}(z) = \int_{-\infty}^{+\infty} |y| f(zy,y)\mathrm{d}y = \int_{-\infty}^{+\infty} |y| f_X(zy)f_Y(y)\mathrm{d}y.$$

**例 3**　设 $X, Y$ 相互独立，它们的概率密度函数分别为

$$f_X(x) = \begin{cases} 2\mathrm{e}^{-2x}, & x > 0, \\ 0, & \text{其他}. \end{cases} \quad \text{和} \quad f_Y(y) = \begin{cases} 3\mathrm{e}^{-3y}, & y > 0, \\ 0, & \text{其他}. \end{cases}$$

求 $Z = \dfrac{X}{Y}$ 的概率密度函数.

**解**：当 $z > 0$ 时，$Z = \dfrac{X}{Y}$ 的概率密度函数

$$f_{\frac{X}{Y}}(z) = \int_{-\infty}^{+\infty} |y| f_X(zy)f_Y(y)\mathrm{d}y = \int_{0}^{+\infty} y \cdot 2\mathrm{e}^{-2zy} \cdot 3\mathrm{e}^{-3y}\mathrm{d}y = 6\int_{0}^{+\infty} y\mathrm{e}^{-y(2z+3)}\mathrm{d}y$$

$$= -\frac{6}{3+2z}\int_{0}^{+\infty} y\mathrm{d}\mathrm{e}^{-y(2z+3)} = -\frac{6}{3+2z}\left[y\mathrm{e}^{-y(2z+3)}\Big|_{0}^{+\infty} - \int_{0}^{+\infty} \mathrm{e}^{-y(2z+3)}\mathrm{d}y\right]$$

$$= -\frac{6}{3+2z}\left(\lim_{y\to+\infty} ye^{-y(2z+3)} - 0 + \frac{1}{2z+3}\int_0^{+\infty} e^{-y(2z+3)}\mathrm{d}\left[-y(2z+3)\right]\right)$$

$$= -\frac{6}{3+2z}\left(\lim_{y\to+\infty} \frac{y}{e^{y(2z+3)}} + \frac{1}{2z+3}\left[e^{-y(2z+3)}\right]_0^{+\infty}\right)$$

$$= -\frac{6}{3+2z}\left(\lim_{y\to+\infty} \frac{(y)'}{(e^{y(2z+3)})'} + \frac{1}{2z+3}\left[e^{-y(2z+3)}\right]_0^{+\infty}\right)$$

$$= -\frac{6}{3+2z}\left(\lim_{y\to+\infty} \frac{1}{e^{y(2z+3)}(2z+3)} + \frac{1}{2z+3}\left(\lim_{y\to+\infty} e^{-y(2z+3)} - e^0\right)\right)$$

$$= -\frac{6}{3+2z}\left(0 - \frac{1}{2z+3}(0 - e^0)\right) = \frac{6}{(3+2z)^2}.$$

当 $z \leqslant 0$ 时，$Z = \dfrac{X}{Y}$ 的概率密度函数

$$f_{\frac{X}{Y}}(z) = \int_{-\infty}^{+\infty} |y| f_X(zy) f_Y(y)\mathrm{d}y = \int_0^{+\infty} |y| f_X(zy) 3e^{-3y}\mathrm{d}y = \int_0^{+\infty} y \cdot 0 \cdot 3e^{-3y}\mathrm{d}y = \int_0^{+\infty} 0\mathrm{d}y = 0.$$

综上，$f_{\frac{X}{Y}}(z) = \begin{cases} \dfrac{6}{(3+2z)^2}, & z > 0 \\ 0, & z \leqslant 0 \end{cases}$ .

**练习3**　设 $X, Y$ 相互独立，它们的概率密度函数分别为

$$f_X(x) = \begin{cases} 3e^{-3x}, & x > 0, \\ 0, & \text{其他}. \end{cases}, \quad f_Y(y) = \begin{cases} 4e^{-4y}, & y > 0, \\ 0, & \text{其他}. \end{cases}$$

求 $Z = \dfrac{X}{Y}$ 的概率密度函数.

# 三、二维随机变量函数的数学期望

对于二维随机变量函数同样需要讨论数学期望的计算方法，下面分别讨论二维离散型随机变量函数的数学期望和二维连续型随机变量函数的数学期望.

## 1. 二维离散型随机变量函数的数学期望

先看一个例子.

**引例2**　设 $(X, Y)$ 的联合分布列为

| $X$ | $Y$ | |
|:---:|:---:|:---:|
| | 0 | 1 |
| 0 | $\dfrac{6}{42}$ | $\dfrac{12}{42}$ |
| 1 | $\dfrac{12}{42}$ | $\dfrac{12}{42}$ |

由本章第 14.5 节的例题可知，$X + Y$ 的分布列为

| $X+Y$ | 0 | 1 | 2 |
|---|---|---|---|
| $P$ | $\dfrac{1}{7}$ | $\dfrac{4}{7}$ | $\dfrac{2}{7}$ |

于是， $X+Y$ 的数学期望为

$$E(X+Y) = 0 \times \frac{1}{7} + 1 \times \frac{4}{7} + 2 \times \frac{2}{7} = \frac{8}{7} .$$

此结果也可以看成为

$$E(X+Y) = 0 \times \frac{1}{7} + 1 \times \frac{4}{7} + 2 \times \frac{2}{7} = (0+0) \times \frac{6}{42} + (0+1) \times \frac{12}{42} + (1+0) \times \frac{12}{42} + (1+1) \times \frac{12}{42}$$

$$= (0+0) \times P\{X=0, Y=0\} + (0+1) \times P\{X=0, Y=0\}$$

$$+ (1+0) \times P\{X=0, Y=0\} + (1+1) \times P\{X=0, Y=0\} .$$

即 $X+Y$ 的数学期望等于 $(X,Y)$ 所有可能取值的有序数对的概率与对应 $X+Y$ 数值的乘积之和.

上述性质，对于二维离散型随机变量的一般函数 $g(X,Y)$ 也成立，有下面的定理.

**定理 5**　设二维离散型随机变量 $(X,Y)$ 的联合分布列为 $P\{X=x_i, Y=y_j\} = p_{ij}$ ， $g(X,Y)$ 为二维连续型随机变量 $(X,Y)$ 的函数，这里假设 $g(X,Y)$ 对应的二元函数 $g(x,y)$ 连续. 则 $g(X,Y)$ 为离散型随机变量，且

$$E[g(X,Y)] = \sum_i \sum_j g(x_i, y_j) p_{ij} .$$

## 2. 二维连续型随机变量函数的数学期望

由本章第 14.5 节可知， $X+Y$ 的概率密度函数为

$$f_{X+Y}(z) = \int_{-\infty}^{+\infty} f(x, z-x) \mathrm{d}x .$$

所以 $X+Y$ 的数学期望为

$$E(X+Y) = \int_{-\infty}^{+\infty} z f_{X+Y}(z) \mathrm{d}z = \int_{-\infty}^{+\infty} \left[ z \int_{-\infty}^{+\infty} f(x, z-x) \mathrm{d}x \right] \mathrm{d}z = \int_{-\infty}^{+\infty} \left[ \int_{-\infty}^{+\infty} z f(x, z-x) \mathrm{d}x \right] \mathrm{d}z.$$

令 $z-x=y$ ，可得

$$E(X+Y) = \int_{-\infty}^{+\infty} \left[ \int_{-\infty}^{+\infty} z f(x, z-x) \mathrm{d}x \right] \mathrm{d}z = \int_{-\infty}^{+\infty} \int_{-\infty}^{+\infty} z f(x, z-x) \mathrm{d}x \mathrm{d}z$$

$$= \int_{-\infty}^{+\infty} \int_{-\infty}^{+\infty} (x+y) f(x, y) \mathrm{d}x \mathrm{d}y.$$

对于二维随机变量 $(X,Y)$ 的一般函数 $g(X,Y)$ ，有下面的定理.

**定理 6**　设二维连续型随机变量 $(X,Y)$ 的联合密度函数为 $f(x,y)$ ， $g(X,Y)$ 为二维连续型随机变量 $(X,Y)$ 的函数，这里假设 $g(X,Y)$ 对应的二元函数 $g(x,y)$ 连续. 则 $g(X,Y)$ 为连续型随机变量，且

$$E[g(X,Y)] = \int_{-\infty}^{+\infty} \int_{-\infty}^{+\infty} g(x, y) f(x, y) \mathrm{d}x \mathrm{d}y .$$

## 14.6 二维随机变量的相关系数与协方差

### 一、两组数据的相关系数与协方差

第 1 章第 1.1 节曾介绍了一组数据的平均数、方差和标准差的概念，第 3 章第 3.5 节也曾介绍了样本均值、样本方差、样本标准差和样本 $k$ 阶矩的概念，这些都是针对一维数据的．关于二维数据，第 6 章第 6.2 节曾介绍了相关系数的概念，相关系数被定义为

$$r = \frac{\sum_{i=1}^{n}(x_i - \bar{x})(y_i - \bar{y})}{\sqrt{\sum_{i=1}^{n}(x_i - \bar{x})^2}\sqrt{\sum_{i=1}^{n}(y_i - \bar{y})^2}} ,$$

它反映了 $y$ 与 $x$ 之间的相关关系．相关系数 $r$ 有下面的性质：

（1）$|r| \leqslant 1$．

（2）$|r|$ 越接近 1，相关程度越大；$|r|$ 越接近 0，相关程度越小．

将相关系数写成

$$r = \frac{\sum_{i=1}^{n}(x_i - \bar{x})(y_i - \bar{y})}{\sqrt{\sum_{i=1}^{n}(x_i - \bar{x})^2}\sqrt{\sum_{i=1}^{n}(y_i - \bar{y})^2}} = \frac{\frac{1}{n}\sum_{i=1}^{n}(x_i - \bar{x})(y_i - \bar{y})}{\sqrt{\frac{1}{n}\sum_{i=1}^{n}(x_i - \bar{x})^2}\sqrt{\frac{1}{n}\sum_{i=1}^{n}(y_i - \bar{y})^2}} \qquad （14\text{-}1）$$

按照第 1 章 1.1 节关于一组数据方差的定义，可以看出，分母中的 $\frac{1}{n}\sum_{i=1}^{n}(x_i - \bar{x})^2$ 就是一组数据 $x_1, x_2, \cdots, x_n$ 的方差 $s_x^2$，$\frac{1}{n}\sum_{i=1}^{n}(y_i - \bar{y})^2$ 就是一组数据 $y_1, y_2, \cdots, y_n$ 的方差 $s_y^2$．

为了定义的完整，下面将式（14-1）中的分子定义为协方差，有下面的定义．

**定义 1** 设有二维数据 $(x_1, y_1), (x_2, y_2), \cdots, (x_n, y_n)$，则称 $\frac{1}{n}\sum_{i=1}^{n}(x_i - \bar{x})(y_i - \bar{y})$ 为两组数据的协方差，记作 $\mathrm{Cov}(x, y)$，即

$$\mathrm{Cov}(x, y) = \frac{1}{n}\sum_{i=1}^{n}(x_i - \bar{x})(y_i - \bar{y})$$

如果这些有序数对 $(x, y)$ 中有重复的，则此时的协方差与各对数据出现的频率之间是一种什么关系呢？下面通过一个简单的例子加以说明．

设二维数据如下：$(1,1), (2,3), (1,1), (3,4), (2,3), (1,1)$，则这些二维数据的出现的频率如下所示：

| $(x, y)$ | $(1,1)$ | $(2,3)$ | $(3,4)$ |
|---|---|---|---|
| $f$ | $\dfrac{3}{6}$ | $\dfrac{2}{6}$ | $\dfrac{1}{6}$ |

则 $\overline{x} = 1 \times \dfrac{3}{6} + 2 \times \dfrac{2}{6} + 3 \times \dfrac{1}{6} = \dfrac{10}{6}$，$\overline{y} = 1 \times \dfrac{3}{6} + 3 \times \dfrac{2}{6} + 4 \times \dfrac{1}{6} = \dfrac{13}{6}$.

协方差 $\mathrm{Cov}(x,y) = \left(1 - \dfrac{10}{6}\right)\left(1 - \dfrac{13}{6}\right) \times \dfrac{3}{6} + \left(2 - \dfrac{10}{6}\right)\left(3 - \dfrac{13}{6}\right) \times \dfrac{2}{6} + \left(3 - \dfrac{10}{6}\right)\left(4 - \dfrac{13}{6}\right) \times \dfrac{1}{6}$.

可以仿照一维数据样本方差的定义方式，来定义二维数据的样本协方差.

**定义 2**　设 $x_1, x_2, \cdots, x_n$ 是来自总体 $X$ 的样本数据，$y_1, y_2, \cdots, y_n$ 是来自总体 $Y$ 的样本数据，则称 $\dfrac{1}{n-1} \sum\limits_{i=1}^{n} (x_i - \overline{x})(y_i - \overline{y})$ 为 $X$ 和 $Y$ 的样本协方差，记作 $\mathrm{Cov}(X,Y)$. 即

$$\mathrm{Cov}(X,Y) = \frac{1}{n-1} \sum_{i=1}^{n} (x_i - \overline{x})(y_i - \overline{y}).$$

## 二、随机变量的协方差与相关系数

下面分别讨论二维离散型随机变量和二维连续型随机变量的协方差与相关系数.

### 1. 二维离散型随机变量的协方差

从前面介绍的两组数据的协方差定义，当这些有序数对 $(x,y)$ 中有重复时，此时的协方差与各对数据出现的频率之间有着密切的关系，即协方差恰好等于每对取值分别与各自的平均数之差的乘积再与对应频率乘积的总和. 这个概念可以推广到随机变量中.

设二维离散型随机变量 $(X,Y)$ 的联合分布列为

| $X$ | $Y$ | |
|---|---|---|
| | 0 | 1 |
| 0 | $\dfrac{6}{42}$ | $\dfrac{12}{42}$ |
| 1 | $\dfrac{12}{42}$ | $\dfrac{12}{42}$ |

假设做了 $n$ 次（大量）试验，这些数据的分布情况大致为：

有 $\dfrac{6}{42}n$ 次出现 $(0,0)$，有 $\dfrac{12}{42}n$ 次出现 $(0,1)$，有 $\dfrac{12}{42}n$ 次出现 $(1,0)$，有 $\dfrac{12}{42}n$ 次出现 $(1,1)$. 所以这组数据的分布具有下列形式：

| 数据 | $(0,0)$ | $(0,1)$ | $(1,0)$ | $(1,1)$ |
|---|---|---|---|---|
| $f$ | $\dfrac{6}{42}$ | $\dfrac{12}{42}$ | $\dfrac{12}{42}$ | $\dfrac{12}{42}$ |

其中 $f$ 表示出现的频率.

则 $\overline{x} = 0 \times \dfrac{6}{42} + 0 \times \dfrac{12}{42} + 1 \times \dfrac{12}{42} + 1 \times \dfrac{12}{42} = \dfrac{24}{42}$，$\overline{y} = 0 \times \dfrac{6}{42} + 1 \times \dfrac{12}{42} + 0 \times \dfrac{12}{42} + 1 \times \dfrac{12}{42} = \dfrac{24}{42}$，

于是，协方差

$$\mathrm{Cov}(x,y) = \left(0 - \frac{24}{42}\right)\left(0 - \frac{24}{42}\right)\times\frac{6}{42} + \left(0 - \frac{24}{42}\right)\left(1 - \frac{24}{42}\right)\times\frac{12}{42}$$
$$+ \left(1 - \frac{24}{42}\right)\left(0 - \frac{24}{42}\right)\times\frac{12}{42} + \left(1 - \frac{24}{42}\right)\left(1 - \frac{24}{42}\right)\times\frac{12}{42}.$$

二维离散型随机变量协方差就是每对取值分别与各自的平均数之差的乘积再与对应概率乘积的总和. 由二维离散型随机变量函数的数学期望的定理可知, 此结果为 $E\{[X - E(X)][Y - E(Y)]\}$.

通过上面的分析, 可以给出二维离散型随机变量协方差的定义.

**定义 3**　对于二维离散型随机变量 $(X,Y)$, 如果 $E\{[X - E(X)][Y - E(Y)]\}$ 存在, 则称 $E\{[X - E(X)][Y - E(Y)]\}$ 为二维离散型随机变量 $(X,Y)$ 的协方差, 记作 $\mathrm{Cov}(X,Y)$, 即

$$\mathrm{Cov}(X,Y) = E\{[X - E(X)][Y - E(Y)]\}.$$

由此定义, 不难推出

$$\mathrm{Cov}(X,Y) = E(XY) - E(X)\mathrm{E}(Y)$$

经常用上面的公式来计算协方差.

## 2. 二维离散型随机变量相关系数

由数据的相关系数与协方差、各自方差之间的关系, 可以定义二维离散型随机变量的相关系数.

**定义 4**　设二维离散型随机变量 $(X,Y)$, 如果关于 $X$ 的方差 $D(X)$ 和关于 $Y$ 的方差 $D(Y)$ 均存在, 且协方差 $\mathrm{Cov}(X,Y)$ 存在, 则称 $\dfrac{\mathrm{Cov}(X,Y)}{\sqrt{D(X)}\sqrt{D(Y)}}$ 为 $X$ 与 $Y$ 的相关系数, 记作 $r$, 即

$$r = \rho_{XY} = \frac{\mathrm{Cov}(X,Y)}{\sqrt{D(X)}\sqrt{D(Y)}}.$$

**例 1**　已知二维离散型随机变量 $(X,Y)$ 的联合分布列为

| $X$ | $Y$ | |
|---|---|---|
| | 0 | 1 |
| 0 | $\dfrac{2}{20}$ | $\dfrac{6}{20}$ |
| 1 | $\dfrac{6}{20}$ | $\dfrac{6}{20}$ |

求随机变量 $(X,Y)$ 的协方差 $\mathrm{Cov}(X,Y)$ 和相关系数 $\rho_{XY}$.

**解**: 求 $E(X)$ 和 $E(Y)$, 因为边缘分布列为

| $X$ | $Y$ | | |
|---|---|---|---|
| | 0 | 1 | $P\{X=x_i\}$ |
| 0 | $\dfrac{2}{20}$ | $\dfrac{6}{20}$ | $\dfrac{8}{20}$ |
| 1 | $\dfrac{6}{20}$ | $\dfrac{6}{20}$ | $\dfrac{12}{20}$ |
| $P\{Y=y_j\}$ | $\dfrac{8}{20}$ | $\dfrac{12}{20}$ | |

所以 $E(X)=0\times\dfrac{8}{20}+1\times\dfrac{12}{20}=\dfrac{12}{20}$ , $E(Y)=0\times\dfrac{8}{20}+1\times\dfrac{12}{20}=\dfrac{12}{20}$ ,

$$\mathrm{Cov}(X,Y)=\left(0-\frac{12}{20}\right)\times\left(0-\frac{12}{20}\right)\times\frac{2}{20}+\left(0-\frac{12}{20}\right)\times\left(1-\frac{12}{20}\right)\times\frac{6}{20}+\left(1-\frac{12}{20}\right)\times\left(0-\frac{12}{20}\right)\times\frac{6}{20}$$
$$+\left(1-\frac{12}{20}\right)\times\left(1-\frac{12}{20}\right)\times\frac{6}{20}=-\frac{3}{50}.$$

又因为

$$E(X^2)=0^2\times\frac{8}{20}+1^2\times\frac{12}{20}=\frac{12}{20}, \quad E(Y^2)=0^2\times\frac{8}{20}+1^2\times\frac{12}{20}=\frac{12}{20},$$

$$D(X)=E(X^2)-\left[E(X)\right]^2=\frac{12}{20}-\left(\frac{12}{20}\right)^2=\frac{6}{25},$$

$$D(Y)=E(Y^2)-\left[E(Y)\right]^2=\frac{12}{20}-\left(\frac{12}{20}\right)^2=\frac{6}{25},$$

于是相关系数为

$$\rho_{XY}=\frac{\mathrm{Cov}(X,Y)}{\sqrt{D(X)}\sqrt{D(Y)}}=\frac{-\dfrac{3}{50}}{\dfrac{6}{25}}=-\frac{1}{4}.$$

**练习 1** 已知二维离散型随机变量 $(X,Y)$ 的联合分布列为

| $X$ | $Y$ | |
|---|---|---|
| | 0 | 1 |
| 0 | $\dfrac{2}{12}$ | $\dfrac{4}{12}$ |
| 1 | $\dfrac{4}{12}$ | $\dfrac{2}{12}$ |

求随机变量 $(X,Y)$ 的协方差和相关系数.

### 3. 二维连续型随机变量协方差

仿照二维离散型随机变量协方差的定义, 可以类似定义二维连续型随机变量的协方差如下.

**定义 5**　对于二维连续型随机变量 $(X,Y)$, 如果 $E\{[X-E(X)][Y-E(Y)]\}$ 存在, 则称 $E\{[X-E(X)][Y-E(Y)]\}$ 为二维连续型随机变量 $(X,Y)$ 的协方差, 记作 $\mathrm{Cov}(X,Y)$, 即

$$\mathrm{Cov}(X,Y) = E\{[X-E(X)][Y-E(Y)]\}.$$

由此定义, 不难推出

$$\mathrm{Cov}(X,Y) = E(XY) - E(X)E(Y),$$

用协方差的定义计算时, 有时运算量比较大, 一般采用上面的公式来计算.

### 4. 二维连续型随机变量相关系数

有了二维连续型随机变量协方差的定义, 下面给出二维连续型随机变量相关系数的定义.

**定义 6**　设二维连续型随机变量 $(X,Y)$, 如果关于 $X$ 的方差 $D(X)$ 和关于 $Y$ 的方差 $D(Y)$ 均存在, 且协方差 $\mathrm{Cov}(X,Y)$ 存在, 则称 $\dfrac{\mathrm{Cov}(X,Y)}{\sqrt{D(X)}\sqrt{D(Y)}}$ 为 $X$ 与 $Y$ 的相关系数, 记作 $r$, 即

$$\rho_{XY} = \frac{\mathrm{Cov}(X,Y)}{\sqrt{D(X)}\sqrt{D(Y)}}.$$

**例 2**　设 $(X,Y)$ 的联合概率密度函数为

$$f(x,y) = \begin{cases} 1, & 0 \leqslant y \leqslant 2(1-x), 0 \leqslant x \leqslant 1, \\ 0, & \text{其他}. \end{cases}$$

求随机变量 $(X,Y)$ 的协方差 $\mathrm{Cov}(X,Y)$ 和相关系数 $\rho_{XY}$.

**解：** 由本章第 3 节的引例 4 可知, $(X,Y)$ 关于 $X$ 的边缘概率密度为

$$f_X(x) = \int_{-\infty}^{+\infty} f(x,y)\mathrm{d}y = \begin{cases} 2(1-x), & 0 \leqslant x < 1, \\ 0, & \text{其他}. \end{cases}$$

$(X,Y)$ 关于 $Y$ 的边缘分布密度函数为

$$f_Y(y) = \int_{-\infty}^{+\infty} f(x,y)\mathrm{d}x = \begin{cases} 1 - \dfrac{y}{2}, & 0 \leqslant y < 2, \\ 0, & \text{其他}. \end{cases}$$

于是　　$E(X) = \displaystyle\int_{-\infty}^{+\infty} x f_X(x)\mathrm{d}x = \int_0^1 x \cdot 2(1-x)\mathrm{d}x = 2\int_0^1 (x-x^2)\mathrm{d}x = 2\left[\frac{x^2}{2} - \frac{x^3}{3}\right]_0^1 = \frac{1}{3},$

$E(X^2) = \displaystyle\int_{-\infty}^{+\infty} x^2 f_X(x)\mathrm{d}x = \int_0^1 x^2 \cdot 2(1-x)\mathrm{d}x = 2\int_0^1 (x^2-x^3)\mathrm{d}x = 2\left[\frac{x^3}{3} - \frac{x^4}{4}\right]_0^1 = \frac{1}{6},$

$$E(Y) = \int_{-\infty}^{+\infty} y f_Y(y) \mathrm{d}y = \int_0^2 y\left(1 - \frac{y}{2}\right)\mathrm{d}y = \int_0^2 \left(y - \frac{y^2}{2}\right)\mathrm{d}y = \left[\frac{y^2}{2} - \frac{y^3}{6}\right]_0^2 = 2 - \frac{4}{3} = \frac{2}{3},$$

$$E(Y^2) = \int_{-\infty}^{+\infty} y^2 f_Y(y) \mathrm{d}y = \int_0^2 y^2\left(1 - \frac{y}{2}\right)\mathrm{d}y = \int_0^2 \left(y^2 - \frac{y^3}{2}\right)\mathrm{d}y = \left[\frac{y^3}{3} - \frac{y^4}{8}\right]_0^2 = \frac{8}{3} - 2 = \frac{2}{3},$$

$$D(X) = E(X^2) - [E(X)]^2 = \frac{1}{6} - \left(\frac{1}{3}\right)^2 = \frac{1}{6} - \frac{1}{9} = \frac{3}{54} = \frac{1}{18},$$

$$D(Y) = E(Y^2) - [E(Y)]^2 = \frac{2}{3} - \left(\frac{2}{3}\right)^2 = \frac{2}{9},$$

$$E(XY) = \int_{-\infty}^{+\infty}\int_{-\infty}^{+\infty} (xy) f(x,y) \mathrm{d}x\mathrm{d}y = \int_0^1 \mathrm{d}x \int_0^{2(1-x)} xy \,\mathrm{d}y = \int_0^1 x\mathrm{d}x\left(\int_0^{2(1-x)} y\,\mathrm{d}y\right)$$

$$= \int_0^1 x\mathrm{d}x\left(\left[\frac{y^2}{2}\right]_0^{2(1-x)}\right) = \int_0^1 2x(1-x)^2\,\mathrm{d}x = \int_0^1 2x(1-2x+x^2)\,\mathrm{d}x$$

$$= \int_0^1 (2x - 4x^2 + 2x^3)\,\mathrm{d}x = \left[x^2 - \frac{4}{3}x^3 + \frac{1}{2}x^4\right]_0^1 = 1 - \frac{4}{3} + \frac{1}{2} = \frac{1}{6},$$

$$\mathrm{Cov}(X,Y) = E(XY) - [E(X)][E(Y)] = \frac{1}{6} - \frac{1}{3}\left(\frac{2}{3}\right) = \frac{1}{6} - \frac{2}{9} = \frac{3}{18} - \frac{4}{18} = -\frac{1}{18},$$

$$\rho_{XY} = \frac{\mathrm{Cov}(X,Y)}{\sqrt{D(X)}\sqrt{D(Y)}} = \frac{-\dfrac{1}{18}}{\sqrt{\dfrac{1}{18}}\sqrt{\dfrac{2}{9}}} = -\frac{1}{2}.$$

**练习 2** 设 $(X,Y)$ 的联合概率密度函数为

$$f(x,y) = \begin{cases} \dfrac{4}{\pi}, & 0 \leqslant y \leqslant \sqrt{1-x^2}, 0 \leqslant x \leqslant 1, \\ 0, & \text{其他}. \end{cases}$$

求随机变量 $(X,Y)$ 的协方差 $\mathrm{Cov}(X,Y)$ 和相关系数 $\rho_{XY}$.

# 三、随机变量的协方差与相关系数的性质

## 1. 协方差的性质

由协方差的定义，不难证明协方差具有如下性质：

（1）$\mathrm{Cov}(X,Y) = \mathrm{Cov}(Y,X)$.

（2）$D(X+Y) = D(X) + D(Y) + 2\mathrm{Cov}(X,Y)$.

（3）$\mathrm{Cov}(X+Y,Z) = \mathrm{Cov}(X,Z) + \mathrm{Cov}(Y,Z)$.

（4）$\mathrm{Cov}(aX,Y) = ab\mathrm{Cov}(X,Y)$，其中 $a,b$ 为常数.

（5）若 $X,Y$ 相互独立，则 $\mathrm{Cov}(X,Y) = 0$.

## 2. 相关系数的性质

（1）$|\rho_{XY}| \leqslant 1$.

（2）若 $X$ 与 $Y$ 相互独立，则 $\rho_{XY} = 0$.

（3）当 $X$ 与 $Y$ 有线性关系时，即当 $Y = ax + b$（$a,b$ 为常数，$a \neq 0$）时，$|\rho_{XY}| = 1$，且

$$\rho_{XY} = \begin{cases} 1, & a > 0 \\ -1, & a < 0 \end{cases}.$$

（4）$|\rho_{XY}| = 1$ 的充要条件是，存在常数 $a,b$ 使 $P\{Y = aX + b\} = 1$.

事实上，相关系数只是随机变量间线性关系强弱的一个度量，当 $|\rho_{XY}| = 1$ 时，表明随机变量 $X$ 与 $Y$ 具有线性关系，$\rho_{XY} = 1$ 时为正线性相关，$\rho_{XY} = -1$ 时为负线性相关；当 $|\rho_{XY}| < 1$ 时，这种线性相关程度就随着 $|\rho_{XY}|$ 的减小而减弱，当 $|\rho_{XY}| = 0$ 时，就意味着随机变量 $X$ 与 $Y$ 是不相关的.

**例 3** 设二维随机变量 $(X,Y)$ 的概率密度函数为

$$f(x,y) = \begin{cases} \dfrac{1}{\pi}, & x^2 + y^2 \leqslant 1, \\ 0, & x^2 + y^2 > 1. \end{cases}$$

证明随机变量 $X$ 与 $Y$ 不相关，但不相互独立.

**证明：** 要证明 $X$ 与 $Y$ 不相关，需要证明 $X$ 与 $Y$ 的相关系数为 0. 由相关系数的定义可知，只要能证明 $X$ 与 $Y$ 的协方差为 0 即可.

由于 $X$ 与 $Y$ 的协方差 $\mathrm{Cov}(X,Y) = E(XY) - E(X)E(Y)$，因此需要先求出 $E(XY)$，$E(X)$ 和 $E(Y)$.

因为　$E(XY) = \displaystyle\int_{-\infty}^{+\infty}\int_{-\infty}^{+\infty} (xy)f(x,y)\mathrm{d}x\mathrm{d}y = \iint_D xy\frac{1}{\pi}\mathrm{d}x\mathrm{d}y$

（其中 $D = \left\{(x,y)\Big| x^2 + y^2 \leqslant 1\right\} = \left\{(x,y)\Big| -1 \leqslant x \leqslant 1, -\sqrt{1-x^2} \leqslant y \leqslant \sqrt{1-x^2}\right\}$）

$= \dfrac{1}{\pi}\displaystyle\int_{-1}^{1}\mathrm{d}x\int_{-\sqrt{1-x^2}}^{\sqrt{1-x^2}} xy\mathrm{d}y = \dfrac{1}{\pi}\int_{-1}^{1} x\mathrm{d}x\left(\int_{-\sqrt{1-x^2}}^{\sqrt{1-x^2}} y\mathrm{d}y\right) = \dfrac{1}{\pi}\int_{-1}^{1} x\mathrm{d}x\left(\left[\dfrac{y^2}{2}\right]_{-\sqrt{1-x^2}}^{\sqrt{1-x^2}}\right)$

$= \dfrac{1}{\pi}\displaystyle\int_{-1}^{1} 0\mathrm{d}x = \dfrac{1}{\pi}[C]_{-1}^{1} = 0$，

$E(X) = \displaystyle\int_{-\infty}^{+\infty} xf_X(x)\mathrm{d}x = \int_{-\infty}^{+\infty} x\left(\int_{-\infty}^{+\infty} f(x,y)\mathrm{d}y\right)\mathrm{d}x = \int_{-\infty}^{+\infty}\int_{-\infty}^{+\infty} xf(x,y)\mathrm{d}x\mathrm{d}y$

$= \iint_D x\dfrac{1}{\pi}\mathrm{d}x\mathrm{d}y = \dfrac{1}{\pi}\displaystyle\int_{-1}^{1}\mathrm{d}x\int_{-\sqrt{1-x^2}}^{\sqrt{1-x^2}} x\mathrm{d}y = \dfrac{1}{\pi}\int_{-1}^{1} x\mathrm{d}x\left(\int_{-\sqrt{1-x^2}}^{\sqrt{1-x^2}}\mathrm{d}y\right) = \dfrac{1}{\pi}\int_{-1}^{1} x\mathrm{d}x\left([y]_{-\sqrt{1-x^2}}^{\sqrt{1-x^2}}\right)$

$= \dfrac{1}{\pi}\displaystyle\int_{-1}^{1} 2x\sqrt{1-x^2}\mathrm{d}x = -\dfrac{1}{\pi}\int_{-1}^{1}(1-x^2)^{\frac{1}{2}}\mathrm{d}(1-x^2) = -\dfrac{1}{\pi}\left[\dfrac{2}{3}(1-x^2)^{\frac{3}{2}}\right]_{-1}^{1}$

$$= -\frac{2}{3\pi}\left[(1-x^2)^{\frac{3}{2}}\right]_{-1}^{1} = 0 ,$$

$$E(Y) = \int_{-\infty}^{+\infty} y f_Y(y)\mathrm{d}y = \int_{-\infty}^{+\infty} y\left(\int_{-\infty}^{+\infty} f(x,y)\mathrm{d}x\right)\mathrm{d}y = \int_{-\infty}^{+\infty}\int_{-\infty}^{+\infty} y f(x,y)\mathrm{d}x\mathrm{d}y$$

$$= \iint_{D} y\frac{1}{\pi}\mathrm{d}x\mathrm{d}y = \frac{1}{\pi}\int_{-1}^{1}\mathrm{d}x\int_{-\sqrt{1-x^2}}^{\sqrt{1-x^2}} y\mathrm{d}y = \frac{1}{\pi}\int_{-1}^{1}\mathrm{d}x\left(\int_{-\sqrt{1-x^2}}^{\sqrt{1-x^2}} y\mathrm{d}y\right) = \frac{1}{\pi}\int_{-1}^{1}\mathrm{d}x\left(\left[\frac{y^2}{2}\right]_{-\sqrt{1-x^2}}^{\sqrt{1-x^2}}\right)$$

$$= \frac{1}{\pi}\int_{-1}^{1} 0\mathrm{d}x = \frac{1}{\pi}\left[C\right]_{-1}^{1} = 0 ,$$

所以　　　　　　　　$$\mathrm{Cov}(X,Y) = E(XY) - E(X)E(Y) = 0 .$$

又因为 $\rho_{XY} = \dfrac{\mathrm{Cov}(X,Y)}{\sqrt{D(X)}\sqrt{D(Y)}} = 0$ ，因此 $X$ 与 $Y$ 不相关.

由于

$$f_X(x) = \int_{-\infty}^{+\infty} f(x,y)\mathrm{d}y = \begin{cases} \int_{-\sqrt{1-x^2}}^{\sqrt{1-x^2}}\frac{1}{\pi}\mathrm{d}y, & |x|\leqslant 1, \\ \int_{-\infty}^{+\infty} 0\mathrm{d}y, & |x|>1, \end{cases} = \begin{cases} \frac{1}{\pi}\int_{-\sqrt{1-x^2}}^{\sqrt{1-x^2}}\mathrm{d}y, & |x|\leqslant 1, \\ 0, & |x|>1, \end{cases}$$

$$= \begin{cases} \frac{1}{\pi}\left[y\right]_{-\sqrt{1-x^2}}^{\sqrt{1-x^2}}, & |x|<1, \\ 0, & |x|\geqslant 1, \end{cases} = \begin{cases} \frac{2}{\pi}\sqrt{1-x^2}, & |x|<1, \\ 0, & |x|\geqslant 1. \end{cases}$$

$$f_Y(y) = \int_{-\infty}^{+\infty} f(x,y)\mathrm{d}x = \begin{cases} \int_{-\sqrt{1-y^2}}^{\sqrt{1-y^2}}\frac{1}{\pi}\mathrm{d}x, & |y|\leqslant 1, \\ \int_{-\infty}^{+\infty} 0\mathrm{d}x, & |y|>1, \end{cases} = \begin{cases} \frac{1}{\pi}\int_{-\sqrt{1-y^2}}^{\sqrt{1-y^2}}\mathrm{d}x, & |y|\leqslant 1, \\ 0, & |y|>1, \end{cases}$$

$$= \begin{cases} \frac{1}{\pi}\left[x\right]_{-\sqrt{1-y^2}}^{\sqrt{1-y^2}}, & |y|<1, \\ 0, & |y|\geqslant 1, \end{cases} = \begin{cases} \frac{2}{\pi}\sqrt{1-y^2}, & |y|<1, \\ 0, & |y|\geqslant 1. \end{cases}$$

则有　　　　　　　$$f_X\left(\frac{3}{4}\right) = \frac{2}{\pi}\sqrt{1-\left(\frac{3}{4}\right)^2} \neq 0 , \quad f_Y\left(\frac{3}{4}\right) = \frac{2}{\pi}\sqrt{1-\left(\frac{3}{4}\right)^2} \neq 0 ,$$

而 $f\left(\dfrac{3}{4},\dfrac{3}{4}\right) = 0$ （因为 $\left(\dfrac{3}{4}\right)^2 + \left(\dfrac{3}{4}\right)^2 = \dfrac{18}{16} > 1$），说明当 $x = \dfrac{3}{4}$，$y = \dfrac{3}{4}$ 时，$f(x,y) = f_X(x)f_Y(y)$ 不成立，根据二维连续型随机变量相互独立的定义，可知 $X$ 与 $Y$ 不相互独立.

# 四、矩

在一维随机变量中，曾介绍了原点矩和中心矩的概念，并且将常用的数学期望和方差归结为一阶原点矩和二阶中心距．类似地，对于二维随机变量也可以定义矩的概念．

**定义 7**　设 $X$ 和 $Y$ 是随机变量，若 $E(X^kY^l)$，$k,l = 1,2,\cdots$ 存在，则称其为 $X$ 和 $Y$ 的 $k+l$ 阶混合矩．若 $E\{[X-E(X)]^k[Y-E(Y)]^l\}$，$k,l = 1,2,\cdots$ 存在，称其为 $X$ 和 $Y$ 的 $k+l$ 阶混合中心矩．

协方差 $\text{Cov}(X,Y)$ 是 $X$ 和 $Y$ 的二阶混合中心矩.

# 五、协方差矩阵

将两个随机变量的二阶中心距放在一起组成的矩阵 $\begin{pmatrix} D(X) & \text{Cov}(X,Y) \\ \text{Cov}(Y,X) & D(Y) \end{pmatrix}$，称为二维随机变量 $(X,Y)$ 的协方差矩阵.

**定义 8** 设二维随机变量 $(X,Y)$ 关于 $X$ 的方差 $D(X)$ 和关于 $Y$ 的方差 $D(Y)$ 均存在，且协方差 $\text{Cov}(X,Y)$ 存在，则称矩阵

$$\begin{pmatrix} D(X) & \text{Cov}(X,Y) \\ \text{Cov}(Y,X) & D(Y) \end{pmatrix}$$

为二维随机变量 $(X,Y)$ 的协方差矩阵.

协方差矩阵在主成分分析等方面有重要的应用价值.

# 习题 14

1. 一个口袋中有大小形状完全相同的 2 红、2 白共 4 个球，现从袋中不放回地随机摸两次球，每次摸一个，设随机变量 $X$ 表示第一个球的情况，随机变量 $Y$ 表示第二个球的情况，定义如下

$$X = \begin{cases} 0, & \text{表示第一次取红球} \\ 1, & \text{表示第一次取白球} \end{cases}, \quad Y = \begin{cases} 0, & \text{表示第二次取红球} \\ 1, & \text{表示第二次取白球} \end{cases}.$$

求 $(X,Y)$ 的联合概率分布和联合分布函数.

2. 设随机变量 $(X,Y)$ 的联合概率密度函数为

$$f(x,y) = \begin{cases} k(4-x-2y), & 0<x<1, 0<y<2 \\ 0, & \text{其他} \end{cases}$$

（1）确定常数 $k$.

（2）求 $P\{X<0.5,\ Y<1\}$.

（3）求 $P\{X+Y\leqslant 2\}$.

3. 设二维连续型随机变量 $(X,Y)$ 的联合概率密度函数为

$$f(x,y) = \begin{cases} 8\text{e}^{-(2x+4y)}, & x>0, y>0 \\ 0, & \text{其他} \end{cases}$$

求 $P\{X\leqslant 1, Y\leqslant 2\}$ 及联合分布函数 $F(x,y)$.

4. 设二维随机变量 $(X,Y)$ 的联合分布函数为

$$F(x,y) = \begin{cases} (1-\text{e}^{-5x})(1-\text{e}^{-4y}), & x>0, y>0, \\ 0, & \text{其他}. \end{cases}$$

求 $(X,Y)$ 的联合概率密度函数.

5. 设 $(X,Y)$ 的联合概率密度函数为

$$f(x,y)=\begin{cases}\dfrac{2}{\pi},0\leqslant y\leqslant\sqrt{1-x^2},-1\leqslant x\leqslant1,\\[2mm]0,\qquad\qquad\qquad\text{其他}.\end{cases}$$

求 $(X,Y)$ 关于 $X$ 和关于 $Y$ 的边缘概率密度函数.

6. 设 $(X,Y)$ 的联合概率密度函数为

$$f(x,y)=\begin{cases}\dfrac{1}{4},0\leqslant y\leqslant2,0\leqslant x\leqslant2,\\[2mm]0,\qquad\qquad\text{其他}.\end{cases}$$

求 $(X,Y)$ 关 $X$ 和关于 $Y$ 的边缘概率密度函数.

7. 设 $(X,Y)$ 的联合分布列为

| $X$ | $Y$ | | | |
|---|---|---|---|---|
| | 0 | 1 | 2 | 3 |
| 0 | $\dfrac{1}{10}$ | $\dfrac{1}{10}$ | $\dfrac{1}{10}$ | $\dfrac{1}{10}$ |
| 1 | $\dfrac{1}{10}$ | $\dfrac{1}{10}$ | $\dfrac{1}{10}$ | 0 |
| 2 | $\dfrac{1}{10}$ | $\dfrac{1}{10}$ | 0 | 0 |
| 3 | $\dfrac{1}{10}$ | 0 | 0 | 0 |

试求 $(X,Y)$ 关于 $X$ 和关于 $Y$ 的边缘分布列，并判断 $X,Y$ 是否相互独立？

8. 设 $(X,Y)$ 的联合概率密度函数为

$$f(x,y)=\begin{cases}2,0\leqslant y\leqslant x,0\leqslant x\leqslant1\\[1mm]0,\qquad\qquad\text{其他}\end{cases}$$

求关于 $X$ 和关于 $Y$ 的边缘概率密度函数，并判断 $X,Y$ 是否相互独立.

9. 设 $X$ 和 $Y$ 是两个相互独立的随机变量，$X$ 服从（1，2）上的均匀分布，$Y$ 的密度函数为

$$f_Y(y)=\begin{cases}2\mathrm{e}^{-2y},&y>0,\\[1mm]0,&\text{其他}.\end{cases}$$

求（1）$X$ 与 $Y$ 的联合概率密度函数；（2）$P\{Y\leqslant X+1\}$.

10. 设袋子中有 2 红 4 白 6 个球，现从袋中不放回地随机摸两次球，每次摸一个，设

$$X=\begin{cases}0,\text{表示第一次摸到红球},\\1,\text{表示第一次摸到白球},\end{cases}\quad Y=\begin{cases}0,\text{表示第二次摸到红球},\\1,\text{表示第二次摸到白球},\end{cases}$$

求 $(X,Y)$ 的联合分布列和条件分布列.

11. 设 $(X,Y)$ 的联合概率密度函数为

$$f(x,y) = \begin{cases} \dfrac{2}{\pi}, 0 \leqslant y \leqslant \sqrt{1-x^2}, -1 \leqslant x \leqslant 1, \\ 0, \qquad\qquad\qquad 其他. \end{cases}$$

求条件概率密度函数 $f_{Y|X}(y|x)$.

12. 设 $X,Y$ 相互独立，它们的概率密度函数分别为

$$f_X(x) = \begin{cases} 2\mathrm{e}^{-2x}, & x > 0 \\ 0, & 其他 \end{cases}, \quad f_Y(y) = \begin{cases} 3\mathrm{e}^{-3y}, & y > 0, \\ 0, & 其他. \end{cases}$$

求 $Z = X + Y$ 的概率密度函数.

13. 设 $X,Y$ 相互独立，它们的概率密度函数分别为

$$f_X(x) = \begin{cases} 5\mathrm{e}^{-5x}, & x > 0 \\ 0, & 其他 \end{cases}, \quad f_Y(y) = \begin{cases} 4\mathrm{e}^{-4y}, & y > 0, \\ 0, & 其他. \end{cases}$$

求 $Z = \dfrac{X}{Y}$ 的概率密度函数.

14. 已知二维离散型随机变量 $(X,Y)$ 的联合分布列为

| $X$ | $Y$ | |
|---|---|---|
| | 0 | 1 |
| 0 | $\dfrac{1}{5}$ | $\dfrac{1}{5}$ |
| 1 | $\dfrac{1}{5}$ | $\dfrac{2}{5}$ |

求随机变量 $(X,Y)$ 的协方差和相关系数.

15. 设 $(X,Y)$ 的联合概率密度函数为

$$f(x,y) = \begin{cases} \dfrac{2}{\pi}, 0 \leqslant y \leqslant \sqrt{1-x^2}, -1 \leqslant x \leqslant 1, \\ 0, \qquad\qquad\qquad 其他. \end{cases}$$

求随机变量 $(X,Y)$ 的协方差 $\mathrm{Cov}(X,Y)$ 和相关系数 $r$.

16. 设二维随机变量 $(X,Y)$ 的概率密度函数为

$$f(x,y) = \begin{cases} \dfrac{1}{2\pi}, x^2 + y^2 \leqslant 2, \\ 0, \qquad\qquad 其他. \end{cases}$$

证明随机变量 $X$ 与 $Y$ 不相关.

# 第 15 章　中心极限定理与大数定律

中心极限定理与大数定律，二者都属于概率论中极限定理（即样本容量无限大时的相关性质）的范畴，是概率论与数理统计的理论基础之一. 本章只介绍简单的情况，包括独立同分布的中心极限定理和大数定律.

## 15.1　中心极限定理

先看一个例子.

**引例 1**　某保险公司有 10 万个同一种类型人寿保险的参保人员，每人每年向保险公司支付 24 元保险费. 保险公司经过调查发现，该群体每年的死亡概率为 0.004，参保人员死亡时保险公司要向其家属支付赔偿金 2000 元，试问该保险公司每年亏本的概率有多大？保险公司每年利润大于 4 万元的概率是多少？

**分析：**由题意，每年保险公司获得的保险费合计为 240 万元，保险公司亏本也就是赔偿金额大于 240 万元，由于参保人员死亡后其家属获得赔偿金 2000 元，于是死亡人数大于 1200 人时保险公司就要亏本. 保险公司每年亏本的概率即为每年参保人员死亡的人数大于 1200 人的概率.

将参保人员编号，引入随机变量

$$X_i = \begin{cases} 1, 第\ i\ 个人死亡, \\ 0, 第\ i\ 个人没有死亡, \end{cases} \quad i = 1, 2, \cdots, 100000 .$$

由题意，$X_i(i = 1, 2, \cdots, 100000)$ 的概率分布为

| $X_i$ | 0 | 1 |
|---|---|---|
| $P$ | 0.996 | 0.004 |

一年内参保人员中的死亡人数 $Y = \sum_{i=1}^{100000} X_i$，服从二项分布 $B(100000, 0.004)$. 于是保险公司每年亏本的概率为

$$P\{Y > 1200\} = 1 - P\{Y \leqslant 1200\} = 1 - \sum_{i=0}^{1200} C_{100000}^i 0.004^i \times 0.996^{100000-i} .$$

显然要计算上述概率非常麻烦，为此我们采用下面的方法计算.

$$P\{Y > 1200\} = 1 - P\{Y \leqslant 1200\} = 1 - \sum_{i=0}^{1200} C_{100000}^i 0.004^i \times 0.996^{100000-i}$$

$$= 1 - \left[ \Phi\left( \frac{1200 - 100000 \times 0.004}{\sqrt{100000 \times 0.004 \times (1 - 0.004)}} \right) - \Phi\left( \frac{0 - 100000 \times 0.004}{\sqrt{100000 \times 0.004 \times (1 - 0.004)}} \right) \right]$$

$$= 1 - \left[ \varPhi\left(\frac{1000}{\sqrt{398.4}}\right) - \varPhi\left(\frac{-200}{\sqrt{398.4}}\right) \right] = 1 - \left[\varPhi(70.99523) - \varPhi(-14.199)\right] = 0.0$$

其中 $\varPhi(x)$ 表示标准正态分布的分布函数.

上面的方法里面隐含着一个重要结论：当 $n$ 很大时，$n$ 次独立重复试验中事件 $A$ 发生的次数 $n_A$ 的表达式 $\dfrac{n_A - np}{\sqrt{np(1-p)}}$ 近似服从标准正态分布. 这就是中心极限定理，叙述如下.

**定理 1（德莫佛—拉普拉斯定理）** 设 $n_A$ 表示 $n$ 次独立重复试验中事件 $A$ 发生的次数，$p$ 是事件 $A$ 在每次试验中发生的概率. 则对于任意区间 $(a,b]$，恒有

$$\lim_{n\to\infty} P\left\{ a < \frac{n_A - np}{\sqrt{np(1-p)}} \leqslant b \right\} = \int_a^b \frac{1}{\sqrt{2\pi}} \mathrm{e}^{-\frac{t^2}{2}} \mathrm{d}t.$$

一般来说，当 $n$ 较大时，二项分布的概率计算起来非常复杂，这时我们就可以用正态分布来近似地计算二项分布.

$$\sum_{k=n_1}^{n_2} C_n^k p^k (1-p)^{n-k} = P\{n_1 < n_A \leqslant n_2\} = P\left\{ \frac{n_1 - np}{\sqrt{np(1-p)}} < \frac{n_A - np}{\sqrt{np(1-p)}} \leqslant \frac{n_2 - np}{\sqrt{np(1-p)}} \right\}$$

$$\approx \varPhi\left( \frac{n_2 - np}{\sqrt{np(1-p)}} \right) - \varPhi\left( \frac{n_1 - np}{\sqrt{np(1-p)}} \right).$$

**例 1** 设随机变量 $X$ 服从 $B(100, 0.8)$，求 $P\{80 \leqslant X \leqslant 100\}$.

下面对高级型和连续型随机变量分别说明.

**解：** $P\{80 \leqslant X \leqslant 100\} \approx \varPhi\left( \dfrac{100 - 80}{\sqrt{100 \times 0.8 \times 0.2}} \right) - \varPhi\left( \dfrac{80 - 80}{\sqrt{100 \times 0.8 \times 0.2}} \right)$

$$= \varPhi(5) - \varPhi(0) = 1 - 0.5 = 0.5.$$

**例 2** 设某供电网中有 10000 盏灯，夜间每一盏灯开着的概率为 0.7，假设各灯的开关彼此独立，计算同一时刻开着的灯的数量在 6800 与 7200 之间的概率.

**解：** 设同一时刻开着的灯的数量为 $X$，它服从二项分布 $B(10000, 0.7)$，于是

$$P\{6800 \leqslant X \leqslant 7200\} \approx \varPhi\left( \frac{7200 - 7000}{\sqrt{10000 \times 0.7 \times 0.3}} \right) - \varPhi\left( \frac{6800 - 7000}{\sqrt{10000 \times 0.7 \times 0.3}} \right)$$

$$= \varPhi\left( \frac{200}{45.83} \right) - \varPhi\left( -\frac{200}{45.83} \right) = 2\varPhi\left( \frac{200}{45.83} \right) - 1 = 2\varPhi(4.36) - 1 = 0.99999 \approx 1$$

定理 1 的证明比较复杂，这里不予证明. 下面只用特殊例子对定理 1 加以说明.

假设总体 $X$ 的概率分布为

| $X$ | 0 | 1 |
|---|---|---|
| $P$ | $\dfrac{1}{2}$ | $\dfrac{1}{2}$ |

设 $X_1, X_2, \cdots, X_n$，是来自总体的样本，且相互独立，下面讨论和 $\displaystyle\sum_{i=1}^{n} X_i$ 的分布. 先从简单的情形开始说明.

利用二维随机变量的联合概率分布列以及相互独立的概念,可以求得$(X_1,X_2)$的联合概率分布列为

| $X_1$ | $X_2$ | |
|---|---|---|
| | 0 | 1 |
| 0 | $\dfrac{1}{4}$ | $\dfrac{1}{4}$ |
| 1 | $\dfrac{1}{4}$ | $\dfrac{1}{4}$ |

$X_1+X_2$ 的概率分布为

| $X_1+X_2$ | 0 | 1 | 2 |
|---|---|---|---|
| $P$ | $\dfrac{1}{4}$ | $\dfrac{1}{2}$ | $\dfrac{1}{4}$ |

$(X_1+X_2,X_3)$ 的联合概率分布列为

| $X_1+X_2$ | $X_3$ | |
|---|---|---|
| | 0 | 1 |
| 0 | $\dfrac{1}{8}$ | $\dfrac{1}{8}$ |
| 1 | $\dfrac{1}{4}$ | $\dfrac{1}{4}$ |
| 2 | $\dfrac{1}{8}$ | $\dfrac{1}{8}$ |

$X_1+X_2+X_3$ 的概率分布为

| $X_1+X_2+X_3$ | 0 | 1 | 2 | 3 |
|---|---|---|---|---|
| $P$ | $\dfrac{1}{8}$ | $\dfrac{3}{8}$ | $\dfrac{3}{8}$ | $\dfrac{1}{8}$ |

按照上面的方法可以继续求下去. 图 15-1 ~ 图 15-3 分别给出了随机变量 $X_1,X_1+X_2$,$X_1+X_2+X_3$ 的概率分布的图形.

从上面的图形可以看出,随着参与相加的随机变量的增多,其和的概率分布越来越和钟形曲线接近,也就是越来越和正态分布接近.

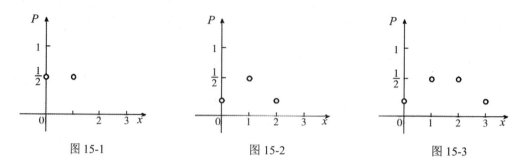

图 15-1　　　　　　　　　图 15-2　　　　　　　　　图 15-3

定理 1 给出了来自服从 0-1 分布的总体 $X$ 的样本 $X_1, X_2, \cdots, X_n$ 和的分布，这个和的分布随着 $n$ 的增大，近似服从正态分布. 实际上这个结果对于其他的离散型随机变量也成立.

更进一步，对于连续型随机变量的总体也成立，下面通过一个简单的情况加以说明.

假设总体 $X$ 为连续型随机变量，其概率密度函数为

$$p(x) = \begin{cases} 1, & 0 \leqslant x \leqslant 1, \\ 0, & \text{其他}. \end{cases}$$

设 $X_1, X_2, \cdots, X_n$，是来自总体 $X$ 的样本，且相互独立，下面讨论 $\sum\limits_{i=1}^{n} X_i$ 的分布.

先讨论 $X_1 + X_2$ 的分布.

利用二维随机变量和的分布的公式，有

$X_1 + X_2$ 的概率密度函数为

$$p_{X_1+X_2}(z) = \int_{-\infty}^{+\infty} p(x) p(z-x) \mathrm{d}x = \int_{-\infty}^{0} 0 \times p(z-x) \mathrm{d}x + \int_{0}^{1} 1 \times p(z-x) \mathrm{d}x + \int_{1}^{+\infty} 0 \times p(z-x) \mathrm{d}x$$

$$= \int_{0}^{1} p(z-x) \mathrm{d}x = \begin{cases} 0, & z \leqslant 0, \\ z, & 0 < z \leqslant 1, \\ 2-z, & 1 < z < 2, \\ 0, & z \geqslant 2. \end{cases}$$

再考虑 $X_1 + X_2 + X_3$ 的分布.

$X_1 + X_2 + X_3$ 的概率密度函数为

$$p_{X_1+X_2+X_3}(z) = \int_{-\infty}^{+\infty} p_{X_1+X_2}(x) p(z-x) \mathrm{d}x$$

$$= \int_{-\infty}^{0} 0 \times p(z-x) \mathrm{d}x + \int_{0}^{1} x \cdot p(z-x) \mathrm{d}x + \int_{1}^{2} (2-x) \cdot p(z-x) \mathrm{d}x + \int_{2}^{+\infty} 0 \times p(z-x) \mathrm{d}x$$

$$= \int_{0}^{1} x \cdot p(z-x) \mathrm{d}x + \int_{1}^{2} (2-x) \cdot p(z-x) \mathrm{d}x = \begin{cases} 0, & z \leqslant 0, \\ \dfrac{z^2}{2}, & 0 < z \leqslant 1, \\ 3z - z^2 - \dfrac{3}{2}, & 1 < z \leqslant 2, \\ \dfrac{z^2}{2} - 3z + \dfrac{9}{2}, & 2 < z < 3, \\ 0, & z \geqslant 3. \end{cases}$$

按照上面的方法可以继续求下去. 图 15-4, 图 15-5, 图 15-6 分别给出了随机变量 $X_1$, $X_1 + X_2$, $X_1 + X_2 + X_3$ 的概率密度函数的图形.

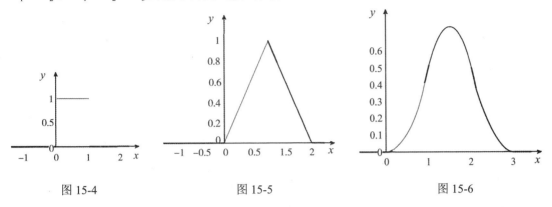

图 15-4　　　　　　　　　　　图 15-5　　　　　　　　　　　图 15-6

从上面的图形可以看出, 随着参与相加的随机变量的增多, 其和的概率密度曲线越来越和钟形曲线接近, 也就是越来越和正态分布接近. 这个结论对于更一般的情况也成立, 即设 $X_1, X_2, \cdots, X_n$, 是来自总体 $X$ 的样本, 设 $E(X) = \mu$, $D(X) = \sigma^2$, 当 $n \to \infty$ 时, $\sum\limits_{i=1}^{n} X_i$ 服从正态分布, 将其标准化得到下面的中心极限定理.

**定理 2**　设 $X_1, X_2, \cdots, X_n$, 是来自总体 $X$ 的样本, 且 $E(X) = \mu$, $D(X) = \sigma^2$, 则对于任意 $x$, 随机变量 $Y_n = \dfrac{\sum\limits_{k=1}^{n} X_k - n\mu}{\sqrt{n}\,\sigma}$ 的分布函数 $F_n(x)$ 趋于标准正态分布函数, 即有

$$\lim_{n \to \infty} F_n(x) = \lim_{n \to \infty} P\left\{ \frac{\sum\limits_{k=1}^{n} X_k - n\mu}{\sqrt{n}\,\sigma} \leqslant x \right\} = \int_{-\infty}^{x} \frac{1}{\sqrt{2\pi}} \mathrm{e}^{-\frac{t^2}{2}} \,\mathrm{d}t .$$

由定理 2 可知, 当 $n$ 充分大时, $Y_n$ 近似服从 $N(0,1)$. 利用正态分布的性质, 由于 $\overline{X} = \dfrac{\sigma}{\sqrt{n}} Y_n + \mu$, 利用第 13 章第 3 节的结论, 于是不难得出, $\overline{X} = \dfrac{1}{n} \sum\limits_{k=1}^{n} X_k$ 近似服从正态分布 $N\left( \mu, \left( \dfrac{\sigma}{\sqrt{n}} \right)^2 \right)$.

**例 3**　用机器包装味精, 每袋净重为随机变量, 其数学期望为 100 克, 标准差为 10 克, 一箱内装 200 袋味精, 求一箱味精净重大于 20500 克的概率.

**解**: 设一箱味精净重为 $X$ 克, 箱中第 $k$ 袋味精的净重为 $X_k$ 克, $k = 1, 2, \cdots, 200$.

由于 $X_1, X_2, \cdots, X_{200}$ 是 200 个相互独立的随机变量, 且 $E(X_k) = 100$, $D(X_k) = 100$, 所以 $E(X) = E(X_1 + X_2 + \cdots + X_{200}) = E(X_1) + \cdots + E(X_{200}) = 200 \times E(X_1) = 20000$,

$D(X) = D(X_1 + X_2 + \cdots + X_{200}) = D(X_1) + D(X_2) + \cdots + D(X_{200}) = 200 \times 100$,

$\sqrt{D(X)} = 100\sqrt{2}$,

因而有 $P\{X > 20500\} = 1 - P\{X \leqslant 20500\}$

$$=1-P\left\{\frac{X-20000}{100\sqrt{2}}\leqslant\frac{500}{100\sqrt{2}}\right\}\approx 1-\varPhi(3.54)=0.0002$$

**练习 1**　用机器包装味精，每袋净重为随机变量，其数学期望为 200 克，标准差为 5 克，一箱内装 100 袋味精，求一箱味精净重大于 20100 克的概率.

# 15.2　大数定律

大数定律，也被称为大数定理. 大数定律分为弱大数定律和强大数定律，本书只介绍弱大数大律，简称为大数定律. 历史上概率论的第一个大数定理是由伯努利发现的，后人称为"伯努利大数定律". 下面通过一个具体的例子说明大数定律的含义.

若骰子不均匀，要想知道"掷出点数为 1"事件的概率，需要做大量的试验. 此时，事件"掷出点数为 1"出现的频率就稳定于该事件的概率，这是一个常识，里面就隐含着一个重要的定理——伯努利大数定律. 下面对这个事实进行剖析，并给出数学表示.

为了表述简洁，引入一些记号.

设 $A$ 表示"掷出点数为 1"的事件，$n$ 表示试验的次数，$n_A$ 表示事件 $A$ 在 $n$ 次试验中出现的次数，$p$ 表示事件 $A$ 出现的概率.

随着试验次数 $n$ 的增大，事件 $A$ 出现的频率 $\dfrac{n_A}{n}$ 越来越稳定于该事件的概率 $p$. 这个事实等价于：事件 $A$ 出现的频率 $\dfrac{n_A}{n}$ 与该事件的概率 $p$ 出现偏差的可能性越来越小，几乎为零. 也等价于说：$\dfrac{n_A}{n}$ 与 $p$ 差的绝对值小于规定的偏差的可能性越来越大. 因为事件可能性一般用概率 $p$ 表示，偏差用 $\varepsilon$ 表示，所以 $P\left\{\left|\dfrac{n_A}{n}-p\right|<\varepsilon\right\}$ 表示小于某个规定偏差值的可能性，这个可能性随着 $n$ 的增大越来越接近于 1，于是上述常识用数学语言精确描述为

$$\lim_{n\to\infty}P\left\{\left|\frac{n_A}{n}-p\right|<\varepsilon\right\}=1.$$

这就是伯努利大数定律，简洁叙述如下：

**定理 3（伯努利大数定律）**　设 $n$ 次独立重复试验中事件 $A$ 发生的次数为 $n_A$，$p$ 为事件 $A$ 发生的概率，则对于任意正数 $\varepsilon>0$，有极限

$$\lim_{n\to\infty}P\left\{\left|\frac{n_A}{n}-p\right|<\varepsilon\right\}=1 \text{ 或 } \lim_{n\to\infty}P\left\{\left|\frac{n_A}{n}-p\right|\geqslant\varepsilon\right\}=0.$$

下面以 $p=\dfrac{1}{3}$ 为例，加以说明.

当 $n=1$ 时，$n_A$ 的可能取值为 $0,1$，则 $\dfrac{n_A}{n}$ 的取值为 $0,1$，概率分布为

| $\dfrac{n_A}{n}$ | 0 | 1 |
|---|---|---|
| $P$ | $\dfrac{2}{3}$ | $\dfrac{1}{3}$ |

当 $n=2$ 时，$n_A$ 的可能取值为 $0,1,2$，则 $\dfrac{n_A}{n}$ 的取值为 $0,\dfrac{1}{2},1$，概率分布为

| $\dfrac{n_A}{n}$ | 0 | $\dfrac{1}{2}$ | 1 |
|---|---|---|---|
| $P$ | $\dfrac{4}{9}$ | $\dfrac{4}{9}$ | $\dfrac{1}{9}$ |

当 $n=3$ 时，$n_A$ 的可能取值为 $0,1,2,3$，则 $\dfrac{n_A}{n}$ 的取值为 $0,\dfrac{1}{3},\dfrac{2}{3},1$，概率分布为

| $\dfrac{n_A}{n}$ | 0 | $\dfrac{1}{3}$ | $\dfrac{2}{3}$ | 1 |
|---|---|---|---|---|
| $P$ | $\dfrac{8}{27}$ | $\dfrac{12}{27}$ | $\dfrac{6}{27}$ | $\dfrac{1}{27}$ |

当 $n=4$ 时，$n_A$ 的可能取值为 $0,1,2,3,4$，则 $\dfrac{n_A}{n}$ 的取值为 $0,\dfrac{1}{4},\dfrac{1}{2},\dfrac{3}{4},1$，概率分布为

| $\dfrac{n_A}{n}$ | 0 | $\dfrac{1}{4}$ | $\dfrac{1}{2}$ | $\dfrac{3}{4}$ | 1 |
|---|---|---|---|---|---|
| $P$ | $\dfrac{16}{81}$ | $\dfrac{32}{81}$ | $\dfrac{24}{81}$ | $\dfrac{8}{81}$ | $\dfrac{1}{81}$ |

可以继续求下去，将上面的结果画在图形上，如图 15-7 所示.

由上面的计算结果不难发现，当 $n$ 越来越大时，尽管 $\dfrac{n_A}{n}$ 的取值有多种可能，但靠近 $\dfrac{1}{3}$ 的概率在逐渐增大.

如果在纵坐标等于 $\dfrac{1}{3}$ 处画一条平行于横轴的直线，在这条直线附近画与这条直线距离为 $\varepsilon$ 的两条直线，则可以看出落入这两条直线内部的可能性越来越大，趋近于 1，如图 15-8 所示.

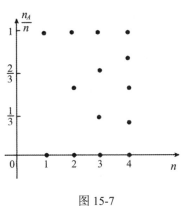

图 15-7

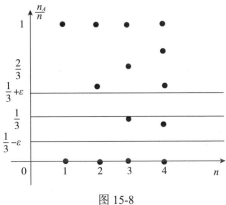

图 15-8

下面利用中心极限定理给出证明.

由定理 3 的条件可知，$n_A \sim B\left(n, \dfrac{1}{3}\right)$，则

$$P\left\{\left|\dfrac{n_A}{n} - \dfrac{1}{3}\right| < \varepsilon\right\} = P\left\{\left|n_A - \dfrac{n}{3}\right| < n\varepsilon\right\} = P\left\{\dfrac{n}{3} - n\varepsilon < n_A < \dfrac{n}{3} + n\varepsilon\right\}.$$

由中心极限定理可知，当 $n$ 很大时，

$$P\left\{\dfrac{n}{3} - n\varepsilon < n_A < \dfrac{n}{3} + n\varepsilon\right\} = P\left\{-\dfrac{n\varepsilon}{\sqrt{\dfrac{2}{9}n}} < \dfrac{n_A - \dfrac{n}{3}}{\sqrt{\dfrac{2}{9}n}} < \dfrac{n\varepsilon}{\sqrt{\dfrac{2}{9}n}}\right\} = P\left\{-\sqrt{\dfrac{9}{2}}n\varepsilon < \dfrac{n_A - \dfrac{n}{3}}{\sqrt{\dfrac{2}{9}n}} < \sqrt{\dfrac{9}{2}}n\varepsilon\right\}.$$

于是

$$\lim_{n \to \infty} P\left\{\left|\dfrac{n_A}{n} - \dfrac{1}{3}\right| < \varepsilon\right\} = \lim_{n \to \infty} P\left\{-\sqrt{\dfrac{9}{2}}n\varepsilon < \dfrac{n_A - \dfrac{n}{3}}{\sqrt{\dfrac{2}{9}n}} < \sqrt{\dfrac{9}{2}}n\varepsilon\right\}$$

$$= \lim_{n \to \infty}\left[\Phi\left(\sqrt{\dfrac{9}{2}}n\varepsilon\right) - \Phi\left(-\sqrt{\dfrac{9}{2}}n\varepsilon\right)\right] = 1.$$

如果引入随机变量

$$X_i = \begin{cases} 1, & 第 i 次试验出现事件 A, \\ 0, & 否则, \end{cases}$$

当事件 $A$ 在每次实验中发生的概率为 $P$ 时，$X_i$ 的概率分布为

| $X_i$ | 0 | 1 |
|---|---|---|
| P | $1-p$ | $p$ |

则 $E(X_i) = 0 \times (1-p) + 1 \times p = p$，即 $p = E(X_i) = \mu$.

由于 $n_A = X_1 + X_2 + \cdots + X_n = \displaystyle\sum_{i=1}^{n} X_i$，于是伯努利大数定律可以写成

$$\lim_{n \to \infty} P\left\{\left|\dfrac{1}{n}\sum_{i=1}^{n} X_i - \mu\right| < \varepsilon\right\} = 1.$$

将上面式子中的随机变量换成更一般的随机变量，结论仍然成立. 这就是另一个大数定律——辛钦大数定律，叙述如下.

**定理 4（辛钦大数定律）**　设随机变量 $X_1, X_2, \cdots, X_n, \cdots$ 相互独立，且服从同一分布，且具有数学期望 $E(X_i)\ (i = 1, 2, \cdots)$. 则对于任意正数 $\varepsilon > 0$，有极限

$$\lim_{n \to \infty} P\left\{\left|\dfrac{1}{n}\sum_{i=1}^{n} X_i - \mu\right| < \varepsilon\right\} = 1.$$

如果将辛钦大数定律中的服从同一分布的条件改为：随机变量 $X_1, X_2, \cdots, X_n, \cdots$ 分别具

有均值 $E(X_1), E(X_2), \cdots, E(X_n), \cdots$ 及方差 $D(X_1), D(X_2), \cdots, D(X_n), \cdots$ ，若存在常数 $C$ ，使 $D(X_k) \leq C, (k=1,2,\cdots)$ ，则有类似的结论，此时的大数定律称为契比雪夫大数定律，叙述如下：

**定理 5（契比雪夫大数定律）**　设相互独立的随机变量 $X_1, X_2, \cdots, X_n, \cdots$ 分别具有均值 $E(X_1), E(X_2), \cdots, E(X_n), \cdots$ 及方差 $D(X_1), D(X_2), \cdots, D(X_n), \cdots$ ，若存在常数 $C$ ，使 $D(X_k) \leq C, (k=1,2,\cdots)$ ，则对于任意正整数 $\varepsilon$ ，有

$$\lim_{n \to \infty} P\left\{ \left| \frac{1}{n} \sum_{k=1}^{n} X_k - \frac{1}{n} \sum_{k=1}^{n} E(X_k) \right| < \varepsilon \right\} = 1 .$$

伯努利大数定律是契比雪夫大数定律的特殊情况．因为此时 $E(X_i) = p$ 存在，$D(X_i) = p(1-p)$ ，很显然取 $C = p(1-p)$ ，则有 $D(X_i) \leq C$ ，$\frac{1}{n} \sum_{i=1}^{n} E(X_i) = \frac{1}{n} np = p$ ，

$$\lim_{n \to \infty} P\left\{ \left| \frac{n_A}{n} - p \right| < \varepsilon \right\} = \lim_{n \to \infty} P\left\{ \left| \frac{1}{n} \sum_{i=1}^{n} X_i - \frac{1}{n} \sum_{i=1}^{n} E(X_i) \right| < \varepsilon \right\} .$$

这就是矩估计法应用的原理，即可用样本的均值来估计总体的均值．

要证明契比雪夫大数定律，需要用到契比雪夫不等式，该不等式叙述如下：

**定理 6（契比雪夫不等式）**　设随机变量 $X$ 的均值 $E(X)$ 及方差 $D(X)$ 存在，则对于任意正数 $\varepsilon$ ，有不等式

$$P\{|X - E(X)| \geq \varepsilon\} \leq \frac{D(X)}{\varepsilon^2}$$

或 $P\{|X - E(X)| < \varepsilon\} \geq 1 - \frac{D(X)}{\varepsilon^2}$ 成立．

下面用一些简单的例子来说明的含义．

（1）对于 0-1 分布．假设 $X$ 服从 0-1 分布，即 $X$ 的概率分布为

| $X$ | 0 | 1 |
|---|---|---|
| $P$ | $\frac{2}{3}$ | $\frac{1}{3}$ |

不难看出 $E(X) = \frac{1}{3}$ ，$D(X) = \frac{2}{9}$ ．当取 $\varepsilon = \frac{1}{3}$ 时，

$$P\left\{ |X - E(X)| \geq \frac{1}{3} \right\} = P\left\{ \left| X - \frac{1}{3} \right| \geq \frac{1}{3} \right\} = P\left\{ X \geq \frac{2}{3} \right\} + P\{X \leq 0\} = 1 ,$$

而

$$\frac{D(X)}{\varepsilon^2} = \frac{\frac{2}{9}}{\left(\frac{1}{3}\right)^2} = 2 ,$$

显然成立
$$P\{|X - E(X)| \geq \varepsilon\} \leq \frac{D(X)}{\varepsilon^2} .$$

也可对于 $\varepsilon$ 的其他取值进行验证.

（2）均匀分布. 假设 $X$ 服从 $[0,1]$ 上的均匀分布，$X$ 的概率密度函数为

$$p(x)=\begin{cases} 1, 0 \leqslant x \leqslant 1 \\ 0, \text{其他} \end{cases}$$

不难看出 $E(X)=\dfrac{1}{2}$，$D(X)=\dfrac{1}{12}$. 当取 $\varepsilon=\dfrac{1}{4}$ 时，有

$$P\left\{\left|X-E(X)\right| \geqslant \frac{1}{4}\right\}=P\left\{\left|X-\frac{1}{2}\right| \geqslant \frac{1}{4}\right\}=P\left\{X \geqslant \frac{3}{4}\right\}+P\left\{X \leqslant \frac{1}{4}\right\}=\frac{1}{4}+\frac{1}{4}=\frac{1}{2},$$

而

$$\frac{D(X)}{\varepsilon^2}=\frac{\dfrac{1}{12}}{\left(\dfrac{1}{4}\right)^2}=\frac{4}{3},$$

显然成立

$$P\left\{\left|X-E(X)\right| \geqslant \varepsilon\right\} \leqslant \frac{D(X)}{\varepsilon^2}.$$

也可对于 $\varepsilon$ 的其他取值进行验证.

下面给出不等式的证明（仅对连续型的随机变量进行证明）.

**证明：**设 $f(x)$ 为 $X$ 的概率密度函数，$E(X)=\mu$，则

$$P\left\{\left|X-E(X)\right| \geqslant \varepsilon\right\}=\int_{|x-\mu| \geqslant \varepsilon} f(x)\mathrm{d}x \leqslant \int_{|x-\mu| \geqslant \varepsilon} \frac{(x-\mu)^2}{\varepsilon^2} f(x)\mathrm{d}x.$$

上面的不等式，很容易从图形上直观说明，如图 15-9 所示.

从图中可以看出，当 $x \geqslant \mu+\varepsilon$ 时，

$$\frac{(x-\mu)^2}{\varepsilon^2} f(x) > f(x).$$

当 $x \leqslant \mu-\varepsilon$ 时，

$$\frac{(x-\mu)^2}{\varepsilon^2} f(x) > f(x).$$

于是，当 $|x-\mu| \geqslant \varepsilon$ 时，有 $\dfrac{(x-\mu)^2}{\varepsilon^2} f(x) > f(x)$，

这样便有

$$\int_{|x-\mu| \geqslant \varepsilon} f(x)\mathrm{d}x \leqslant \int_{|x-\mu| \geqslant \varepsilon} \frac{(x-\mu)^2}{\varepsilon^2} f(x)\mathrm{d}x.$$

于是有

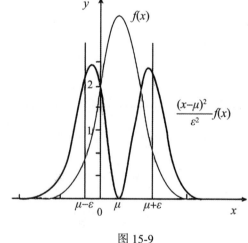

图 15-9

$$P\left\{\left|X-E(X)\right| \geqslant \varepsilon\right\}=\int_{|x-\mu| \geqslant \varepsilon} f(x)\mathrm{d}x \leqslant \int_{|x-\mu| \geqslant \varepsilon} \frac{(x-\mu)^2}{\varepsilon^2} f(x)\mathrm{d}x$$

$$\leqslant \frac{1}{\varepsilon^2} \int_{-\infty}^{+\infty} (x-\mu)^2 f(x) \mathrm{d}x = \frac{D(X)}{\varepsilon^2} .$$

下面利用契比雪夫不等式来证明契比雪夫大数定律.

**证明:** 由于 $X_1, X_2, \cdots, X_n, \cdots$ 相互独立, 那么对于任意的 $n > 1$, $X_1, X_2, \cdots, X_n$ 相互独立. 于是

$$D\left(\frac{1}{n}\sum_{k=1}^{n} X_k\right) = \frac{1}{n^2}\sum_{k=1}^{n} D(X_k) \leqslant \frac{C}{n} .$$

令 $Y_n = \dfrac{1}{n}\sum_{k=1}^{n} X_k$, 则由契比雪夫不等式有

$$1 \geqslant P\{|Y_n - E(Y_n)| < \varepsilon\} \geqslant 1 - \frac{D(Y_n)}{\varepsilon^2} \geqslant 1 - \frac{C}{n\varepsilon^2} .$$

令 $n \to \infty$, 则有

$$\lim_{n\to\infty} P\{|Y_n - E(Y_n)| < \varepsilon\} = 1 .$$

即

$$\lim_{n\to\infty} P\left\{\left|\frac{1}{n}\sum_{k=1}^{n} X_k - \frac{1}{n}\sum_{k=1}^{n} E(X_k)\right| < \varepsilon\right\} = 1 .$$

## 习题 15

1. 现有 100 个独立工作部件组成的一个系统, 假设每个工作部件工作的概率为 0.9, 求系统中至少有 85 个工作部件工作的概率.

2. 现有 200 台独立工作的机床, 假设每台机床工作的概率为 0.7, 每台机床工作时需 10kW 电力, 问共需多少电力, 才有 95% 的可能性保证供电充足?

3. 为了了解某电视台节目的收视率 $P$, 现抽取了 $n$ 个调查对象, 其中有 $k$ 个对象收看该节目, 用 $\dfrac{k}{n}$ 作为 $P$ 的估计. 问至少要调查多少对象才能使得 $\dfrac{k}{n}$ 与 $P$ 的差异不大于 0.05 的概率为 95%?

4. 设每发炮弹命中目标的概率为 0.01, 求 500 发炮弹至少命中 5 发的概率.

# 第16章　对总体估计的理论拓展

对总体进行估计是数理统计的重要内容. 在第 5 章、第 7 章 7.3 节、第 8 章 8.3 节、第 9 章 9.3 节曾介绍了一些相关的知识, 本章继续介绍, 包括经验分布函数、极大似然估计、点估计的优良性、区间估计的补充等内容.

## 16.1　经验分布函数

在对总体进行估计时, 有时也会遇到对总体的分布一无所知的情况. 此时就需要利用样本的信息来估计总体的分布函数, 我们用经验分布函数来估计. 为了说清这个概念, 我们先从简单的例子说起.

**例 1**　设袋子中有 3 只红球 4 只白球共 7 个球, 红球上标有数字 2, 白球上标有数字 3, 现从袋中有放回地随机每次摸 1 球, 设

$$X_n = \begin{cases} 2, \text{第} n \text{次摸到红球} \\ 3, \text{第} n \text{次摸到白球} \end{cases}$$

（1）假设摸取了 1 次, 随机变量的取值结果（即样本值）为 2, 试写出此时对总体分布函数的估计.

因为摸取了 1 次, 摸到的是 2, 所以在没有其他信息的情况下, 可将总体的概率分布估计为

| $X$ | 2 |
|---|---|
| $P$ | 1 |

从而可将总体的分布函数估计为

$$F_1(x) = \begin{cases} 0, x < 2 \\ 1, x \geq 2 \end{cases}$$

其中 $F_1(x)$ 的下角标表示抽取样本的个数.

上面的函数 $F_1(x)$, 是利用抽样的结果来对总体分布函数进行估计的, 这类函数称为经验分布函数.

（2）假设摸取了 2 次, 随机变量的取值结果依次为 3, 2, 试写出此时的经验分布函数.

因为摸取了 2 次, 摸到的是 2 和 3, 所以在没有其他信息的情况下, 可将总体的概率分布估计为

| $X$ | 2 | 3 |
|---|---|---|
| $P$ | $\dfrac{1}{2}$ | $\dfrac{1}{2}$ |

从而可得经验分布函数为

$$F_2(x)=\begin{cases}0,x<2\\\dfrac{1}{2},2\leqslant x<3\\1,x\geqslant3\end{cases}$$

（3）假设摸取了 2 次，随机变量的取值结果依次为 3，3，试写出此时的经验分布函数.

因为摸取了 2 次，摸到的都是 3，所以在没有其他信息的情况下，可将总体的概率分布估计为

| $X$ | 3 |
| --- | --- |
| $P$ | 1 |

从而可得经验分布函数为

$$F_2(x)=\begin{cases}0,x<3\\1,x\geqslant3\end{cases}$$

上式也可以写成

$$F_2(x)=\begin{cases}0,&x<3\\\dfrac{1}{2}+\dfrac{1}{2},&x\geqslant3\end{cases}$$

（4）假设摸取了 3 次，随机变量的取值结果依次为 3，2，3，试写出此时的经验分布函数.

因为摸取了 3 次，摸到的是一个 2 和两个 3，所以在没有其他信息的情况下，可将总体的概率分布估计为

| X | 2 | 3 |
| --- | --- | --- |
| P | $\dfrac{1}{3}$ | $\dfrac{2}{3}$ |

从而可得经验分布函数为

$$F_3(x)=\begin{cases}0,x<2\\\dfrac{1}{3},2\leqslant x<3\\1,x\geqslant3\end{cases}$$

上式也可以写成

$$F_3(x)=\begin{cases}0,x<2\\\dfrac{1}{3},2\leqslant x<3\\\dfrac{1}{3}+\dfrac{1}{3}+\dfrac{1}{3},x\geqslant3\end{cases}$$

（5）假设摸取了 3 次，随机变量的取值结果依次为 3，2，2，试写出此时的经验分布函数.

因为摸取了 3 次，摸到的是两个 2 和一个 3，所以在没有其他信息的情况下，可将总体的概率分布估计为

| X | 2 | 3 |
|---|---|---|
| P | $\dfrac{2}{3}$ | $\dfrac{1}{3}$ |

从而可得经验分布函数为

$$F_3(x) = \begin{cases} 0, & x < 2 \\ \dfrac{2}{3}, & 2 \leqslant x < 3 \\ 1, & x \geqslant 3 \end{cases}$$

上式也可以写成

$$F_3(x) = \begin{cases} 0, & x < 2 \\ \dfrac{1}{3} + \dfrac{1}{3}, & 2 \leqslant x < 3 \\ \dfrac{1}{3} + \dfrac{1}{3} + \dfrac{1}{3}, & x \geqslant 3 \end{cases}$$

由上述例子不难发现，经验分布函数是一个分段函数，它的定义域 $(-\infty, +\infty)$ 被由小到大排序的样本值（相同的样本值只记一次）分成若干个部分区间. 其中，最左侧的部分区间为小于左侧第一个由小到大的样本值，并且对应的函数表达式为 0；最右侧的部分区间为大于等于由小到大的样本值中最大的一个，并且对应的函数表达式为 1；位于中间的部分区间（当只有一个样本点时没有位于中间的部分区间）为大于等于由小到大的样本值中的一个且小于右侧邻近的样本值，并且对应的函数表达式为 $\dfrac{k}{n}$，其中 $n$ 为样本值的总数，$k$ 为小于这个部分区间的右端点的所有样本值的个数.

下面举例说明上述方法在求经验分布函数中的运用.

**例 2**　设袋子中有 3 红 4 白 7 个球，红球上标有数字 3，白球上标有数字 4，现从袋中有放回地随机每次摸 1 球，设

$$X_n = \begin{cases} 3, & \text{第} n \text{次摸到红球} \\ 4, & \text{第} n \text{次摸到白球} \end{cases}$$

假设摸取了 3 次，随机变量的取值结果为 4，3，3，试写出此时的经验分布函数.

**解**：此时将摸取的结果按照由小到大的顺序从左至右排列为 3，3，4，则此时的经验分布函数为

$$F_3(x) = \begin{cases} 0, x < 3 \\ \dfrac{1}{3} + \dfrac{1}{3}, 3 \leqslant x < 4 \\ \dfrac{1}{3} + \dfrac{1}{3} + \dfrac{1}{3}, x \geqslant 4 \end{cases} = \begin{cases} 0, x < 3 \\ \dfrac{2}{3}, 3 \leqslant x < 4 \\ 1, x \geqslant 4 \end{cases}$$

**练习 1**　对于例 2，假设摸取了 4 次，随机变量的取值结果为 4，3，4，3，试写出此时的经验分布函数.

对于例 2，假设做 $n$ 次（$n$ 很大）试验时，则大约有 $\dfrac{3}{7}n$ 次摸到红球，有 $\dfrac{4}{7}n$ 次摸到白球，此时对应随机变量的取值为

$$3, 3, \cdots, 3, 4, 4, \cdots, 4$$

其中有 $\dfrac{3}{7}n$ 个 3，有 $\dfrac{4}{7}n$ 个 4.

经验分布函数为

$$F_n(x) = \begin{cases} 0, x < 3 \\ \dfrac{1}{n} + \dfrac{1}{n} + \cdots + \dfrac{1}{n}, 3 \leqslant x < 4 \\ 1, x \geqslant 4 \end{cases} = \begin{cases} 0, x < 3 \\ \dfrac{3}{7}, 3 \leqslant x < 4 \\ 1, x \geqslant 4 \end{cases}$$

而总体的分布列为

| $X$ | 3 | 4 |
|---|---|---|
| $P$ | $\dfrac{3}{7}$ | $\dfrac{4}{7}$ |

其分布函数为

$$F(x) = \begin{cases} 0, \ x < 3 \\ \dfrac{3}{7}, 3 \leqslant x < 4 \\ 1, \ x \geqslant 4 \end{cases}$$

可见二者一致，这里面隐含着一个重要定理.

**定理 1（格里汶科定理）**　设总体 $X$ 的分布函数为 $F(x)$，由总体 $X$ 中取得一组子样观察 $(x_1, \cdots, x_n)$，将其按照从小到大的次序排列得 $x_{(1)} \leqslant x_{(2)} \leqslant \cdots x_{(n-1)} \leqslant x_{(n)}$，构造样本的经验分布函数为

$$F_n(x) = \begin{cases} 0, x \leqslant x_{(1)} \\ \dfrac{k}{n}, x_{(k)} \leqslant x \leqslant x_{(k-1)}, k = 1, 2, \cdots, n-1 \\ 1, x > x_{(n)} \end{cases}$$

若记 $D_n = \sup\limits_{-\infty < x < +\infty} |F_n(x) - F(x)|$，则有 $P\left\{ \lim\limits_{n \to \infty} D_n = 0 \right\} = 1$.

**注**：定理中的 $\sup\limits_{-\infty<x<+\infty}|F_n(x)-F(x)|$ 表示函数 $|F_n(x)-F(x)|$ 在 $-\infty<x<+\infty$ 范围内的上确界，即大于或等于所有在 $-\infty<x<+\infty$ 范围内对应的 $|F_n(x)-F(x)|$ 值中最小的一个．

**例 3**　从一批标准质量为 5009g 的罐头中，随机抽取 8 听，测得误差如下（单位：g）：8，$-4$，6，$-7$，$-2$，1，0，1，求经验分布函数，并做出图形．

**解**：将样本值按照由小到大的顺序从左至右排列为

$$-7,\ -4,\ -2,\ 0,\ 1,\ 1,\ 6,\ 8,$$

则此时的经验分布函数为

$$F_8(x)=\begin{cases}0, & x<-7\\[2pt]\dfrac{1}{8}, & -7\leqslant x<-4\\[2pt]\dfrac{2}{8}, & -4\leqslant x<-2\\[2pt]\dfrac{3}{8}, & -2\leqslant x<0\\[2pt]\dfrac{4}{8}, & 0\leqslant x<1\\[2pt]\dfrac{6}{8}, & 1\leqslant x<6\\[2pt]\dfrac{7}{8}, & 6\leqslant x<8\\[2pt]1, & x\geqslant 8\end{cases}$$

图形如图 16-1 所示．

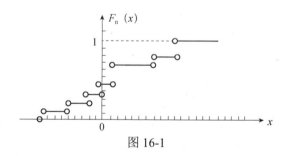

图 16-1

# 16.2　极大似然估计

极大似然估计是参数估计中点估计的一种，针对表示总体的随机变量类型的不同，所采取的方法也有所不同，下面就离散型随机变量的总体和连续型随机变量的总体，分别介绍极大似然估计的方法．

# 一、离散型随机变量的总体参数的极大似然估计

为了说清楚它的原理，先看一个生活中的例子.

**引例 1**　假如一个班里要评选一个先进，因为只给了一个先进的指标，就需要在班里进行比较，把比较突出的选出来. 评选的方法可以采用投票的方式，谁的得票最多就选谁. 假如，甲同学得 5 票，乙同学得 4 票，其余都小于 4 票，那就选甲. 评选的方法也可以采用量化打分的方式，谁的得分最高就选谁. 假如班里排前三名的成绩分别为：甲同学得 90.2 分，乙同学得 89.9 分，丙同学得 89.8 分，那就选甲同学为先进. 当然上述两种评选方法选出的先进，未必是真正先进的，但是因为给了一个指标，所以也只能从班里选出比较好的一个.

再看一个统计中的例子.

**引例 2**　假设甲、乙二人进行射击比赛，每人射击一次，记录员记录下这次的射击成绩是有一人击中目标，有一人未击中目标，但记录员因疏忽未记录下射击人员的名字，试根据以往的成绩猜测击中目标的更像是哪个射手？假如根据以往的记录，甲射击的命中率为 60%，乙射击的命中率为 50%.

**分析**：无论是猜测甲击中的目标还是猜测乙击中的目标，都不会 100%正确，都会有猜错的可能. 我们只能猜测出现这个结果更像是谁的. 也就是要计算甲、乙分别出现这个结果的可能性，选择可能性更大的一个射手. 因为甲射击的命中率为 60%，也就是甲出现击中的可能性为 60%；乙射击的命中率为 50%，也就是乙出现击中的可能性为 50%，所以非要在甲乙二人中猜测一人的话，猜测甲更为合理.

将上面的引例 2 做修改，得到下面的引例 3.

**引例 3**　如果甲、乙二人各射击两发，记录员分别记录下每人的成绩，由于记录员疏忽，忘记写名字了，试猜测出现第 1 次射中第 2 次没射中的结果，更像是哪个射手的？（假设射手的各次射击是相互独立的）

**分析**：由引例 2 的分析可知，要确定出现第 1 次射中第 2 次没射中的结果更像是哪个射手的，需分别计算甲、乙二个射手出现这个结果的概率. 为了叙述方便，引入下面的记号.

设 $X_i$ 表示甲射手在第 $i$ 次的成绩且 $X_i = \begin{cases} 1, 第 i 次射中, \\ 0, 第 i 次未射中. \end{cases}$ $Y_i$ 表示乙射手在第 $i$ 次的成绩且 $Y_i = \begin{cases} 1, 第 i 次射中, \\ 0, 第 i 次未射中. \end{cases}$ 则所求的概率分别为

$$P\{X_1 = 1, X_2 = 0\} = 0.6 \times (1 - 0.6) = 0.24,$$
$$P\{Y_1 = 1, Y_2 = 0\} = 0.5 \times (1 - 0.5) = 0.25.$$

由此可以猜测，出现第 1 次射中，第 2 次没射中的结果，更像是乙射手的.

**引例 4**　如果甲、乙、丙三人各射击 3 发，记录员分别记录下每人的成绩，由于记录

员疏忽，忘记写名字了，试猜测出现第 1 次射中第 2 次没射中第 3 次射中的结果，更像哪个射手的？其中丙的射击的命中率为 40%.（假设射手的各次射击是相互独立的）

**分析**：由前面引例的分析可知，要确定出现第 1 次射中，第 2 次没射中，第 3 次射中的结果，更像是哪个射手的，需分别计算甲、乙、丙三射手出现这个结果的概率．即

$$P\{X_1=1,X_2=0,X_3=1\}=0.6\times(1-0.6)\times0.6=0.144$$
$$P\{Y_1=1,Y_2=0,Y_3=1\}=0.5\times(1-0.5)\times0.5=0.125$$
$$P\{Z_1=1,Z_2=0,Z_3=1\}=0.4\times(1-0.4)\times0.4=0.096$$

其中 $Z_i$ 表示丙射手在第 $i$ 次的成绩且 $Z_i=\begin{cases}1,\text{第 }i\text{ 次射中,}\\0,\text{第 }i\text{ 次未射中.}\end{cases}$

由此可以猜测，出现第 1 次射中，第 2 次没射中，第 3 次射中的结果，更像是甲射手的．

由上面的几个引例可以看出，从结果中猜测哪个总体最像，实际上就是计算各个不同总体出现相同结果的概率，从中找寻使该概率达到最大值或极大值的总体，因此这种估计方法称为极大自似然估计．

下面看一个更一般的例子．

**引例 5**　如果甲、乙、丙三人各射击 $n$ 发，记录员分别记录下每人的成绩，由于记录员疏忽，忘记写名字了，试猜测出现 $x_1,x_2,\cdots,x_n$ 的结果，更像是哪个射手的．（假设射手的各次射击是相互独立的）

**分析**：由引例 4 的分析可知，要确定出现 $x_1,x_2,\cdots,x_n$ 的结果更像是哪个射手的？需分别计算甲、乙、丙三人出现这个结果的概率．

如果随机变量 $X$ 服从 0-1 分布，则可以将其概率分布写成一般表达式

$$P\{X=x\}=p^x(1-p)^{1-x},\quad x=0,1.$$

所以甲、乙、丙三人出现这个 $x_1,x_2,\cdots,x_n$ 的概率分别为

$$P\{X_1=x_1,X_2=x_2,\cdots,X_n=x_n\}=0.6^{\sum\limits_{i=1}^{n}x_i}\times(1-0.6)^{n-\sum\limits_{i=1}^{n}x_i}$$

$$P\{Y_1=x_1,Y_2=x_2,\cdots,Y_n=x_n\}=0.5^{\sum\limits_{i=1}^{n}x_i}\times(1-0.5)^{n-\sum\limits_{i=1}^{n}x_i}$$

$$P\{Z_1=x_1,Z_2=x_2,\cdots,Z_n=x_n\}=0.4^{\sum\limits_{i=1}^{n}x_i}\times(1-0.4)^{n-\sum\limits_{i=1}^{n}x_i}$$

当 $x_1,x_2,\cdots,x_n$ 给定时，可以计算出上面的概率，并可以比较出大小．

有时也会遇到总体的个数为无穷个的情况，此时描述总体的参数取值也相应有无穷多个，甚至其取值在一个稠密的区间，这时要通过抽样的信息找出最像的总体，也就是求出使各个总体出现该样本信息的概率在该区间上的最大值点．这种情况的求解，要用到微积分的知识，下面对引例 5 进行修改，并对其求解．

**引例 6**　一个部队进行打靶射击，根据以往的资料，如果知道每个人的命中率 $p$ 都不

同，且 $0 < p < 1$，现在每个人射击 $n$ 发，记录员分别记录下每人的成绩，假如由于记录员疏忽，忘记写名字了，试猜测出现 $x_1, x_2, \cdots, x_n$ 的结果，该射手的命中率更像是多少？（假设射手的各次射击是相互独立的）

**分析：** 对于每一个射手的命中率 $p$，可以计算出现 $x_1, x_2, \cdots, x_n$ 结果的概率，即

$$P\{X_1 = x_1, X_2 = x_2, \cdots, X_n = x_n\} = p^{\sum\limits_{i=1}^{n} x_i} \times (1-p)^{n-\sum\limits_{i=1}^{n} x_i}.$$

此概率也称为似然概率，记作 $L(p)$，它是联合概率分布也是 $p$ 的函数，所以称为似然函数. 它表示，参数为 $p$ 的总体出现该信息时的概率.

要确定该似然函数的最大值点，需要确定函数 $L(p) = p^{\sum\limits_{i=1}^{n} x_i} \times (1-p)^{n-\sum\limits_{i=1}^{n} x_i}$ 的单调性，为此对 $L(p)$ 求导数，得

$$
\begin{aligned}
L'(p) &= \left(\sum_{i=1}^{n} x_i\right) p^{\sum\limits_{i=1}^{n} x_i - 1} \times (1-p)^{n-\sum\limits_{i=1}^{n} x_i} + p^{\sum\limits_{i=1}^{n} x_i} \times \left(n - \sum_{i=1}^{n} x_i\right)(1-p)^{n-\sum\limits_{i=1}^{n} x_i - 1}(1-p)' \\
&= \left(\sum_{i=1}^{n} x_i\right) p^{\sum\limits_{i=1}^{n} x_i - 1} \times (1-p)^{n-\sum\limits_{i=1}^{n} x_i} - p^{\sum\limits_{i=1}^{n} x_i} \times \left(n - \sum_{i=1}^{n} x_i\right)(1-p)^{n-\sum\limits_{i=1}^{n} x_i - 1} \\
&= p^{\sum\limits_{i=1}^{n} x_i - 1}(1-p)^{n-\sum\limits_{i=1}^{n} x_i - 1}\left[(1-p)\sum_{i=1}^{n} x_i - p\left(n - \sum_{i=1}^{n} x_i\right)\right] \\
&= p^{\sum\limits_{i=1}^{n} x_i - 1}(1-p)^{n-\sum\limits_{i=1}^{n} x_i - 1}\left[\sum_{i=1}^{n} x_i - np\right]
\end{aligned}
$$

于是当 $\sum\limits_{i=1}^{n} x_i - np = 0$，即 $p = \dfrac{1}{n}\sum\limits_{i=1}^{n} x_i$ 时，$L(p)$ 达到最大，也就是出现 $x_1, x_2, \cdots, x_n$ 的结果，该射手的命中率更像是 $p = \dfrac{1}{n}\sum\limits_{i=1}^{n} x_i$.

**解：** 似然函数为

$$L(p) = p^{\sum\limits_{i=1}^{n} x_i} \times (1-p)^{n-\sum\limits_{i=1}^{n} x_i}$$

上式对 $p$ 求导数，得

$$
\begin{aligned}
L'(p) &= \left(\sum_{i=1}^{n} x_i\right) p^{\sum\limits_{i=1}^{n} x_i - 1} \times (1-p)^{n-\sum\limits_{i=1}^{n} x_i} + p^{\sum\limits_{i=1}^{n} x_i} \times \left(n - \sum_{i=1}^{n} x_i\right)(1-p)^{n-\sum\limits_{i=1}^{n} x_i - 1}(1-p)' \\
&= \left(\sum_{i=1}^{n} x_i\right) p^{\sum\limits_{i=1}^{n} x_i - 1} \times (1-p)^{n-\sum\limits_{i=1}^{n} x_i} - p^{\sum\limits_{i=1}^{n} x_i} \times \left(n - \sum_{i=1}^{n} x_i\right)(1-p)^{n-\sum\limits_{i=1}^{n} x_i - 1} \\
&= p^{\sum\limits_{i=1}^{n} x_i - 1}(1-p)^{n-\sum\limits_{i=1}^{n} x_i - 1}\left[(1-p)\sum_{i=1}^{n} x_i - p\left(n - \sum_{i=1}^{n} x_i\right)\right] \\
&= p^{\sum\limits_{i=1}^{n} x_i - 1}(1-p)^{n-\sum\limits_{i=1}^{n} x_i - 1}\left[\sum_{i=1}^{n} x_i - np\right]
\end{aligned}
$$

令 $L'(p)=0$，即 $\sum\limits_{i=1}^{n}x_i-np=0$，解得 $p=\dfrac{1}{n}\sum\limits_{i=1}^{n}x_i$．当 $p>\dfrac{1}{n}\sum\limits_{i=1}^{n}x_i$ 时，$np-\sum\limits_{i=1}^{n}x_i>0$，

$\sum\limits_{i=1}^{n}x_i-np<0$，$L'(p)<0$；当 $p<\dfrac{1}{n}\sum\limits_{i=1}^{n}x_i$ 时，$np-\sum\limits_{i=1}^{n}x_i<0$，$\sum\limits_{i=1}^{n}x_i-np>0$，$L'(p)>0$．于

是 $L(p)$ 在 $p=\dfrac{1}{n}\sum\limits_{i=1}^{n}x_i$ 时达到极大，这个极大值也是最大值．因此出现 $x_1,x_2,\cdots,x_n$ 结果的射

手的命中率更像是 $p=\dfrac{1}{n}\sum\limits_{i=1}^{n}x_i$．

　　由于上面的似然函数为幂函数乘积的形式，所以利用对数求导法求导数比较简单，因

为 $\left[\ln L(p)\right]'=\dfrac{1}{L(p)}L'(p)$，且 $L(p)>0$，所以 $\ln L(p)$ 与 $L(p)$ 具有相同的单调性和极值点，

于是求 $L(p)$ 的极值点也可以转化为求 $\ln L(p)$ 的极值点，此方法的求解过程如下．

　　**解**：似然函数为

$$L(p)=p^{\sum\limits_{i=1}^{n}x_i}\times(1-p)^{n-\sum\limits_{i=1}^{n}x_i}$$

上式两边取对数，可得

$$\ln L(p)=\left(\sum_{i=1}^{n}x_i\right)\ln p+\left(n-\sum_{i=1}^{n}x_i\right)\ln(1-p)$$

上式对 $p$ 求导数，得

$$\left[\ln L(p)\right]'=\left(\sum_{i=1}^{n}x_i\right)\frac{1}{p}+\left(n-\sum_{i=1}^{n}x_i\right)\frac{1}{1-p}(1-p)'$$

$$=\frac{\sum\limits_{i=1}^{n}x_i}{p}-\frac{n-\sum\limits_{i=1}^{n}x_i}{1-p}=\frac{(1-p)\sum\limits_{i=1}^{n}x_i-p\left(n-\sum\limits_{i=1}^{n}x_i\right)}{p(1-p)}=\frac{\sum\limits_{i=1}^{n}x_i-np}{p(1-p)}$$

　　令 $\left[\ln L(p)\right]'=0$，即 $\sum\limits_{i=1}^{n}x_i-np=0$，解得 $p=\dfrac{1}{n}\sum\limits_{i=1}^{n}x_i$．当 $p>\dfrac{1}{n}\sum\limits_{i=1}^{n}x_i$ 时，$np-\sum\limits_{i=1}^{n}x_i>0$，

$\sum\limits_{i=1}^{n}x_i-np<0$，$\left[\ln L(p)\right]'<0$；当 $p<\dfrac{1}{n}\sum\limits_{i=1}^{n}x_i$ 时，$np-\sum\limits_{i=1}^{n}x_i<0$，$\sum\limits_{i=1}^{n}x_i-np>0$，$\left[\ln L(p)\right]'>0$．

于是 $\ln L(p)$ 在 $p=\dfrac{1}{n}\sum\limits_{i=1}^{n}x_i$ 时达到极大．由于 $\ln L(p)$ 与 $L(p)$ 具有相同的单调性和极值点，所

以 $L(p)$ 在 $p=\dfrac{1}{n}\sum\limits_{i=1}^{n}x_i$ 处达到极大．因为 $L(p)$ 只有一个极值，所以这个极大值也是最大值．因

此出现 $x_1,x_2,\cdots,x_n$ 结果的射手的命中率更像是 $p=\dfrac{1}{n}\sum\limits_{i=1}^{n}x_i$．

　　一般地，对于离散型随机变量的总体，如果里面有参数未知，利用样本的信息对其进

行估计时，可以采用极大似然估计方法，该方法主要是将联合概率分布作为似然函数，求

其最大值点．

下面利用此方法，求其他分布的极大似然估计量.

**例 1**　设总体 $X \sim B(n,p)$ ，$X_1, X_2, \cdots, X_n$ 是来自 $X$ 的一个样本，试求 $P$ 的极大似然估计量.

**解**：设 $x_1, x_2, \cdots, x_n$ 是样本 $X_1, X_2, \cdots, X_n$ 的一个样本值，由于 $X \sim B(n,p)$ ，所以 $X$ 的分布列为

$$P\{X = k\} = \mathrm{C}_n^k p^k (1-p)^{n-k} , \quad k = 0, 1, 2, \cdots, n,$$

于是似然函数为

$$L(p) = \prod_{i=1}^{n} \mathrm{C}_n^{x_i} p^{x_i} (1-p)^{n-x_i} = \mathrm{C}_n^{x_1} \mathrm{C}_n^{x_2} \cdots \mathrm{C}_n^{x_n} p^{\sum_{i=1}^{n} x_i} (1-p)^{n-\sum_{i=1}^{n} x_i}$$

上式两边取对数，可得

$$\ln L(p) = \sum_{i=1}^{n} \ln \mathrm{C}_n^{x_i} + \left( \sum_{i=1}^{n} x_i \right) \ln p + \left( n - \sum_{i=1}^{n} x_i \right) \ln(1-p)$$

上式两边对 $P$ 求导数，得

$$\left[ \ln L(p) \right]' = \left( \sum_{i=1}^{n} x_i \right) \frac{1}{p} + \left( n - \sum_{i=1}^{n} x_i \right) \frac{1}{1-p} (1-p)'$$

$$= \frac{\sum_{i=1}^{n} x_i}{p} - \frac{n - \sum_{i=1}^{n} x_i}{1-p} = \frac{(1-p) \sum_{i=1}^{n} x_i - p \left( n - \sum_{i=1}^{n} x_i \right)}{p(1-p)} = \frac{\sum_{i=1}^{n} x_i - np}{p(1-p)} ,$$

令 $\left[ \ln L(p) \right]' = 0$ ，即 $\sum_{i=1}^{n} x_i - np = 0$ ，解得 $p = \frac{1}{n} \sum_{i=1}^{n} x_i$ .

当 $p > \frac{1}{n} \sum_{i=1}^{n} x_i$ 时，$np - \sum_{i=1}^{n} x_i > 0$ ，$\sum_{i=1}^{n} x_i - np < 0$ ，$\left[ \ln L(p) \right]' < 0$ ；

当 $p < \frac{1}{n} \sum_{i=1}^{n} x_i$ 时，$np - \sum_{i=1}^{n} x_i < 0$ ，$\sum_{i=1}^{n} x_i - np > 0$ ，$\left[ \ln L(p) \right]' > 0$ .

于是 $\ln L(p)$ 在 $p = \frac{1}{n} \sum_{i=1}^{n} x_i$ 时达到极大. 由于 $\ln L(p)$ 与 $L(p)$ 具有相同的单调性和极值点，所以 $L(p)$ 在 $p = \frac{1}{n} \sum_{i=1}^{n} x_i$ 处达到极大. 因为 $L(p)$ 只有一个极值，所以这个极大值也是最大值. 于是 $P$ 的极大似然估计值为 $\hat{p} = \frac{1}{n} \sum_{i=1}^{n} x_i$ ，$P$ 的极大似然估计量为 $\hat{p} = \frac{1}{n} \sum_{i=1}^{n} X_i = \overline{X}$ .

**例 2**　设总体 $X \sim P(\lambda)$ ，$X_1, X_2, \cdots, X_n$ 是来自 $X$ 的一个样本，试求 $\lambda$ 的极大似然估计量.

**解**：设 $x_1, x_2, \cdots, x_n$ 是样本 $X_1, X_2, \cdots, X_n$ 的一个样本值，由于 $X \sim P(\lambda)$ ，所以 $X$ 的分布列为

$$P\{X = k\} = \frac{\lambda^k}{k!} \mathrm{e}^{-\lambda} , \quad k = 0, 1, 2, \cdots,$$

于是似然函数为

$$L(\lambda) = \prod_{i=1}^{n} \frac{\lambda^{x_i}}{x_i!} e^{-\lambda} = \frac{\lambda^{\sum\limits_{i=1}^{n} x_i}}{x_1! x_2! \cdots x_n!} e^{-n\lambda}.$$

上式两边取对数，可得

$$\ln L(\lambda) = \left( \sum_{i=1}^{n} x_i \right) \ln \lambda + (-n\lambda) - \left( \sum_{i=1}^{n} \ln x_i! \right)$$

上式两边对 $\lambda$ 求导数，得

$$\left[ \ln L(\lambda) \right]' = \frac{\sum\limits_{i=1}^{n} x_i}{\lambda} - n = \frac{\sum\limits_{i=1}^{n} x_i - n\lambda}{\lambda}$$

令 $\left[ \ln L(\lambda) \right]' = 0$，即 $\sum\limits_{i=1}^{n} x_i - n\lambda = 0$，解得 $\lambda = \dfrac{1}{n} \sum\limits_{i=1}^{n} x_i$.

当 $\lambda > \dfrac{1}{n} \sum\limits_{i=1}^{n} x_i$ 时，$n\lambda - \sum\limits_{i=1}^{n} x_i > 0$，$\sum\limits_{i=1}^{n} x_i - n\lambda < 0$，$\left[ \ln L(\lambda) \right]' < 0$；

当 $\lambda < \dfrac{1}{n} \sum\limits_{i=1}^{n} x_i$ 时，$n\lambda - \sum\limits_{i=1}^{n} x_i < 0$，$\sum\limits_{i=1}^{n} x_i - n\lambda > 0$，$\left[ \ln L(\lambda) \right]' > 0$.

于是 $\ln L(\lambda)$ 在 $\lambda = \dfrac{1}{n} \sum\limits_{i=1}^{n} x_i$ 时达到极大. 由于 $\ln L(\lambda)$ 与 $L(\lambda)$ 具有相同的单调性和极值

点，所以 $L(\lambda)$ 在 $\lambda = \dfrac{1}{n} \sum\limits_{i=1}^{n} x_i$ 处达到极大. 因为 $L(\lambda)$ 只有一个极值，所以这个极大值也是最

大值. 于是 $\lambda$ 的极大似然估计值为 $\hat{\lambda} = \dfrac{1}{n} \sum\limits_{i=1}^{n} x_i$，$\lambda$ 的极大似然估计量为 $\hat{\lambda} = \dfrac{1}{n} \sum\limits_{i=1}^{n} X_i = \overline{X}$.

## 二、连续型随机变量总体参数的极大似然估计

为了说清此方法，先从最常见的正态总体说起.

**引例 7** 假设两个群体 $X, Y$ 的身高均服从正态分布，且假设这两个群体身高的方差相同，设 $X \sim N(160, 100)$，$Y \sim N(170, 100)$，现从每个群体中随机有放回地抽取两人，其中一个群体的两个人被测得的身高分别是 158 和 161，问这两人最像是哪个群体的？

**分析**：无论猜测哪个群体，都不会 100%正确，都会有猜错的可能，我们只能猜出现这个结果更像是谁的，也就是要计算总体 $X, Y$ 分别出现这个结果的可能性，选择可能性更大的一个总体. 因为两个群体均为连续型随机变量，根据连续型随机变量的性质，两个群体第一次测得身高 158 和第二次抽得身高 161 时的概率均为 0，所以这样无法进行比较，因此需要计算落在该点附近的小区间的概率，并比较这些概率的大小.

为了叙述方便，引入下面的记号.

设 $X_i$ 表示从群体 $X$ 中第 $i$ 次抽取的身高，$Y_i$ 表示从群体 $Y$ 中第 $i$ 次抽取的身高，则从群体 $X$ 第一次抽得身高 158 和第二次抽得身高 161，落在该点附近的小区间的概率为

$$P\{158\leqslant X_1 < 158 + \mathrm{d}x_1, 161\leqslant X_2 < 161 + \mathrm{d}x_2\}$$

$$= P\{158\leqslant X_1 < 158 + \mathrm{d}x_1\} P\{161\leqslant X_2 < 161 + \mathrm{d}x_2\}$$

$$= \frac{1}{10\sqrt{2\pi}} \mathrm{e}^{-\frac{(158-160)^2}{200}} \cdot \mathrm{d}x_1 \cdot \frac{1}{10\sqrt{2\pi}} \mathrm{e}^{-\frac{(161-160)^2}{200}} \cdot \mathrm{d}x_2$$

$$= \frac{1}{10\sqrt{2\pi}} \mathrm{e}^{-\frac{(158-160)^2}{200}} \cdot \frac{1}{10\sqrt{2\pi}} \mathrm{e}^{-\frac{(161-160)^2}{200}} \mathrm{d}x_1 \cdot \mathrm{d}x_2 = 0.001552254 \cdot \mathrm{d}x_1 \cdot \mathrm{d}x_2.$$

从群体 $Y$ 第一次抽得身高 158 和第二次抽得身高 161，落在该点附近的小区间的概率为

$$P\{158\leqslant Y_1 < 158 + \mathrm{d}x_1, 161\leqslant Y_2 < 161 + \mathrm{d}x_2\}$$

$$= P\{158\leqslant Y_1 < 158 + \mathrm{d}x_1\} P\{161\leqslant Y_2 < 161 + \mathrm{d}x_2\}$$

$$= \frac{1}{10\sqrt{2\pi}} \mathrm{e}^{-\frac{(158-170)^2}{200}} \cdot \mathrm{d}x_1 \cdot \frac{1}{10\sqrt{2\pi}} \mathrm{e}^{-\frac{(161-170)^2}{200}} \cdot \mathrm{d}x_2$$

$$= \frac{1}{10\sqrt{2\pi}} \mathrm{e}^{-\frac{(158-170)^2}{200}} \cdot \frac{1}{10\sqrt{2\pi}} \mathrm{e}^{-\frac{(161-170)^2}{200}} \mathrm{d}x_1 \cdot \mathrm{d}x_2 = 0.000516701 \cdot \mathrm{d}x_1 \cdot \mathrm{d}x_2.$$

由上面两个概率的值，不难看出这两人最像是来自群体 $X$ 的．同时可以看出，要比较两个概率的大小，只需比较 $\dfrac{1}{10\sqrt{2\pi}} \mathrm{e}^{-\frac{(158-160)^2}{200}} \cdot \dfrac{1}{10\sqrt{2\pi}} \mathrm{e}^{-\frac{(161-160)^2}{200}}$ 与 $\dfrac{1}{10\sqrt{2\pi}} \mathrm{e}^{-\frac{(158-170)^2}{200}} \cdot \dfrac{1}{10\sqrt{2\pi}} \mathrm{e}^{-\frac{(161-170)^2}{200}}$ 的大小即可，而它们分别是关于总体 $X$ 的样本 $X_1$、$X_2$ 和关于总体 $Y$ 的样本 $Y_1$、$Y_2$ 的联合概率密度函数在已给样本值处的函数值，它们称为连续型随机变量总体的似然函数值．

将问题更一般化，得到下面的引例．

**引例 8**　假设三个群体 $X,Y,Z$ 的身高均服从正态分布，且假设这三个群体身高的方差相同，设 $X \sim N(160,100)$，$Y \sim N(170,100)$，$Z \sim N(175,100)$，现从每个群体中随机有放回地抽取三人．其中一个群体的三个人测得身高分别为 160，165 和 173，问这三人最像是哪个群体的？

**分析**：由前面引例 1 的分析可知，要确定这三人最像是哪个群体的，就是要计算不同总体相应的联合概率密度函数在已知样本值处的函数值（似然函数），并找出最大值点．

总体 $X$ 的似然函数值为

$$\frac{1}{10\sqrt{2\pi}} \mathrm{e}^{-\frac{(160-160)^2}{200}} \cdot \frac{1}{10\sqrt{2\pi}} \mathrm{e}^{-\frac{(165-160)^2}{200}} \cdot \frac{1}{10\sqrt{2\pi}} \mathrm{e}^{-\frac{(173-160)^2}{200}} = 2.40694\times 10^{-5}$$

总体 $Y$ 的似然函数值为

$$\frac{1}{10\sqrt{2\pi}} \mathrm{e}^{-\frac{(160-170)^2}{200}} \cdot \frac{1}{10\sqrt{2\pi}} \mathrm{e}^{-\frac{(165-170)^2}{200}} \cdot \frac{1}{10\sqrt{2\pi}} \mathrm{e}^{-\frac{(173-170)^2}{200}} = 1.43601\times 10^{-5}$$

总体 $Z$ 的似然函数值为

$$\frac{1}{10\sqrt{2\pi}} \mathrm{e}^{-\frac{(160-175)^2}{200}} \cdot \frac{1}{10\sqrt{2\pi}} \mathrm{e}^{-\frac{(165-175)^2}{200}} \cdot \frac{1}{10\sqrt{2\pi}} \mathrm{e}^{-\frac{(173-175)^2}{200}} = 1.22551\times 10^{-5}$$

可以猜测，这三个人更像是群体 $X$ 的.

由引例可以看出，从结果中判断最像是哪个总体的，实际上就是计算各个不同总体相应的联合密度函数在已知样本值处的函数值. 从中找寻使该联合密度函数达到最大值或极大值的总体.

下面看一个更一般的例子.

**引例 9**　假设三个群体 $X,Y,Z$ 的身高均服从正态分布，且假设这三个群体身高的方差相同，设 $X \sim N(160,100)$ ，$Y \sim N(170,100)$ ，$Z \sim N(175,100)$ ，现从每个群体中随机有放回地抽取 $n$ 个人，其中一个群体的 $n$ 个人测得身高分别为 $x_1, x_2, \cdots, x_n$ ，问这 $n$ 人最像是哪个群体的?

**分析：**由引例 2 的分析可知，要确定出现 $n$ 个人测得身高分别 $x_1, x_2, \cdots, x_n$ 的结果更像哪个群体的，需分别计算三个群体 $X,Y,Z$ 的联合概率密度函数在出现这个结果时的函数值，即

总体 $X$ 的似然函数值为

$$\frac{1}{10\sqrt{2\pi}}e^{-\frac{(x_1-160)^2}{200}} \cdot \frac{1}{10\sqrt{2\pi}}e^{-\frac{(x_2-160)^2}{200}} \cdots \frac{1}{10\sqrt{2\pi}}e^{-\frac{(x_n-160)^2}{200}}$$

总体 $Y$ 的似然函数值为

$$\frac{1}{10\sqrt{2\pi}}e^{-\frac{(x_1-170)^2}{200}} \cdot \frac{1}{10\sqrt{2\pi}}e^{-\frac{(x_2-170)^2}{200}} \cdots \frac{1}{10\sqrt{2\pi}}e^{-\frac{(x_n-170)^2}{200}}$$

总体 $Z$ 的似然函数值为

$$\frac{1}{10\sqrt{2\pi}}e^{-\frac{(x_1-175)^2}{200}} \cdot \frac{1}{10\sqrt{2\pi}}e^{-\frac{(x_2-175)^2}{200}} \cdots \frac{1}{10\sqrt{2\pi}}e^{-\frac{(x_n-175)^2}{200}}$$

当 $x_1, x_2, \cdots, x_n$ 给定时，可以计算出上面各式的数值，并可以比较出大小. 由此可以判断出现 $x_1, x_2, \cdots, x_n$ 结果时，最像是哪个群体的.

有时也会遇到总体的个数为无穷个的情况，此时描述总体的参数取值也相应有无穷多个，甚至其取值在一个稠密的区间，这时要通过抽样的信息找出最像的总体，也就是求出使各个总体联合概率密度的乘积达到最大的参数取值，这种情况的求解，要用到微积分的知识.

**引例 10**　现有多个群体，每个群体的身高均服从正态分布，且假设每个群体身高的方差相同，均为 100，每个群体对应一个平均身高，现从每个群体中随机有放回地抽取 $n$ 个人，其中一个群体的 $n$ 个人测得身高分别为 $x_1, x_2, \cdots, x_n$ ，问这 $n$ 人所在的群体的平均身高最像是多少?

**分析：**对于每个群体的平均身高 $\mu$ ，可以计算出现 $x_1, x_2, \cdots, x_n$ 结果的联合概率密度函数值，即

$$f(x_1, x_2, \cdots, x_n) = f(x_1)f(x_2) \cdots f(x_n)$$

上式是联合概率分布，又是 $\mu$ 的函数，也称为连续型随机交量的似然函数，记作 $L(\mu)$，即

$$L(\mu) = f(x_1)f(x_2)\cdots f(x_n)$$

对于本题

$$L(\mu) = f(x_1)f(x_2)\cdots f(x_n) = \frac{1}{10\sqrt{2\pi}}e^{-\frac{(x_1-\mu)^2}{200}}\frac{1}{10\sqrt{2\pi}}e^{-\frac{(x_2-\mu)^2}{200}}\cdots\frac{1}{10\sqrt{2\pi}}e^{-\frac{(x_n-\mu)^2}{200}}$$

$$= \left(\frac{1}{10\sqrt{2\pi}}\right)^n e^{-\frac{1}{200}\sum_{i=1}^{n}(x_i-\mu)^2}.$$

要确定使该似然函数达到最大的 $\mu$ 值，需要确定函数 $L(\mu) = \left(\frac{1}{10\sqrt{2\pi}}\right)^n e^{-\frac{1}{200}\sum_{i=1}^{n}(x_i-\mu)^2}$ 的单调性，为此求导数，得

$$L'(\mu) = \left(\frac{1}{10\sqrt{2\pi}}\right)^n e^{-\frac{1}{200}\sum_{i=1}^{n}(x_i-\mu)^2}\left[-\frac{1}{200}\sum_{i=1}^{n}(x_i-\mu)^2\right]'$$

$$= \left(\frac{1}{10\sqrt{2\pi}}\right)^n e^{-\frac{1}{200}\sum_{i=1}^{n}(x_i-\mu)^2}\left[-\frac{1}{200}\sum_{i=1}^{n}2(x_i-\mu)(x_i-\mu)'\right]$$

$$= \left(\frac{1}{10\sqrt{2\pi}}\right)^n e^{-\frac{1}{200}\sum_{i=1}^{n}(x_i-\mu)^2}\left[\left(\frac{1}{100}\right)(\sum_{i=1}^{n}x_i-n\mu)\right]$$

$$= \left(\frac{1}{100}\right)\left(\frac{1}{10\sqrt{2\pi}}\right)^n e^{-\frac{1}{200}\sum_{i=1}^{n}(x_i-\mu)^2}(\sum_{i=1}^{n}x_i-n\mu).$$

由此可以确定当 $\sum_{i=1}^{n}x_i-n\mu=0$，即 $\mu=\frac{1}{n}\sum_{i=1}^{n}x_i$ 时，$L(\mu)$ 达到最大，也就是出现 $x_1,x_2,\cdots,x_n$ 的结果，所在的群体的平均身高最像 $\mu=\frac{1}{n}\sum_{i=1}^{n}x_i$.

因为连续型随机变量总体的似然函数为指数函数乘积的形式，所以利用对数求导法求导数比较简单，因此前面提到的先对似然函数取对数，再求导的分析方法在这里也适用，下面就本题给出此方法.

**解：**设 $x_1,x_2,\cdots,x_n$ 是样本 $X_1,X_2,\cdots,X_n$ 的一个样本值，由题意可知，似然函数为

$$L(\mu) = f(x_1)f(x_2)\cdots f(x_n) = \frac{1}{10\sqrt{2\pi}}e^{-\frac{(x_1-\mu)^2}{200}}\frac{1}{10\sqrt{2\pi}}e^{-\frac{(x_2-\mu)^2}{200}}\cdots\frac{1}{10\sqrt{2\pi}}e^{-\frac{(x_n-\mu)^2}{200}}$$

$$= \left(\frac{1}{10\sqrt{2\pi}}\right)^n e^{-\frac{1}{200}\sum_{i=1}^{n}(x_i-\mu)^2}$$

两边取对数，得

$$\ln L(\mu) = n\ln\frac{1}{10\sqrt{2\pi}} + [-\frac{1}{200}\sum_{i=1}^{n}(x_i-\mu)^2]\ln e = -\frac{n}{2}\ln(200\pi) - \frac{1}{200}\sum_{i=1}^{n}(x_i-\mu)^2$$

上式两边对 $\mu$ 求导，可得

$$\left[\ln L(\mu)\right]' = -\frac{1}{200}\sum_{i=1}^{n}2(x_i-\mu)(x_i-\mu)' = \frac{1}{100}\left(\sum_{i=1}^{n}x_i - n\mu\right)$$

令 $\left[\ln L(\mu)\right]' = 0$，$\sum_{i=1}^{n}x_i - n\mu = 0$ 可得 $\mu = \frac{1}{n}\sum_{i=1}^{n}x_i$．

当 $\mu > \frac{1}{n}\sum_{i=1}^{n}x_i$ 时，有 $\left[\ln L(\mu)\right]' < 0$；

当 $\mu < \frac{1}{n}\sum_{i=1}^{n}x_i$ 时，$\left[\ln L(\mu)\right]' > 0$．

于是 $\ln L(\mu)$ 在 $\mu = \frac{1}{n}\sum_{i=1}^{n}x_i$ 处达到极大值．因为 $\ln L(\mu)$ 与 $L(\mu)$ 具有相同的单调性和极值点，所以 $L(\mu)$ 在 $\mu = \frac{1}{n}\sum_{i=1}^{n}x_i$ 处达到极大值．因为 $L(\mu)$ 只有一个极值，所以这个极大值也是最大值．因此 $\mu$ 的极大似然估计值为 $\hat{\mu} = \frac{1}{n}\sum_{i=1}^{n}x_i$，$\mu$ 的极大似然估计量为

$$\hat{\mu} = \frac{1}{n}\sum_{i=1}^{n}X_i = \overline{X}．$$

**例3**　设总体 $X \sim N(\mu,1)$，$X_1,X_2,\cdots,X_n$ 是来自 $X$ 的一个样本，试求 $\mu$ 的极大似然估计量．

**解：** 设 $x_1,x_2,\cdots,x_n$ 是样本 $X_1,X_2,\cdots,X_n$ 的一个样本值，由题意可知，似然函数为

$$L(\mu) = f(x_1)f(x_2)\cdots f(x_n) = \frac{1}{\sqrt{2\pi}}e^{-\frac{(x_1-\mu)^2}{2}} \cdot \frac{1}{\sqrt{2\pi}}e^{-\frac{(x_2-\mu)^2}{2}} \cdots \frac{1}{\sqrt{2\pi}}e^{-\frac{(x_n-\mu)^2}{2}}$$

$$= \left(\frac{1}{\sqrt{2\pi}}\right)^n e^{-\frac{1}{2}\sum_{i=1}^{n}(x_i-\mu)^2}$$

两边取对数，得

$$\ln L(\mu) = n\ln\frac{1}{\sqrt{2\pi}} + \left[-\frac{1}{2}\sum_{i=1}^{n}(x_i-\mu)^2\right]\ln e = -\frac{n}{2}\ln(2\pi) - \frac{1}{2}\sum_{i=1}^{n}(x_i-\mu)^2$$

上式两边对 $\mu$ 求导，可得

$$\left[\ln L(\mu)\right]' = -\frac{1}{2}\sum_{i=1}^{n}2(x_i-\mu)(x_i-\mu)' = \sum_{i=1}^{n}x_i - n\mu．$$

令 $\left[\ln L(\mu)\right]' = 0$，$\sum_{i=1}^{n}x_i - n\mu = 0$ 可得 $\mu = \frac{1}{n}\sum_{i=1}^{n}x_i$．

当 $\mu > \frac{1}{n}\sum_{i=1}^{n}x_i$ 时，有 $\left[\ln L(\mu)\right]' < 0$；

当 $\mu < \frac{1}{n}\sum_{i=1}^{n}x_i$ 时，$\left[\ln L(\mu)\right]' > 0$．

于是 $\ln L(\mu)$ 在 $\mu = \dfrac{1}{n}\sum\limits_{i=1}^{n} x_i$ 处达到极大值. 因为 $\ln L(\mu)$ 与 $L(\mu)$ 具有相同的单调性和极值点，所以 $L(\mu)$ 在 $\mu = \dfrac{1}{n}\sum\limits_{i=1}^{n} x_i$ 处达到极大值. 因为 $L(\mu)$ 就只有一个极值，所以这个极大值也是最大值. 因此 $\mu$ 的极大似然估计值为 $\hat{\mu} = \dfrac{1}{n}\sum\limits_{i=1}^{n} x_i$ ，$\mu$ 的极大似然估计量为

$$\hat{\mu} = \frac{1}{n}\sum_{i=1}^{n} X_i = \overline{X}.$$

**例 4**　设总体 $X \sim N(0, \sigma^2)$ ，$X_1, X_2, \cdots, X_n$ 是来自 $X$ 的一个样本，试求 $\sigma^2$ 的极大似然估计量.

**解：**设 $x_1, x_2, \cdots, x_n$ 是样本 $X_1, X_2, \cdots, X_n$ 的一个样本值，由题意可知，似然函数为

$$L(\sigma^2) = f(x_1)f(x_2)\cdots f(x_n) = \frac{1}{\sqrt{2\pi\sigma^2}} e^{-\frac{x_1^2}{2\sigma^2}} \frac{1}{\sqrt{2\pi\sigma^2}} e^{-\frac{x_2^2}{2\sigma^2}} \cdots \frac{1}{\sqrt{2\pi\sigma^2}} e^{-\frac{x_n^2}{2\sigma^2}}$$

$$= \left(\frac{1}{\sqrt{2\pi\sigma^2}}\right)^n e^{-\frac{1}{2\sigma^2}\sum\limits_{i=1}^{n} x_i^2}.$$

为了方便分析，我们不妨令 $\sigma^2 = t$ ，则似然函数为

$$L(t) = \left(\frac{1}{\sqrt{2\pi t}}\right)^n e^{-\frac{1}{2t}\sum\limits_{i=1}^{n} x_i^2}.$$

下面求此函数的最大值点.

上式两边取对数，得

$$\ln L(t) = n\ln\frac{1}{\sqrt{2\pi t}} + \left(-\frac{1}{2t}\sum_{i=1}^{n} x_i^2\right)\ln e = -\frac{n}{2}\ln 2\pi - \frac{n}{2}\ln t - \frac{1}{2t}\sum_{i=1}^{n} x_i^2$$

上式两边对 $t$ 求导，可得

$$[\ln L(t)]' = -\frac{n}{2t} - \frac{1}{2}\sum_{i=1}^{n} x_i^2 \left(\frac{1}{t}\right)' = -\frac{n}{2t} - \frac{1}{2}\sum_{i=1}^{n} x_i^2 \left(-\frac{1}{t^2}\right)$$

$$= -\frac{n}{2t} + \frac{1}{2t^2}\sum_{i=1}^{n} x_i^2 = -\frac{1}{2t}\left(n - \frac{1}{t}\sum_{i=1}^{n} x_i^2\right)$$

令 $[\ln L(t)]' = 0$ ，可得 $t = \dfrac{1}{n}\sum\limits_{i=1}^{n} x_i^2$ .

当 $t > \dfrac{1}{n}\sum\limits_{i=1}^{n} x_i^2$ 时，$nt > \sum\limits_{i=1}^{n} x_i^2$ ，$n > \dfrac{1}{t}\sum\limits_{i=1}^{n} x_i^2$ ，$n - \dfrac{1}{t}\sum\limits_{i=1}^{n} x_i^2 > 0$ ，有 $[\ln L(t)]' < 0$ ；

当 $t < \dfrac{1}{n}\sum\limits_{i=1}^{n} x_i^2$ 时，$[\ln L(t)]' > 0$ .

于是 $\ln L(t)$ 在 $t = \dfrac{1}{n}\sum\limits_{i=1}^{n} x_i^2$ 处达到极大值. 因为 $\ln L(t)$ 与 $L(t)$ 具有相同的单调性和极值点，所

以 $L(t)$ 在 $t = \dfrac{1}{n}\sum\limits_{i=1}^{n} x_i^2$ 处达到极大值. 因为 $L(t)$ 就只有一个极值，所以这个极大值也是最大值. 因此 $\sigma^2$ 的极大似然估计值为 $\widehat{\sigma^2} = \dfrac{1}{n}\sum\limits_{i=1}^{n} x_i^2$，$\sigma^2$ 的极大似然估计量为 $\widehat{\sigma^2} = \dfrac{1}{n}\sum\limits_{i=1}^{n} X_i^2$.

**练习 1**　设总体 $X \sim N(\mu, 4)$，$X_1, X_2, \cdots, X_n$ 是总体的一个样本，求 $\mu$ 的极大似然估计量.

**练习 2**　设总体 $X \sim N(1, \sigma^2)$，$X_1, X_2, \cdots, X_n$ 是总体的一个样本，求 $\sigma^2$ 的极大似然估计量.

**例 5**　设总体 $X \sim N(\mu, \sigma^2)$，$X_1, X_2, \cdots, X_n$ 是总体的一个样本，求 $\mu$，$\sigma^2$ 的极大似然估计量.

**解：**设 $x_1, x_2, \cdots, x_n$ 是样本 $X_1, X_2, \cdots, X_n$ 的一个样本值，由题意可知，$X \sim N(\mu, \sigma^2)$，所以 $X$ 的概率密度函数为

$$f(x) = \frac{1}{\sqrt{2\pi\sigma^2}} e^{-\frac{(x-\mu)^2}{2\sigma^2}}.$$

于是似然函数为

$$L(\mu, \sigma^2) = f(x_1)f(x_2)\cdots f(x_n) = \frac{1}{\sqrt{2\pi\sigma^2}} e^{-\frac{(x_1-\mu)^2}{2\sigma^2}} \frac{1}{\sqrt{2\pi\sigma^2}} e^{-\frac{(x_2-\mu)^2}{2\sigma^2}} \cdots \frac{1}{\sqrt{2\pi\sigma^2}} e^{-\frac{(x_n-\mu)^2}{2\sigma^2}}$$

$$= \left(\frac{1}{\sqrt{2\pi\sigma^2}}\right)^n e^{-\frac{1}{2\sigma^2}\sum\limits_{i=1}^{n} x_i^2}.$$

为了方便分析，我们不妨令 $\sigma^2 = t$，则似然函数为

$$L(\mu, t) = \left(\frac{1}{\sqrt{2\pi t}}\right)^n e^{-\frac{1}{2t}\sum\limits_{i=1}^{n}(x_i-\mu)^2}$$

下面求此函数的最大值点.

对上式两边取对数，得

$$\ln L(\mu, t) = n\ln\frac{1}{\sqrt{2\pi t}} + \left(-\frac{1}{2t}\sum_{i=1}^{n}(x_i-\mu)^2\right)\ln e = -\frac{n}{2}\ln 2\pi - \frac{n}{2}\ln t - \frac{1}{2t}\sum_{i=1}^{n}(x_i-\mu)^2$$

上式两边对 $\mu, t$ 分别求偏导，可得

$$\frac{\partial}{\partial \mu}[\ln L(\mu, t)] = -\frac{1}{2t}\sum_{i=1}^{n} 2(x_i-\mu)(x_i-\mu)' = \frac{1}{t}\sum_{i=1}^{n} 2(x_i-\mu) = \frac{2}{t}\left(\sum_{i=1}^{n} x_i - n\mu\right),$$

$$\frac{\partial}{\partial t}[\ln L(\mu, t)] = -\frac{n}{2t} + \frac{1}{2t^2}\sum_{i=1}^{n}(x_i-\mu)^2$$

令 $\begin{cases} \dfrac{\partial}{\partial \mu}[\ln L(\mu, t)] = 0 \\ \dfrac{\partial}{\partial t}[\ln L(\mu, t)] = 0 \end{cases}$，可得 $\begin{cases} \mu = \dfrac{1}{n}\sum\limits_{i=1}^{n} x_i = \bar{x}, \\ t = \dfrac{1}{n}\sum\limits_{i=1}^{n}(x_i - \bar{x})^2. \end{cases}$

要判断二元函数 $\ln L(\mu, t)$ 在点 $\left(\bar{x}, \dfrac{1}{n}\sum\limits_{i=1}^{n}(x_i - \bar{x})\right)$ 处是否取得极值，根据二元函数极值

的判定定理，需要计算二元函数 $\ln L(\mu,t)$ 在点 $\left(\bar{x}, \dfrac{1}{n}\sum\limits_{i=1}^{n}(x_i - \bar{x})^2\right)$ 处的二阶偏导数值.

由于 $A = \dfrac{\partial^2}{\partial \mu^2}[\ln L(\mu,t)] = -\dfrac{n}{t}$，$B = \dfrac{\partial^2}{\partial \mu \partial t}[\ln L(\mu,t)] = -\dfrac{2}{t^2}\sum\limits_{i=1}^{n}(x_i - \mu)$．$C = \dfrac{\partial^2}{\partial t^2}[\ln L(\mu,t)] =$

$\dfrac{n}{2t^2} - \dfrac{1}{t^3}\sum\limits_{i=1}^{n}(x_i - \mu)^2$，则有

$$AC - B^2 = \left(-\dfrac{n}{t}\right)\left(\dfrac{n}{2t^2} - \dfrac{1}{t^3}\sum\limits_{i=1}^{n}(x_i - \mu)^2\right) - \left[-\dfrac{2}{t^2}\sum\limits_{i=1}^{n}(x_i - \mu)\right]^2．\quad 在 \begin{cases} \mu = \dfrac{1}{n}\sum\limits_{i=1}^{n}x_i = \bar{x} \\ t = \dfrac{1}{n}\sum\limits_{i=1}^{n}(x_i - \bar{x})^2 \end{cases} 时，$$

$$AC - B^2 = \dfrac{n^2}{2\left[\dfrac{1}{n}\sum\limits_{i=1}^{n}(x_i - \bar{x})^2\right]^3} > 0，且 \quad A = -\dfrac{n}{\dfrac{1}{n}\sum\limits_{i=1}^{n}(x_i - \bar{x})^2} < 0，由二元函数极值的判定定理（详$$

见附录 D）可知，函数 $\ln L(\mu,t)$ 在 $\begin{cases} \mu = \dfrac{1}{n}\sum\limits_{i=1}^{n}x_i = \bar{x} \\ t = \dfrac{1}{n}\sum\limits_{i=1}^{n}(x_i - \bar{x})^2 \end{cases}$ 时取得极大值. 因为 $\ln L(\mu,t)$ 与 $L(\mu,t)$

具有相同的极值点，所以 $L(\mu,t)$ 在 $\begin{cases} \mu = \dfrac{1}{n}\sum\limits_{i=1}^{n}x_i \\ t = \dfrac{1}{n}\sum\limits_{i=1}^{n}(x_i - \bar{x})^2 \end{cases}$ 处达到极大值. 因为 $L(\mu,t)$ 就只有一

个极值，所以这个极大值也是最大值. 因此 $\mu,\sigma^2$ 的极大似然估计值为 $\hat{\mu} = \dfrac{1}{n}\sum\limits_{i=1}^{n}x_i$，

$\hat{\sigma^2} = \dfrac{1}{n}\sum\limits_{i=1}^{n}(x_i - \bar{x})^2$，$\mu,\sigma^2$ 的极大似然估计量为 $\hat{\mu} = \dfrac{1}{n}\sum\limits_{i=1}^{n}X_i$　$\hat{\sigma^2} = \dfrac{1}{n}\sum\limits_{i=1}^{n}(X_i - \bar{X})^2$．

**例 6**　设总体 $X \sim U[0,b]$（即服从 $[0,b]$ 上的均匀分布），$b$ 未知，$X_1, X_2, \cdots, X_n$ 是总体的一个样本，求 $b$ 的极大似然估计量.

**解：** 设 $x_1, x_2, \cdots, x_n$ 是样本 $X_1, X_2, \cdots, X_n$ 的一个样本值，由题意可知，$X \sim U[0,b]$，所以 $X$ 的概率密度函数为

$$f(x) = \begin{cases} \dfrac{1}{b}, & 0 \leqslant x \leqslant b, \\ 0, & 其他. \end{cases}$$

于是似然函数为 $L(b) = f(x_1)f(x_2)\cdots f(x_n)$，其中 $f(x_i) = \begin{cases} \dfrac{1}{b}, & 0 \leqslant x_i \leqslant b, \\ 0, & 其他. \end{cases}$ $i = 1, 2, \cdots, n$．此

处的 $f(x_i)$ 应该看成自变量为 $b$ 的函数，即 $f(x_i) = \begin{cases} \dfrac{1}{b}, & b \geqslant x_i, \\ 0, & 其他. \end{cases}$

若令 $x_{(n)} = \max(x_1, x_2, \cdots, x_n)$ ，则 $L(b) = f(x_1)f(x_2)\cdots f(x_n) = \begin{cases} \dfrac{1}{b^n}, b \geqslant x_{(n)}, \\ 0, 其他. \end{cases}$ 对于函数

$y = \dfrac{1}{x^n}$ ，由于在 $(0, +\infty)$ 内，$y' = \left(\dfrac{1}{x^n}\right)' = -nx^{-n-1} < 0$ ，故函数 $y = \dfrac{1}{x^n}$ 在 $(0, +\infty)$ 内单调递减. 因

为 $b \geqslant x_{(n)} > 0$ ，所以 $\dfrac{1}{b^n} \leqslant \dfrac{1}{x_{(n)}^n}$ ，于是函数 $L(b)$ 在 $b = x_{(n)}$ 时达到最大. 因此 $b$ 的极大似然估

计值为 $\hat{b} = x_{(n)}$ ， $b$ 的极大似然估计量为 $\hat{b} = X_{(n)}$ .

**练习 3**　设总体 $X \sim U[1, b]$ （即服从 $[1, b]$ 上的均匀分布），$b$ 未知， $X_1, X_2, \cdots, X_n$ 是总体的一个样本，求 $b$ 的极大似然估计量.

**例 7**　设总体 $X \sim U[a, 1]$ （即服从 $[a, 1]$ 上的均匀分布），$a$ 未知， $X_1, X_2, \cdots, X_n$ 是总体的一个样本，求 $a$ 的极大似然估计量.

**解**：设 $x_1, x_2, \cdots, x_n$ 是样本 $X_1, X_2, \cdots, X_n$ 的一个样本值，由题意可知， $X \sim U[a, 1]$ ，所以 $X$ 的概率密度函数为

$$f(x) = \begin{cases} \dfrac{1}{1-a}, a \leqslant x \leqslant 1, \\ 0, \quad 其他. \end{cases}$$

于是似然函数为 $L(a) = f(x_1)f(x_2)\cdots f(x_n)$ ，其中 $f(x_i) = \begin{cases} \dfrac{1}{1-a}, a \leqslant x_i \leqslant 1, \\ 0, \quad 其他. \end{cases}$ $i = 1, 2, \cdots, n$ . 此

处的 $f(x_i)$ 应该看成自变量 $a$ 的函数，即 $f(x_i) = \begin{cases} \dfrac{1}{1-a}, a \leqslant x_i, \\ 0, \quad 其他. \end{cases}$

若令 $x_{(1)} = \min(x_1, x_2, \cdots, x_n)$ ，则 $L(a) = f(x_1)f(x_2)\cdots f(x_n) = \begin{cases} \dfrac{1}{(1-a)^n}, a \leqslant x_{(1)} \\ 0, \quad 其他 \end{cases}$ . 对于函数

$y = \dfrac{1}{x^n}$ ，由于在 $(0, +\infty)$ 内，$y' = \left(\dfrac{1}{x^n}\right)' = -nx^{-n-1} < 0$ ，故函数 $y = \dfrac{1}{x^n}$ 在 $(0, +\infty)$ 内单调递减. 因

为 $1 - a \geqslant 1 - x_{(1)} > 0$ ，所以 $\dfrac{1}{(1-a)^n} \leqslant \dfrac{1}{(1-x_{(1)})^n}$ ，于是函数 $L(a)$ 在 $a = x_{(1)}$ 时达到最大. 因此 $a$

的极大似然估计值为 $\hat{a} = x_{(1)}$ ， $a$ 的极大似然估计量为 $\hat{a} = X_{(1)}$ .

**练习 4**　设总体 $X \sim U[a, 2]$ （即服从 $[a, 2]$ 上的均匀分布），$a$ 未知， $X_1, X_2, \cdots, X_n$ 是总体的一个样本，求 $a$ 的极大似然估计量.

**例 8**　设总体 $X \sim U[a, b]$ （即服从 $[a, b]$ 上的均匀分布），$a, b$ 未知， $X_1, X_2, \cdots, X_n$ 是总体的一个样本，求 $a, b$ 的极大似然估计量.

**解**：设 $x_1, x_2, \cdots, x_n$ 是样本 $X_1, X_2, \cdots, X_n$ 的一个样本值，由题意可知， $X \sim U[a, b]$ ，所以

$X$ 的概率密度函数为

$$f(x) = \begin{cases} \dfrac{1}{b-a}, & a \leqslant x \leqslant b \\ 0, & \text{其他} \end{cases}$$

于是似然函数为

$$L(a,b) = f(x_1)f(x_2)\cdots f(x_n)$$

其中 $f(x_i) = \begin{cases} \dfrac{1}{b-a}, & a \leqslant x_i \leqslant b, \\ 0, & \text{其他}. \end{cases}$ $i = 1,2,\cdots,n$. 此处的 $f(x_i)$ 应该看成自变量 $a,b$ 的二元函数，即

$$f(x_i) = \begin{cases} \dfrac{1}{b-a}, & a \leqslant x_i, b \geqslant x_i, \\ 0, & \text{其他}. \end{cases}$$

放在二维空间去观察，如图 16-2 所示，图中阴影部分的函数值才不为零.

　　若令 $x_{(1)} = \min(x_1, x_2, \cdots, x_n)$ ，$x_{(n)} = \max(x_1, x_2, \cdots, x_n)$ ，则

$$L(a,b) = f(x_1)f(x_2)\cdots f(x_n) = \begin{cases} \dfrac{1}{(b-a)^n}, & a \leqslant x_{(1)}, x_{(n)} \leqslant b, \\ 0, & \text{其他}. \end{cases}$$

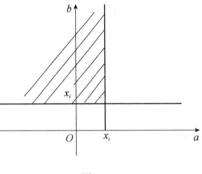

图 16-2

对于函数 $y = \dfrac{1}{x^n}$ ，在 $(0, +\infty)$ 内，$y' = \left(\dfrac{1}{x^n}\right)' = -nx^{-n-1} < 0$

故函数 $y = \dfrac{1}{x^n}$ 在 $(0, +\infty)$ 内单调递减．因为 $b - a \geqslant x_{(n)} - x_{(1)} > 0$ ，所以

$$\frac{1}{(b-a)^n} \leqslant \frac{1}{(x_{(n)} - x_{(1)})^n}$$

于是函数 $L(a,b)$ 在 $a = x_{(1)}$ ，$b = x_{(n)}$ 时达到最大．因此 $a,b$ 的极大似然估计值为 $\hat{a} = x_{(1)}$ ，$\hat{b} = x_{(n)}$ ，$a,b$ 的极大似然估计量为 $\hat{a} = X_{(1)}$ ，$\hat{b} = X_{(n)}$ .

　　**练习 5**　设总体 $X \sim U[a, b+1]$（即服从 $[a, b+1]$ 上的均匀分布），$a,b$ 未知，$X_1, X_2, \cdots, X_n$ 是总体的一个样本，求 $a,b$ 的极大似然估计量.

　　到目前为止，我们已经介绍了两种求估计的方法，一种是矩估计法，它是由被誉为统计学之父的英国统计学家皮尔逊在 19 世纪末提出的，基本思想是替换原理，用样本矩替换同阶总体矩，其特点是不需要假定总体分布有明确的分布类型．另一种方法是极大似然估计法，极大似然估计法最早是由高斯提出的，后来英国统计学家费希尔在 1912 年的文章中重新提出，并且证明了这个方法的一些性质，极大似然估计法这一名称也是由费希尔给出的．该方法的特点是需要知道总体分布的类型.

## 16.3　点估计的优良性

对于同一参数，用不同的估计方法，求出的估计量可能不相同．原则上任何统计量都可以作为未知参数的估计量，我们自然会问采用哪一个估计量为好呢？这就涉及到用什么样的标准来评价估计量的问题，下面介绍几个常用的标准．

### 一、无偏性

通俗地讲，就是希望得到的估计从总体上看与所估参数是一样的，所谓整体上看就是指数学期望．

下面以两点分布为例说明无偏性．

**例 1**　设总体 $X \sim B(1,p)$ ，$X_1, X_2$ 是总体的一个样本，求 $P$ 的极大似然估计量，并说明此估计是否为无偏估计．

**解：** 由 16.2 节的例 1 可知，$P$ 的极大似然估计量为 $\hat{p} = \dfrac{1}{2}(X_1 + X_2)$ ．

下面求数学期望 $E(\hat{p})$ ．

因为 $X_1, X_2$ 是总体 $X \sim B(1,p)$ 的一个样本，所以

$$E(X_1) = E(X_2) = E(X) = 1 \times p + 0 \times (1-p) = p .$$

又因为 $X_1, X_2$ 相互独立，于是有

$$E(\hat{p}) = E\left[\frac{1}{2}(X_1 + X_2)\right] = \sum_i \sum_j \frac{1}{2}(x_i + y_j)p_{ij} = \sum_i \sum_j \frac{1}{2}(x_i + y_j)p_i p_j$$

$$= \frac{1}{2}\sum_i \sum_j (x_i p_i p_j + y_j p_i p_j) = \frac{1}{2}\left[\sum_i \sum_j x_i p_i p_j + \sum_i \sum_j y_j p_i p_j\right]$$

$$= \frac{1}{2}\left[\sum_i x_i p_i \sum_j p_j + \sum_i p_i \sum_j y_j p_j\right] = \frac{1}{2}\left[\sum_i x_i p_i + \sum_i y_j p_j\right]$$

$$= \frac{1}{2}[E(X_1) + E(X_2)] = \frac{1}{2}[p + p] = p$$

因此 $\hat{p} = \dfrac{1}{2}(X_1 + X_2)$ 是 $P$ 的无偏估计．

从上面的证明不难看出：

（1）对于随机变量 $X_1, X_2$ ，有 $E(X_1 + X_2) = E(X_1) + E(X_2)$ ．

此结论对于一般的情况也成立，即对任意的两个随机变量 $X, Y$ ，都有 $E(X + Y) = E(X) + E(Y)$ ．

（2）对于随机变量 $X_1 + X_2$ ，和实数 $\dfrac{1}{2}$ ，有 $E\left[\dfrac{1}{2}(X_1 + X_2)\right] = \dfrac{1}{2}E(X_1 + X_2)$ ，此结果可以推广到任意的随机变量 $X$ 和任意实数 $k$ ，都有 $E(kX) = kE(X)$ 成立．

将例 1 关于无偏估计的概念推广到一般情况，有下面的定义．

**定义 1**　若 $\hat{\theta}$ 是 $\theta$ 的点估计，且 $E(\hat{\theta}) = \theta$ ，则称 $\hat{\theta}$ 是 $\theta$ 的无偏估计．

是否有不具有无偏性的估计呢？由矩估计法和极大似然法得到的方差的估计一般不是无偏估计.

**例 2**　对 16.2 节例 5 中 $\sigma^2$ 的极大似然估计量，说明是否为无偏估计.

**解：**由 16.2 节例 5 可知 $\sigma^2$ 的极大似然估计量为 $\widehat{\sigma^2} = \dfrac{1}{n}\sum\limits_{i=1}^{n}(X_i - \overline{X})^2$，下面讨论 $E(\widehat{\sigma^2}) = \sigma^2$ 是否成立.

由于
$$\sum_{i=1}^{n}(X_i - \overline{X})^2 = \sum_{i=1}^{n}\left[(X_i - \mu) - (\overline{X} - \mu)\right]^2$$
$$= \sum_{i=1}^{n}\left[(X_i - \mu)^2 - 2(X_i - \mu)(\overline{X} - \mu) + (\overline{X} - \mu)^2\right]$$
$$= \sum_{i=1}^{n}(X_i - \mu)^2 - 2(\overline{X} - \mu)\sum_{i=1}^{n}(X_i - \mu) + \sum_{i=1}^{n}(\overline{X} - \mu)^2$$

而　　$(\overline{X} - \mu)\sum\limits_{i=1}^{n}(X_i - \mu) = (\overline{X} - \mu)\left(\sum\limits_{i=1}^{n}X_i - n\mu\right) = (\overline{X} - \mu)\left(n\overline{X} - n\mu\right) = n(\overline{X} - \mu)^2$，

所以　　$\sum\limits_{i=1}^{n}(X_i - \overline{X})^2 = \sum\limits_{i=1}^{n}(X_i - \mu)^2 - 2n(\overline{X} - \mu)^2 + n(\overline{X} - \mu)^2 = \sum\limits_{i=1}^{n}(X_i - \mu)^2 - n(\overline{X} - \mu)^2$.

由 $X_i \sim N(\mu, \sigma^2)$，$i = 1, 2, \cdots, n$，可得
$$E(X_i) = \mu，\quad E(X_i - \mu)^2 = E\left[X_i - E(X_i)\right]^2 = D(X_i) = \sigma^2.$$

因为 $\overline{X} \sim N\left(\mu, \dfrac{\sigma^2}{n}\right)$，所以 $E(\overline{X}) = \mu$，$E(\overline{X} - \mu)^2 = E\left[\overline{X} - E(\overline{X})\right]^2 = D(\overline{X}) = \dfrac{\sigma^2}{n}$.

于是　　$E(\widehat{\sigma^2}) = E\left[\dfrac{1}{n}\sum\limits_{i=1}^{n}(X_i - \overline{X})^2\right] = \dfrac{1}{n}E\left[\sum\limits_{i=1}^{n}(X_i - \overline{X})^2\right]$
$$= \dfrac{1}{n}E\left[\sum_{i=1}^{n}(X_i - \mu)^2 - n(\overline{X} - \mu)^2\right] = \dfrac{1}{n}\left[\sum_{i=1}^{n}E(X_i - \mu)^2 - nE(\overline{X} - \mu)^2\right]$$
$$= \dfrac{1}{n}\left(n\sigma^2 - n\dfrac{\sigma^2}{n}\right) = \dfrac{n-1}{n}\sigma^2 \neq \sigma^2$$

即 $\sigma^2$ 的极大似然估计量 $\widehat{\sigma^2} = \dfrac{1}{n}\sum\limits_{i=1}^{n}(X_i - \overline{X})^2$ 不是 $\sigma^2$ 的无偏估计.

从本例可以看出，之所以定义样本方差为 $\dfrac{1}{n-1}\sum\limits_{i=1}^{n}(X_i - \overline{X})^2$，是为了保证其为无偏估计.

**例 3**　对 16.2 例 8 中 $a, b$ 的极大似然估计量，说明是否为无偏估计.

**解：**由 16.2 例 8 可知 $a, b$ 的极大似然估计量为 $\hat{a} = X_{(1)}$，$\hat{b} = X_{(n)}$，下面讨论 $E(\hat{a}) = a$，$E(\hat{b}) = b$ 是否成立.

为此需要先求 $X_{(1)}$，$X_{(n)}$ 的概率密度函数. 设 $X$ 的分布函数为 $F(x)$，概率密度函数为 $f(x)$. 由题意可知，

$$f(x) = \begin{cases} \dfrac{1}{b-a}, & a \leqslant x \leqslant b, \\ 0, & \text{其他.} \end{cases}$$

可以求得
$$F(x) = \begin{cases} 0, & x < a, \\ \dfrac{x}{b-a}, & a \leqslant x \leqslant b, \\ 1, & x > b. \end{cases}$$

## 1. 求 $X_{(n)}$ 的概率密度函数

（1）为了叙述方便，不妨设 $Y = X_{(n)}$，先求 $Y$ 的分布函数

$$F_Y(y) = P\{Y \leqslant y\} = P\{X_{(n)} \leqslant y\} = P\{X_1 \leqslant y, X_2 \leqslant y, \cdots, X_n \leqslant y\}$$
$$= P\{X_1 \leqslant y\}P\{X_2 \leqslant y\}\cdots P\{X_n \leqslant y\} = [F(y)]^n.$$

（2）将 $F_Y(y)$ 对 $y$ 求导，可得 $Y$ 的概率密度函数

$$p_Y(y) = F_Y{}'(y) = n[F(y)]^{n-1} f(y) = \begin{cases} 0, & y < a, \\ \dfrac{ny^{n-1}}{(b-a)^n}, & a \leqslant y \leqslant b, \\ 0, & y > b, \end{cases} = \begin{cases} \dfrac{ny^{n-1}}{(b-a)^n}, & a \leqslant y \leqslant b, \\ 0, & \text{其他.} \end{cases}$$

## 2. 求 $X_{(1)}$ 的概率密度函数

（1）为了叙述方便，不妨设 $Z = X_{(1)}$，先求 $Z$ 的分布函数

$$F_Z(z) = P\{Z \leqslant z\} = 1 - P\{Z > z\} = 1 - P\{X_{(1)} > z\} = 1 - P\{X_1 > z, X_2 > z, \cdots, X_n > z\}$$
$$= 1 - P\{X_1 > z\}P\{X_2 > z\}\cdots P\{X_n > z\} = 1 - [1 - F(z)]^n.$$

（2）将 $F_Z(z)$ 对 $z$ 求导，可得 $Z$ 的概率密度函数

$$p_Z(z) = F_Z{}'(z) = n[1 - F(z)]^{n-1} f(z) = \begin{cases} 0, & z < a, \\ \dfrac{n(b-a-z)^{n-1}}{(b-a)^n}, & a \leqslant z \leqslant b, \\ 0, & z > b. \end{cases}$$

$$= \begin{cases} \dfrac{n(b-a-y)^{n-1}}{(b-a)^n}, & a \leqslant y \leqslant b, \\ 0, & \text{其他,} \end{cases}$$

于是

$$E(\hat{a}) = E(X_{(1)}) = \int_{-\infty}^{+\infty} z \cdot p_Z(z)\mathrm{d}z = \int_a^b z \cdot \frac{n(b-a-z)^{n-1}}{(b-a)^n}\mathrm{d}z = \frac{n}{(b-a)^n}\int_a^b z(b-a-z)^{n-1}\mathrm{d}z$$

$$= -\frac{n}{(b-a)^n}\int_a^b (-z)(b-a-z)^{n-1}\mathrm{d}z = -\frac{n}{(b-a)^n}\int_a^b (b-a-z+a-b)(b-a-z)^{n-1}\mathrm{d}z$$

$$= -\frac{n}{(b-a)^n}\int_a^b (b-a-z)^n \mathrm{d}z - \frac{n(a-b)}{(b-a)^n}\int_a^b (b-a-z)^{n-1}\mathrm{d}z$$

$$= \frac{n}{(b-a)^n}\int_a^b (b-a-z)^n \mathrm{d}(b-a-z) + \frac{n(a-b)}{(b-a)^n}\int_a^b (b-a-z)^{n-1}\mathrm{d}(b-a-z)$$

$$= \frac{n}{(b-a)^n}\left[\frac{(b-a-z)^{n+1}}{n+1}\right]_a^b + \frac{n(a-b)}{(b-a)^n}\left[\frac{(b-a-z)^n}{n}\right]_a^b$$

$$= \frac{n}{(n+1)(b-a)^n}\left[(b-a-z)^{n+1}\right]_a^b - \frac{1}{(b-a)^{n-1}}\left[(b-a-z)^n\right]_a^b$$

$$= \frac{n}{(n+1)(b-a)^n}\left[(-a)^{n+1}-(b-2a)^{n+1}\right] - \frac{1}{(b-a)^{n-1}}\left[(-a)^n-(b-2a)^n\right]$$

$$= \frac{n(-a)^{n+1}}{(n+1)(b-a)^n} - \frac{(-a)^n}{(b-a)^{n-1}} + \frac{(b-2a)^n}{(b-a)^{n-1}} - \frac{n(b-2a)^{n+1}}{(n+1)(b-a)^n}$$

$$= \frac{(-a)^n}{(b-a)^{n-1}}\cdot\frac{-na-(n+1)(b-a)}{(n+1)(b-a)} + \frac{(b-2a)^n}{(b-a)^{n-1}}\cdot\frac{(n+1)(b-a)-n(b-2a)}{(n+1)(b-a)}$$

$$= \frac{(-a)^n}{(b-a)^{n-1}}\cdot\frac{a-b-nb}{(n+1)(b-a)} + \frac{(b-2a)^n}{(b-a)^{n-1}}\cdot\frac{b-a+na}{(n+1)(b-a)}$$

$$= \frac{1}{(b-a)^n(n+1)}\left[(-a)^n(a-b-nb)+(b-2a)^n(b-a+na)\right].$$

不妨取 $b=2a, n=2$，上式为

$$\frac{1}{(2a-a)^2(2+1)}[(-a)^2(a-2a-4a)+(2a-2a)^n(2a-a+2a)] = \frac{1}{3a^2}[a^2(-5a)] = -\frac{5}{3}a，$$

所以 $\hat{a}$ 不是 $a$ 的无偏估计.

因为 $E(\hat{b}) = E(X_{(n)}) = \int_{-\infty}^{+\infty} y\cdot p_Y(y)\mathrm{d}y = \int_a^b y\cdot\frac{ny^{n-1}}{(b-a)^n}\mathrm{d}y = \frac{n}{(b-a)^n}\int_a^b y^n\mathrm{d}y$

$$= \frac{n}{(b-a)^n}\left[\frac{y^{n+1}}{n+1}\right]_a^b = \frac{n}{(n+1)(b-a)^n}\left[y^{n+1}\right]_a^b = \frac{n}{(n+1)(b-a)^n}(b^{n+1}-a^{n+1})$$

不妨取 $a=\dfrac{b}{2}, n=2$，上式为

$$\frac{n}{(n+1)(b-a)^n}(b^{n+1}-a^{n+1}) = \frac{2}{3\left(\dfrac{b}{2}\right)^2}\left[b^3-\left(\dfrac{b}{2}\right)^3\right] = \frac{8}{3b^2}\cdot\frac{7b^3}{8} = \frac{7}{3}b$$

所以 $\hat{b}$ 不是 $a$ 的无偏估计.

## 二、有效性

一个参数的估计有多个时，如果它们都是无偏的，如何选优？标准是什么呢？此时应比较它们相对待估参数的分散度，小者为优. 例如，要比较射击选手的水平，如果平均水平一样，则更愿意选稳定的. 再如，在测量物体时，每次的测量值都可以作为真值的一个估计，

且为无偏估计，但是更好的是取他们的平均，因为这个平均的波动性大大降低．由第 3 章 3.5 节定理 2 可知，当总体服从正态分布时，则样本均值服从的正态分布方差要小得多．

用数学语言来叙述，就是在数学期望相同的情况下方差小的为优，称为有效．

下面给出一般定义．

**定义 2**　设 $\hat{\theta}_1$ 和 $\hat{\theta}_2$ 均为 $\theta$ 的无偏估计，如果 $D(\hat{\theta}_1) < D(\hat{\theta}_2)$，则称 $\hat{\theta}_1$ 比 $\hat{\theta}_2$ 有效．

**例 4**　设总体 $X \sim N(\mu, \sigma^2)$，$X_1, X_2, \cdots, X_{10}$ 是总体的一个样本，证明 $Y = \dfrac{1}{2}(X_1 + X_2)$ 和 $Z = \dfrac{1}{10}(X_1 + X_2 + \cdots + X_{10})$ 均为 $\mu$ 的无偏估计，并比较有效性．

**证明：**根据第 3 章第 3.5 节的定理 2 可知，$Y = \dfrac{1}{2}(X_1 + X_2) \sim N\left(\mu, \dfrac{\sigma^2}{2}\right)$，

$Z = \dfrac{1}{10}(X_1 + X_2 + \cdots + X_{10}) \sim N\left(\mu, \dfrac{\sigma^2}{10}\right)$，于是有 $E(Y) = \mu$，$E(Z) = \mu$，因此 $Y = \dfrac{1}{2}(X_1 + X_2)$ 和 $Z = \dfrac{1}{10}(X_1 + X_2 + \cdots + X_{10})$ 均为 $\mu$ 的无偏估计．

又 $D(Y) = \dfrac{\sigma^2}{2}$，$D(Z) = \dfrac{\sigma^2}{10}$，且 $\dfrac{\sigma^2}{10} < \dfrac{\sigma^2}{2}$，所以 $D(Z) < D(Y)$，因此 $Z = \dfrac{1}{10}(X_1 + X_2 + \cdots + X_{10})$ 比 $Y = \dfrac{1}{2}(X_1 + X_2)$ 有效．

## 三、相合性

一个合理的估计应该是，当样本容量不断增大时，估计量与待估参数越来越接近，这个性质称为相合性．

具体来讲就是，设 $\hat{\theta}$ 是 $\theta$ 的估计，当样本容量不断增大时，统计量 $\hat{\theta}$ 与 $\theta$ 越来越接近，则称 $\hat{\theta}$ 为 $\theta$ 的相合估计．

下面给出数学语言的描述．

随着样本容量的不断增大，统计量 $\hat{\theta}$ 与 $\theta$ 越来越接近，这个事实等价于：统计量 $\hat{\theta}$ 与 $\theta$ 出现偏差的可能性越来越小，几乎为零．也等价于说：大于规定的偏差 $\varepsilon$ 的可能性越来越小．因为可能性一般用概率 $P$ 表示，偏差用 $\varepsilon$ 表示，所以 $P\left\{\left|\hat{\theta} - \theta\right| > \varepsilon\right\}$ 表示超过某个规定偏差值的可能性，这个可能性随着 $n$ 的增大越来越接近于 0，于是上述关于相合估计的描述性定义用数学语言精确描述为

$$\lim_{n \to \infty} P\left\{\left|\hat{\theta} - \theta\right| > \varepsilon\right\} = 0.$$

这样就得到相合的数学语言的精确定义．

**定义 3**　设 $\hat{\theta}$ 是 $\theta$ 的估计，如果对于任意的 $\varepsilon > 0$，总有 $\lim\limits_{n \to \infty} P\left\{\left|\hat{\theta} - \theta\right| > \varepsilon\right\} = 0$ 成立，则称 $\hat{\theta}$ 为 $\theta$ 的相合估计．

**例 5**　对本章 16.3 节例 2 的 $\sigma^2$ 的极大似然估计量做修正，使得修正后的估计量为 $\sigma^2$ 的

无偏估计，并对修正后的估计量的相合性进行讨论.

**解：** 本章 16.3 节例 2 的例 3 中已经证明了 $\sigma^2$ 的极大似然估计量 $\widehat{\sigma^2} = \dfrac{1}{n}\sum_{i=1}^{n}(X_i - \overline{X})^2$ 不是无偏估计，并且 $E(\widehat{\sigma^2}) = E\left[\dfrac{1}{n}\sum_{i=1}^{n}(X_i - \overline{X})^2\right] = \dfrac{n-1}{n}\sigma^2$. 现在我们对其进行修正，使得修改后的估计量为无偏估计. 不难看出，只要令 $S^* = \dfrac{n}{n-1}\widehat{\sigma^2} = \dfrac{1}{n-1}\sum_{i=1}^{n}(X_i - \overline{X})^2$，就有

$$E(S^*) = \frac{n}{n-1}E(\widehat{\sigma^2}) = \frac{n}{n-1}\frac{n-1}{n}\sigma^2 = \sigma^2.$$

当总体 $X \sim N(\mu, \sigma^2)$，$X_1, X_2, \cdots, X_n$ 是总体的一个样本，由第 7 章第 7.2 节的定理 1 可知，$\dfrac{(n-1)S^2}{\sigma^2} \sim \chi^2(n-1)$，即

$$\frac{\sum\limits_{i=1}^{n}(X_i - \overline{X})^2}{\sigma^2} \sim \chi^2(n-1)$$

下面证明 $D\left(\dfrac{\sum\limits_{i=1}^{n}(X_i - \overline{X})^2}{\sigma^2}\right) = 2(n-1)$.

先讨论一般情况，设 $Y \sim \chi^2(n)$，证明 $D(Y) = 2n$.

因为 $Y \sim \chi^2(n)$，所以 $Y$ 的概率密度函数为

$$f(y) = \begin{cases} \dfrac{1}{2^{\frac{n}{2}}\Gamma\left(\dfrac{n}{2}\right)} y^{\frac{n}{2}-1} \mathrm{e}^{-\frac{y}{2}}, & y > 0, \\ 0, & \text{其他}, \end{cases}$$

其中 $\Gamma(\alpha) = \int_0^{+\infty} x^{\alpha-1}\mathrm{e}^{-x}\mathrm{d}x$，可以证明 $\Gamma(\alpha+1) = \alpha\Gamma(\alpha)$，$\Gamma(1) = 1$，于是 $\Gamma(n+1) = n!$.

$$E(Y) = \int_{-\infty}^{+\infty} y \cdot f(y)\mathrm{d}y = \int_0^{+\infty} y \frac{1}{2^{\frac{n}{2}}\Gamma\left(\dfrac{n}{2}\right)} y^{\frac{n}{2}-1}\mathrm{e}^{-\frac{y}{2}}\mathrm{d}y = \frac{1}{2^{\frac{n}{2}}\Gamma\left(\dfrac{n}{2}\right)}\int_0^{+\infty} y^{\frac{n}{2}}\mathrm{e}^{-\frac{y}{2}}\mathrm{d}y$$

$$\xrightarrow{\diamondsuit z = \frac{y}{2}} \frac{1}{2^{\frac{n}{2}}\Gamma\left(\dfrac{n}{2}\right)}\int_0^{+\infty} 2(2z)^{\frac{n+2}{2}-1}\mathrm{e}^{-z}\mathrm{d}z = \frac{1}{2^{\frac{n}{2}}\Gamma\left(\dfrac{n}{2}\right)}\int_0^{+\infty} 2^{\frac{n+2}{2}} z^{\frac{n+2}{2}-1}\mathrm{e}^{-z}\mathrm{d}z$$

$$= \frac{2^{\frac{n+2}{2}}}{2^{\frac{n}{2}}\Gamma\left(\dfrac{n}{2}\right)}\int_0^{+\infty} z^{\frac{n+2}{2}-1}\mathrm{e}^{-z}\mathrm{d}z = \frac{2^{\frac{n+2}{2}}}{2^{\frac{n}{2}}\Gamma\left(\dfrac{n}{2}\right)}\Gamma\left(\frac{n+2}{2}\right) = \frac{2^{\frac{n+2}{2}}}{2^{\frac{n}{2}}\Gamma\left(\dfrac{n}{2}\right)}\frac{n}{2}\Gamma\left(\frac{n}{2}\right) = n,$$

$$E(Y^2) = \int_{-\infty}^{+\infty} y^2 \cdot f(y)\mathrm{d}y = \int_0^{+\infty} y^2 \frac{1}{2^{\frac{n}{2}}\Gamma\left(\dfrac{n}{2}\right)} y^{\frac{n}{2}-1}\mathrm{e}^{-\frac{y}{2}}\mathrm{d}y = \frac{1}{2^{\frac{n}{2}}\Gamma\left(\dfrac{n}{2}\right)}\int_0^{+\infty} y^{\frac{n}{2}+1}\mathrm{e}^{-\frac{y}{2}}\mathrm{d}y$$

$$\xlongequal{\diamondsuit z = \dfrac{y}{2}} \frac{1}{2^{\frac{n}{2}}\Gamma\left(\dfrac{n}{2}\right)} \int_0^{+\infty} 2(2z)^{\frac{n}{2}+1} e^{-z} dz = \frac{1}{2^{\frac{n}{2}}\Gamma\left(\dfrac{n}{2}\right)} \int_0^{+\infty} 2^{\frac{n}{2}+2} z^{\frac{n}{2}+1} e^{-z} dz$$

$$= \frac{2^{\frac{n}{2}+2}}{2^{\frac{n}{2}}\Gamma\left(\dfrac{n}{2}\right)} \int_0^{+\infty} z^{\frac{n}{2}+2-1} e^{-z} dz = \frac{2^{\frac{n}{2}+2}}{2^{\frac{n}{2}}\Gamma\left(\dfrac{n}{2}\right)} \Gamma\left(\frac{n}{2}+2\right) = \frac{2^{\frac{n}{2}+2}}{2^{\frac{n}{2}}\Gamma\left(\dfrac{n}{2}\right)} \left(\frac{n}{2}+1\right)\frac{n}{2}\Gamma\left(\frac{n}{2}\right)$$

$$= 4\left(\frac{n}{2}+1\right)\frac{n}{2} = n(n+2) ,$$

$$D(Y) = E(Y^2) - \left[E(Y)\right]^2 = n(n+2) - n^2 = n\left[(n+2)-n\right] = 2n ,$$

因为 $\dfrac{\displaystyle\sum_{i=1}^{n}(X_i-\overline{X})^2}{\sigma^2} \sim \chi^2(n-1)$，所以 $D\left(\dfrac{\displaystyle\sum_{i=1}^{n}(X_i-\overline{X})^2}{\sigma^2}\right) = 2(n-1)$.

由切比雪夫不等式可得，对于任意的 $\varepsilon > 0$，

$$P\left\{\left|\frac{1}{n-1}\sum_{i=1}^{n}(X_i-\overline{X})^2 - \sigma^2\right| > \varepsilon\right\} \leqslant \frac{D\left(\dfrac{1}{n-1}\displaystyle\sum_{i=1}^{n}(X_i-\overline{X})^2\right)}{\varepsilon^2} ,$$

而

$$\frac{D\left(\dfrac{1}{n-1}\displaystyle\sum_{i=1}^{n}(X_i-\overline{X})^2\right)}{\varepsilon^2} = \frac{D\left(\dfrac{\sigma^2}{n-1}\dfrac{\displaystyle\sum_{i=1}^{n}(X_i-\overline{X})^2}{\sigma^2}\right)}{\varepsilon^2}$$

$$= \frac{\dfrac{\sigma^4}{(n-1)^2}D\left(\dfrac{\displaystyle\sum_{i=1}^{n}(X_i-\overline{X})^2}{\sigma^2}\right)}{\varepsilon^2} = \frac{2\sigma^4(n-1)}{(n-1)^2\varepsilon^2} = \frac{2\sigma^4}{(n-1)\varepsilon^2}$$

（**注**：上面的证明过程中用到了随机变量方差的性质，即设 $Z$ 为随机变量，$k$ 为任意常数，则 $D(kZ) = k^2 D(Z)$，此性质的证明如下：

$$D(kZ) = E\left[(kZ)^2\right] - \left[E(kZ)\right]^2 = E(k^2 Z^2) - \left[kE(Z)\right]^2$$

$$= k^2 E(Z^2) - k^2\left[E(Z)\right]^2 = k^2\left\{E(Z^2) - \left[E(Z)\right]^2\right\} = k^2 D(Z) . )$$

于 是 $0 \leqslant P\left\{|S^* - \sigma^2| > \varepsilon\right\} = P\left\{\left|\dfrac{1}{n-1}\displaystyle\sum_{i=1}^{n}(X_i-\overline{X})^2 - \sigma^2\right| > \varepsilon\right\} \leqslant \dfrac{2\sigma^4}{(n-1)\varepsilon^2}$，由 于 $\displaystyle\lim_{n\to\infty}\dfrac{2\sigma^4}{(n-1)\varepsilon^2}$
$= 0$，$\displaystyle\lim_{n\to\infty} 0 = 0$，由极限的夹逼定理可知，$\displaystyle\lim_{n\to\infty} P\left\{|S^* - \sigma^2| > \varepsilon\right\} = 0$，所以 $S^* = \dfrac{1}{n-1}\displaystyle\sum_{i=1}^{n}(X_i-\overline{X})^2$
是 $\sigma^2$ 的相合估计.

　　**注**：相合估计在实际工作中用得不是很多，因为不可能做到样本容量无限多. 判断估计的优劣最常用的是无偏性和有效性.

# 16.4　区间估计的补充

在第 5 章区间估计的介绍中，置信区间主要是双侧的．下面以曾经介绍的一种情况为例来回顾双侧置信区间的概念及其求法．

**引例 1**　假如身高 $X \sim N(\mu, 5^2)$，求 $\mu$ 的置信度为 0.95 的置信区间．

**分析**：求 $\mu$ 的置信区间，可归结为找一个区间 $(T_1(X_1, X_2, \cdots, X_n), T_2(X_1, X_2, \cdots, X_n))$，满足

$$P\{T_1(X_1, X_2, \cdots, X_n) < \mu < T_2(X_1, X_2, \cdots, X_n)\} = 0.95.$$

要想找到区间 $[T_1(X_1, X_2, \cdots, X_n), T_2(X_1, X_2, \cdots, X_n)]$，就需要从总体中抽取样本．因为 $X \sim N(\mu, 5^2)$，由第 3 章 3.5 节的定理 2 可知

$$\overline{X} \sim N\left(\mu, \frac{5^2}{n}\right),$$

标准化后，得

$$Z = \frac{\overline{X} - \mu}{5 / \sqrt{n}} \sim N(0,1).$$

$Z$ 的概率密度曲线如图 16-3 所示．

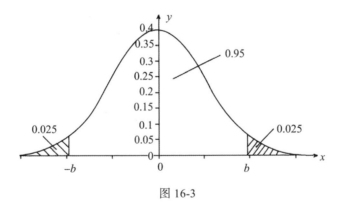

图 16-3

要使得 $P\{|Z| < b\} = 0.95$，则有 $P\{Z < b\} = 0.975$．通过查标准正态分布表，可得 $b = 1.96$．

于是

$$P\left\{\left|\frac{\overline{X} - \mu}{5 / \sqrt{n}}\right| < 1.96\right\} = 0.95.$$

通过变形，可以得到

$$P\left\{\overline{X} - \frac{5}{\sqrt{n}} \times 1.96 < \mu < \overline{X} + \frac{5}{\sqrt{n}} \times 1.96\right\} = 0.95,$$

于是 $\mu$ 的置信度为 0.95 的置信区间为 $\left(\overline{X} - \frac{5}{\sqrt{n}} \times 1.96, \overline{X} + \frac{5}{\sqrt{n}} \times 1.96\right)$．

一般地，假设总体的分布类型已知，该分布由某个参数 $\theta$ 确定且该参数未知，则 $\theta$ 的置信度为 $1-\alpha$ 的置信区间，是指存在随机区间 $[T_1(X_1,X_2,\cdots,X_n),T_2(X_1,X_2,\cdots,X_n)]$，使得

$$P\{T_1(X_1,X_2,\cdots,X_n)<\theta<T_2(X_1,X_2,\cdots,X_n)\}=1-\alpha.$$

将已经学过的区间估计的各个情况进行汇总，可以得到如表 16-1 所示的汇总表.

表 16-1

| 总体个数 | 待估参数 | 条件 | 枢轴统计量 | $1-\alpha$ 置信区间 |
|---|---|---|---|---|
| 单个总体 | 总体均值 $\mu$ | 方差已知 | $\dfrac{\overline{X}-\mu}{\sigma/\sqrt{n}}\sim N(0,1)$ | $\left(\overline{X}-z_{\frac{\alpha}{2}}\cdot\dfrac{\sigma}{\sqrt{n}},\overline{X}+z_{\frac{\alpha}{2}}\cdot\dfrac{\sigma}{\sqrt{n}}\right)$ |
| | | 方差未知 | $\dfrac{\overline{X}-\mu}{S/\sqrt{n}}\sim t(n-1)$ | $\left(\overline{X}-t_{\frac{\alpha}{2}}(n-1)\cdot\dfrac{S}{\sqrt{n}},\overline{X}+t_{\frac{\alpha}{2}}(n-1)\cdot\dfrac{S}{\sqrt{n}}\right)$ |
| | 总体方差 $\sigma^2$ | 均值已知 | $\dfrac{\sum\limits_{i=1}^{n}(X_i-\mu)^2}{\sigma^2}\sim\chi^2(n)$ | $\left(\dfrac{\sum\limits_{i=1}^{n}(X_i-\mu)^2}{\chi_{\frac{\alpha}{2}}^2(n)},\dfrac{\sum\limits_{i=1}^{n}(X_i-\mu)^2}{\chi_{1-\frac{\alpha}{2}}^2(n)}\right)$ |
| | | 均值未知 | $\dfrac{\sum\limits_{i=1}^{n}(X_i-\overline{X})^2}{\sigma^2}\sim\chi^2(n-1)$ | $\left(\dfrac{\sum\limits_{i=1}^{n}(X_i-\overline{X})^2}{\chi_{\frac{\alpha}{2}}^2(n-1)},\dfrac{\sum\limits_{i=1}^{n}(X_i-\overline{X})^2}{\chi_{1-\frac{\alpha}{2}}^2(n-1)}\right)$ |
| 两个总体 | $\mu_1-\mu_2$ | 方差已知 | $\dfrac{\overline{X}-\overline{Y}-(\mu_1-\mu_2)}{\sqrt{\dfrac{\sigma_1^2}{n_1}+\dfrac{\sigma_2^2}{n_2}}}\sim N(0,1)$ | $\left(\overline{X}-\overline{Y}-z_{\frac{\alpha}{2}}\sqrt{\dfrac{\sigma_1^2}{n_1}+\dfrac{\sigma_2^2}{n_2}},\ \overline{X}-\overline{Y}+z_{\frac{\alpha}{2}}\sqrt{\dfrac{\sigma_1^2}{n_1}+\dfrac{\sigma_2^2}{n_2}}\right)$ |
| | | 方差未知 | $\dfrac{\overline{X}-\overline{Y}}{S_w\sqrt{\dfrac{1}{n_1}+\dfrac{1}{n_2}}}\sim t(n_1+n_2-2)$，其中 $S_w=\sqrt{\dfrac{\sum\limits_{i=1}^{n_1}(X_i-\overline{X})^2+\sum\limits_{i=1}^{n_2}(Y_i-\overline{Y})^2}{n_1+n_2-2}}$ | $\left(\overline{X}-\overline{Y}-t_{\frac{\alpha}{2}}(n_1+n_2-2)S_w\sqrt{\dfrac{1}{n_1}+\dfrac{1}{n_2}},\right.$ $\left.\overline{X}-\overline{Y}+t_{\frac{\alpha}{2}}(n_1+n_2-2)S_w\sqrt{\dfrac{1}{n_1}+\dfrac{1}{n_2}}\right)$ |
| | 方差之比 $\dfrac{\sigma_1^2}{\sigma_2^2}$ | 均值未知 | $\dfrac{S_1^2/\sigma_1^2}{S_2^2/\sigma_2^2}\sim F(n_1-1,n_2-1)$ | $\left(\dfrac{1}{F_{\frac{\alpha}{2}}(n_1-1,n_2-1)}\cdot\dfrac{S_1^2}{S_2^2},\dfrac{1}{F_{1-\frac{\alpha}{2}}(n_1-1,n_2-1)}\cdot\dfrac{S_1^2}{S_2^2}\right)$ |

在实际问题中有时也会遇到求单侧置信区间的情况，下面通过一个例子加以说明.

**例 1**　从一批电视机显像管中随机抽取 6 个测试其使用寿命（单位：kh）得到样本观测值为：

$$15.6,\ 14.9,\ 16.0,\ 14.8,\ 15.3,\ 15.5$$

设显像管使用寿命 $X$ 服从正态分布 $N(\mu,5^2)$，其中 $\mu$ 是未知参数，试以 95% 的置信度估计这批电视机显像管平均寿命 $\mu$ 的下限值（或者说平均寿命 $\mu$ 大于多少？）.

**分析**：求 $\mu$ 的下限值，可归结为找一个区间 $(T(X_1,X_2,\cdots,X_n),+\infty)$，满足

$$P\{T(X_1,X_2,\cdots,X_n)<\mu<+\infty\}=1-\alpha，\ 即$$

$$P\{\mu > T(X_1, X_2, \cdots, X_n)\} = 1 - \alpha.$$

要想找到区间 $(T(X_1, X_2, \cdots, X_n), +\infty)$，就需要从总体中抽取样本．因为 $X \sim N(\mu, 5^2)$，由第 3 章 3.5 节定理 2 可知

$$\overline{X} \sim N\left(\mu, \frac{5^2}{n}\right),$$

标准化后，得

$$Z = \frac{\overline{X} - \mu}{5 / \sqrt{n}} \sim N(0,1).$$

$Z$ 的概率密度曲线如图 16-4 所示．

要使得 $P\{Z < b\} = 0.05$，通过查标准正态分布表，可得 1.65．于是

$$P\left\{\frac{\overline{X} - \mu}{\sigma / \sqrt{n}} < 1.65\right\} = 0.95$$

通过变形，可以得到

$$P\left\{\overline{X} - \mu < 1.65 \times \frac{5}{\sqrt{n}}\right\} = 0.95,$$

$$P\left\{\mu > \overline{X} - 1.65 \times \frac{5}{\sqrt{n}}\right\} = 0.95.$$

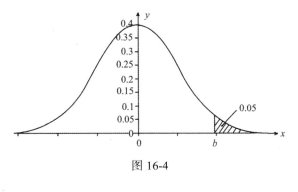

图 16-4

于是这批电视机显像管平均寿命 $\mu$ 的置信度为 95% 的随机下限值为 $\overline{X} - 1.65 \times \dfrac{5}{\sqrt{n}}$．当实际抽样的结果给定后，可以计算出下限值的观测值．

因为 $\overline{x} = \dfrac{1}{6}(15.6 + 14.9 + 16.0 + 14.8 + 15.3 + 15.5) = 15.35$，所以下限值的观测值为

$$\overline{x} - 1.65 \times \frac{5}{\sqrt{n}} = 15.35 - 1.65 \times \frac{5}{\sqrt{6}} = 11.98$$

此下限值也称为 $\mu$ 的置信度为 0.95 的单侧置信下限．

在有些实际问题中，也会出现只关心待估参数的上限值的情况，此时就是单侧置信上限的问题，处理方法类似，这里不再举例说明．

通过上面的分析，不难得到待估参数的单侧置信上（下）限的一般定义．

**定义 1**　假设总体的分布类型已知，该分布由某个参数 $\theta$ 确定且该参数未知，则 $\theta$ 的置信度为 $1 - \alpha$ 的单侧置信区间，是指存在随机区间 $(T(X_1, X_2, \cdots, X_n), +\infty)$（或 $(-\infty, Q(X_1, X_2, \cdots, X_n))$），使得

$$P\{T(X_1, X_2, \cdots, X_n) < \theta < +\infty\} = 1 - \alpha \quad （\text{或} P\{-\infty < \theta < Q(X_1, X_2, \cdots, X_n)\} = 1 - \alpha），$$

其中 $T(X_1, X_2, \cdots, X_n)$ 称为单侧置信下限，$Q(X_1, X_2, \cdots, X_n)$ 称为单侧置信上限．

用与例 1 类似的分析方法，可以得到正态总体其他情况的单侧置信上（下）限公式．下面只给出结果，如表 16-2 所示．

表 16-2

| 总体个数 | 待估参数 | 条件 | 枢轴统计量 | $1-\alpha$ 单侧置信上（下）限 |
|---|---|---|---|---|
| 单个总体 | 总体均值 $\mu$ | 方差已知 | $\dfrac{\overline{X}-\mu}{\sigma/\sqrt{n}} \sim N(0,1)$ | 单侧置信上限 $\overline{X}+z_\alpha \cdot \dfrac{\sigma}{\sqrt{n}}$ <br> 单侧置信下限 $\overline{X}-z_\alpha \cdot \dfrac{\sigma}{\sqrt{n}}$ |
| | | 方差未知 | $\dfrac{\overline{X}-\mu_0}{S/\sqrt{n}} \sim t(n-1)$ | 单侧置信上限 $\overline{X}+t_\alpha(n-1)\cdot \dfrac{S}{\sqrt{n}}$ <br> 单侧置信下限 $\overline{X}-t_\alpha(n-1)\cdot \dfrac{S}{\sqrt{n}}$ |
| | 总体方差 $\sigma^2$ | 均值已知 | $\dfrac{\sum\limits_{i=1}^{n}(X_i-\mu)^2}{\sigma^2} \sim \chi^2(n)$ | 单侧置信上限 $\dfrac{\sum\limits_{i=1}^{n}(X_i-\mu)^2}{\chi^2_{1-\frac{\alpha}{2}}(n)}$ <br> 单侧置信下限 $\dfrac{\sum\limits_{i=1}^{n}(X_i-\mu)^2}{\chi^2_{\frac{\alpha}{2}}(n)}$ |
| | | 均值未知 | $\dfrac{\sum\limits_{i=1}^{n}(X_i-\overline{X})^2}{\sigma^2} \sim \chi^2(n-1)$ | 单侧置信上限 $\dfrac{\sum\limits_{i=1}^{n}(X_i-\overline{X})^2}{\chi^2_{1-\frac{\alpha}{2}}(n-1)}$ <br> 单侧置信下限 $\dfrac{\sum\limits_{i=1}^{n}(X_i-\overline{X})^2}{\chi^2_{\frac{\alpha}{2}}(n-1)}$ |
| 两个总体 | $\mu_1-\mu_2$ | 方差已知 | $\dfrac{\overline{X}-\overline{Y}-(\mu_1-\mu_2)}{\sqrt{\dfrac{\sigma_1^2}{n_1}+\dfrac{\sigma_2^2}{n_2}}} \sim N(0,1)$ | 单侧置信上限 $\overline{X}-\overline{Y}+z_{\frac{\alpha}{2}}\sqrt{\dfrac{\sigma_1^2}{n_1}+\dfrac{\sigma_2^2}{n_2}}$ <br> 单侧置信下限 $\overline{X}-\overline{Y}-z_{\frac{\alpha}{2}}\sqrt{\dfrac{\sigma_1^2}{n_1}+\dfrac{\sigma_2^2}{n_2}}$ |
| | | 方差未知 | $\dfrac{\overline{X}-\overline{Y}}{S_w\sqrt{\dfrac{1}{n_1}+\dfrac{1}{n_2}}} \sim t(n_1+n_2-2)$，其中 <br> $S_w = \sqrt{\dfrac{\sum\limits_{i=1}^{n_1}(X_i-\overline{X})^2+\sum\limits_{i=1}^{n_2}(Y_i-\overline{Y})^2}{n_1+n_2-2}}$ | 单侧置信上限 <br> $\overline{X}-\overline{Y}+t_{\frac{\alpha}{2}}(n_1+n_2-2)S_w\sqrt{\dfrac{1}{n_1}+\dfrac{1}{n_2}}$ <br> 单侧置信下限 <br> $\overline{X}-\overline{Y}-t_{\frac{\alpha}{2}}(n_1+n_2-2)S_w\sqrt{\dfrac{1}{n_1}+\dfrac{1}{n_2}}$ |
| | 方差之比 $\dfrac{\sigma_1^2}{\sigma_2^2}$ | 均值未知 | $\dfrac{S_1^2/\sigma_1^2}{S_2^2/\sigma_2^2} \sim F(n_1-1,n_2-1)$ | 单侧置信上限 $\dfrac{1}{F_{1-\frac{\alpha}{2}}(n_1-1,n_2-1)}\dfrac{S_1^2}{S_2^2}$ <br> 单侧置信下限 $\dfrac{1}{F_{\frac{\alpha}{2}}(n_1-1,n_2-1)}\dfrac{S_1^2}{S_2^2}$ |

**练习 1**　已知正态总体均值未知，求方差 $\sigma^2$ 的置信度为 $1-\alpha$ 的单侧置信上限.

# 习题16

1. 设袋子中有 2 只红球、5 只白球共 7 个球，红球上标有数字 1，白球上标有数字 2，现从袋中有放回地随机每次摸 1 球，设

$$X_n = \begin{cases} 1, & \text{第}n\text{次摸到红球,} \\ 2, & \text{第}n\text{次摸到白球.} \end{cases}$$

假设摸取了 3 次，随机变量的取值结果为 1，2，2，试写出此时的经验分布函数.

2. 从一批标准质量为 100 克的方便面中，随机抽取 7 袋，测得误差如下（单位：g）：3，−2，4，−5，−1，1，1，求经验分布函数并做出图形.

3. 设总体 $X \sim N(\mu, 9)$，$X_1, X_2, \cdots, X_n$ 是总体的一个样本，求 $\mu$ 的极大似然估计量.

4. 设总体 $X \sim N(2, \sigma^2)$，$X_1, X_2, \cdots, X_n$ 是总体的一个样本，求 $\sigma^2$ 的极大似然估计量.

5. 设总体 $X \sim U[3, b]$（即服从 $[3, b]$ 上的均匀分布），$b$ 未知，$X_1, X_2, \cdots, X_n$ 是总体的一个样本，求 $b$ 的极大似然估计量，并说明是否为无偏估计.

6. 设总体 $X \sim U[a, 3]$（即服从 $[a, 3]$ 上的均匀分布），$a$ 未知，$X_1, X_2, \cdots, X_n$ 是总体的一个样本，求 $a$ 的极大似然估计量，并说明是否为无偏估计.

7. 设总体 $X \sim U[a+1, b]$（即服从 $[a+1, b]$ 上的均匀分布），$a, b$ 未知，$X_1, X_2, \cdots, X_n$ 是总体的一个样本，求 $a, b$ 的极大似然估计量，并说明是否为无偏估计.

8. 从汽车轮胎厂生产的某种轮胎中抽取 10 个样品进行磨损实验，直至轮胎行驶到磨坏为止，测得它们的行驶路程（km）如下：

41250，41010，42650，38970，40200，42550，43500，40400，41870，39800

设汽车轮胎行驶路程服从正态分布 $N(\mu, \sigma^2)$，求 $\mu$ 的置信水平为 95% 的单侧置信下限.

# Excel 应用篇

# 第17章　Excel在概率统计中的应用

## 17.1　随机模拟

用计算机或计算器模拟试验的方法称为随机模拟方法或蒙特卡罗方法. 该方法可以在短时间内完成大量的重复试验, 对于某些无法确切知道概率的问题, 随机模拟方法能帮助我们得到其概率的近似值.

用随机模拟方法估计事件 $A$ 发生的概率的步骤如下:

（1）将题中取值为随机数（整数值随机数或均匀随机数）的随机变量用大写字母表示, 并用它们来表示事件 $A$.

（2）让这些随机变量分别随机取值 $n$ 次, 计算事件 $A$ 发生的次数 $m$, 并计算比值 $\dfrac{m}{n}$, 此即为事件 $A$ 发生概率的近似值.

下面通过两个例子来说明这种方法的使用.

**例 1**　同时抛掷两枚均匀的正方体骰子, 用随机模拟方法计算骰子朝上一面出现的点数都是 1 的概率.

**解:**（1）设 $X$, $Y$ 分别表示抛掷第一枚和第二枚均匀的正方体骰子出现的点数, 则事件 $A =$ "两枚骰子出现的点数都是 1" 可以表示为 "$X = 1, Y = 1$".

（2）利用 Excel 软件, 让随机变量 $X$, $Y$ 分别随机取值 $n$ 次（不妨先取 100 次, 然后再取其他的值）, 计算事件 $A$ 发生的次数.

下面给出具体的步骤:

（1）在 A1 单元格中输入 "$X$", 在 A2 单元格中输入 "=RANDBETWEEN(1,6)", 按 Enter 键. 再选定 A2 单元格, 将光标移至右下角, 待出现 "十" 时, 下拉至 A101 单元格, 则在 A2～A101 单元格中产生了一组 1～6 的整数随机数.

（2）在 B1 单元格中输入 "$Y$", 在 B2 单元格中输入 "=RANDBETWEEN(1,6)", 按 Enter 键. 再选定 B2 单元格, 将光标移至右下角, 待出现 "十" 时, 下拉至 B101 单元格, 则在 B2～B101 单元格中产生了一组 1～6 的整数随机数.

（3）在 D1 单元格中输入 "事件 $A$ 发生的情况", 选定 D2 单元格, 输入 "=IF(A2<>1,0, IF(B2<>1,0,1))", 按 Enter 键. 再选定 D2 单元格, 将光标移至右下角, 待出现 "十" 时, 下拉至 D101 单元格, 则在 D2～D101 单元格出现 0 或 1, 表示事件 $A$ 发生的情况: 出现 1 时表示事件 $A$ 发生了, 出现 0 时表示事件 $A$ 没有发生.

（4）在 E1 单元格中输入 "事件 $A$ 发生的次数", 在 E2 单元格中输入 "=SUM(D2:D101)",

得到事件 $A$ 发生的次数.

（5）在 F1 单元格中输入"事件 $A$ 发生的概率"，在 F2 单元格中输入"=E2/100"，此结果即为事件 $A$ 发生的概率的近似值.

图 17-1 给出了经过上述过程后的结果，此时所求概率的近似值为 0.02.

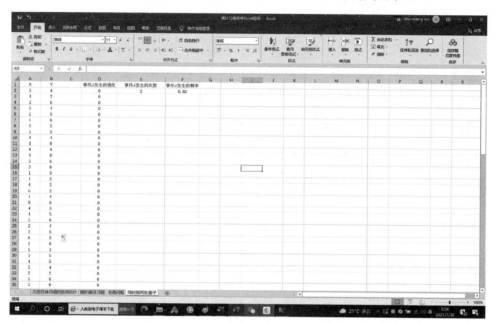

图 17-1

**例 2**　某家庭订了一份报纸，送报人可能在早上 7:30—8:30 之间把报纸送到该家庭，男主人离开家去工作的时间在早上 8:00—9:00 之间，假设送报人和男主人在各自时间段内的各时刻送报或离家是等可能的，问男主人在离开家前能收到报纸（称为事件 $A$）的概率是多少？

**解：**（1）设 $X,Y$ 分别表示[0,1]上的均匀随机数，并以小时为单位，则 $X+7.5$ 表示送报人把报纸送到该家庭的时间，$Y+8$ 表示男主人离开家去工作的时间. 如果 $Y+8 > X+7.5$，即 $X-Y < 0.5$，那么男主人在离开家前就能收到报纸. 于是事件 $A$ 可以表示为" $X-Y < 0.5$ ".

（2）利用 Excel 软件，让随机变量 $X,Y$ 分别随机取值 $n$ 次（不妨先取 100 次，然后再取其他的值），计算事件 $A$ 发生的次数.

下面给出具体的步骤：

（1）在 A1 单元格中输入" $X$ "，在 A2 单元格中输入"=RAND()"，按 Enter 键. 再选定 A2 单元格，将光标移至右下角，待出现"十"时，下拉至 A101 单元格，则在 A2～A101 单元格中产生了 100 个[0, 1]上的均匀随机数.

（2）在 B1 单元格中输入" $Y$ "，选定 B2 单元格，输入"=RAND()"，按 Enter 键. 再选定 B2 单元格，将光标移至右下角，待出现"十"时，下拉至 B101 单元格，则在 B2～B101 单元格中产生了 100 个[0,1]上的均匀随机数.

（3）在 D1 单元格中输入"X-Y"，选定 D2 格单元，输入"=A2-B2"，按 Enter 键．再选定 D2 单元格，将光标移至右下角，待出现"十"时，下拉至 D101 单元格，则在 D2～D101 单元格中的数为 X-Y 的值．

（4）在 E1 单元格中输入"事件 A 发生的情况"，在 E2 单元格中输入"=IF（D2<0.5，1，0）"，按 Enter 键．再选定 E2 单元格，将光标移至右下角，待出现"十"时，下拉至 D101 单元格，则在 E2～E101 单元格中出现 0 或 1，表示事件 A 发生的情况：出现 1 时表示事件 A 发生了，出现 0 时表示事件 A 没有发生．

（5）在 F1 单元格中输入"事件 A 发生的次数"，在 F2 单元格中输入"=SUM( E2:E101 )"，得到事件 A 发生的次数．

（6）在 G1 单元格中输入"事件 A 发生的概率"，在 G2 单元格中输入"=F2/100"，此结果即为事件 A 发生的概率的近似值．

图 17-2 给出了经过上述过程后的结果，此时所求概率的近似值为 0.91．

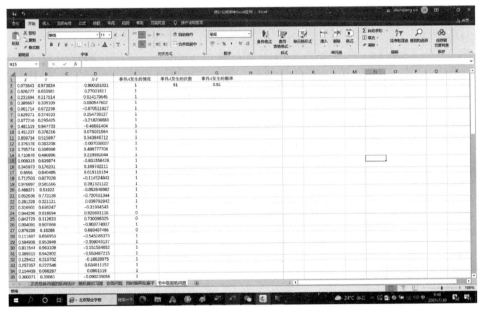

图 17-2

**注：** 在单元格输入操作指令时需要在英文状态下，否则会出错．

## 17.2　用Excel软件画频率分布直方图和频率分布折线图

### 一、用 Excel 软件来画频率分布直方图

下面通过一个例子说明．

**例 1**　某加工厂在同一生产线上生产一批内径为 25.40mm 的钢管，为了了解这批钢管的质量状况，从中随机抽取了 100 件钢管进行检测，它们的内径尺寸（单位：mm）如下所示：

| 25.47 | 25.32 | 25.34 | 25.38 | 25.30 | 25.39 | 25.42 | 25.36 | 25.40 | 25.33 |
| 25.46 | 25.33 | 25.37 | 25.41 | 25.49 | 25.29 | 25.41 | 25.40 | 25.37 | 25.37 |
| 25.35 | 25.40 | 25.47 | 25.38 | 25.42 | 25.47 | 25.35 | 25.39 | 25.39 | 25.41 |
| 25.36 | 25.42 | 25.39 | 25.46 | 25.38 | 25.35 | 25.31 | 25.34 | 25.40 | 25.36 |
| 25.40 | 25.43 | 25.44 | 25.41 | 25.53 | 25.37 | 25.38 | 25.24 | 25.44 | 25.40 |
| 25.35 | 25.45 | 25.40 | 25.43 | 25.39 | 25.54 | 25.45 | 25.43 | 25.27 | 25.32 |
| 25.37 | 25.44 | 25.46 | 25.33 | 25.49 | 25.34 | 25.42 | 25.37 | 25.50 | 25.40 |
| 25.40 | 25.39 | 25.41 | 25.36 | 25.38 | 25.31 | 25.56 | 25.43 | 25.40 | 25.38 |
| 25.41 | 25.43 | 25.44 | 25.48 | 25.45 | 25.43 | 25.46 | 25.40 | 25.51 | 25.45 |
| 25.39 | 25.36 | 25.34 | 25.42 | 25.45 | 25.38 | 25.39 | 25.42 | 25.47 | 25.35 |

做出这个样本数据的频率分布直方图和频率分布折线图.

**解：**具体步骤如下：

（1）打开 Excel，在 A 列的 A1 至 A100 单元格中输入题中的数据，然后选中输入的数据，利用菜单栏"数据"中的"排序"功能，对 A 列中的数据进行排序. 根据排序结果，计算极差=25.56−25.24=0.32，确定组距为 0.03，由于 $0.32 \div 0.03 = 10\frac{2}{3}$，于是将数据分为 11 组.

由于 $0.03 \times 11 = 0.33$，此结果减去极差得 0.33−0.32=0.01，第一个分点可取 25.235，最后一个分点可取 25.565.

（2）在 B 列的 B1 至 B11 单元格中输入每个组的右端点值.

（3）分析数据，绘制频率分布表，具体操作如下：

下面以 Excel 2010 为例，先介绍"数据分析"的加载方法，对于 Excel 的其他版本，可以从网上查询相应的加载方法.

打开 Excel 2010，单击菜单栏的"文件"中的"选项"，弹出如图 17-3 所示的对话框.

图 17-3

单击"加载项",弹出的对话框,如图 17-4 所示.

图 17-4

再单击"转到",在弹出的对话框中,选择"分析工具库"(见图 17-5),单击"确定"按钮.这样就完成了加载"数据分析"的过程.

在菜单栏"数据"中,选择"数据分析",在弹出的对话框中选择"直方图"(见图 17-6),单击"确定"按钮.

图 17-5

图 17-6

完成以上步骤会出现一个新的对话框,"输入区域"选择 A1 至 A100 的数据,"接收区域"选择 B1 至 B11,"输出区域"选择为 C1 至 C11,如图 17-7 所示,单击"确定"按钮,结果如图 17-8 所示.

图 17-7　　　　　　　　　　　　　　　　　　图 17-8

**注意：** ① 显示为频率的这一列数，实际上表示的是频数，所以为了避免混淆，我们将"频率"改为"频数".

② Excel 是按照左开右闭的分组方式，对落在各区间的数据进行频数统计的. 如果想得到按照左闭右开分组方式的频数，可以将各组的右端点减去一点点.

在 E2 单元格中输入"=D2/100"并按回车键，得出第一组数据的频率，选中 E2 单元格，待"⇧"变为"十"时，向下拖动鼠标，即可得出其他各组的频率.

在 F2 单元格中输入"=E2/0.03"并按回车键，得出第一组数据的"频率/组距"的值，然后选中 F2 单元格中，待"⇧"变为"十"时，向下拖动鼠标，即可得出其他各组的"频率/组距"的值.

将 C1 单元格改为"分组"，在 C 列输入对应分组的区间，即可得到频率分布表，如图 17-9 所示.

| C 分组 | D 频数 | E 频率 | F 频率/组距 |
|---|---|---|---|
| (25.235, 25.265] | 1 | 0.01 | 0.33333333 |
| (25.265, 25.295] | 2 | 0.02 | 0.66666667 |
| (25.295, 25.325] | 5 | 0.05 | 1.66666667 |
| (25.325, 25.355] | 12 | 0.12 | 4 |
| (25.355, 25.385] | 18 | 0.18 | 6 |
| (25.385, 25.415] | 25 | 0.25 | 8.33333333 |
| (25.415, 25.445] | 16 | 0.16 | 5.33333333 |
| (25.445, 25.475] | 13 | 0.13 | 4.33333333 |
| (25.475, 25.505] | 4 | 0.04 | 1.33333333 |
| (25.505, 25.535] | 2 | 0.02 | 0.66666667 |
| (25.535, 25.565] | 2 | 0.02 | 0.66666667 |
| 其他 | 0 | | |

图 17-9

（4）绘制频率分布直方图具体步骤如下：

选中"分组"及其下面的数据，按住 Ctrl 键，再选中"频率/组距"及其下面相应的数据，然后在菜单栏"插入"中，选择"柱形图"（如图 17-10 所示）.

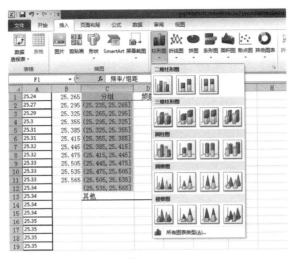

图 17-10

在弹出的对话框中，选择二维柱形图中的"簇状柱形图"，则出现如图 17-11 所示的图形.

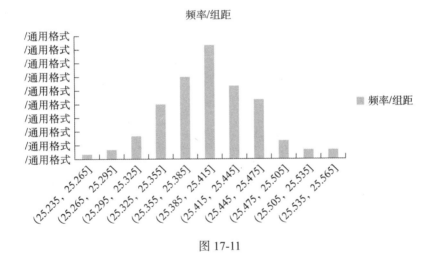

图 17-11

单击图中蓝色的任一个矩形并右击，选择"设置数据系列格式"命令，在打开的对话框中单击"系列选项"，将分类间距调整为 0，再单击"填充"，选择"依数据点分色"，并单击"关闭"按钮，出现如图 17-12 所示的图形. 这就是用 Excel 软件画出的频率分布直方图.

## 二、利用 Excel 画频率分布折线图

下面对于例 1 的数据，给出画频率分布折线图的方法.

对例 1 的 Excel 工作簿，在 G 列中复制与 F 列相同的内容，右击 Excel 工作簿中的图 17-12 的图形部分，在弹出的快捷菜单中选择"选择数据"命令，在弹出的对话框中，单击"图表数据区域"，并在已有内容后面输入"，"，然后选中 G 列的内容（如图 17-13 所示），单击"确定"按钮.

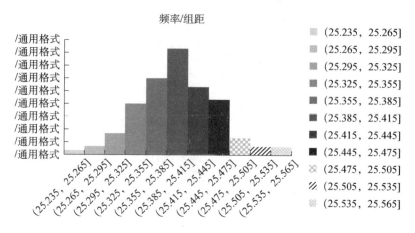

图 17-12

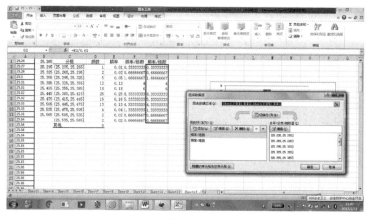

图 17-13

在弹出的图形（见图 17-14）中，单击右侧两个"频率/组距"之一（此处单击下面的一个"频率/组距"），并右击，在弹出的快捷菜单中选择"更改系列图表类型"命令，在弹出的对话框中，选择"折线图"类型中的"折线图"（见图 17-15），然后单击"确定"按钮.

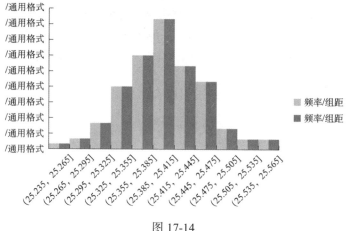

图 17-14

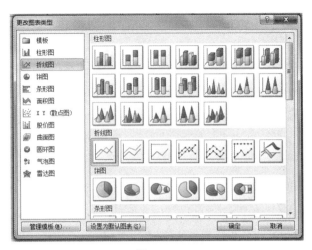

图 17-15

此时，就弹出了如图 17-16 所示的图形，这样就在频率分布直方图上添加了频率分布折线图.

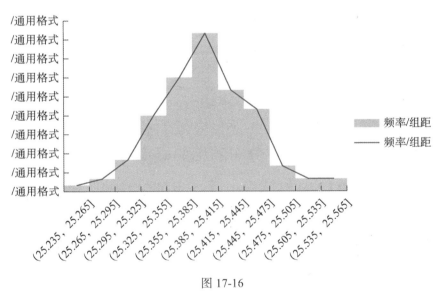

图 17-16

## 17.3　利用Excel软件求概率

## 一、利用 Excel 软件计算正态分布的相关概率

我们也可以利用 Excel 软件中的函数（NORMDIST）来计算标准正态分布的概率，下面通过一个例子来说明具体过程.

**例 1**　当 $X \sim N(0,1)$ 时，求 $P\{X \leqslant 1.23\}$.

**解：** 在单元格中输入

$$=\text{NORMDIST}(1.23,0,1,\text{TRUE}),$$

结果为 0.8907.

NORMDIST 函数也可以计算 $z$ 为负值时的概率.

**例2** 假设 $X \sim N(0,1)$，求 $P\{X \leqslant -2.3\}$.

**解：** 在单元格中输入

$$\text{“}=\text{NORMDIST}(-2.3,0,1,\text{TRUE}),\text{”}$$

结果为 0.0107.

NORMDIST 用于返回指定均值和标准差的正态分布的函数值，其语法形式如下：

$$\text{NORMDIST}(x,\text{mean},\text{standard\_dev},\text{cumulative})$$

其中，x 表示正态分布的概率密度函数的自变量的取值；mean 表示分布的均值；standard_dev 表示分布的标准差；对于 cumulative，如果 cumulative 为 TRUE，则 NORMDIST 返回累积分布函数值，如果为 FALSE，则返回概率密度函数值.

**例3** 假设 $X \sim N(0,1)$，求（1）$P\{-3 < X < 3\}$；（2）$P\{-2 < X < 2\}$.

**解：**（1）$P\{-3 < X < 3\} = P\{X \leqslant 3\} - P\{X \leqslant -3\}$

$$= P\{X \leqslant 3\} - (1 - P\{X \leqslant 3\}) = 2P\{X \leqslant 3\} - 1$$

在单元格中输入 “=2*NORMDIST(3，0，1，TRUE)-1”，即可得到结果 0.9973.

（2）$P\{-2 < X < 2\} = P\{X \leqslant 2\} - P\{X \leqslant -2\}$

$$= P\{X \leqslant 2\} - (1 - P\{X \leqslant 2\}) = 2P\{X \leqslant 2\} - 1$$

在单元格中输入 “=2*NORMDIST(2，0，1，TRUE)-1”，即可得到结果 0.9545.

# 二、利用 Excel 软件计算 $\chi^2$ 分布的相关概率

可以利用 Excel 中的 CHIDIST 函数来计算 $\chi^2$ 分布的相关概率. 下面通过一个例子来说明具体过程.

**例4** 用 Excel 软件计算第 7 章 7.1 节例 1 中的概率.

**解：** 在单元格中输入下面的函数

$$=\text{CHIDIST}(12.549,10)$$

结果为 0.250.

**例5** 用 Excel 软件计算第 7 章 7.1 节例 2 中的概率.

**解：** 在单元格中输入

$$\text{“}=1-\text{CHIDIST}(2.204,6)\text{”}$$

结果为 0.100.

CHIDIST 用于返回 $\chi^2$ 分布的右尾概率，不区分大小写. 其语法形式如下：

$$\text{CHIDIST}(x,\text{degrees\_freedom})$$

其中，x 为非负值，表示 $\chi^2$ 分布的概率密度函数的自变量的取值；degrees_freedom 表示 $\chi^2$

分布的自由度数.

## 三、利用 Excel 软件计算 $t$ 分布的相关概率

可以利用 Excel 中的 TDIST 函数来计算 $t$ 分布的概率. 下面通过一些例子来说明具体过程.

**例 6**　设 $X \sim t(9)$ ，求 $P\{X > 1.8331\}$ .

**解：** 在单元格中输入 "=TDIST(1.8331，9，1)"，结果为 0.050.

**例 7**　已知 $X \sim t(9)$ ，计算 $P\{|X| > 1.8331\}$ .

**解：** 在单元格中输入 "=TDIST(1.8331，9，2)"，结果为 0.1，即 $P\{|X| > 1.8331\} = 0.1$ .

TDIST 用于返回 $t$ 分布的概率，不区分大小写. 其语法形式如下：

$$TDIST(x，degrees\_freedom，tails)$$

其中，x 表示 $t$ 分布的概率密度函数的自变量的取值；degrees\_freedom 表示 $t$ 分布的自由度；tails 表示概率是双尾面积还是单尾面积，如果 tails 为 1，则 TDIST 返回单尾面积；如果 tails 为 2，则 TDIST 返回双尾面积.

## 四、利用 Excel 软件计算 $F$ 分布的相关概率

我们也可以利用 Excel 中的 FDIST 函数来计算 $F$ 分布的相关概率. 下面通过一个例子，来具体说明过程.

**例 8**　已知 $X \sim F(3,11)$ ，求 $P\{X > 4.63\}$ .

**解：** 在单元格中输入

$$"=FDIST(4.63，3，11)"$$

结果为 0.025，于是 $P\{X > 4.63\} = 0.025$ .

FDIST 函数返回右尾 $F$ 分布的概率值，不区分大小写. 其语法格式如下：

$$FDIST(x，degrees\_freedom1，degrees\_freedom2)$$

其中，x 表示 $F$ 分布的概率密度函数的自变量的取值；degrees\_freedom1 表示 $F$ 分布的第一个自由度；degrees\_freedom2 表示 $F$ 分布的第二个自由度.

# 17.4　利用 Excel 软件求小概率事件

## 一、利用 Excel 软件求服从标准正态分布的随机变量的小概率事件

可以用 Excel 中的 NORMINV 函数来求小概率事件，下面以 $\alpha = 0.02$ 为例，说明具体过程.

因为 $1 - \dfrac{\alpha}{2} = 0.99$ ，所以在单元格中输入 "=NORMINV(0.99,0,1)"，结果为 2.326. 于是，$\alpha = 0.02$ 时的小概率事件为 $\{|X| > 2.326\}$ .

NORMINV 用于返回对应于给定均值和标准差的正态分布的累积概率的反函数值，其语法形式如下：

$$\text{NORMINV(probability, mean, standard\_dev)}$$

其中，probability 表示正态分布的累积概率值；mean 表示正态分布的均值；standard_dev 表示正态分布的标准差.

例如，在单元格中输入"=MINV(0.5，0，1)"后按回车键，得到的值为 0.

## 二、利用 Excel 软件求服从 $\chi^2$ 分布的随机变量的小概率事件

可以用 Excel 中的 CHIINV 函数来求小概率事件，下面以 $n=8$，来说明具体过程.

因为 $\alpha=0.01$ 为例，$\frac{\alpha}{2}=0.005, 1-\frac{\alpha}{2}=0.995$，在单元格中输入"=CHIINV(0.005，8)"结果为：21.955.

在单元格中输入"=CHIINV(0.995，8)"结果为：1.344.

所以 $n=8$，$\alpha=0.01$ 时的小概率事件为

$$\{X<1.344\}\bigcup\{X>21.955\}.$$

CHIINV 函数用于返回 $\chi^2$ 分布的概率密度函数在已知右尾概率时的自变量的数值，函数不区分大小写. 其语法形式如下：

$$\text{CHIINV(probability, degrees\_freedom)}$$

其中，probability 表示 $\chi^2$ 分布的概率密度函数的右尾概率；degrees_freedom 表示 $\chi^2$ 分布的自由度数.

## 三、利用 Excel 软件求服从 $t$ 分布的随机变量的小概率事件

可以用 Excel 中的 TINV 函数来求小概率事件，下面以 $n=8$，$\alpha=0.01$ 为例，说明具体过程.

在单元格中输入"=TINV（0.01，8）"结果为：3.3554. 所以 $n=8$，$\alpha=0.01$ 时的小概率事件为

$$\{|X|>3.355\}.$$

TINV 用于返回 $t$ 分布的概率密度函数在已知双尾概率时的自变量的数值，其语法形式如下：

$$\text{TINV(probability, degrees\_freedom)}$$

其中，probability 表示 $t$ 分布的概率密度函数的双尾概率；degrees_freedom 表示 $t$ 分布的自由度数.

## 四、利用 Excel 软件求服从 $F$ 分布的随机变量的小概率事件

可以用 Excel 软件中的 FINV 函数来求小概率事件，下面以 $n_1=4, n_2=20, \alpha=0.01$ 为例，

说明具体过程.

由于 $\dfrac{\alpha}{2} = 0.005$，$1 - \dfrac{\alpha}{2} = 0.995$，于是在单元格中输入"=FINV(0.005，4，20)"，结果为：5.1743.

在单元格中输入"=FINV(0.995，4，20)"，结果为：0.0496.

因此 $n_1 = 4, n_2 = 20, \alpha = 0.01$ 时的小概率事件为

$$\{X < 0.0496\} \bigcup \{X > 5.1743\}.$$

FINV 用于返回 $F$ 分布的概率密度函数在已知右尾概率时的自变量的数值，不区分大小写. 其语法形式如下：

$$\text{FINV(probability，degrees\_freedom1，degrees\_freedom2)}$$

其中，probability 表示 $F$ 分布的概率密度函数的右尾概率；degrees\_freedom1 表示 $F$ 分布的第一个自由度；degrees\_freedom2 表示 $F$ 分布的第二个自由度数.

# 17.5　利用Excel软件进行假设检验

## 一、方差已知的正态总体均值的检验

下面以第 4 章 4.1 节例 6 中的问题来说明具体步骤和运行的结果.

具体步骤如下：

（1）打开 Excel，输入如表 17-1 所示的内容.

表 17-1

| | A | B | C |
|---|---|---|---|
| 1 | 总体假设检验 | | 样本数据 |
| 2 | 检验统计量 | | 49.6 |
| 3 | 样本容量 | =COUNT（C2:C10） | 49.3 |
| 4 | 样本均值 | =AVERAGE（C2:C10） | 50.1 |
| 5 | 用户输入 | | 50 |
| 6 | 总体标准差 | 0.55 | 49.2 |
| 7 | 总体均值假设值 | 50 | 49.9 |
| 8 | 小概率事件的概率 | 0.05 | 49.8 |
| 9 | 计算结果 | | 51 |
| 10 | 抽样标准差 | =B6/SQRT（B3） | 50.2 |
| 11 | 计算 $z$ 值 | =（B4−B7）/B10 | |
| 12 | 双侧检验 | | |
| 13 | 双侧 $z$ 值 | =NORMSINV（1−B8/2） | |
| 14 | 临界值法 | =IF（ABS（B11）>ABS（B13），"拒绝H0"，"接受H0"） | |
| 15 | $p$ 值 | =IF（B11>=0, 2*（1−NORMSDIST（B11）），2*NORMSDIST（B11）） | |
| 16 | $p$ 值法 | =IF（B15<=B8），"拒绝H0"，"接受H0"） | |

（2）输入完成后，即可显示如表 17-2 所示的结果.

表 17-2

| | | A | B | C |
|---|---|---|---|---|
| | 1 | 总体假设检验 | | 样本数据 |
| | 2 | 检验统计量 | | 49.6 |
| | 3 | 样本容量 | 9 | 49.3 |
| | 4 | 样本均值 | 49.9 | 50.1 |
| | 5 | 用户输入 | | 50 |
| | 6 | 总体标准差 | 0.55 | 49.2 |
| | 7 | 总体均值假设值 | 50 | 49.9 |
| | 8 | 小概率事件的概率 | 0.05 | 49.8 |
| | 9 | 计算结果 | | 51 |
| | 10 | 抽样标准差 | 0.1833 | 50.2 |
| | 11 | 计算 $z$ 值 | −0.5455 | |
| | 12 | 双侧检验 | | |
| | 13 | 双侧 $z$ 值 | 1.9600 | |
| | 14 | 临界值法 | 接受H0 | |
| | 15 | $p$ 值 | 0.5854 | |
| | 16 | $p$ 值法 | 接受H0 | |

从表 17-2 可以看出，当显著性水平为 0.05 时，应接受原假设，即接受总体均值为 50kg 的假设，认为该日包装机工作正常.

## 二、均值未知时正态总体方差 $\sigma^2$ 的检验

下面以第 7 章 7.2 节例 1 为例说明利用 Excel 软件进行假设检验的具体步骤.

（1）打开 Excel，输入如表 17-3 所示的内容.

表 17-3

| | | A | B |
|---|---|---|---|
| | 1 | 总体方差 | 10000 |
| | 2 | 样本方差 | 9800 |
| | 3 | 样本容量 | 27 |
| | 4 | 小概率事件的概率 | 0.05 |
| | 5 | 卡方统计量观测值 | ＝（B3−1）*B2/B1 |
| | 6 | 临界下限值 | =CHIINV（1−B4/2，B3−1） |
| | 7 | 临界上限值 | =CHIINV（B4/2，B3−1） |
| | 8 | $p$ 值 | =CHIDIST（B5，B3−1）*2 |
| | 9 | $p$ 值法检验结果 | =IF（B8<=B4，"拒绝"，"接受"） |
| | 10 | 临界值法检验结果 | ＝IF（B5<B6，"拒绝"，IF（B5>B7，"拒绝"，"接受"）） |

（2）输入完成后，即可显示如表 17-4 所示的结果.

表 17-4

| | A | B |
|---|---|---|
| 1 | 总体方差 | 10000 |
| 2 | 样本方差 | 9800 |
| 3 | 样本容量 | 27 |
| 4 | 小概率事件的概率 | 0.05 |
| 5 | 卡方统计量观测值 | 25.48 |
| 6 | 临界下限值 | 13.844 |
| 7 | 临界上限值 | 41.923 |
| 8 | $p$ 值 | 0.9839 |
| 9 | $p$ 值法检验结果 | 接受 |
| 10 | 临界值法检验结果 | 接受 |

从表 17.4 可以看出，当显著性水平为 0.05 时，应接受原假设.

## 三、方差未知时正态总体均值的检验

下面以第 8 章 8.2 节例 1 为例说明利用 Excel 软件进行假设检验的具体步骤.

（1）打开 Excel，输入如表 17-5 所示的内容.

表 17-5

| | A | B | C |
|---|---|---|---|
| 1 | 总体假设检验 | | 样本数据 |
| 2 | 检验统计量 | | 147 |
| 3 | 样本容量 | =COUNT（C2:C10） | 150 |
| 4 | 样本均值 | =AVERAGE（C2:C10） | 149 |
| 5 | 样本方差 | =VAR（C2:C10） | 154 |
| 6 | 总体均值假设值 | 150 | 152 |
| 7 | 小概率事件的概率 | 0.05 | 153 |
| 8 | 计算结果 | | 148 |
| 9 | 计算 $t$ 值 | =SQRT（B3）*（B4−B6）/sqrt（B5） | 151 |
| 10 | $p$ 值 | =TDIST（B9，B3−1，2） | 155 |
| 11 | 临界值 | =TINV（B7/2，B3−1） | |
| 12 | $p$ 值法检验结果 | =IF（B10<=B7，"拒绝"，"接受"） | |
| 13 | 临界值法检验结果 | =IF（ABS（B9）>B11，"拒绝"，"接受"） | |

（2）输入完成后，即可显示如表 17-6 所示的结果.

表 17-6

|  | A | B | C |
|---|---|---|---|
| 1 | 总体假设检验 |  | 样本数据 |
| 2 | 检验统计量 |  | 147 |
| 3 | 样本容量 | 9 | 150 |
| 4 | 样本均值 | 151 | 149 |
| 5 | 样本方差 | 7.5 | 154 |
| 6 | 总体均值假设值 | 150 | 152 |
| 7 | 小概率事件的概率 | 0.05 | 153 |
| 8 | 计算结果 |  | 148 |
| 9 | 计算 $t$ 值 | 1.0954 | 151 |
| 10 | $p$ 值 | 0.3052 | 155 |
| 11 | 临界值 | 2.7515 |  |
| 12 | $p$ 值法检验结果 | 接受 |  |
| 13 | 临界值法检验结果 | 接受 |  |

从表 17-6 可以看出，当显著性水平为 0.05 时，应接受原假设，认为这批零件合格.

## 四、两个正态总体方差相等的检验

下面以第 9 章 9.2 节的例 1 为例，说明利用 Excel 软件进行假设检验的具体步骤.

（1）打开 Excel，输入如表 17-7 所示的内容.

表 17-7

| A | B | C | D |
|---|---|---|---|
|  |  | 总体A的样本数据 | 总体B的样本数据 |
| 总体假设检验 |  | 总体A的<br>样本数据 | 总体B的<br>样本数据 |
| 检验统计量 |  | 78.1 | 79.1 |
| 总体 A 的样本容量 | =COUNT（C2:C11） | 72.4 | 81 |
| 总体 B 的样本容量 | =COUNT（D2:D11） | 76.2 | 77.3 |
| 总体 A 的样本方差 | =VAR（C2:C11） | 74.3 | 79.1 |
| 总体 B 的样本方差 | =VAR（D2:D11） | 77.4 | 80 |
| $F$ 值 | =B5/B6 | 78.4 | 78.1 |
| 小概率事件的概率 | 0.05 | 76 | 79.1 |
| $F$ 分布左侧临界值 | =FINV（1−B8/2，B3−1，B4−1） | 75.5 | 77.3 |
| $F$ 分布右侧临界值 | =FINV（B8/2，B3−1，B4−1） | 76.7 | 80.2 |
| $p$ 值 | =2*FDIST（B7，B3−1，B4−1） | 77.3 | 82.1 |
| 临界值法检验结果 | =IF（B7>B10，"拒绝H0"，"接受H0"） |  |  |
| $p$ 值法检验结果 | =IF（B11>=B8，"接受H0"，"拒绝H0"） |  |  |

（2）输入完成后，即可显示如表 17-8 所示的结果.

表 17-8

| A | B | C | D |
|---|---|---|---|
| 总体假设检验 | | 总体A的样本数据 | 总体B的样本数据 |
| 检验统计量 | | 78.1 | 79.1 |
| 总体 $A$ 的样本容量 | 10 | 72.4 | 81 |
| 总体 $B$ 的样本容量 | 10 | 76.2 | 77.3 |
| 总体 $A$ 的样本方差 | 3.3246 | 74.3 | 79.1 |
| 总体 $B$ 的样本方差 | 2.3979 | 77.4 | 80 |
| $F$ 值 | 1.3865 | 78.4 | 78.1 |
| 小概率事件的概率 | 0.05 | 76 | 79.1 |
| $F$ 分布左侧临界值 | 0.2484 | 75.5 | 77.3 |
| $F$ 分布右侧临界值 | 4.0260 | 76.7 | 80.2 |
| $p$ 值 | 0.6343 | 77.3 | 82.1 |
| 临界值法检验结果 | 接受H0 | | |
| $p$ 值法检验结果 | 接受H0 | | |

从表 17-8 可以看出，当显著性水平为 0.05 时，应接受原假设，即认为新方法没有使方差发生变化.

## 17.6　利用Excel软件进行区间估计

### 一、方差已知正态总体均值的区间估计

下面以第 5 章 5.2 节的例 4 为例，说明用 Excel 软件进行区间估计的步骤：

第一步：在 A1 单元格中输入"样本数据"，把数据输入到 A2～A11 单元格.

第二步：在 B1 单元格中输入"项目名称"，在 A2～A19 单元格中分别输入"样本容量""样本均值""总体标准差""置信度""自由度""$z$ 值""置信下限""置信上限".

第三步：在 C1 单元格中输入"项目结果"，

在 C2 单元格中输入公式"=COUNT（A2：A11）"，

在 C3 单元格中输入"=AVERAGE（A2：A11）"，

在 C4 单元格中输入"1.5"，

在 C5 单元格中输入"0.95"，

在 C6 单元格中输入"=C2−1"，

在 C7 单元格中输入"=NORMINV（1−（1−C5）/2，0，1）"，

在 C8 单元格中输入"=C3−C4/SQRT（C2）*C7"，

在 C9 单元格中输入"=C3+C4/SQRT（C2）*C7".

在输入每一个公式并按回车键后，便可得到下面的结果，如图 17-17 所示.

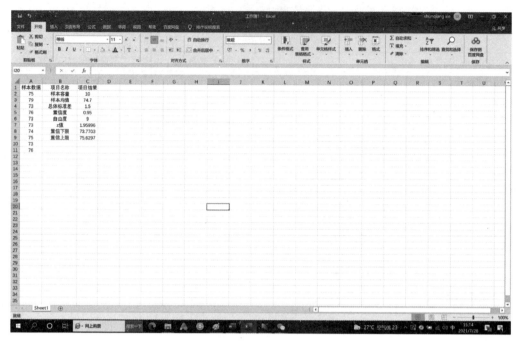

图 17-17

从上面的结果我们可以知道，置信区间的置信下限为 73.770，置信区间的置信上限为 75.630，所以置信区间为(73.770，75.630).

## 二、均值未知的正态总体方差的区间估计

下面以第 1 章 7.3 节例 2 为例，说明用 Excel 软件进行区间估计的步骤.

（1）打开 Excel，把数据分别输入到 A2 至 A11 单元格中.

（2）在 B 列和 C 列输入如表 17-9 所示的内容.

表 17-9

|  | A | B | C |
|---|---|---|---|
| 1 | 样本数据 | 计算指标 | |
| 2 | 175 | 样本容量 | =COUNT（A2：A11） |
| 3 | 176 | 样本均值 | =AVERAGE（A2：A11） |
| 4 | 173 | 样本方差 | =VAR（A2：A11） |
| 5 | 175 | 置信度 | 0.95 |
| 6 | 174 | 自由度 | =C2-1 |
| 7 | 173 | 卡方分布下限 | =CHIINV（1-（1-C5）/2，C6） |
| 8 | 173 | 卡方分布上限 | =CHIINV（（1-C5）/2，C6） |
| 9 | 176 | 置信下限 | =C6*C4/C8 |
| 10 | 173 | 置信上限 | =C6*C4/C7 |
| 11 | 179 | | |

（3）输入完成后，即可得到如表 17-10 所示的结果.

表 17-10

|  | A | B | C |
|---|---|---|---|
| 1 | 样本数据 | 计算指标 |  |
| 2 | 175 | 样本容量 | 10 |
| 3 | 176 | 样本均值 | 174.7 |
| 4 | 173 | 样本方差 | 3.7889 |
| 5 | 175 | 置信度 | 0.95 |
| 6 | 174 | 自由度 | 9 |
| 7 | 173 | 卡方分布下限 | 2.7004 |
| 8 | 173 | 卡方分布上限 | 19.0228 |
| 9 | 176 | 置信下限 | 1.7926 |
| 10 | 173 | 置信上限 | 12.6278 |
| 11 | 179 |  |  |

从表 17-10 可以知道，置信下限为 1.793，置信上限为 12.628，于是，所求的置信区间为（1.793，12.628）.

## 三、方差未知的正态总体均值的区间估计

下面以第 8 章 8.2 节例 1 的数据为例，说明用 Excel 软件进行区间估计的步骤.

（1）打开 Excel，把数据分别输入到 A2 至 A10 单元格中.

（2）在 B 列和 C 列输入如表 17-11 所示的内容.

表 17-11

|  | A | B | C |
|---|---|---|---|
| 1 | 样本数据 | 计算指标 |  |
| 2 | 147 | 样本容量 | =COUNT（A2：A10） |
| 3 | 150 | 样本均值 | =AVERAGE（A2：A10） |
| 4 | 149 | 样本方差 | =VAR（A2：A10） |
| 5 | 154 | 置信度 | 0.95 |
| 6 | 152 | 自由度 | =C2−1 |
| 7 | 153 | $t$ 分布下限 | =−TINV（1−C5，C6） |
| 8 | 148 | $t$ 分布上限 | =TINV（1−C5，C6） |
| 9 | 151 | 置信下限 | =C3+SQRT（C4）*C7/SQRT（C2） |
| 10 | 155 | 置信上限 | =C3+SQRT（C4）*C8/SQRT（C2） |

（3）输入完成后，即可得到表 17-12 所示的结果.

表 17-12

|  | A | B | C |
|---|---|---|---|
| 1 | 样本数据 | 计算指标 |  |
| 2 | 147 | 样本容量 | 9 |
| 3 | 150 | 样本均值 | 151 |
| 4 | 149 | 样本方差 | 7.5 |
| 5 | 154 | 置信度 | 0.95 |
| 6 | 152 | 自由度 | 8 |
| 7 | 153 | $t$分布下限 | −2.306 |
| 8 | 148 | $t$分布上限 | 2.306 |
| 9 | 151 | 置信下限 | 148.895 |
| 10 | 155 | 置信上限 | 153.105 |

从表 17-12 可以知道，置信下限为 148.895，置信上限为 153.105，于是，所求的置信区间为（148.895，153.105）.

## 四、均值均未知的两个正态总体方差之比的区间估计

下面以第 9 章 9.2 节例 1 的数据为例，说明用 Excel 软件进行区间估计的步骤.

（1）打开 Excel，把数据分别输入到 A2 至 A11 单元格中.

（2）在 B 列和 C 列输入如表 17-13 所示的内容.

表 17-13

| 序号 | A | B | C | D |
|---|---|---|---|---|
|  | 总体A的样本数据 | 总体B的样本数据 | 总体A的样本容量 | =COUNT（A2:A11） |
| 1 |  |  |  |  |
| 2 | 78.1 | 79.1 | 总体B的样本容量 | =COUNT（B2:B11） |
| 3 | 72.4 | 81 | 总体A的样本方差 | =VAR（A2:A11） |
| 4 | 76.2 | 77.3 | 总体B的样本方差 | =VAR（B2:B11） |
| 5 | 74.3 | 79.1 | 显著性水平 | 0.05 |
| 6 | 77.4 | 80 | 置信下限 | =D3/（D4*FINV（D5/2，D1−1，D2−1）） |
| 7 | 78.4 | 78.1 | 置信上限 | =D3/（D4*FINV（1-D5/2，D1−1，D2−1）） |
| 8 | 76 | 79.1 |  |  |
| 9 | 75.5 | 77.3 |  |  |
| 10 | 76.7 | 80.2 |  |  |
| 11 | 77.3 | 82.1 |  |  |

（3）输入完成后，即可得到表 17-14 所示的结果.

表 17-14

| 序号 | A | B | C | D |
|---|---|---|---|---|
| 1 | 总体A的样本数据 | 总体B的样本数据 | 总体A的样本容量 | 10 |
| 2 | 78.1 | 79.1 | 总体B的样本容量 | 10 |
| 3 | 72.4 | 81 | 总体A的样本方差 | 3.3246 |
| 4 | 76.2 | 77.3 | 总体B的样本方差 | 2.3979 |
| 5 | 74.3 | 79.1 | 显著性水平 | 0.05 |
| 6 | 77.4 | 80 | 置信下限 | 0.3444 |
| 7 | 78.4 | 78.1 | 置信上限 | 5.5818 |
| 8 | 76 | 79.1 | | |
| 9 | 75.5 | 77.3 | | |
| 10 | 76.7 | 80.2 | | |
| 11 | 77.3 | 82.1 | | |

从表 17-14 可以知道，置信下限为 0.344，置信上限为 5.582，于是，所求的置信区间为(0.344，5.582).

## 17.7　应用Excel软件进行回归分析

回归分析的两个主要内容是求回归方程和进行显著性检验，这些都可以在 Excel 软件上完成. 下面通过一个例子来说明使用 Excel 进行回归分析的两种方法.

**例1**　对第 6 章 6.1 节例 1 的数据进行回归分析.

**解：**方法一

具体步骤如下：

（1）打开 Excel 界面，将 $x$ 的数据输入第一列，$y$ 的数据输入第二列，如图 17-18 所示.

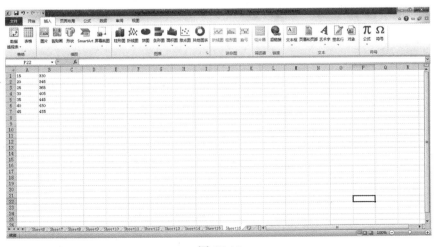

图 17-18

（2）选中第一列和第二列的数据，单击菜单栏中的"插入"，在工具栏中单击"散点图"，单击"仅带数据标记的散点图"图标，此时弹出如图 17-19 所示的图形.

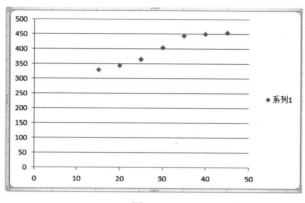

图 17-19

（3）单击图中的蓝色数据点，并右击，在弹出的快捷菜单中选择"添加趋势线"命令，此时弹出如图 17-20 所示的对话框．单击"趋势线选项"，选择"线性"，并勾选"显示公式"和"显示 R 平方值"，然后单击"关闭"按钮．结果如图 17-21 所示．

于是，从图中可以看出，所求的回归方程为

$$\hat{y} = 256.79 + 4.75x$$

相关系数的平方 $r^2 = 0.9445$．这些结果与 6.1 节通过计算得到的结果一致．

方法二

具体步骤如下：

（1）打开 Excel 界面，将 $x$ 的数据输入第一列，$y$ 的数据输入第二列，如图 17-18 所示．

（2）单击菜单栏中的"数据"，选择"数据分析"（若无"数据分析"选项，可参照 17.2 节例 1 中的方法进行加载），在出现的"数据分析"对话框中选择"回归"，如图 17-22 所示．

图 17-20

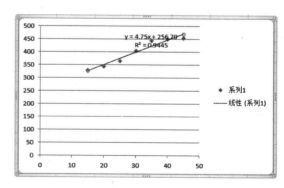

图 17-21

（3）单击图 17-22 中的"确定"按钮，弹出"回归"对话框，先清空"Y 值输入区域"，并将光标放在此处，拖动鼠标选择第二列的数据．再清空"X 值输入区域"，并将光标放在此处，拖动鼠标选择第一列的数据. 最后清空"输出区域"，并将光标放在此处，单击 C1 单元格，如图 17-23 所示.

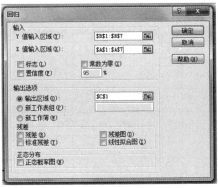

图 17-22　　　　　　　　　　　　　　　　图 17-23

（4）单击图 17-23 中所示的"确定"按钮，弹出回归分析有关参数的窗口，如图 17-24 所示.

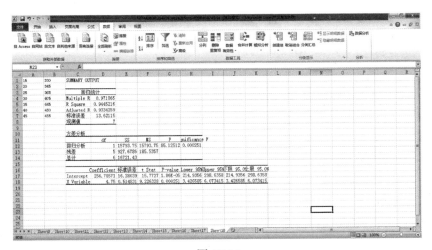

图 17-24

在图 17-24 中，Multiple R 对应的数据就是相关系数，即 $r = 0.9719$；Intercept 对应的数据就是 $a$ 的估计值，即 $\hat{a} = 256.786$；X Variable 对应的数据就是 $b$ 的估计值，即 $\hat{b} = 4.75$. 于是所求的回归方程为

$$\hat{y} = 256.786 + 4.75x$$

**注**　对于图 17-24 其他数据的含义，这里不再介绍，有兴趣的同学可以查阅相关的资料.

附表1 随机数表

| 03 | 47 | 43 | 73 | 86 | 36 | 96 | 47 | 36 | 61 | 46 | 98 | 63 | 71 | 62 | 33 | 26 | 16 | 80 | 45 | 60 | 11 | 14 | 10 | 95 |
| 97 | 74 | 24 | 67 | 62 | 42 | 81 | 14 | 57 | 20 | 42 | 53 | 32 | 37 | 32 | 27 | 07 | 36 | 07 | 51 | 24 | 51 | 79 | 89 | 73 |
| 16 | 76 | 62 | 27 | 66 | 56 | 50 | 26 | 71 | 07 | 32 | 90 | 79 | 78 | 53 | 13 | 55 | 38 | 58 | 59 | 88 | 97 | 54 | 14 | 10 |
| 12 | 56 | 85 | 99 | 26 | 96 | 96 | 68 | 27 | 31 | 05 | 03 | 72 | 93 | 15 | 57 | 12 | 10 | 14 | 21 | 88 | 26 | 49 | 81 | 76 |
| 55 | 59 | 56 | 35 | 64 | 38 | 54 | 82 | 46 | 22 | 31 | 62 | 43 | 09 | 90 | 06 | 18 | 44 | 32 | 53 | 23 | 83 | 01 | 30 | 30 |
| 16 | 22 | 77 | 94 | 39 | 49 | 54 | 43 | 54 | 82 | 17 | 37 | 93 | 23 | 78 | 87 | 35 | 20 | 96 | 43 | 84 | 26 | 34 | 91 | 61 |
| 84 | 42 | 17 | 53 | 31 | 57 | 24 | 55 | 06 | 88 | 77 | 04 | 74 | 47 | 67 | 21 | 76 | 33 | 50 | 25 | 83 | 92 | 12 | 06 | 76 |
| 63 | 01 | 63 | 78 | 59 | 16 | 95 | 55 | 67 | 19 | 98 | 10 | 50 | 71 | 75 | 12 | 86 | 73 | 58 | 07 | 44 | 39 | 52 | 38 | 79 |
| 33 | 21 | 12 | 34 | 29 | 78 | 64 | 56 | 07 | 82 | 52 | 42 | 07 | 44 | 38 | 15 | 51 | 00 | 13 | 42 | 99 | 66 | 02 | 79 | 54 |
| 57 | 60 | 86 | 32 | 44 | 09 | 47 | 27 | 96 | 54 | 49 | 17 | 46 | 09 | 62 | 90 | 52 | 84 | 77 | 27 | 08 | 02 | 73 | 43 | 28 |
| 18 | 18 | 07 | 92 | 45 | 44 | 17 | 16 | 58 | 09 | 79 | 83 | 86 | 19 | 62 | 06 | 76 | 50 | 03 | 10 | 55 | 23 | 64 | 05 | 05 |
| 26 | 62 | 38 | 97 | 75 | 84 | 16 | 07 | 44 | 99 | 83 | 11 | 46 | 32 | 24 | 20 | 14 | 85 | 88 | 45 | 10 | 93 | 72 | 88 | 71 |
| 23 | 42 | 40 | 64 | 74 | 82 | 97 | 77 | 77 | 81 | 07 | 45 | 32 | 14 | 08 | 32 | 98 | 94 | 07 | 72 | 93 | 85 | 79 | 10 | 75 |
| 52 | 36 | 28 | 19 | 95 | 50 | 92 | 26 | 11 | 97 | 00 | 56 | 76 | 31 | 38 | 80 | 22 | 02 | 53 | 53 | 86 | 60 | 42 | 04 | 53 |
| 37 | 85 | 94 | 35 | 12 | 83 | 39 | 50 | 08 | 30 | 42 | 34 | 07 | 96 | 85 | 54 | 42 | 06 | 87 | 98 | 35 | 85 | 29 | 48 | 39 |
| 70 | 29 | 17 | 12 | 13 | 40 | 33 | 20 | 38 | 26 | 13 | 89 | 51 | 03 | 74 | 17 | 76 | 37 | 13 | 04 | 07 | 74 | 21 | 19 | 30 |
| 56 | 62 | 18 | 37 | 35 | 96 | 83 | 50 | 87 | 75 | 97 | 12 | 55 | 93 | 47 | 70 | 33 | 24 | 03 | 54 | 97 | 77 | 46 | 44 | 80 |
| 99 | 49 | 57 | 22 | 77 | 88 | 42 | 95 | 45 | 72 | 16 | 64 | 36 | 16 | 00 | 04 | 43 | 18 | 66 | 79 | 94 | 77 | 24 | 21 | 90 |
| 16 | 08 | 15 | 04 | 72 | 33 | 27 | 14 | 34 | 09 | 15 | 59 | 34 | 68 | 49 | 12 | 72 | 07 | 34 | 45 | 99 | 27 | 72 | 95 | 14 |
| 31 | 16 | 93 | 32 | 43 | 50 | 27 | 89 | 87 | 19 | 20 | 15 | 37 | 00 | 49 | 52 | 85 | 66 | 60 | 44 | 38 | 68 | 88 | 11 | 80 |
| 68 | 34 | 30 | 13 | 70 | 55 | 74 | 30 | 77 | 40 | 14 | 22 | 78 | 84 | 26 | 04 | 33 | 46 | 09 | 52 | 68 | 07 | 97 | 06 | 57 |
| 74 | 57 | 25 | 65 | 76 | 59 | 29 | 97 | 68 | 60 | 71 | 91 | 38 | 67 | 54 | 13 | 58 | 18 | 24 | 76 | 15 | 54 | 55 | 95 | 52 |
| 27 | 42 | 37 | 86 | 53 | 48 | 55 | 90 | 65 | 72 | 96 | 57 | 69 | 36 | 10 | 96 | 46 | 92 | 42 | 45 | 97 | 60 | 49 | 04 | 91 |
| 00 | 39 | 68 | 29 | 61 | 66 | 37 | 32 | 20 | 30 | 77 | 84 | 57 | 03 | 29 | 10 | 45 | 65 | 04 | 26 | 11 | 04 | 96 | 67 | 24 |
| 29 | 94 | 98 | 94 | 24 | 68 | 49 | 69 | 10 | 82 | 53 | 75 | 91 | 93 | 30 | 34 | 25 | 20 | 57 | 27 | 40 | 48 | 73 | 51 | 92 |
| 16 | 90 | 82 | 66 | 59 | 83 | 62 | 64 | 11 | 12 | 67 | 19 | 00 | 71 | 74 | 50 | 47 | 21 | 29 | 68 | 02 | 02 | 37 | 03 | 31 |

（续表）

| | | | | | | | | | | | | | | | | | | | | | | | | |
|---|---|---|---|---|---|---|---|---|---|---|---|---|---|---|---|---|---|---|---|---|---|---|---|---|
| 11 | 27 | 94 | 75 | 06 | 06 | 09 | 19 | 74 | 66 | 02 | 94 | 37 | 34 | 02 | 76 | 70 | 90 | 30 | 86 | 38 | 45 | 94 | 30 | 38 |
| 35 | 24 | 10 | 16 | 20 | 33 | 32 | 51 | 26 | 38 | 79 | 78 | 45 | 04 | 91 | 16 | 92 | 53 | 56 | 16 | 02 | 75 | 50 | 95 | 98 |
| 38 | 23 | 16 | 86 | 38 | 42 | 38 | 97 | 01 | 50 | 87 | 75 | 66 | 81 | 41 | 40 | 01 | 74 | 91 | 62 | 48 | 51 | 84 | 08 | 32 |
| 31 | 96 | 25 | 91 | 47 | 96 | 44 | 33 | 49 | 13 | 34 | 86 | 82 | 53 | 91 | 00 | 52 | 43 | 48 | 85 | 27 | 55 | 26 | 89 | 62 |
| 66 | 67 | 40 | 67 | 14 | 64 | 05 | 71 | 95 | 86 | 11 | 05 | 65 | 09 | 68 | 76 | 83 | 20 | 37 | 90 | 57 | 16 | 00 | 11 | 66 |
| 14 | 90 | 84 | 45 | 11 | 75 | 73 | 88 | 05 | 90 | 52 | 27 | 41 | 14 | 86 | 22 | 98 | 12 | 22 | 08 | 07 | 52 | 74 | 95 | 80 |
| 68 | 05 | 51 | 18 | 00 | 33 | 96 | 02 | 75 | 19 | 07 | 60 | 62 | 93 | 55 | 59 | 33 | 82 | 43 | 90 | 49 | 37 | 38 | 44 | 59 |
| 20 | 46 | 78 | 73 | 90 | 97 | 51 | 40 | 14 | 02 | 04 | 02 | 33 | 31 | 08 | 39 | 54 | 16 | 49 | 36 | 47 | 95 | 93 | 13 | 30 |
| 64 | 19 | 58 | 97 | 79 | 15 | 06 | 15 | 93 | 20 | 01 | 90 | 10 | 75 | 06 | 40 | 78 | 78 | 89 | 62 | 02 | 67 | 74 | 17 | 33 |
| 05 | 26 | 93 | 70 | 60 | 22 | 35 | 85 | 15 | 13 | 92 | 03 | 51 | 59 | 77 | 59 | 56 | 78 | 06 | 83 | 52 | 91 | 05 | 70 | 74 |
| 07 | 97 | 10 | 88 | 23 | 09 | 98 | 42 | 99 | 64 | 61 | 71 | 62 | 99 | 15 | 06 | 51 | 29 | 16 | 93 | 58 | 05 | 77 | 09 | 51 |
| 68 | 71 | 86 | 85 | 85 | 54 | 87 | 66 | 47 | 54 | 73 | 32 | 08 | 11 | 12 | 44 | 95 | 92 | 63 | 16 | 29 | 56 | 24 | 29 | 48 |
| 26 | 99 | 61 | 65 | 53 | 58 | 37 | 78 | 80 | 70 | 42 | 10 | 50 | 67 | 42 | 32 | 17 | 55 | 85 | 74 | 94 | 44 | 67 | 16 | 94 |
| 14 | 65 | 52 | 68 | 75 | 87 | 59 | 36 | 22 | 41 | 26 | 78 | 63 | 06 | 55 | 13 | 08 | 27 | 01 | 50 | 15 | 29 | 39 | 39 | 43 |
| 17 | 53 | 77 | 58 | 71 | 71 | 41 | 61 | 50 | 72 | 12 | 41 | 94 | 96 | 26 | 44 | 95 | 27 | 36 | 99 | 02 | 96 | 74 | 30 | 83 |
| 90 | 26 | 59 | 21 | 19 | 23 | 52 | 23 | 33 | 12 | 96 | 93 | 02 | 18 | 39 | 07 | 02 | 18 | 36 | 07 | 25 | 99 | 32 | 70 | 23 |
| 41 | 23 | 52 | 55 | 99 | 31 | 04 | 49 | 69 | 96 | 10 | 47 | 18 | 45 | 88 | 13 | 41 | 43 | 89 | 20 | 97 | 17 | 14 | 49 | 17 |
| 60 | 20 | 50 | 81 | 69 | 31 | 99 | 73 | 68 | 68 | 35 | 81 | 33 | 03 | 76 | 24 | 30 | 12 | 48 | 60 | 18 | 99 | 10 | 72 | 34 |
| 91 | 25 | 38 | 05 | 90 | 94 | 58 | 28 | 41 | 36 | 45 | 37 | 59 | 03 | 09 | 90 | 35 | 57 | 29 | 12 | 82 | 62 | 54 | 65 | 60 |
| 34 | 50 | 57 | 74 | 37 | 98 | 80 | 33 | 00 | 91 | 09 | 77 | 93 | 19 | 82 | 74 | 94 | 80 | 04 | 04 | 45 | 07 | 31 | 66 | 49 |
| 85 | 22 | 04 | 39 | 43 | 73 | 81 | 53 | 94 | 79 | 33 | 62 | 46 | 56 | 28 | 08 | 31 | 54 | 46 | 31 | 53 | 94 | 13 | 38 | 47 |
| 09 | 79 | 13 | 77 | 48 | 73 | 82 | 97 | 22 | 21 | 05 | 03 | 27 | 24 | 83 | 72 | 89 | 44 | 05 | 60 | 35 | 80 | 39 | 94 | 88 |
| 88 | 75 | 80 | 18 | 14 | 22 | 05 | 75 | 42 | 49 | 39 | 32 | 83 | 22 | 49 | 02 | 48 | 07 | 70 | 37 | 16 | 04 | 61 | 67 | 87 |
| 90 | 96 | 23 | 70 | 00 | 39 | 00 | 03 | 06 | 90 | 55 | 85 | 78 | 38 | 36 | 94 | 37 | 30 | 69 | 32 | 90 | 80 | 00 | 76 | 33 |
| 53 | 74 | 23 | 99 | 67 | 61 | 32 | 28 | 69 | 84 | 94 | 62 | 67 | 86 | 24 | 98 | 33 | 41 | 19 | 95 | 47 | 53 | 59 | 38 | 09 |
| 63 | 38 | 06 | 86 | 54 | 99 | 00 | 65 | 26 | 94 | 02 | 82 | 90 | 23 | 07 | 79 | 62 | 67 | 80 | 60 | 75 | 91 | 12 | 81 | 19 |
| 35 | 30 | 58 | 21 | 46 | 06 | 72 | 17 | 10 | 94 | 25 | 21 | 31 | 75 | 96 | 49 | 28 | 24 | 00 | 49 | 55 | 65 | 79 | 78 | 07 |

| 63 | 43 | 36 | 82 | 69 | 65 | 51 | 18 | 37 | 88 | 61 | 38 | 44 | 12 | 45 | 32 | 92 | 85 | 88 | 65 | 54 | 34 | 81 | 85 | 35 |
| 98 | 25 | 37 | 55 | 26 | 01 | 91 | 82 | 81 | 46 | 74 | 71 | 12 | 94 | 97 | 24 | 02 | 71 | 37 | 07 | 03 | 92 | 18 | 66 | 75 |
| 02 | 63 | 21 | 17 | 69 | 71 | 50 | 80 | 89 | 56 | 38 | 15 | 70 | 11 | 48 | 43 | 40 | 45 | 86 | 98 | 00 | 83 | 26 | 91 | 03 |
| 64 | 55 | 22 | 21 | 82 | 43 | 22 | 28 | 06 | 00 | 61 | 54 | 13 | 43 | 91 | 82 | 78 | 12 | 23 | 29 | 06 | 66 | 24 | 12 | 27 |
| 85 | 07 | 26 | 13 | 89 | 01 | 10 | 07 | 82 | 04 | 59 | 63 | 69 | 36 | 03 | 69 | 11 | 15 | 83 | 80 | 13 | 29 | 54 | 19 | 28 |
| 58 | 54 | 16 | 24 | 15 | 51 | 54 | 44 | 82 | 00 | 62 | 61 | 65 | 04 | 69 | 38 | 18 | 65 | 18 | 97 | 85 | 72 | 13 | 49 | 21 |
| 34 | 85 | 27 | 84 | 87 | 61 | 48 | 64 | 56 | 26 | 90 | 18 | 48 | 13 | 26 | 37 | 70 | 15 | 42 | 57 | 65 | 65 | 80 | 39 | 07 |
| 03 | 92 | 18 | 27 | 46 | 57 | 99 | 16 | 96 | 56 | 30 | 33 | 72 | 85 | 22 | 84 | 64 | 38 | 56 | 98 | 99 | 01 | 30 | 93 | 64 |
| 62 | 93 | 30 | 27 | 59 | 37 | 75 | 41 | 66 | 48 | 86 | 97 | 80 | 61 | 45 | 23 | 53 | 04 | 01 | 63 | 45 | 76 | 08 | 54 | 27 |
| 08 | 45 | 93 | 15 | 22 | 60 | 21 | 75 | 46 | 91 | 93 | 77 | 27 | 85 | 42 | 28 | 88 | 51 | 08 | 84 | 69 | 62 | 08 | 42 | 78 |
| 07 | 08 | 55 | 18 | 40 | 45 | 44 | 75 | 13 | 90 | 24 | 94 | 96 | 61 | 02 | 57 | 55 | 66 | 83 | 15 | 73 | 42 | 37 | 11 | 61 |
| 01 | 85 | 89 | 95 | 66 | 51 | 10 | 19 | 34 | 88 | 15 | 84 | 97 | 19 | 75 | 12 | 76 | 39 | 43 | 78 | 64 | 63 | 91 | 08 | 25 |
| 72 | 84 | 71 | 14 | 85 | 19 | 11 | 58 | 49 | 26 | 50 | 11 | 17 | 17 | 76 | 86 | 81 | 57 | 20 | 18 | 95 | 60 | 78 | 46 | 75 |
| 88 | 78 | 28 | 16 | 84 | 13 | 52 | 58 | 94 | 53 | 75 | 45 | 69 | 80 | 96 | 73 | 89 | 65 | 70 | 31 | 99 | 17 | 48 | 48 | 76 |
| 45 | 17 | 75 | 65 | 57 | 28 | 40 | 19 | 72 | 12 | 25 | 12 | 74 | 75 | 67 | 60 | 40 | 60 | 81 | 19 | 24 | 62 | 01 | 61 | 16 |
| 96 | 76 | 28 | 12 | 54 | 22 | 01 | 11 | 94 | 25 | 71 | 96 | 16 | 16 | 86 | 68 | 61 | 36 | 74 | 45 | 19 | 59 | 50 | 88 | 92 |
| 43 | 31 | 67 | 72 | 30 | 24 | 02 | 94 | 08 | 63 | 88 | 32 | 30 | 66 | 02 | 69 | 36 | 88 | 25 | 39 | 48 | 08 | 45 | 15 | 22 |
| 50 | 44 | 66 | 44 | 21 | 46 | 06 | 58 | 05 | 62 | 68 | 15 | 54 | 35 | 02 | 42 | 35 | 45 | 96 | 32 | 14 | 52 | 41 | 52 | 48 |
| 22 | 66 | 22 | 15 | 86 | 26 | 63 | 75 | 41 | 99 | 58 | 42 | 35 | 72 | 24 | 58 | 37 | 52 | 18 | 51 | 03 | 37 | 18 | 39 | 11 |
| 96 | 24 | 40 | 14 | 51 | 28 | 22 | 30 | 88 | 57 | 95 | 67 | 47 | 29 | 88 | 94 | 69 | 40 | 06 | 07 | 18 | 16 | 36 | 78 | 86 |
| 31 | 73 | 91 | 61 | 19 | 60 | 20 | 72 | 98 | 48 | 98 | 57 | 07 | 28 | 69 | 65 | 95 | 39 | 69 | 58 | 56 | 50 | 30 | 19 | 44 |
| 78 | 60 | 73 | 99 | 84 | 43 | 89 | 94 | 36 | 45 | 56 | 69 | 47 | 07 | 41 | 90 | 22 | 91 | 07 | 12 | 78 | 35 | 34 | 08 | 72 |
| 84 | 37 | 90 | 61 | 55 | 70 | 10 | 23 | 98 | 05 | 85 | 11 | 34 | 76 | 60 | 76 | 48 | 45 | 34 | 60 | 01 | 64 | 18 | 39 | 95 |
| 36 | 67 | 10 | 08 | 23 | 98 | 93 | 35 | 08 | 86 | 99 | 29 | 76 | 29 | 81 | 88 | 34 | 91 | 58 | 93 | 63 | 14 | 52 | 32 | 52 |
| 07 | 28 | 59 | 07 | 48 | 89 | 64 | 58 | 89 | 75 | 83 | 85 | 62 | 27 | 89 | 30 | 14 | 78 | 56 | 27 | 86 | 63 | 59 | 80 | 02 |
| 10 | 15 | 83 | 87 | 60 | 79 | 24 | 31 | 66 | 56 | 21 | 48 | 24 | 06 | 93 | 91 | 98 | 94 | 05 | 49 | 01 | 47 | 59 | 38 | 00 |
| 55 | 19 | 68 | 97 | 65 | 03 | 73 | 52 | 16 | 56 | 00 | 58 | 55 | 90 | 27 | 33 | 42 | 29 | 38 | 87 | 22 | 13 | 88 | 83 | 34 |

（续表）

| 53 | 81 | 29 | 13 | 39 | 35 | 01 | 20 | 71 | 34 | 62 | 33 | 74 | 82 | 14 | 53 | 73 | 19 | 09 | 03 | 56 | 54 | 29 | 56 | 93 |
|----|----|----|----|----|----|----|----|----|----|----|----|----|----|----|----|----|----|----|----|----|----|----|----|----|
| 51 | 86 | 32 | 68 | 92 | 33 | 98 | 74 | 66 | 99 | 40 | 14 | 71 | 94 | 58 | 45 | 94 | 19 | 33 | 81 | 14 | 44 | 99 | 81 | 07 |
| 35 | 91 | 70 | 29 | 13 | 80 | 03 | 54 | 07 | 27 | 96 | 94 | 78 | 32 | 66 | 50 | 95 | 52 | 74 | 33 | 13 | 80 | 55 | 62 | 54 |
| 37 | 71 | 67 | 95 | 13 | 20 | 02 | 44 | 95 | 94 | 64 | 85 | 04 | 05 | 72 | 01 | 32 | 90 | 76 | 14 | 53 | 89 | 74 | 60 | 41 |
| 93 | 66 | 13 | 83 | 27 | 92 | 79 | 64 | 64 | 72 | 28 | 54 | 96 | 53 | 84 | 48 | 14 | 52 | 98 | 94 | 56 | 07 | 93 | 39 | 30 |
| 02 | 96 | 08 | 45 | 65 | 13 | 05 | 00 | 41 | 64 | 93 | 07 | 54 | 72 | 59 | 21 | 45 | 57 | 09 | 77 | 19 | 48 | 56 | 27 | 44 |
| 49 | 83 | 43 | 48 | 35 | 82 | 83 | 33 | 69 | 96 | 72 | 36 | 04 | 19 | 76 | 47 | 45 | 15 | 18 | 60 | 82 | 11 | 05 | 95 | 97 |
| 84 | 60 | 71 | 62 | 46 | 40 | 80 | 81 | 30 | 37 | 34 | 39 | 23 | 05 | 33 | 25 | 15 | 35 | 71 | 30 | 88 | 12 | 57 | 21 | 77 |
| 18 | 17 | 30 | 88 | 71 | 41 | 91 | 14 | 88 | 47 | 89 | 23 | 30 | 63 | 15 | 56 | 34 | 20 | 47 | 89 | 99 | 82 | 90 | 24 | 93 |
| 79 | 69 | 10 | 61 | 78 | 71 | 32 | 76 | 95 | 62 | 87 | 00 | 22 | 58 | 40 | 92 | 54 | 01 | 75 | 25 | 43 | 11 | 71 | 99 | 31 |
| 75 | 93 | 36 | 57 | 83 | 56 | 20 | 14 | 82 | 11 | 74 | 21 | 97 | 90 | 65 | 98 | 42 | 68 | 63 | 86 | 74 | 54 | 13 | 26 | 94 |
| 38 | 30 | 92 | 29 | 03 | 06 | 23 | 81 | 39 | 36 | 62 | 25 | 06 | 84 | 63 | 61 | 29 | 08 | 93 | 67 | 04 | 32 | 92 | 08 | 09 |
| 51 | 29 | 50 | 10 | 34 | 31 | 57 | 75 | 95 | 80 | 51 | 97 | 02 | 74 | 77 | 76 | 15 | 48 | 19 | 44 | 15 | 55 | 63 | 77 | 09 |
| 21 | 31 | 38 | 86 | 24 | 37 | 79 | 81 | 53 | 74 | 73 | 24 | 16 | 10 | 33 | 52 | 83 | 90 | 94 | 76 | 70 | 47 | 14 | 54 | 36 |
| 29 | 01 | 23 | 87 | 83 | 58 | 02 | 39 | 37 | 57 | 42 | 10 | 14 | 20 | 92 | 16 | 55 | 23 | 42 | 45 | 51 | 96 | 09 | 11 | 06 |
| 95 | 33 | 95 | 22 | 00 | 18 | 74 | 72 | 00 | 18 | 38 | 79 | 58 | 69 | 32 | 81 | 76 | 80 | 26 | 92 | 82 | 80 | 84 | 25 | 39 |
| 90 | 84 | 60 | 79 | 80 | 24 | 36 | 59 | 87 | 38 | 82 | 07 | 53 | 89 | 35 | 96 | 35 | 23 | 79 | 18 | 05 | 98 | 90 | 07 | 35 |
| 46 | 40 | 62 | 98 | 80 | 54 | 97 | 20 | 56 | 95 | 15 | 74 | 80 | 08 | 32 | 16 | 46 | 70 | 50 | 80 | 67 | 72 | 16 | 42 | 79 |
| 20 | 31 | 89 | 03 | 43 | 38 | 46 | 82 | 68 | 72 | 32 | 14 | 82 | 99 | 70 | 80 | 60 | 47 | 18 | 97 | 63 | 49 | 30 | 21 | 30 |
| 71 | 59 | 73 | 05 | 50 | 08 | 22 | 23 | 71 | 77 | 91 | 01 | 93 | 20 | 40 | 92 | 96 | 59 | 26 | 94 | 66 | 39 | 67 | 98 | 60 |

## 附表2　标准正态分布表

$$\Phi(z) = \int_{-\infty}^{\tau} \frac{1}{\sqrt{2\pi}} e^{-u^2/2} du = P(Z \le z)$$

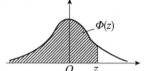

| z | 0 | 1 | 2 | 3 | 4 | 5 | 6 | 7 | 8 | 9 |
|---|---|---|---|---|---|---|---|---|---|---|
| 0.0 | 0.5000 | 0.5040 | 0.5080 | 0.5120 | 0.5160 | 0.5199 | 0.5239 | 0.5279 | 0.5319 | 0.5359 |
| 0.1 | 0.5398 | 0.5438 | 0.5478 | 0.5517 | 0.5557 | 0.5596 | 0.5636 | 0.5675 | 0.5714 | 0.5753 |
| 0.2 | 0.5793 | 0.5832 | 0.5871 | 0.5910 | 0.5948 | 0.5987 | 0.6026 | 0.6064 | 0.6103 | 0.6141 |
| 0.3 | 0.6179 | 0.6217 | 0.6255 | 0.6293 | 0.6331 | 0.6368 | 0.6406 | 0.6443 | 0.6480 | 0.6517 |
| 0.4 | 0.6554 | 0.6591 | 0.6628 | 0.6664 | 0.6700 | 0.6736 | 0.6772 | 0.6808 | 0.6844 | 0.6879 |
| 0.5 | 0.6915 | 0.6950 | 0.6985 | 0.7019 | 0.7054 | 0.7088 | 0.7123 | 0.7157 | 0.7190 | 0.7224 |
| 0.6 | 0.7257 | 0.7291 | 0.7324 | 0.7357 | 0.7389 | 0.7422 | 0.7454 | 0.7486 | 0.7517 | 0.7549 |
| 0.7 | 0.7580 | 0.7611 | 0.7642 | 0.7673 | 0.7703 | 0.7734 | 0.7764 | 0.7794 | 0.7823 | 0.7852 |
| 0.8 | 0.7881 | 0.7910 | 0.7939 | 0.7967 | 0.7995 | 0.8023 | 0.8051 | 0.8078 | 0.8106 | 0.8133 |
| 0.9 | 0.8159 | 0.8186 | 0.8212 | 0.8238 | 0.8264 | 0.8289 | 0.8315 | 0.8340 | 0.8365 | 0.8389 |
| 1.0 | 0.8413 | 0.8438 | 0.8461 | 0.8485 | 0.8508 | 0.8531 | 0.8554 | 0.8577 | 0.8599 | 0.8621 |
| 1.1 | 0.8643 | 0.8665 | 0.8686 | 0.8708 | 0.8729 | 0.8749 | 0.8770 | 0.8790 | 0.8810 | 0.8830 |
| 1.2 | 0.8849 | 0.8869 | 0.8888 | 0.8907 | 0.8925 | 0.8944 | 0.8962 | 0.8980 | 0.8997 | 0.9015 |
| 1.3 | 0.9032 | 0.9049 | 0.9066 | 0.9082 | 0.9099 | 0.9115 | 0.9131 | 0.9147 | 0.9162 | 0.9177 |
| 1.4 | 0.9192 | 0.9207 | 0.9222 | 0.9236 | 0.9251 | 0.9265 | 0.9278 | 0.9292 | 0.9306 | 0.9319 |
| 1.5 | 0.9332 | 0.9345 | 0.9357 | 0.9370 | 0.9382 | 0.9394 | 0.9406 | 0.9418 | 0.9430 | 0.9441 |
| 1.6 | 0.9452 | 0.9463 | 0.9474 | 0.9484 | 0.9495 | 0.9505 | 0.9515 | 0.9525 | 0.9535 | 0.9545 |
| 1.7 | 0.9554 | 0.9564 | 0.9573 | 0.9582 | 0.9591 | 0.9599 | 0.9608 | 0.9616 | 0.9625 | 0.9633 |
| 1.8 | 0.9641 | 0.9648 | 0.9656 | 0.9664 | 0.9671 | 0.9678 | 0.9686 | 0.9693 | 0.99700 | 0.9706 |
| 1.9 | 0.9713 | 0.9719 | 0.9726 | 0.9732 | 0.9738 | 0.9744 | 0.9750 | 0.9756 | 0.9762 | 0.9767 |
| 2.0 | 0.9772 | 0.9778 | 0.9783 | 0.9788 | 0.9793 | 0.9798 | 0.9803 | 0.9808 | 0.9812 | 0.9817 |
| 2.1 | 0.9821 | 0.9826 | 0.9830 | 0.9834 | 0.9838 | 0.9842 | 0.9846 | 0.9850 | 0.9854 | 0.9857 |
| 2.2 | 0.9861 | 0.9864 | 0.9868 | 0.9871 | 0.9874 | 0.9878 | 0.9881 | 0.9884 | 0.9887 | 0.9890 |
| 2.3 | 0.9893 | 0.9896 | 0.9898 | 0.9901 | 0.9904 | 0.9906 | 0.9909 | 0.9911 | 0.9913 | 0.9916 |
| 2.4 | 0.9918 | 0.9920 | 0.9922 | 0.9925 | 0.9927 | 0.9929 | 0.9931 | 0.9932 | 0.9934 | 0.9936 |
| 2.5 | 0.9938 | 0.9940 | 0.9941 | 0.9943 | 0.9945 | 0.9946 | 0.9948 | 0.9949 | 0.9951 | 0.9951 |
| 2.6 | 0.9953 | 0.9955 | 0.9956 | 0.9957 | 0.9959 | 0.9960 | 0.9961 | 0.9962 | 0.9963 | 0.9964 |
| 2.7 | 0.9965 | 0.9966 | 0.9967 | 0.9968 | 0.9969 | 0.9970 | 0.9971 | 0.9972 | 0.9973 | 0.9974 |
| 2.8 | 0.9974 | 0.9975 | 0.9976 | 0.9977 | 0.9977 | 0.9978 | 0.9979 | 0.9979 | 0.9980 | 0.9981 |
| 2.9 | 0.9981 | 0.9982 | 0.9982 | 0.9983 | 0.9984 | 0.9984 | 0.9985 | 0.9985 | 0.9986 | 0.9986 |
| 3.0 | 0.9987 | 0.9990 | 0.9993 | 0.9995 | 0.9997 | 0.9998 | 0.9998 | 0.9999 | 0.9999 | 1.0000 |

注：表中末行系函数值 $\Phi(3.0)$, $\Phi(3.01)$, $\cdots$, $\Phi(3.09)$.

## 附表3　相关系数检验的临界值表

| $n-2$ | $\alpha$ | | $n-2$ | $\alpha$ | |
|---|---|---|---|---|---|
| | 0.05 | 0.01 | | 0.05 | 0.01 |
| 1 | 0.997 | 1.000 | 16 | 0.468 | 0.590 |
| 2 | 0.950 | 0.990 | 17 | 0.456 | 0.575 |
| 3 | 0.878 | 0.959 | 18 | 0.444 | 0.561 |
| 4 | 0.811 | 0.917 | 19 | 0.433 | 0.549 |
| 5 | 0.754 | 0.874 | 20 | 0.423 | 0.537 |
| 6 | 0.707 | 0.834 | 21 | 0.413 | 0.526 |
| 7 | 0.666 | 0.798 | 22 | 0.404 | 0.515 |
| 8 | 0.632 | 0.765 | 23 | 0.396 | 0.505 |
| 9 | 0.602 | 0.735 | 24 | 0.388 | 0.496 |
| 10 | 0.576 | 0.708 | 25 | 0.381 | 0.487 |
| 11 | 0.553 | 0.684 | 26 | 0.374 | 0.478 |
| 12 | 0.532 | 0.661 | 27 | 0.364 | 0.470 |
| 13 | 0.514 | 0.641 | 28 | 0.361 | 0.463 |
| 14 | 0.497 | 0.623 | 29 | 0.355 | 0.456 |
| 15 | 0.482 | 0.606 | 30 | 0.349 | 0.449 |

注：表中的 $\alpha$ 为显著性水平，$n$ 为观测值的组数.

## 附表4　$\chi^2$分布表

$P\{X > \chi_a^2(n)\} = \alpha,$ 其中 $X \sim \chi^2(n)$

| n | α = 0.995 | 0.99 | 0.975 | 0.95 | 0.90 | 0.75 |
|---|---|---|---|---|---|---|
| 1 | — | — | 0.001 | 0.004 | 0.016 | 0.102 |
| 2 | 0.010 | 0.020 | 0.051 | 0.103 | 0.211 | 0.575 |
| 3 | 0.072 | 0.115 | 0.216 | 0.352 | 0.584 | 1.213 |
| 4 | 0.207 | 0.297 | 0.484 | 0.711 | 1.064 | 1.923 |
| 5 | 0.412 | 0.554 | 0.831 | 1.145 | 1.610 | 2.675 |
| 6 | 0.676 | 0.872 | 1.237 | 1.635 | 2.204 | 3.455 |
| 7 | 0.689 | 1.239 | 1.690 | 2.167 | 2.833 | 4.255 |
| 8 | 1.344 | 1.646 | 2.180 | 2.733 | 3.490 | 5.071 |
| 9 | 1.735 | 2.088 | 2.700 | 3.325 | 4.168 | 5.899 |
| 10 | 2.156 | 2.558 | 3.247 | 3.940 | 4.865 | 6.737 |
| 11 | 2.603 | 3.053 | 3.816 | 4.575 | 5.578 | 7.584 |
| 12 | 3.074 | 3.571 | 4.404 | 5.226 | 6.304 | 8.438 |
| 13 | 3.565 | 4.107 | 5.009 | 5.892 | 7.042 | 9.299 |
| 14 | 4.075 | 4.660 | 5.629 | 6.571 | 7.790 | 10.165 |
| 15 | 4.601 | 5.229 | 6.262 | 7.261 | 8.547 | 11.037 |
| 16 | 5.142 | 5.812 | 6.908 | 7.962 | 9.312 | 11.912 |
| 17 | 5.697 | 6.408 | 7.564 | 9.672 | 10.085 | 12.792 |
| 18 | 6.265 | 7.015 | 8.231 | 9.390 | 10.865 | 13.675 |
| 19 | 6.844 | 7.633 | 8.907 | 10.117 | 11.651 | 14.562 |
| 20 | 7.434 | 8.260 | 9.591 | 10.851 | 12.443 | 15.452 |
| 21 | 8.034 | 8.897 | 10.283 | 11.591 | 13.240 | 16.344 |
| 22 | 8.643 | 9.542 | 10.982 | 12.338 | 14.042 | 17.240 |
| 23 | 9.260 | 10.196 | 11.689 | 13.091 | 14.848 | 18.137 |
| 24 | 9.886 | 10.856 | 12.401 | 13.848 | 15.659 | 19.037 |
| 25 | 10.520 | 11.524 | 13.120 | 14.611 | 16.473 | 19.939 |
| 26 | 11.160 | 12.198 | 13.844 | 15.379 | 17.292 | 20.843 |
| 27 | 11.808 | 12.879 | 14.573 | 16.151 | 18.114 | 21.749 |
| 28 | 12.461 | 13.565 | 15.308 | 16.928 | 18.939 | 22.657 |
| 29 | 13.121 | 14.257 | 16.047 | 17.708 | 19.768 | 23.567 |
| 30 | 13.787 | 14.954 | 16.791 | 18.493 | 20.599 | 24.478 |
| 31 | 14.458 | 15.655 | 17.539 | 19.281 | 21.434 | 25.390 |
| 32 | 15.134 | 16.362 | 18.291 | 20.072 | 22.271 | 26.304 |
| 33 | 15.815 | 17.074 | 19.047 | 20.867 | 23.110 | 27.219 |
| 34 | 16.501 | 17.789 | 19.806 | 21.664 | 23.952 | 28.136 |
| 35 | 17.192 | 18.509 | 20.569 | 22.465 | 24.797 | 29.054 |
| 36 | 17.887 | 19.233 | 21.336 | 23.269 | 25.643 | 29.973 |
| 37 | 18.586 | 19.960 | 22.106 | 24.075 | 26.492 | 30.893 |
| 38 | 19.289 | 20.691 | 22.878 | 24.884 | 27.343 | 31.815 |

（续表）

| $n$ | $\alpha=0.25$ | 0.10 | 0.05 | 0.025 | 0.01 | 0.005 |
|---|---|---|---|---|---|---|
| 39 | 19.996 | 21.462 | 23.654 | 25.695 | 28.196 | 32.737 |
| 40 | 20.707 | 22.164 | 24.433 | 26.509 | 29.051 | 33.660 |
| 41 | 21.421 | 22.906 | 25.215 | 27.326 | 29.907 | 34.585 |
| 42 | 22.138 | 23.650 | 25.999 | 28.144 | 30.765 | 35.510 |
| 43 | 22.859 | 24.398 | 26.785 | 28.965 | 31.625 | 36.436 |
| 44 | 23.584 | 25.148 | 27.575 | 29.787 | 32.487 | 37.363 |
| 45 | 24.311 | 25.901 | 28.366 | 30.612 | 33.350 | 38.291 |
| $n$ | $\alpha=0.25$ | 0.10 | 0.05 | 0.025 | 0.01 | 0.005 |
| 1 | 1.323 | 2.706 | 3.841 | 5.024 | 6.635 | 7.879 |
| 2 | 2.773 | 4.605 | 5.991 | 7.378 | 9.210 | 10.597 |
| 3 | 4.108 | 6.251 | 7.815 | 9.348 | 11.345 | 12.838 |
| 4 | 5.385 | 7.779 | 9.488 | 11.143 | 13.277 | 14.860 |
| 5 | 6.626 | 9.236 | 11.071 | 12.833 | 15.086 | 16.750 |
| 6 | 7.841 | 10.645 | 12.592 | 14.449 | 16.812 | 18.548 |
| 7 | 9.037 | 12.017 | 14.067 | 16.013 | 18.475 | 20.278 |
| 8 | 10.219 | 13.362 | 15.507 | 17.535 | 20.090 | 21.955 |
| 9 | 11.389 | 14.684 | 16.919 | 19.023 | 21.666 | 23.589 |
| 10 | 12.549 | 15.987 | 18.307 | 20.483 | 23.209 | 25.188 |
| 11 | 13.701 | 17.275 | 19.675 | 21.920 | 24.725 | 26.757 |
| 12 | 14.845 | 18.549 | 21.026 | 23.337 | 26.217 | 28.299 |
| 13 | 15.984 | 19.812 | 22.362 | 24.736 | 27.688 | 29.819 |
| 14 | 17.117 | 21.064 | 23.685 | 26.119 | 29.141 | 31.319 |
| 15 | 18.245 | 22.307 | 24.996 | 27.488 | 30.578 | 32.801 |
| 16 | 19.369 | 23.542 | 26.296 | 28.845 | 32.000 | 34.267 |
| 17 | 20.489 | 24.769 | 27.587 | 30.191 | 33.409 | 35.718 |
| 18 | 21.605 | 25.989 | 28.869 | 31.526 | 34.805 | 37.156 |
| 19 | 22.718 | 27.204 | 30.411 | 32.852 | 36.191 | 38.582 |
| 20 | 23.828 | 28.412 | 31.410 | 34.170 | 37.566 | 39.997 |
| 21 | 24.935 | 29.615 | 32.671 | 35.479 | 38.932 | 41.401 |
| 22 | 26.039 | 30.813 | 33.924 | 36.781 | 40.289 | 42.796 |
| 23 | 27.141 | 32.007 | 35.172 | 38.076 | 41.638 | 44.181 |
| 24 | 28.241 | 33.196 | 36.415 | 39.364 | 42.980 | 45.559 |
| 25 | 29.339 | 34.382 | 37.652 | 40.646 | 44.314 | 46.928 |
| 26 | 30.435 | 35.563 | 38.885 | 41.923 | 45.642 | 48.290 |
| 27 | 31.528 | 36.741 | 40.113 | 43.194 | 46.963 | 49.645 |
| 28 | 32.620 | 37.916 | 41.337 | 44.461 | 48.278 | 50.993 |
| 29 | 33.711 | 39.087 | 42.557 | 45.722 | 49.588 | 52.336 |
| 30 | 34.800 | 40.256 | 43.773 | 46.979 | 50.892 | 53.672 |

（续表）

| | | | | | | |
|---|---|---|---|---|---|---|
| 31 | 35.887 | 41.422 | 44.985 | 48.232 | 52.191 | 55.003 |
| 32 | 36.973 | 42.585 | 46.194 | 49.480 | 53.486 | 56.328 |
| 33 | 38.058 | 43.745 | 47.400 | 50.725 | 54.776 | 57.648 |
| 34 | 39.414 | 44.903 | 48.602 | 51.966 | 56.061 | 58.964 |
| 35 | 40.223 | 46.059 | 49.802 | 53.203 | 57.342 | 60.275 |
| | | | | | | |
| 36 | 41.304 | 47.212 | 50.998 | 51.437 | 58.619 | 61.581 |
| 37 | 42.383 | 48.363 | 52.192 | 55.668 | 59.892 | 62.883 |
| 38 | 43.462 | 49.513 | 53.384 | 56.896 | 61.162 | 64.181 |
| 39 | 44.539 | 50.660 | 54.572 | 58.120 | 62.428 | 65.476 |
| 40 | 45.616 | 51.805 | 55.758 | 59.342 | 63.691 | 66.766 |
| | | | | | | |
| 41 | 46.692 | 52.949 | 56.942 | 60.561 | 64.950 | 68.053 |
| 42 | 47.766 | 54.090 | 58.124 | 61.777 | 66.206 | 69.336 |
| 43 | 48.840 | 55.230 | 59.304 | 62.990 | 67.459 | 70.616 |
| 44 | 49.913 | 56.369 | 60.481 | 64.201 | 68.710 | 71.893 |
| 45 | 50.985 | 57.505 | 61.656 | 65.410 | 69.957 | 73.166 |

# 附表5　$t$分布表

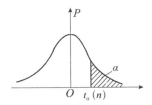

$P\{X > t_\alpha(n)\} = \alpha$，其中$X \sim t(n)$

| n | α = 0.25 | 0.10 | 0.05 | 0.025 | 0.01 | 0.005 |
|---|---|---|---|---|---|---|
| 1 | 1.0000 | 3.0777 | 6.3138 | 12.7062 | 31.8207 | 63.6574 |
| 2 | 0.8165 | 1.8856 | 2.9200 | 4.3027 | 6.9646 | 9.9248 |
| 3 | 0.7649 | 1.6377 | 2.3534 | 3.1824 | 4.5407 | 5.8409 |
| 4 | 0.7407 | 1.5332 | 2.1318 | 2.7764 | 3.7469 | 4.6041 |
| 5 | 0.7267 | 1.4759 | 2.0150 | 2.5706 | 3.3649 | 4.0322 |
| 6 | 0.7176 | 1.4398 | 1.9432 | 2.4469 | 3.1427 | 3.7074 |
| 7 | 0.7111 | 1.4149 | 1.8946 | 2.3646 | 2.9980 | 3.4995 |
| 8 | 0.7064 | 1.3968 | 1.8595 | 2.3060 | 2.8965 | 3.3554 |
| 9 | 0.7027 | 1.3830 | 1.8331 | 2.2622 | 2.8214 | 3.2498 |
| 10 | 0.6998 | 1.3722 | 1.8125 | 2.281 | 2.7638 | 3.1693 |
| 11 | 0.6974 | 1.3634 | 1.7959 | 2.2010 | 2.7181 | 3.1058 |
| 12 | 0.6955 | 1.3562 | 1.7823 | 2.1788 | 2.6810 | 3.0545 |
| 13 | 0.6938 | 1.3502 | 1.7709 | 2.1604 | 2.6503 | 3.0123 |
| 14 | 0.6924 | 1.3450 | 1.7613 | 2.1448 | 2.6245 | 2.9768 |
| 15 | 0.6912 | 1.3406 | 1.7531 | 2.1315 | 2.6025 | 2.9467 |
| 16 | 0.6901 | 1.3368 | 1.7459 | 2.1199 | 2.5835 | 2.9208 |
| 17 | 0.6892 | 1.3334 | 1.7396 | 2.1098 | 2.5669 | 2.8982 |
| 18 | 0.6884 | 1.3304 | 1.7341 | 2.1009 | 2.5524 | 2.8784 |
| 19 | 0.6876 | 1.3277 | 1.7291 | 2.0930 | 2.5395 | 2.8609 |
| 20 | 0.6870 | 1.3253 | 1.7247 | 2.0860 | 2.5280 | 2.8453 |
| 21 | 0.6864 | 1.3232 | 1.7207 | 2.0796 | 2.5177 | 2.8314 |
| 22 | 0.6858 | 1.3212 | 1.7171 | 2.0739 | 2.5083 | 2.8188 |
| 23 | 0.6853 | 1.3195 | 1.7139 | 2.0687 | 2.4999 | 2.8073 |
| 24 | 0.6848 | 1.3178 | 1.7109 | 2.0639 | 2.4922 | 2.7969 |
| 25 | 0.6844 | 1.3163 | 1.7081 | 2.0595 | 2.4851 | 2.7874 |
| n | α = 0.25 | 0.10 | 0.05 | 0.025 | 0.01 | 0.005 |
| 26 | 0.6840 | 1.3150 | 1.7056 | 2.0555 | 2.4786 | 2.7787 |
| 27 | 0.6837 | 1.3137 | 1.7033 | 2.0518 | 2.4727 | 2.7707 |
| 28 | 0.6834 | 1.3125 | 1.7011 | 2.0484 | 2.4671 | 2.7633 |
| 29 | 0.6830 | 1.3114 | 1.6991 | 2.0452 | 2.4620 | 2.7564 |

（续表）

| 30 | 0.6828 | 1.3104 | 1.6973 | 2.0423 | 2.4573 | 2.7500 |
|----|--------|--------|--------|--------|--------|--------|
| 31 | 0.6825 | 1.3095 | 1.6955 | 2.0395 | 2.4528 | 2.7440 |
| 32 | 0.6822 | 1.3086 | 1.6939 | 2.0369 | 2.4487 | 2.7385 |
| 33 | 0.6820 | 1.3077 | 1.6924 | 2.0345 | 2.4448 | 2.7333 |
| 34 | 0.6818 | 1.3070 | 1.6909 | 2.0322 | 2.4411 | 2.7284 |
| 35 | 0.6816 | 1.3062 | 1.6896 | 2.0301 | 2.4377 | 2.7238 |
| 36 | 0.6814 | 1.3055 | 1.6883 | 2.0281 | 2.4345 | 2.7195 |
| 37 | 0.6812 | 1.3049 | 1.6871 | 2.0262 | 2.4314 | 2.7154 |
| 38 | 0.6810 | 1.3042 | 1.6860 | 2.0244 | 2.4286 | 2.7116 |
| 39 | 0.6808 | 1.3036 | 1.6849 | 2.0227 | 2.4258 | 2.7079 |
| 40 | 0.6807 | 1.3031 | 1.6839 | 2.0211 | 2.4233 | 2.7045 |
| 41 | 0.6805 | 1.3025 | 1.6829 | 2.0195 | 2.4208 | 2.7012 |
| 42 | 0.6804 | 1.3020 | 1.6820 | 2.0181 | 2.4185 | 2.6981 |
| 43 | 0.6802 | 1.3016 | 1.6811 | 2.0167 | 2.4163 | 2.6951 |
| 44 | 0.6801 | 1.3011 | 1.6802 | 2.0154 | 2.4141 | 2.6923 |
| 45 | 0.6800 | 1.3006 | 1.6794 | 2.0141 | 2.4121 | 2.6896 |

# 附表6　F分布表

$P\{X > F_\alpha(n_1,n2)\} = \alpha,$ 其中 $X \sim F(n_1,n2)$

| $n_1$ \ $n_2$ | 1 | 2 | 3 | 4 | 5 | 6 | 7 | 8 | 9 | 10 | 12 | 15 | 20 | 24 | 30 | 40 | 60 | 120 | ∞ |
|---|---|---|---|---|---|---|---|---|---|---|---|---|---|---|---|---|---|---|---|
| 1 | 647.8 | 799.5 | 864.2 | 899.6 | 921.8 | 937.1 | 948.2 | 956.7 | 963.3 | 968.6 | 976.7 | 984.9 | 993.1 | 997.2 | 1.001 | 1.006 | 1.010 | 1.014 | 1.018 |
| 2 | 38.51 | 39.00 | 39.17 | 39.25 | 30.30 | 39.33 | 39.36 | 39.37 | 39.39 | 39.40 | 39.41 | 39.43 | 39.45 | 39.46 | 39.46 | 39.47 | 39.48 | 39.49 | 39.50 |
| 3 | 17.44 | 16.04 | 15.44 | 15.10 | 14.88 | 14.73 | 14.62 | 14.54 | 14.47 | 14.42 | 14.34 | 14.25 | 14.12 | 14.12 | 14.08 | 14.04 | 13.99 | 13.95 | 13.90 |
| 4 | 12.22 | 10.65 | 9.98 | 9.60 | 9.36 | 9.20 | 9.07 | 8.98 | 8.90 | 8.84 | 8.75 | 8.66 | 8.56 | 8.51 | 8.46 | 8.41 | 8.36 | 8.31 | 8.26 |
| 5 | 10.01 | 8.43 | 7.76 | 7.39 | 7.15 | 6.98 | 6.85 | 6.76 | 6.68 | 6.62 | 6.52 | 6.43 | 6.33 | 6.28 | 6.23 | 6.18 | 6.12 | 6.07 | 6.02 |
| 6 | 8.81 | 7.26 | 6.60 | 6.23 | 5.99 | 5.82 | 5.70 | 5.60 | 5.52 | 5.46 | 5.37 | 5.27 | 5.17 | 5.12 | 5.07 | 5.01 | 4.96 | 4.90 | 4.85 |
| 7 | 8.07 | 6.54 | 5.89 | 5.52 | 5.29 | 5.12 | 4.99 | 4.90 | 4.82 | 4.76 | 4.67 | 4.57 | 4.47 | 4.42 | 4.36 | 4.31 | 4.25 | 4.20 | 4.14 |
| 8 | 7.57 | 6.06 | 5.42 | 5.05 | 4.82 | 4.65 | 4.53 | 4.43 | 4.36 | 4.30 | 4.20 | 4.10 | 4.00 | 3.95 | 3.89 | 3.84 | 3.78 | 3.73 | 3.67 |
| 9 | 7.21 | 5.71 | 5.08 | 4.72 | 4.48 | 4.32 | 4.20 | 4.10 | 4.03 | 3.96 | 3.87 | 3.77 | 3.67 | 3.61 | 3.56 | 3.51 | 3.45 | 3.39 | 3.33 |
| 10 | 6.94 | 5.46 | 4.83 | 4.47 | 4.24 | 4.07 | 3.95 | 3.85 | 3.78 | 3.72 | 3.62 | 3.52 | 3.42 | 3.37 | 3.31 | 3.26 | 3.20 | 3.14 | 3.08 |
| 11 | 6.72 | 5.26 | 4.63 | 4.28 | 4.04 | 3.88 | 3.76 | 3.66 | 3.59 | 3.53 | 3.43 | 3.33 | 3.23 | 3.17 | 3.12 | 3.06 | 3.00 | 2.94 | 2.88 |
| 12 | 6.55 | 5.10 | 4.47 | 4.12 | 3.89 | 3.73 | 3.61 | 3.51 | 3.44 | 3.37 | 3.28 | 3.18 | 3.07 | 3.02 | 2.96 | 2.91 | 2.85 | 2.79 | 2.72 |
| 13 | 6.41 | 4.97 | 4.35 | 4.00 | 3.77 | 3.60 | 3.48 | 3.39 | 3.31 | 3.25 | 3.15 | 3.05 | 2.95 | 2.89 | 2.84 | 2.78 | 2.72 | 2.66 | 2.60 |
| 14 | 6.30 | 4.86 | 4.24 | 3.89 | 3.66 | 3.50 | 3.38 | 3.29 | 3.21 | 3.15 | 3.05 | 2.95 | 2.84 | 2.79 | 2.73 | 2.67 | 2.61 | 2.55 | 2.49 |
| 15 | 6.20 | 4.77 | 4.15 | 3.80 | 3.58 | 3.41 | 3.29 | 3.20 | 3.12 | 3.06 | 2.96 | 2.86 | 2.76 | 2.70 | 2.64 | 2.59 | 2.52 | 2.46 | 2.40 |
| 16 | 6.12 | 4.69 | 4.08 | 3.73 | 3.50 | 3.34 | 3.22 | 3.12 | 3.05 | 2.99 | 2.89 | 2.79 | 2.68 | 2.63 | 2.57 | 2.51 | 2.45 | 2.38 | 2.32 |
| 17 | 6.04 | 4.62 | 4.01 | 3.66 | 3.44 | 3.28 | 3.16 | 3.06 | 2.98 | 2.92 | 2.82 | 2.72 | 2.62 | 2.56 | 2.50 | 2.44 | 2.38 | 2.32 | 2.25 |
| 18 | 5.98 | 4.56 | 3.95 | 3.61 | 3.38 | 3.22 | 3.10 | 3.01 | 2.93 | 2.87 | 2.77 | 2.67 | 2.56 | 2.50 | 2.44 | 2.38 | 2.32 | 2.26 | 2.19 |
| 19 | 5.92 | 4.51 | 3.90 | 3.56 | 3.33 | 3.17 | 3.05 | 2.96 | 2.88 | 2.82 | 2.72 | 2.62 | 2.51 | 2.45 | 2.39 | 2.33 | 2.27 | 2.20 | 2.13 |
| 20 | 5.87 | 4.46 | 3.86 | 3.51 | 3.29 | 3.13 | 3.01 | 2.91 | 2.84 | 2.77 | 2.68 | 2.57 | 2.46 | 2.41 | 2.35 | 2.29 | 2.22 | 2.16 | 2.09 |
| 21 | 5.83 | 4.42 | 3.82 | 3.48 | 3.25 | 3.09 | 2.97 | 2.87 | 2.80 | 2.73 | 2.64 | 2.53 | 2.42 | 2.37 | 2.31 | 2.25 | 2.18 | 2.11 | 2.04 |
| 22 | 5.79 | 4.38 | 3.78 | 3.44 | 3.22 | 3.05 | 2.93 | 2.84 | 2.76 | 2.70 | 2.60 | 2.50 | 2.39 | 2.33 | 2.27 | 2.21 | 2.14 | 2.08 | 2.00 |
| 23 | 5.75 | 4.35 | 3.75 | 3.41 | 3.18 | 3.02 | 2.90 | 2.81 | 2.73 | 2.67 | 2.57 | 2.47 | 2.36 | 2.30 | 2.24 | 2.18 | 2.11 | 2.04 | 1.97 |
| 24 | 5.72 | 4.32 | 3.72 | 3.38 | 3.15 | 2.99 | 2.87 | 2.78 | 2.70 | 2.64 | 2.54 | 2.44 | 2.33 | 2.27 | 2.21 | 2.15 | 2.08 | 2.08 | 1.94 |
| 25 | 5.69 | 4.29 | 3.69 | 3.35 | 3.13 | 2.97 | 2.85 | 2.75 | 2.68 | 2.61 | 2.51 | 2.41 | 2.30 | 2.24 | 2.18 | 2.12 | 2.05 | 1.98 | 1.91 |
| 26 | 5.66 | 4.27 | 3.67 | 3.33 | 3.10 | 2.94 | 2.82 | 2.73 | 2.65 | 2.59 | 2.49 | 2.39 | 2.28 | 2.22 | 2.16 | 2.09 | 2.03 | 1.95 | 1.88 |
| 27 | 5.63 | 4.24 | 3.65 | 3.31 | 3.08 | 2.92 | 2.80 | 2.71 | 2.63 | 2.57 | 2.47 | 2.36 | 2.25 | 2.19 | 2.13 | 2.07 | 2.00 | 1.93 | 1.85 |
| 28 | 5.61 | 4.22 | 3.63 | 3.29 | 3.06 | 2.90 | 2.78 | 2.69 | 2.61 | 2.55 | 2.45 | 2.34 | 2.23 | 2.17 | 2.11 | 2.05 | 1.98 | 1.91 | 1.83 |
| 29 | 5.59 | 4.20 | 3.61 | 3.27 | 3.04 | 2.88 | 2.76 | 2.67 | 2.59 | 2.53 | 2.43 | 2.32 | 2.21 | 2.15 | 2.09 | 2.03 | 1.96 | 1.89 | 1.81 |
| 30 | 5.57 | 4.18 | 3.59 | 3.25 | 3.03 | 2.87 | 2.75 | 2.65 | 2.57 | 2.51 | 2.41 | 2.31 | 2.20 | 2.14 | 2.07 | 2.01 | 1.94 | 1.87 | 1.79 |
| 40 | 5.42 | 4.05 | 3.46 | 3.13 | 2.90 | 2.74 | 2.62 | 2.53 | 2.45 | 2.39 | 2.29 | 2.18 | 2.07 | 2.01 | 1.94 | 1.88 | 1.80 | 1.72 | 1.64 |
| 60 | 5.29 | 3.93 | 3.34 | 3.01 | 2.79 | 2.63 | 2.51 | 2.41 | 2.33 | 2.27 | 2.17 | 2.06 | 1.94 | 1.88 | 1.82 | 1.74 | 1.67 | 1.58 | 1.48 |
| 120 | 5.15 | 3.80 | 3.23 | 2.89 | 2.67 | 2.52 | 2.39 | 2.30 | 2.22 | 2.16 | 2.05 | 1.94 | 1.82 | 1.76 | 1.69 | 1.61 | 1.53 | 1.43 | 1.31 |
| ∞ | 5.02 | 3.69 | 3.12 | 2.79 | 2.57 | 2.41 | 2.29 | 2.19 | 2.11 | 2.05 | 1.94 | 1.83 | 1.71 | 1.64 | 1.57 | 1.48 | 1.39 | 1.27 | 1.00 |

# 附录A　积分的概念与计算

## 一、定积分的概念

**定义 1**　设函数 $f(x)$ 在 $[a,b]$ 上连续且 $f(x)>0$，由曲线 $y=f(x)$，$x$ 轴，$x=a$，$x=b$ 所围成图形的面积，称为函数 $f(x)$ 在 $[a,b]$ 上的定积分，记作 $\int_a^b f(x)\mathrm{d}x$.

**定义 2**　设函数 $f(x)$ 在 $[a,b]$ 上连续且 $f(x)<0$，定义 $\int_a^b f(x)\mathrm{d}x = -\int_a^b [-f(x)]\mathrm{d}x$. 从几何上来说，$\int_a^b f(x)\mathrm{d}x$ 表示由 $x$ 轴和曲线 $y=f(x)$ 以及 $x=a$，$x=b$ 所围成图形面积值的相反数.

**定义 3**　设函数 $f(x)$ 在 $[a,b]$ 上连续，规定：$\int_b^a f(x)\mathrm{d}x = -\int_a^b f(x)\mathrm{d}x$.

由上述定积分的定义可知，计算定积分可以归结为计算所围成图形的面积. 我们可以通过将 $[a,b]$ 区间 $n$ 等分，求出对应在各个小区间上面积的近似值，将所有这些小区间上面积的近似值求和就得到所围图形面积的近似值，再令 $n \to \infty$ 取极限，可获得一些简单图形所围成图形面积的精确值.

## 二、定积分的计算

利用定积分的定义求定积分时一般比较麻烦，为此需要研究更简单的求定积分的方法，这就是牛顿——莱布尼兹公式.

**定理1**　设函数 $f(x)$ 在 $[a,b]$ 上连续，则 $\int_a^b f(x)\mathrm{d}x = [F(x)]_a^b = F(b)-F(a)$，其中 $F'(x)=f(x)$.

函数 $F(x)$ 称为 $f(x)$ 的原函数. 求原函数的方法可以归结为求不定积分，求不定积分就是求所有的原函数. 如果知道其中一个原函数，后边加任意常数就是不定积分了.

常见的公式有

$$\int x^\alpha \mathrm{d}x = \frac{x^{\alpha+1}}{\alpha+1} + C, \quad (\alpha \neq -1).$$

例如，$\int x^3 \mathrm{d}x = \frac{x^4}{4} + C$.

这样计算定积分就变得容易了. 例如，

$$\int_1^2 x^3 \mathrm{d}x = \left[\frac{x^4}{4}\right]_1^2 = \frac{2^4}{4} - \frac{1^4}{4} = \frac{15}{4}.$$

**注**：在计算 $[kf(x)]_a^b$ 的值时，可利用 $[kf(x)]_a^b = k[f(x)]_a^b$ 进行简化. 上面的积分可以这

样计算：
$$\int_1^2 x^3 \mathrm{d}x = \left(\frac{x^4}{4}\right)\bigg|_1^2 = \frac{1}{4}\left(x^4\right)\bigg|_1^2 = \frac{1}{4}(2^4 - 1^4) = \frac{15}{4}.$$

# 三、定积分的计算性质

1. 常数因子 $k$ 可提到积分符号前，即
$$\int_a^b k f(x)\mathrm{d}x = k\int_a^b f(x)\mathrm{d}x.$$

2. 代数和的积分等于积分的代数和，即
$$\int_a^b [f(x) \pm g(x)]\mathrm{d}x = \int_a^b f(x)\mathrm{d}x \pm \int_a^b g(x)\mathrm{d}x.$$

3. （区间的可加性）对任意三个数 $a$，$b$，$c$，总有
$$\int_a^b f(x)\mathrm{d}x = \int_a^c f(x)\mathrm{d}x + \int_c^b f(x)\mathrm{d}x.$$

# 四、分段函数的定积分

下面通过一个具体的例子加以说明

**例 1** 已知 $f(x) = \begin{cases} x, x \leqslant 1 \\ x^2, x > 1 \end{cases}$，求 $\int_0^2 f(x)\mathrm{d}x$.

**解：**
$$\int_0^2 f(x)\mathrm{d}x = \int_0^1 f(x)\mathrm{d}x + \int_1^2 f(x)\mathrm{d}x = \int_0^1 x\mathrm{d}x + \int_1^2 x^2 \mathrm{d}x = \left[\frac{x^2}{2}\right]_0^1 + \left[\frac{x^3}{3}\right]_1^2$$
$$= \frac{1}{2}\left[x^2\right]_0^1 + \frac{1}{3}\left[x^3\right]_1^2 = \frac{1}{2}(1^2 - 0^2) + \frac{1}{3}(2^3 - 1^3) = \frac{1}{2} + \frac{7}{3} = \frac{17}{6}.$$

# 五、无穷限的反常积分

在一些实际问题中，往往还会遇到积分区间为无限的积分，它们已经不属于前面所说的定积分，因此需要将定积分的有限区间推广到无限区间. 考虑有界函数在无限区间上的积分，称之为无穷限的反常积分.

无穷限的反常积分可按照积分区间为 $[a, +\infty)$，$(-\infty, b]$，$(-\infty, +\infty)$ 分为三种情况，下面分别给出定义.

**定义 4** 设函数 $f(x)$ 在无穷区间 $[a, +\infty)$ 上有定义，取 $t > a$，若极限
$$\lim_{t \to +\infty} \int_a^t f(x)\mathrm{d}x$$

存在，则称反常积分 $\int_a^{+\infty} f(x)\mathrm{d}x$ **收敛**，并称此极限为该反常积分的值；若上述极限不存在，则称反常积分 $\int_a^{+\infty} f(x)\mathrm{d}x$ **发散**.

**定义 5** 设函数 $f(x)$ 在无穷区间 $(-\infty, b]$ 上有定义，取 $t < b$，若极限

$$\lim_{t \to -\infty} \int_t^b f(x)\mathrm{d}x$$

存在，则称反常积分 $\int_{-\infty}^b f(x)\mathrm{d}x$ **收敛**，并称此极限为该反常积分的值；若上述极限不存在，则称反常积分 $\int_{-\infty}^b f(x)\mathrm{d}x$ **发散**.

若 $F(x)$ 是 $f(x)$ 的一个原函数，则

$$\int_a^{+\infty} f(x)\mathrm{d}x = \lim_{b \to +\infty} \int_a^b f(x)\mathrm{d}x = \lim_{b \to +\infty} \left[ F(x) \right]_a^b = \lim_{b \to +\infty} [F(b) - F(a)]$$

$$= \lim_{b \to +\infty} F(b) - \lim_{b \to +\infty} F(a) = \lim_{b \to +\infty} F(b) - F(a) = \lim_{x \to +\infty} F(x) - F(a).$$

$$\int_{-\infty}^b f(x)\mathrm{d}x = \lim_{t \to -\infty} \int_t^b f(x)\mathrm{d}x = \lim_{t \to -\infty} \left[ F(x) \right]_t^b = \lim_{t \to -\infty} [F(b) - F(t)]$$

$$= \lim_{t \to -\infty} F(b) - \lim_{t \to -\infty} F(t) = F(b) - \lim_{t \to -\infty} F(t) = F(b) - \lim_{x \to -\infty} F(x).$$

若记 $\lim\limits_{x \to -\infty} F(x) = F(-\infty)$，$\lim\limits_{x \to +\infty} F(x) = F(+\infty)$，则反常积分

$$\int_a^{+\infty} f(x)\mathrm{d}x = F(+\infty) - F(a) = \left[ F(x) \right]_a^{+\infty},$$

$$\int_{-\infty}^b f(x)\mathrm{d}x = F(b) - F(-\infty) = \left[ F(x) \right]_{-\infty}^b,$$

$$\int_{-\infty}^{+\infty} f(x)\mathrm{d}x = \int_{-\infty}^a f(x)\mathrm{d}x + \int_a^{+\infty} f(x)\mathrm{d}x = \left[ F(x) \right]_{-\infty}^a + \left[ F(x) \right]_a^{+\infty}$$

$$= F(a) - F(-\infty) + F(+\infty) - F(a) = F(+\infty) - F(-\infty) = \left[ F(x) \right]_{-\infty}^{+\infty}.$$

**定义 6** 设函数 $f(x)$ 在无穷区间 $(-\infty, +\infty)$ 上有定义，如果反常积分 $\int_a^{+\infty} f(x)\mathrm{d}x$ 与反常积分 $\int_{-\infty}^a f(x)\mathrm{d}x$ 均收敛，则称反常积分 $\int_{-\infty}^{+\infty} f(x)\mathrm{d}x$ **收敛**，并称反常积分 $\int_{-\infty}^{+\infty} f(x)\mathrm{d}x$ 的值为反常积分 $\int_a^{+\infty} f(x)\mathrm{d}x$ 的值与反常积分 $\int_{-\infty}^a f(x)\mathrm{d}x$ 的值之和，否则称反常积分 $\int_{-\infty}^{+\infty} f(x)\mathrm{d}x$ **发散**.

# 六、变上限的定积分及其求导定理

设函数 $y = f(x)$ 在区间 $[a, b]$ 上连续，对于任意的 $x \in [a, b]$，$f(x)$ 在 $[a, x]$ 上连续，所以函数 $f(x)$ 在 $[a, x]$ 上可积，将该积分 $\int_a^x f(t)\mathrm{d}t$ 与 $x$ 对应，就得到一个定义在 $[a, b]$ 上的函数

$$\varPhi(x) = \int_a^x f(t)\mathrm{d}t, \quad x \in [a, b].$$

这样的函数被称为积分上限函数（或变上限的定积分），其几何意义如图 1 所示.

**定理 2** 如果函数 $f(x)$ 在闭区间 $[a, b]$ 上连续，则积分上限函数 $\varPhi(x) = \int_a^x f(t)\mathrm{d}t$ 是 $f(x)$ 在 $[a, b]$ 上的一个原函数，

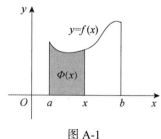

图 A-1

即

$$\varPhi'(x) = \left[\int_a^x f(t)\mathrm{d}t\right]' = f(x) , \quad x \in [a, b].$$

证明从略.

**例2** 已知 $\varPhi(x) = \int_0^x (t^3 + 4)\mathrm{d}t$，求 $\varPhi'(x)$.

**解：** $\varPhi'(x) = \dfrac{\mathrm{d}}{\mathrm{d}x}\left[\int_0^x (t^3 + 4)\mathrm{d}t\right] = x^3 + 4$.

# 七、积分在概率中的应用

**例3** 设随机变量 $X$ 的概率密度为 $p(x) = \begin{cases} kx^2, & 0 \leqslant x \leqslant 1, \\ 0, & \text{其他}. \end{cases}$ 求 $\int_{-\infty}^{+\infty} p(x)\mathrm{d}x$.

**解：**
$$\int_{-\infty}^{+\infty} p(x)\mathrm{d}x = \int_{-\infty}^0 p(x)\mathrm{d}x + \int_0^1 p(x)\mathrm{d}x + \int_1^{+\infty} p(x)\mathrm{d}x$$

$$= \int_{-\infty}^0 0\mathrm{d}x + \int_0^1 kx^2\mathrm{d}x + \int_1^{+\infty} 0\mathrm{d}x = \lim_{t \to -\infty}\int_t^0 0\mathrm{d}x + k\int_0^1 x^2\mathrm{d}x + \lim_{b \to +\infty}\int_1^b 0\mathrm{d}x$$

$$= \lim_{t \to -\infty}\left[C\right]_t^0 + k\left[\dfrac{x^3}{3}\right]_0^1 + \lim_{b \to +\infty}\left[C\right]_1^b = \lim_{t \to -\infty} 0 + \dfrac{k}{3}\left[x^3\right]_0^1 + \lim_{b \to +\infty} 0$$

$$= 0 + \dfrac{k}{3}(1^3 - 0^3) + 0 = \dfrac{k}{3}$$

**例4** 设连续型随机变量 $Y$ 的分布函数 $F_Y(y) = \int_{-\infty}^{y-30} p(x)\mathrm{d}x$，求 $Y$ 的概率密度函数.

**解：** 函数 $F_Y(y) = \int_{-\infty}^{y-30} p(x)\mathrm{d}x$ 可以看成由 $g(u) = \int_{-\infty}^u p(x)\mathrm{d}x$ 和 $u = h(y) = y - 30$ 复合而成，即 $F_Y(y) = g(h(y))$. 根据复合函数的求导法则，可知 $F_Y'(y) = [g(h(y))]' = g'(h(y))h'(y)$

因为 $$g'(u) = \left(\int_{-\infty}^u p(x)\mathrm{d}x\right)' = p(u) , \quad h'(y) = (y - 30)' = 1,$$

所以 $$F_Y'(y) = [g(h(y))]' = g'(h(y))h'(y) = p(y - 30).$$

# 附录B　微元法

微元法是将所求量表示为定积分的一种分析方法. 下面通过一个熟知的定积分问题来说明微元法.

**引例 1**　写出由连续曲线 $y = f(x)$（$f(x) > 0$），$x = a$，$x = b$，$x$ 轴围成的图形的面积.

**分析**　如图 B-1 所示. 由定积分的定义可知，所求的面积为

$$A = \int_a^b f(x) \mathrm{d}x.$$

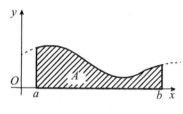

图 B-1

这个表达式可以通过另外的方式得到，即先确定积分区间，再直接寻找被积表达式.

这样做的前提是，在大的区间 $[a,b]$ 上对应的面积等于各个小区间上对应的面积之和. 这种性质称为所求量对区间具有可加性.

接下来在 $[a,b]$ 上选取代表区间 $[x, x+\mathrm{d}x]$，其中 $\mathrm{d}x$ 是一个非常小非常小的量，求出相应的面积. 如图 B-2 所示.

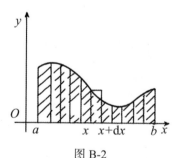

图 B-2

因为 $\mathrm{d}x$ 非常小，所以相应的图形可以看成底边长为 $\mathrm{d}x$，高为 $f(x)$ 的矩形，其面积为 $f(x)\mathrm{d}x$，所以得到所求面积为 $\int_a^b f(x)\mathrm{d}x$.

这种直接找寻定积分表达式的方法称为微元法.

一般地，将具体问题中所求量表示为定积分时，总是把所求量看成是与自变量的某个变化区间相联系的整体量. 当把区间划分为若干个小区间时，整体量就相应地分成若干个部分量，而整体量等于各部分量之和，这一性质称为所求量对于区间具有可加性.

当所求量对于区间具有可加性时，任取一个具有代表性的微小区间$[x,x+\mathrm{d}x]$，并求出整体量在此区间上的部分量，以此作为被积表达式，并将所求量表示为定积分的形式，这种直接在部分区间上寻找被积表达式，从而得出定积分的方法，通常称为微元法.

**例 1**  用微元法求出由$y=f_2(x)$，$y=f_1(x)$ $(f_2(x)>f_1(x))$，$x=a$，$x=b$所围成图形的面积.

**解：** 如图 B-3 所示. 不难看出，所求量对于区间$[a,b]$具有可加性.

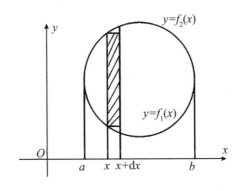

图 B-3

在$[a,b]$上任取小区间$[x,x+\mathrm{d}x]$，则$[x,x+\mathrm{d}x]$上对应的面积为

$$\mathrm{d}S=[f_2(x)-f_1(x)]\mathrm{d}x，$$

于是所求的面积为

$$S=\int_a^b[f_2(x)-f_1(x)]\mathrm{d}x.$$

# 附录C　不等式的求解

## 一、求解方程与求解不等式

解关于 $x$ 的方程就是找出使方程成立的数 $x$ 的集合，解关于 $x$ 的不等式就是找出使不等式成立的数 $x$ 的集合.

解不等式类似于解方程，但也有差别.

类似之处有：

（1）不等式两边加上或减去同一个数不等号不改变. 例如，由 $x-2<7$ 可以得到 $x<9$，由 $x+2<7$ 可以得到 $x<5$.

（2）不等式两边同乘以一个正数不等号不改变. 例如，由 $\frac{1}{2}x<7$ 可以得到 $x<14$.

差别之处有：

不等式两边同乘以一个负数时不等式改变方向. 例如，由 $-\frac{1}{2}x<7$ 可以得到 $x>-14$.

下面主要针对本书相关推导所需要的一次不等式和绝对值不等式的求解进行介绍.

1. 一次不等式的求解

下面通过一个例子来说明解法.

**例1**　解不等式 $-\frac{1}{2}(x+2)<9$.

**解**：不等式两边同乘以 $-2$，得 $x+2>-18$. 再从两边减去 2，得 $x>-20$. 所以不等式的解集为 $x>-20$.

2. 绝对值不等式的求解

（1）先介绍绝对值的含义

$$|a|=\begin{cases} a, & a>0 \\ 0, & a=0 \\ -a, & a<0 \end{cases} \text{ 也可以写成 } |a|=\begin{cases} a, & a\geqslant 0 \\ -a, & a<0 \end{cases}.$$

（2）绝对值不等式

**例2**　当 $b>0$ 时，求解 $|x|<b$.

**解**：

（1）当 $x\geqslant 0$ 时，由于 $|x|=x$，于是原不等式变为：$x<b$，所以，当 $x\geqslant 0$ 时，解集为 $0\leqslant x<b$；

（2）当 $x<0$ 时，由于 $|x|=-x$，于是原不等式变为：$-x<b$，解得 $x>-b$，所以，当 $x<0$ 时，解集为 $-b<x<0$.

综上，当 $b>0$ 时，$|x|<b$ 的解集为 $-b<x<b$，也可以写成 $|x|<b \Leftrightarrow -b<x<b$.

**例 3**　当 $b>0$ 时，求解 $|x-a|<b$.

**解**：利用上题可知

$$|x-a|<b \Leftrightarrow -b<x-a<b \Leftrightarrow -b<x-a<+b \Leftrightarrow a-b<x<a+b.$$

**例 4**　当 $b>0$ 时，求解 $|a-x|<b$.

**解**：因为 $|a-x|=|x-a|$，所以 $|a-x|<b \Leftrightarrow |x-a|<b \Leftrightarrow a-b<x<a+b$.

**例 5**　当 $b>0, c>0$ 时，证明 $\left|\dfrac{a-x}{c}\right|<b \Leftrightarrow a-cb<x<a+cb$.

**解**：$\left|\dfrac{a-x}{c}\right|<b \Leftrightarrow |a-x|<cb \Leftrightarrow a-cb<x<a+cb$.

**例 6**　已知 $\overline{X}, \sigma, n$，其中 $\sigma>0$，求满足 $\left|\dfrac{\overline{X}-\mu}{\sigma/\sqrt{n}}\right|<1.96$ 的 $\mu$ 的范围.

**解**：利用例 5 的结果，由 $\left|\dfrac{\overline{X}-\mu}{\sigma/\sqrt{n}}\right|<1.96$，可得 $\overline{X}-\dfrac{\sigma}{\sqrt{n}}\times 1.96<\mu<\overline{X}+\dfrac{\sigma}{\sqrt{n}}\times 1.96$.

二、求解不等式在概率中的应用

设随机变量 $X$ 的数学期望为 $\mu$，标准差为 $\sigma$，$a,b$ 为实数且 $a\leqslant b$，则有

（1）$P\{a<X\leqslant b\}=P\{X\leqslant b\}-P\{X\leqslant a\}$；

（2）$P\{X\leqslant x\}=P\left\{\dfrac{X-\mu}{\sigma}\leqslant\dfrac{x-\mu}{\sigma}\right\}$；

（3）$P\{|X|>3\}=1-P\{|X|\leqslant 3\}$.

# 附录D　二元函数的极值

## 一、二元函数的概念

许多实际问题中所研究的对象往往牵涉到多方面的因素，反映到数学上就是一个因变量与多个自变量的情形，即多元函数问题. 最简单的多元函数就是二元函数.

下面给出二元函数的定义.

**定义 1**　设 $D$ 为 $R^2$ 中的点集，如果对于 $D$ 中的每一点 $P(x,y)$，按某一确定的对应规律 $f$，都有唯一的数 $z \in R$ 与之对应，则称 $f$ 是 $D$ 到 $R$ 的函数，也称 $f$ 是定义于 $D$ 上的实值函数，记作

$$f : D \to R$$
$$P \mapsto z = f(P) = f(x,y)$$

简记作 $z = f(x,y)$，称为 $x,y$ 的二元函数. $x$，$y$ 称为自变量，$z$ 称为因变量，点集 $D$ 称为函数 $f$ 的定义域.

## 二、二元函数的偏导数

在一些实际问题中往往需要突出一个因素或自变量，而把其余的因素或自变量暂时固定下来. 只考虑多元函数关于其中一个自变量的变化率，这就是所谓的偏导数概念.

一般地，二元函数偏导数的定义如下.

**定义 2**　对于二元函数 $z = f(x,y)$，将自变量 $y$ 视为常数，对 $x$ 求导所得到的结果称为函数 $z = f(x,y)$ 关于 **$x$ 的偏导数**，记作

$$f_x'(x,y) \left( \text{或} \frac{\partial z}{\partial x}, \quad \frac{\partial f}{\partial x} \right).$$

将自变量 $x$ 视为常数，对 $y$ 求导所得到的结果称为函数 $z = f(x,y)$ **关于 $y$ 的偏导数**，记作

$$f_y'(x,y) \left( \text{或} \frac{\partial z}{\partial y}, \quad \frac{\partial f}{\partial y} \right).$$

在点 $(x_0, y_0)$ 处，关于 $x$ 的偏导数记作 $f_x'(x_0, y_0)$ 或 $\left. \dfrac{\partial z}{\partial x} \right|_{\substack{x=x_0 \\ y=y_0}}$，关于 $y$ 的偏导数记作 $f_y'(x_0, y_0)$ 或 $\left. \dfrac{\partial z}{\partial y} \right|_{\substack{x=x_0 \\ y=y_0}}$.

**例 1**　求函数 $z = x^2 y + y^2 \ln x + 4$ 的偏导数.

解：$\dfrac{\partial z}{\partial x} = 2xy + \dfrac{y^2}{x}$，$\dfrac{\partial z}{\partial y} = x^2 + 2y\ln x$．

## 三、二元函数极值存在的必要条件

**定义 3** 设函数 $z = f(x,y)$ 的定义域为 $D$．若存在 $P_0(x_0, y_0)$ 的某个邻域 $U(P_0) \subset D$，对于该邻域内异于 $P_0(x_0, y_0)$ 的任意点 $(x, y)$，都有

$$f(x, y) < f(x_0, y_0)，$$

则称函数 $f(x, y)$ 在点 $P_0(x_0, y_0)$ 处取得极大值 $f(x_0, y_0)$，点 $P_0(x_0, y_0)$ 称为函数 $f(x, y)$ 的极大值点；若对于该邻域内异于 $P_0(x_0, y_0)$ 的任意点 $(x, y)$，都有

$$f(x, y) > f(x_0, y_0)，$$

则称函数 $f(x, y)$ 在点 $P_0(x_0, y_0)$ 处取得极小值 $f(x_0, y_0)$，点 $P_0(x_0, y_0)$ 称为函数 $f(x, y)$ 的极小值点．

极大值与极小值统称为函数的极值．使函数取得极值的点称为函数的极值点．

**定理 1（极值存在的必要条件）** 设函数 $z = f(x,y)$ 在点 $(x_0, y_0)$ 处的两个一阶偏导数都存在，若 $(x_0, y_0)$ 是 $f(x, y)$ 的极值点，则有

$$f'_x(x_0, y_0) = 0，\quad f'_y(x_0, y_0) = 0．$$

使得两个一阶偏导数都等于零的点 $(x_0, y_0)$ 称为二元函数 $f(x,y)$ 的**驻点**．

## 四、回归分析中的极值问题

**例 2** 已知二元函数 $Q(a,b) = \displaystyle\sum_{i=1}^{n}(y_i - a - bx_i)^2$，求 $\dfrac{\partial Q}{\partial a}$，$\dfrac{\partial Q}{\partial b}$．

解：$\dfrac{\partial Q}{\partial a} = \displaystyle\sum_{i=1}^{n} 2(y_i - a - bx_i)(y_i - a - bx_i)'_a = \sum_{i=1}^{n} -2(y_i - a - bx_i) = -2\sum_{i=1}^{n}(y_i - a - bx_i)$，

$\dfrac{\partial Q}{\partial b} = \displaystyle\sum_{i=1}^{n} 2(y_i - a - bx_i)(y_i - a - bx_i)'_b = \sum_{i=1}^{n} 2(y_i - a - bx_i)(-x_i) = -2\sum_{i=1}^{n}(y_i - a - bx_i)x_i$．

## 五、二元函数极值的判定定理

**定理 2 （极值存在的充分条件）** 设点 $(x_0, y_0)$ 是函数 $z = f(x,y)$ 的驻点，且函数 $z = f(x,y)$ 在点 $(x_0, y_0)$ 处的某个邻域内具有连续的二阶偏导数，记

$$A = f''_{xx}(x_0, y_0)，\quad B = f''_{xy}(x_0, y_0)，\quad C = f''_{yy}(x_0, y_0)，$$

则有

（1）如果 $AC - B^2 > 0$，则 $(x_0, y_0)$ 为 $f(x, y)$ 的极值点；且当 $A > 0$ 时，$f(x_0, y_0)$ 为极小值；当 $A < 0$ 时，$f(x_0, y_0)$ 为极大值．

（2）如果 $AC - B^2 < 0$，则 $(x_0, y_0)$ 不是 $f(x, y)$ 的极值点．

（3）如果 $AC - B^2 = 0$，则不能确定点 $(x_0, y_0)$ 是否为 $f(x, y)$ 的极值点．

# 附录E Γ函数

Γ函数在概率统计中占有独特的地位，下面进行介绍.

对于反常积分 $\int_0^{+\infty} x^{\alpha-1}e^{-x}dx$，可以利用反常积分敛散性的判别方法，证明对于任何正实数 $\alpha > 0$ 都是收敛的. 这样对于每一个正实数，都有唯一的反常积分 $\int_0^{+\infty} x^{\alpha-1}e^{-x}dx$ 的值与之对应，于是在正实数 $\alpha$ 与反常积分 $\int_0^{+\infty} x^{\alpha-1}e^{-x}dx$ 值之间就形成一个函数. 我们将此函数称为 Γ函数，记作 $\Gamma(\alpha)$. 这样我们就有下面的定义.

**定义 1** 对于任何正实数 $\alpha > 0$，定义 $\Gamma(\alpha) = \int_0^{+\infty} x^{\alpha-1}e^{-x}dx$，称为 Γ函数.

可以证明

$$\Gamma(\alpha+1) = \alpha\Gamma(\alpha), \quad \Gamma\left(\frac{1}{2}\right) = \sqrt{\pi}, \quad \Gamma(1) = 1,$$

于是也有 $\Gamma(n+1) = n!$ 成立.

# 附录F 外层函数为分段函数的复合函数的求法

这里只介绍在确定连续型随机变量函数的分布时用到的分段函数的复合函数的求法，主要是外层函数为分段函数而内层函数不是分段函数的情形。

首先用内层函数替换外层函数的自变量，写出复合后函数的表达式；其次将其中用内层函数所表示的变化范围分别表示为内层函数的自变量的变化范围。

下面通过两个例子进行说明。

**例 1** 设 $f(x) = \begin{cases} \dfrac{1}{10}, & 0 \leqslant x \leqslant 10, \\ 0, & \text{其他} \end{cases}$ ， $g(x) = x - 30$ ，求 $f(x-30)$ .

**解**： $f(x-30) = \begin{cases} \dfrac{1}{10}, & 0 \leqslant x-30 \leqslant 10, \\ 0, & \text{其他} \end{cases} = \begin{cases} \dfrac{1}{10}, & 30 \leqslant x \leqslant 40, \\ 0, & \text{其他}. \end{cases}$

**例 2** 设 $p(x) = \begin{cases} \dfrac{1}{9}x, & 0 \leqslant x \leqslant 3, \\ 0, & \text{其他} \end{cases}$ ， $g(x) = 3x - 1$ ，求 $p(3x-1)$ .

**解**： $p(3x-1) = \begin{cases} \dfrac{1}{9}(3x-1), & 0 \leqslant 3x-1 \leqslant 3, \\ 0, & \text{其他}. \end{cases} = \begin{cases} \dfrac{1}{3}x - \dfrac{1}{9}, & \dfrac{1}{3} \leqslant x \leqslant \dfrac{4}{3}, \\ 0, & \text{其他}. \end{cases}$

# 附录G 二重积分的概念及其计算

## 一、定积分的概念

**定义 1** 设二元连续函数 $z = f(x, y) > 0$，其定义域为 $xOy$ 平面上的区域 $D$，假设二元函数 $z = f(x, y)$ 的几何表示为曲面 $S$（如图 G-1 所示），则由区域 $D$ 和曲面 $S$ 以及柱面围成了一个曲顶柱体，我们将此体积称为二元函数 $z = f(x, y)$ 在 $D$ 上的二重积分，记作 $\iint\limits_D f(x, y)\mathrm{d}\sigma$

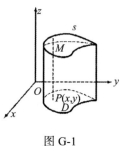

图 G-1

（或 $\iint\limits_D f(x, y)\mathrm{d}x\mathrm{d}y$）．区域 $D$ 也称为积分区域，二元函数 $f(x, y)$ 也称为被积函数．

## 二、二重积分的计算方法

由二重积分的定义可知，当二元函数 $z = f(x, y) > 0$ 时，二重积分 $\iint\limits_D f(x, y)\mathrm{d}\sigma$ 表示由区域 $D$ 和曲面 $S$ 以及柱面围成的曲顶柱体的体积，利用平行截面面积为已知的立体体积的计算方法，可以找出二重积分的计算方法．

### 1. 当积分区域 $D$ 为 $X$－型区域时

假设积分区域 $D$ 可表示为： $\qquad \varphi_1(x) \leqslant y \leqslant \varphi_2(x), a \leqslant x \leqslant b$ ，

其中函数 $\varphi_1(x)$ ， $\varphi_2(x)$ 在 $[a, b]$ 上连续（如图 G-2 所示）．

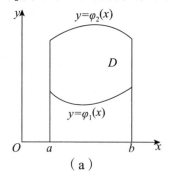

（a）

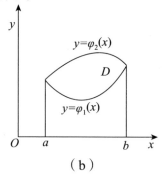

（b）

图 G-2

则
$$\iint\limits_D f(x, y)\mathrm{d}x\mathrm{d}y = \int_a^b \left[ \int_{\varphi_1(x)}^{\varphi_2(x)} f(x, y)\mathrm{d}y \right]\mathrm{d}x$$

上式右端是一个先对 $y$ 、再对 $x$ 的二次积分．就是说，先把 $x$ 看作常数，把 $f(x, y)$ 只

看作 $y$ 的函数，并对 $y$ 计算从 $\varphi_1(x)$ 到 $\varphi_2(x)$ 的定积分，然后把所得的结果（是 $x$ 的函数）再对 $x$ 计算从 $a$ 到 $b$ 的定积分. 这个先对 $y$、再对 $x$ 的二次积分也常记作

$$\int_a^b \mathrm{d}x \int_{\varphi_1(x)}^{\varphi_2(x)} f(x,y)\mathrm{d}y$$

于是得到二重积分化为先对 $y$，再对 $x$ 的二次积分的公式为

$$\iint\limits_D f(x,y)\mathrm{d}x\mathrm{d}y = \int_a^b \mathrm{d}x \int_{\varphi_1(x)}^{\varphi_2(x)} f(x,y)\mathrm{d}y$$

在上述讨论中，我们假定 $f(x,y)>0$. 但实际上公式的成立并不受此条件限制.

### 2. 当积分区域 $D$ 为 $Y$–型区域时

假设积分区域 $D$ 可表示为：　　　　　$\psi_1(y)\leqslant x\leqslant \psi_2(y), c\leqslant y\leqslant d$

其中函数 $\psi_1(y)$，$\psi_2(y)$ 在 $[c,d]$ 上连续（如图 G-3 所示）.

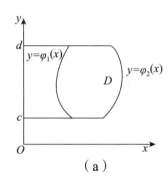 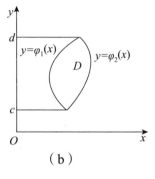

（a）　　　　　　　　　　　　（b）

图 G-3

则　　　　　$$\iint\limits_D f(x,y)\mathrm{d}x\mathrm{d}y = \int_c^d \left[ \int_{\psi_1(x)}^{\psi_2(x)} f(x,y)\mathrm{d}x \right]\mathrm{d}y = \int_c^d \mathrm{d}y \int_{\psi_1(x)}^{\psi_2(x)} f(x,y)\mathrm{d}x$$

这就是把二重积分化为先对 $x$、再对 $y$ 的二次积分的公式.

# 附录H 习题答案

注：下面只对所有题目中的 $a$ 取 0 的情况，给出了答案，其他情况可类似得到，这里从略.

## 第一篇 基础篇

## 第 1 章

### 测试题

#### 一、统计

1.

| 鞋号 | 34 | 35 | 36 | 37 | 38 | 39 | 40 |
|------|------|------|------|------|------|------|------|
| 数量 | 4 | 10 | 11 | 9 | 2 | 1 | 1 |
| 百分比 | 10.53% | 26.32% | 28.95% | 23.68% | 5.26% | 2.63% | 2.63% |

建议学校多购买 35 号、36 号和 37 号的运动鞋.

2. 略.

3. 略.

4.（1）40；（2）略；（3）中位数落在 70.5~80.5；（4）优秀率为 12.5%.

5.（1）9,9；（2）8.75.

6. 略.

7. 男 16，女 12.

8.（1）甲：平均数 1.5，方差 1.65；乙：平均数 1.2，方差 0.76；（2）甲机床出现次品的波动较大.

#### 二、概率

1. $\frac{1}{2}$.

2. 0.5.

3.（1）$\frac{1}{4}$；（2）$\frac{1}{4}$；（3）$\frac{1}{2}$.

4. $\frac{1}{6}$.

5. $\dfrac{7}{8}$.

**习题1**

1. 6.

2. 2月和3月.

3. 略

4. 153.5~157.5 范围内的人数最多.

5. (1) 9.51分; (2) 9.525分; (3) 9.52分.

6. (1) 均值=274.1, 众数=所有数, 中位数=272.5; (2) 极差=86, 标准差=21.17472.

7. $\dfrac{1}{6}$, $\dfrac{2}{3}$.

8. 略.

9. 本人获胜概率为 $\dfrac{1}{2}$, 对方获胜概率为 $\dfrac{1}{6}$, 不公平; 将 7 换成 3 的倍数,如 9 等, 公平.

10. 30

11. $R=\dfrac{2}{\sqrt[4]{3}}$.

12. $\dfrac{7}{16}$.

13. $\dfrac{1}{2}$.

# 第 2 章

**习题2**

1.

| $X$ | $-1$ | $0$ | $1$ |
| --- | --- | --- | --- |
| $P$ | $\dfrac{2}{7}$ | $\dfrac{1}{7}$ | $\dfrac{4}{7}$ |

2. $c=2.5$.

3. (1) $P\{0\leqslant X<2\}=0.27$; (2) $P\{X>2\}=0.2$.

4. $E(X)=-\dfrac{2}{3}$, $D(X)=\dfrac{20}{9}$, $E(X^3)=-\dfrac{8}{3}$, $E\left\{[X-E(X)]^3\right\}=\dfrac{168}{81}$.

5. $E(X)=\dfrac{1}{4}$, $D(X)=\dfrac{3}{16}$, $E(X^3)=\dfrac{1}{4}$, $E\left\{[X-E(X)]^3\right\}=\dfrac{3}{32}$.

6. $k=\dfrac{2}{5}$.

7. (1) $P\{0.5\leqslant X\leqslant 1\}=\dfrac{3}{16}$; (2) $P\{0.5\leqslant X\leqslant 1.5\}=\dfrac{1}{2}$.

8.（1）$k=2$；（2）$E(X)=\dfrac{2}{3}$，$D(X)=\dfrac{1}{18}$，$E(X^3)=\dfrac{2}{5}$.

9.（1）$k=\dfrac{1}{9}$；（2）$E(X)=\dfrac{9}{4}$，$D(X)=\dfrac{27}{80}$，$E(X^3)=\dfrac{27}{2}$.

## 第 3 章

### 习题3

1.（1）$P\{X\leqslant 1.4\}=0.9192$；（2）$P\{X\leqslant-1.35\}=0.0885$；（3）$P\{-2.11<X<2.89\}=0.9806$；
（4）$P\{|X|>2.12\}=0.0340$；（5）$P\{|X|\geqslant 1.59\}=0.1118$.

2.（1）$\{|X|\geqslant 1.96\}$；（2）$\{|X|\geqslant 2.5758\}$.

3.（1）$\left\{\left|\dfrac{X-2}{0.5}\right|\geqslant 2.17\right\}$；（2）$\left\{\left|\dfrac{X-2}{0.5}\right|\geqslant 2.005\right\}$.

4.（1）$P\{X\leqslant 2.45\}=0.2266$；（2）$P\{1.27<X\leqslant 2.35\}=0.1116$.

5.（1）11538；（2）80.6.

6.（1）0.8413；（2）1584.

7.（2）（3）（4）不是统计量.

8. 样本均值=215.1；样本方差=416.1.

9. 样本均值=14.78 天；样本方差=50.69.

10. 0.8293.

## 第 4 章

### 习题4

1. 认为该日包装机工作正常.

2. 认为该批零件平均长度与原规格有明显差异.

## 第 5 章

### 习题5

1. $\hat{\theta}=2\overline{X}-1$.

2. 457.5；33.41033.

3.（9.176，10.874）.

# 第 6 章

## 习题6

1. （1）$\hat{y} = 14.659 + 10.277x$ ；（2）$r = 0.999$ ，回归效果显著；（3）24.936.

2. （1）$\hat{y} = 80.43 - 0.126x$ ；（2）回归效果显著；（3）33.18.

3. $\hat{y} = 62.807 - 1.079x$ ；回归效果显著.

4. 回归效果显著.

# 第二篇　中级篇

# 第 7 章

## 习题7

1. （1）0；（2）0.016；（3）0.995；（4）0.007.

2. $\{X \leqslant 4.404\} \cup \{X \geqslant 23.337\}$ ；（2）$\{X \leqslant 3.074\} \cup \{X \geqslant 28.3\}$ .

3. （1）$\{X \leqslant 10.815\} \cup \{X \geqslant 40.094\}$ ；（2）$\{X \leqslant 11.499\} \cup \{X \geqslant 38.499\}$ .

4. 认为方差与 60 没有显著差异.

5. 可以认为这批铜线折断力的方差为 64.

6. $(20.991, 92.144)$ .

# 第 8 章

## 习题8

1. （1）0.905；（2）0.102；（3）0.963；（4）0.058；（5）0.140.

2. （1）$\{|X| \geqslant 2.3646\}$ ；（2）$\{|X| \geqslant 3.4995\}$ .

3. （1）$\{|X| \geqslant 2.436\}$ ；（2）$\{|X| \geqslant 2.2178\}$ .

4. 成立.　　5. $(1599.4, 2064.6)$ .　　6. $(9.867, 10.213)$ .

# 第 9 章

## 习题9

1. （1）0.655；（2）0.859；（3）0.216；（4）0.303.

2. （1）$\{X \leqslant 0.17\} \cup \{X \geqslant 3.51\}$ ；（2）$\{X \leqslant 0.07\} \cup \{X \geqslant 8.3\}$ .

3. （1）$\{X \leqslant 0.085\} \cup \{X \geqslant 5.63\}$ ；（2）$\{X \leqslant 0.106\} \cup \{X \geqslant 4.897\}$ .

4. 可以认为这两台自动车床的方差不相等.

5. $(0.222, 3.597)$.

# 第 10 章

## 习题10

1. （1）$0.0926$；$0.034$；（2）$0.02$；（3）$0.2$；（4）$0.05$；（5）$0.1587$.

2. （1）$\alpha = 0.05$ 时的小概率事件为 $\{|X| \geqslant 1.96\}$；

$\alpha = 0.01$ 时的小概率事件为 $\{|X| \geqslant 2.58\}$.

（2）$\alpha = 0.05$ 时的小概率事件为 $\{X \leqslant 2.18\} \cup \{X \geqslant 17.535\}$.

$\alpha = 0.01$ 时的小概率事件为 $\{X \leqslant 1.344\} \cup \{X \geqslant 21.955\}$.

（3）$\alpha = 0.05$ 时的小概率事件为 $\{|X| \geqslant 2.306\}$.

$\alpha = 0.01$ 时的小概率事件为 $\{|X| \geqslant 3.3554\}$.

（4）$\alpha = 0.05$ 时的小概率事件为 $\{X \leqslant 0.17\} \cup \{X \geqslant 3.51\}$.

$\alpha = 0.01$ 时的小概率事件为 $\{X \leqslant 0.05\} \cup \{X \geqslant 5.17\}$.

3. $87.2$；$39.7$；$6.30$；$671304.8$.

4. $0.8293$.　　5. 略.　　6. 略.

# 第三篇　高级篇

# 第 11 章

## 习题11

1. $12$.

2. $20$.

3. $6$.

4. （1）$35$；（2）$1000$；（3）$350$.

5. （1）$25$；（2）$20$.

6. （1）$64$ 种；（2）$81$ 种.

7. （1）$64$ 种；（2）$64$ 种；（3）$64$ 个.

8. （1）$16$；（2）$15$.

9. $7$.

10. $13$.

11. $27$.

12. $24$.

13. 3600.

14. 23.

15. 120.

16. 34650.

17. 720.

18. 5760.

19. 480.

20. 84.

21. 4088.

22. $\dfrac{8}{15}$.

23. （1）$\dfrac{28}{45}$；（2）$\dfrac{16}{45}$；（3）$\dfrac{17}{45}$.

24. （1）$A_i =$ "出现的点数为 $i$"，$i=1,2,3,4,5,6$，$\Omega = \left\{ A_1, A_2, A_3, A_4, A_5, A_6 \right\}$，$A = \left\{ A_1, A_3, A_5 \right\}$；

（2）$A_i = \{$第 $i$ 次击中目标$\}$，$i = 1,2,\cdots$，$\Omega = \{A_1, A_2, \cdots\}$，$A = \{A_1, A_2, A_3\}$；

（3）$\Omega = \left\{ (x,y) \mid 0 < x+y < 1, 0 < x, y < 1 \right\}$，$A = \left\{ (x,y) \,\middle|\, \dfrac{1}{2} < x+y < 1, 0 < x, y < \dfrac{1}{2} \right\}$.

25. （1）$A_1 A_2 A_3 A_4$；（2）$\overline{A_1 A_2 A_3 A_4}$（或 $\overline{A_1} \cup \overline{A_2} \cup \overline{A_3} \cup \overline{A_4}$）；

（3）$\overline{A_1} A_2 A_3 A_4 + A_1 \overline{A_2} A_3 A_4 + A_1 A_2 \overline{A_3} A_4 + A_1 A_2 A_3 \overline{A_4}$；

（4）$(A_1 A_2) \cup (A_1 A_3) \cup (A_1 A_4) \cup (A_2 A_3) \cup (A_2 A_4) \cup (A_3 A_4)$.

26. $A_1 A_2 A_3 \cup A_1 A_2 \cup A_1 A_3 \cup A_2 A_3$.

27. （1）$\overline{A}$ 表示 "某甲没得 100 分"；（2）$A \cup B$ 表示 "某甲和某乙至少有一人得 100 分"；（3）$AB$ 表示 "某甲和某乙都得 100 分"；（4）$A\overline{B}$ 表示 "某甲得 100 分但某乙没得 100 分"；（5）$\overline{A}\,\overline{B}$ 表示 "某甲和某乙都没得 100 分"；（6）$\overline{AB}$ 表示 "某甲和某乙没都得 100 分".

28. （1）$A$；（2）$\Omega$；（3）$\varnothing$.

29. 0.92.

30. 0.99.

31. 0.72.

32. 0.48.

33. $\dfrac{2}{3}$.

34. $\dfrac{\ln 0.05}{\ln 0.4}$.

35. （1）$2p^n - p^{2n}$；（2）$p^n (2-p)^n$.

36. $\dfrac{\ln 0.0001}{\ln 0.04}$.

37. （1）0.4096；（2）0.7373；（3）0.6723.

38. $\dfrac{3}{160775}$.

39. $\dfrac{3}{4}$.

40. （1）$P(A|B)=0$，$P(\overline{A}|\overline{B})=\dfrac{1}{4}$；（2）$P(A|B)=\dfrac{1}{2}$，$P(\overline{A}|\overline{B})=1$.

41. （1）0.4；（2）547/1421.

42. $\dfrac{3}{4}$，$\dfrac{1}{4}$.

43. $\dfrac{2^n q}{2^n q + p}$.

44. （1）$\dfrac{5}{9}$；（2）$\dfrac{3}{5}$.

45. 0.04.

# 第 12 章

习题12

1. $P\{X=i\}=\mathrm{C}_3^i 0.3^i (0.7)^{3-i}, i=0,1,2,3$.

2. （1）$P\{X=k\}=\mathrm{C}_5^k 0.1^k (0.9)^{5-k}, k=0,1,2,3,4,5$；（2）0.9915；（3）0.4095.

3. 0.997165.

4. $1-\dfrac{11\times 5^5}{6^6}$.

5. $\dfrac{13}{16}$.

6. （1）假如学号为 6，则关注的点数为 1；

（2）$X$ 的概率分布为 $P\{X=k\}=\mathrm{C}_5^k\left(\dfrac{1}{6}\right)^k\left(1-\dfrac{1}{6}\right)^{5-k}$，$k=0,1,2,3,4,5$；（3）$1-\dfrac{2\times 5^5}{6^5}$.

7. 0.0028.

8. （1）$p(x)=\begin{cases}\dfrac{1}{5}, & 0\leqslant x\leqslant 5 \\ 0, & \text{其他}\end{cases}$；（2）$\dfrac{2}{5}$.

9. （1）假设学号为 7，则该路汽车到达甲汽车站的间隔为 6 分钟；

（2）$p(x)=\begin{cases}\dfrac{1}{6}, & 0\leqslant x\leqslant 6 \\ 0, & \text{其他}\end{cases}$；（3）$\dfrac{3}{7}$；（4）3.

10.　$E(X) = \dfrac{6}{5}$，$D(X) = \dfrac{18}{25}$.

11.　$E(X) = 0.2$，$D(X) = 0.196$.

12.　$E(X) = \dfrac{n}{m}$，$D(X) = \dfrac{n}{m}\left(1 - \dfrac{1}{m}\right)$.

13.　48.

14.　$E(X) = \pi$，$D(X) = \dfrac{\pi^2}{3}$.

15.　$E(X) = 5$，$D(X) = \dfrac{25}{3}$.

16.　16 人.

17.　0.2.

18.　0.0082.

19.　$E(\overline{X}) = \mu$，$D(\overline{X}) = \dfrac{\sigma^2}{n}$.

20.　0.557.

# 第 13 章

## 习题13

1.　$F(x) = P\{X \leqslant x\} = \begin{cases} 0, & x < -1, \\ \dfrac{1}{4}, & -1 \leqslant x < 1, \\ 1, & x \geqslant 1. \end{cases}$

2.

| $Y$ | 1 | 3 |
|---|---|---|
| $P$ | $\dfrac{1}{4}$ | $\dfrac{3}{4}$ |

3.

| $Y$ | $-1$ | 0 |
|---|---|---|
| $P$ | 0.3 | 0.7 |

4.　$$p_Y(y) = \begin{cases} \dfrac{(y+2)^2}{243}, & -2 \leqslant y \leqslant 7, \\ 0, & \text{其他.} \end{cases}$$

5.　$p_Y(y) = \dfrac{1}{\sqrt{2\pi}}\mathrm{e}^{-\frac{y^2}{2}}$.

# 第 14 章

**习题14**

1.

| $X$ | $Y$ | |
|---|---|---|
| | 0 | 1 |
| 0 | $\dfrac{1}{6}$ | $\dfrac{1}{3}$ |
| 1 | $\dfrac{1}{3}$ | $\dfrac{1}{6}$ |

2. （1）$k = \dfrac{1}{3}$；（2）$\dfrac{11}{24}$；（3）$\dfrac{1}{6}$.

3. $(1-e^{-2})(1-e^{-8})$；$F(x,y) = \begin{cases} (1-e^{-2x})(1-e^{-4y}), & y>0, x>0, \\ 0, & \text{其他}. \end{cases}$

4. $f(x,y) = \dfrac{\partial^2 F(x,y)}{\partial x \partial y} = \begin{cases} 20e^{-(5x+4y)}, & x>0, y>0, \\ 0, & \text{其他}. \end{cases}$

5. $f_X(x) = \begin{cases} \dfrac{2}{\pi}\sqrt{1-x^2}, & -1 \leqslant x \leqslant 1, \\ 0, & \text{其他}. \end{cases}$　$f_Y(y) = \begin{cases} \dfrac{4}{\pi}\sqrt{1-y^2}, & 0 \leqslant y \leqslant 1, \\ 0, & \text{其他}. \end{cases}$

6. $f_X(x) = \begin{cases} \dfrac{1}{2}, & 0 \leqslant x \leqslant 2, \\ 0, & \text{其他}. \end{cases}$　$f_Y(y) = \begin{cases} \dfrac{1}{2}, & 0 \leqslant y \leqslant 2, \\ 0, & \text{其他}. \end{cases}$

7.

| $X$ | $Y$ | | | | |
|---|---|---|---|---|---|
| | 0 | 1 | 2 | 3 | $P\{X=x_i\}$ |
| 0 | $\dfrac{1}{10}$ | $\dfrac{1}{10}$ | $\dfrac{1}{10}$ | $\dfrac{1}{10}$ | $\dfrac{2}{5}$ |
| 1 | $\dfrac{1}{10}$ | $\dfrac{1}{10}$ | $\dfrac{1}{10}$ | 0 | $\dfrac{3}{10}$ |
| 2 | $\dfrac{1}{10}$ | $\dfrac{1}{10}$ | 0 | 0 | $\dfrac{1}{5}$ |
| 3 | $\dfrac{1}{10}$ | 0 | 0 | 0 | $\dfrac{1}{10}$ |
| $P\{Y=y_j\}$ | $\dfrac{2}{5}$ | $\dfrac{3}{10}$ | $\dfrac{1}{5}$ | $\dfrac{1}{10}$ | |

$X, Y$ 不是相互独立的.

8. $f_X(x) = \begin{cases} 2x, & 0 \leqslant x \leqslant 1, \\ 0, & \text{其他}. \end{cases}$　$f_Y(y) = \begin{cases} 2(1-y), & 0 \leqslant y \leqslant 1, \\ 0, & \text{其他}. \end{cases}$

$X$ 与 $Y$ 不是相互独立的.

9.（1） $f(x,y) = \begin{cases} 2\mathrm{e}^{-2y}, & 1 < x < 2, y > 0, \\ 0, & \text{其他.} \end{cases}$ （2） $P(Y \leq X) = 1 + \dfrac{1}{2}\left(\mathrm{e}^{-A} - \mathrm{e}^{-x}\right).$

10.

| $X$ | $Y$ | | |
|---|---|---|---|
| | 0 | 1 | $P\{X = x_i\}$ |
| 0 | $\dfrac{2}{30}$ | $\dfrac{8}{30}$ | $\dfrac{10}{30}$ |
| 1 | $\dfrac{8}{30}$ | $\dfrac{12}{30}$ | $\dfrac{20}{30}$ |
| $P\{Y = y_j\}$ | $\dfrac{10}{30}$ | $\dfrac{20}{30}$ | |

条件分布列如下：

在 $X = 0$ 条件下随机变量 $Y$ 的条件分布列为

$$P\{Y = 0 | X = 0\} = \frac{P\{X = 0, Y = 0\}}{P\{X = 0\}} = \frac{\dfrac{2}{30}}{\dfrac{10}{30}} = \frac{2}{10},$$

$$P\{Y = 1 | X = 0\} = \frac{P\{X = 0, Y = 1\}}{P\{X = 0\}} = \frac{\dfrac{8}{30}}{\dfrac{10}{30}} = \frac{8}{10},$$

在 $X = 1$ 条件下随机变量 $Y$ 的条件分布列为

$$P\{Y = 0 | X = 1\} = \frac{P\{X = 1, Y = 0\}}{P\{X = 1\}} = \frac{\dfrac{8}{30}}{\dfrac{20}{30}} = \frac{8}{20},$$

$$P\{Y = 1 | X = 1\} = \frac{P\{X = 1, Y = 1\}}{P\{X = 1\}} = \frac{\dfrac{12}{30}}{\dfrac{20}{30}} = \frac{12}{20},$$

在 $Y = 0$ 条件下随机变量 $X$ 的条件分布列为

$$P\{X = 0 | Y = 0\} = \frac{P\{X = 0, Y = 0\}}{P\{Y = 0\}} = \frac{\dfrac{8}{30}}{\dfrac{10}{30}} = \frac{8}{10},$$

$$P\{X = 1 | Y = 0\} = \frac{P\{X = 1, Y = 0\}}{P\{Y = 0\}} = \frac{\dfrac{8}{30}}{\dfrac{10}{30}} = \frac{8}{10},$$

在 $Y = 1$ 条件下随机变量 $X$ 的条件分布列为

$$P\{X=0|Y=1\}=\frac{P\{X=0,Y=1\}}{P\{Y=1\}}=\frac{\dfrac{8}{30}}{\dfrac{20}{30}}=\frac{8}{20},$$

$$P\{X=1|Y=1\}=\frac{P\{X=1,Y=1\}}{P\{Y=1\}}=\frac{\dfrac{12}{30}}{\dfrac{20}{30}}=\frac{12}{20}.$$

11. 当 $-1\leqslant x\leqslant 1$ 时，$f_{Y|X}(y|x)=\begin{cases}\dfrac{1}{\sqrt{1-x^2}},\ 0\leqslant y\leqslant\sqrt{1-x^2},\\ 0,\qquad\quad \text{其他}.\end{cases}$

12. $f_{X+Y}(z)=\begin{cases}6(\mathrm{e}^{-2z}-\mathrm{e}^{-3z}),\ z>0,\\ 0,\qquad\qquad\quad z\leqslant 0.\end{cases}$

13. $f_{\frac{X}{Y}}(z)=\begin{cases}\dfrac{20}{(5z+4)^2},\ z>0,\\ 0,\qquad\quad z\leqslant 0.\end{cases}$

14. $\mathrm{Cov}(X,Y)=\dfrac{1}{25}$；$r=\dfrac{1}{6}$.

15. $\mathrm{Cov}(X,Y)=0$；$r=0$.

16. 略.

# 第 15 章

## 习题15

1. 0.047.

2. 1510.

3. 271.

4. 0.1813.

# 第 16 章

## 习题16

1. $F_3(x)=\begin{cases}0,\ x<1,\\ \dfrac{1}{3},\ 1\leqslant x<2,\\ 1,\ x\geqslant 2.\end{cases}$

2. $F_7(x) = \begin{cases} 0, & x < -5, \\ \dfrac{1}{7}, & -5 \leqslant x < -2, \\ \dfrac{2}{7}, & -2 \leqslant x < -1, \\ \dfrac{3}{7}, & -1 \leqslant x < 1, \\ \dfrac{5}{7}, & 1 \leqslant x < 3, \\ \dfrac{6}{7}, & 3 \leqslant x < 4, \\ 1, & x \geqslant 4. \end{cases}$

3. $\mu$ 的极大似然估计量为 $\hat{\mu} = \dfrac{1}{n}\sum_{i=1}^{n} X_i = \overline{X}$.

4. $\sigma^2$ 的极大似然估计量为 $\widehat{\sigma^2} = \dfrac{1}{n}\sum_{i=1}^{n} X_i^2$.

5. $b$ 的极大似然估计量为 $\hat{b} = X_{(n)}$.

6. $a$ 的极大似然估计量为 $\hat{a} = X_{(1)}$.

7. $a, b$ 的极大似然估计量为 $\hat{a} = X_{(1)} - 1$, $\hat{b} = X_{(n)}$.

8. 40394.

# 参考文献

1. 盛骤，谢式千，潘承毅. 概率论与数理统计[M]. 北京：高等教育出版社，1989.

2. 普通高中课程标准实验教科书，数学[M]. 北京：人民教育出版社，2014.

3. 义务教育课程标准实验教科书，数学[M]. 北京：人民教育出版社，2014.

4. 同济大学数学系编. 工程数学. 概率统计简明教程[M]. 2 版. 北京：高等教育出版社，2018.

5. 解顺强. 统计与概率基础[M]. 2 版. 北京：北京大学出版社，2022.

6. 解顺强. 高等数学（上册）[M]. 北京：电子工业出版社，2020.

7. 解顺强. 低起点晋级式线性代数基础[M]. 北京：电子工业出版社，2024.

8. 李瑞斋，耿范. 三本院校概率论与数理统计课程教学改革[J]. 西部素质教育，2016，2(8):56-57.

9. 王丽霞，李双东. 独立学院《概率论与数理统计》教材改革的探讨[J]. 成都工业学院学报，2016，19(2):100-102.

10. 李双.《概率论与数理统计》教材与实践[J]. 数学教育学报,2012,21(5): 84-87